水利建设项目监理从业人员培训教材

水利工程建设监理要务

贵州省水利工程协会　编

中国水利水电出版社
www.waterpub.com.cn
·北京·

内 容 提 要

本书依据国家相关法律法规、部门规章和水利行业标准、团体标准，组织建设管理、勘测设计及咨询、工程监理、高等院校和施工等资深专家精心编写而成。

本书共分 8 篇 21 章，内容包括：监理职业道德、职业准则和行为规范，水利工程建设监理相关法律法规，项目施工质量、进度和资金控制，建设工程项目合同管理，项目安全文明生产和生态环境保护，信息和档案管理，工程非平行发包模式监理工作重点以及《贵州省水利建设项目施工监理工作导则》解读。

本书可作为水利行业工程建设监理培训教材使用，亦可作为本行业各专业工程技术人员日常工作的参考书。书中章节中附有部分典型案例和工作行文样表格式，可供工程管理、监理、施工、勘察设计及咨询等单位工程技术从业人员参考使用。

图书在版编目（ＣＩＰ）数据

水利工程建设监理要务 / 贵州省水利工程协会编
. -- 北京 ：中国水利水电出版社，2021.6
水利建设项目监理从业人员培训教材
ISBN 978-7-5170-9649-8

Ⅰ．①水⋯ Ⅱ．①贵⋯ Ⅲ．①水利工程－监理工作－
职业培训－教材 Ⅳ．①TV523

中国版本图书馆CIP数据核字(2021)第109195号

书　　名	水利建设项目监理从业人员培训教材 **水利工程建设监理要务** SHUILI GONGCHENG JIANSHE JIANLI YAOWU
作　　者	贵州省水利工程协会　编
出版发行	中国水利水电出版社 （北京市海淀区玉渊潭南路 1 号 D 座　100038） 网址：www.waterpub.com.cn E-mail：sales@waterpub.com.cn 电话：(010) 68367658（营销中心）
经　　售	北京科水图书销售中心（零售） 电话：(010) 88383994、63202643、68545874 全国各地新华书店和相关出版物销售网点
排　　版	中国水利水电出版社微机排版中心
印　　刷	清淞永业（天津）印刷有限公司
规　　格	184mm×260mm　16 开本　25 印张　608 千字
版　　次	2021 年 6 月第 1 版　2021 年 6 月第 1 次印刷
印　　数	0001—5000 册
定　　价	**128.00 元**

《水利工程建设监理要务》

编 审 机 构： 贵州省水利工程协会教材编审委员会

主 任： 李 庆

副 主 任： 刘建军 吕 飞 陈学茂

委 员：（按姓氏笔画排序）

龙启富 卢天文 吕 飞 伍雪羽 刘 涛

刘建军 牟学婧 克彩霞 李 庆 李 胜

李朝军 肖克艳 沈春勇 张 莉 张峻菁

张梦雨 陈江筑 陈学茂 贺新良 高子喻

郭 辉 黄 娅 黄国秋 黄景中 龚 舞

程 伟 谢 萍 廖苑均

主 编 部 门： 贵州省水利工程协会监理分会

主 编： 郑国旗

副 主 编： 季祥山 杨秀江 石志勇 罗 玮 蔡 忠

主要编写人员： 何有源 余正江 陈玉奇 杨建锋 杨 平

王志强 付 婷 郭林珂 胡 婷 徐 凯

罗本旭 毛建国 李太军 孙春贵 徐静波

李明宇 吴东漓 王 简 时利仁 蔡 鹏

关 兵 杨光忠 张耀华 黎 磊 徐凤奎

徐志晶 周 进 闫恒斌 何 萍 任 铁

梁 斌 方 芳 吴弟和 张圣锋 夏振军

胡永平 付士林

编 写 单 位：河南华北水电工程监理有限公司

贵州黔水工程监理有限责任公司

贵州中水建设管理股份有限公司

中国电建集团贵阳勘测设计研究院有限公司

贵州江河项目管理有限公司

遵义神禹科技实业有限责任公司

批 准 单 位：贵州省水利工程协会

我国自 1997 年全面实行工程建设监理制度以来，国家颁布了一系列相关法律、法规，有关部门及社会组织出台了一系列相关规范、标准、规定，对规范工程建设监理起到了极为重要的作用。为适应社会经济迅速发展需要，国家基础设施工程的数量在不断增多，建设规模也不断增大，工程建设的质量要求也随之提高。水利工程作为国家重要基础设施工程之一，确保其建设质量，发挥其建设作用，就必须首先在其工程建设过程中推行建设监理制度，通过制度保障水利工程能在既定的工期内安全地完成建设，解决建设过程中存在的工程建设质量、安全、进度、投资等一系列问题。

水利工程建设监理制度历经几十年从最初试点、全面推行到目前正向规范化、制度化、科学化方向深入发展。水利工程具有工程类型多、结构复杂、专业技术水平高等突出特点，与市政、交通等基础设施建设有着明显差异，其他行业的监理知识技能并不能完全适应水利工程建设要求，必须从水利工程建设自身特点出发，配套建立符合水利工程当前建设需要的监理制度体系。制度建设和行业标准化建设同步发展，共同推动水利工程建设监理的管理进步。

深入践行"水利工程补短板，水利行业强监管"水利改革总基调，把脉水利工程建设监理执业管理方向，贵州省水利工程协会积极学习中国水利工程协会、中国水利企业协会发挥行业自律作用的创新做法，组织编制并发布了一系列团体标准，这其中就包括了《贵州省水利建设项目施工监理工作导则》（T/GZWEA A03—2018），以着力培育行业从业人员，提高其技术水平和业务能力，为贵州省水利建设项目管理进步进行了有益探索。

本书以强化监理从业人员技术水平和业务能力为目标，结合行业标准及水利工程建设特点，主要为贵州省水利建设项目建设监理从业人员培训而编写。编者力求围绕监理工作方向，兼顾从业人员岗位类型，内容循序渐进且不过分复杂，着重于基本理论的一般阐述和可参考实践成果内容同步推出，并增补了"工程非平行发包模式监理工作重点"等内容，从而形成涵盖水利工程传统监理业务、新业务以及国家正在推行的全过程咨询服务等相关监理业态的培训教材。本书在内容取舍上符合发展创新的思维，列举出了总结性的监理工作方案、工程案例。除供贵州省水利建设项目建设监理从业人员培训学习外，其他省区的监理从业人员也可以借鉴参考。诚然，编者的出发点与落脚点还有待通过与读者间的学习交流和实践去检验。

本书由河南华北水电工程监理有限公司（简称华水监理）、贵州黔水工程监理有限责任公司（简称黔水监理）、贵州中水建设管理股份有限公司（简称中水建设）、中国电建集团贵阳勘测设计研究院有限公司（简称贵阳院监理）、贵州江河项目管理有限公司（简称江河监理）、遵义神禹科技实业有限责任公司（简称神禹监理）共同编写。本书共 8 篇 21 章 1 附件，内容较丰富。第 1 篇监理职业道德、职业准则和行为规范与第 2 篇水利工程建设监理相关法律法规各分为 2 章，由神禹监理编写；前言和第 3 篇项目施工质量、进度和资金控制分为 3 章，由贵阳院监理编写；第 4 篇建设工程项目合同管理分为 5 章，由黔水监理编写；第 5 篇项目安全文明生产和生态环境保护分为 3 章，由江河监理编写；第 6 篇信息和档案管理分为 4 章，由华水监理编写；第 7 篇工程非平行发包模式监理工作重点分为 2 章，由黔水监理和中水建设主写，贵阳院监理、华水监理辅助编写；第 8 篇《贵州省水利建设项目施工监理工作导则》解读，由华水监理编写；附件施工监理工作常用表格由华水监理编辑提供。

本书依据我国现行的法律法规、部门规章和水利行业标准、行业规范、团体标准等，且引用了部分有推广学习价值的技术文献。本书主要以贵州省水利建设项目建设监理的实践为例，系统地阐述了水利工程建设监理的理论、内容和方法，以及从事水利工程建设监理业务所必需的基础知识。

历时 15 个月，水利建设项目监理从业人员培训教材圆满完成，部分填补了行业空白。在本书提供培训使用之际，教材编审委员会特别感谢编写成员单位及编写人员与技术文献作者等所付出的辛劳与贡献，也感谢业内专家的认真审核和宝贵意见。全体编审人员虽在编写、审核过程中反复斟酌，仍难免会有不妥之处，恳请广大教材使用者批评指正。

教材编审委员会

2021 年 6 月

目录

第 1 篇

监理职业道德、职业准则和行为规范

第 1 章　监理人的职业道德

1.1.1　职业与道德

职业是人们参与社会分工,利用专门的知识和技能,为社会创造物质财富和精神财富,获取合理报酬作为物质生活来源,并满足精神需求的工作。道德是一种社会意识形态,是人们共同生活及其行为的准则和规范,道德通过社会或一定阶级的舆论对社会生活起约束作用。世界各国根据国情不同,其划分职业的标准有所区别。但不同的职业在其劳动过程中都有一定的操作规范性,这是保证职业活动的专业性要求。不同职业在对外展现其服务时,还存在一个伦理范畴的道德规范性。这两种规范性构成了职业规范的内涵与外延。人类的一切活动都是在社会中进行的,人类区别于动物的显著特点是他们的社会性。也就是说,任何个人的生存和发展,总是以社会为前提。在社会生活中,由于生产和生活的需要,人与人之间形成了复杂的社会关系。每个社会成员的行为,都对他人及社会产生这样那样的影响,有些行为促进了社会的繁荣和发展,给他人带来了幸福和安宁,也有些行为引起了别人的痛苦和不幸,更有些行为甚至给整个社会造成了动荡和灾难。因此,人们在职业活动中必须对自己的行为加以必要的约束,引导人的行为向着积极的方面发展,这就产生了对道德的需要。

1.1.2　职业道德标准

1.1.2.1　职业道德的定义

职业道德是一种道德准则,其概念有广义和狭义之分。广义的职业道德是指从业人员在职业活动中应该遵循的行为准则,涵盖了从业人员与服务对象、职业与职工、职业与职业之间的关系。狭义的职业道德是指在一定职业活动中应遵循的、体现一定职业特征的、调整一定职业关系的职业行为准则和规范。不同的职业人员在特定的职业活动中形成了特殊的职业关系，包括了职业主体与职业服务对象之间的关系、职业团体之间的关系、同一职业团体内部人与人之间的关系，以及职业劳动者、职业团体与国家之间的关系。

1.1.2.2 职业道德的特点

（1）职业道德具有适用范围的有限性，每种职业都担负着一种特定的职业责任和职业义务。由于各种职业的职业责任和义务不同，从而形成各自特定的职业道德的具体规范。

（2）职业道德具有发展的历史继承性，由于职业具有不断发展和世代延续的特征，不仅其技术世代延续，其管理员工的方法，与服务对象打交道的方法，也有一定历史继承性。如"守法、诚信、公正、科学"始终是监理人员的职业道德。

（3）职业道德表达形式多种多样，由于各种职业道德的要求都较为具体、细致，因此其表达形式多种多样。

（4）职业道德兼有强烈的纪律性，纪律也是一种行为规范，但它是介于法律和道德之间的一种特殊的规范。它既要求人们能自觉遵守，又带有一定的强制性。就前者而言，它具有道德色彩；就后者而言，又带有一定的法律色彩。就是说，一方面遵守纪律是一种美德，另一方面，遵守纪律又带有强制性，具有法令的要求。例如，军人要有严明的纪律，监理人必须执行有关工程建设的法律、法规、规范、标准和制度等。因此，职业道德有时又以制度、章程、条例等形式表达，使监理从业人员认识到职业道德具有纪律性、规范性。

1.1.3 职业道德规范

职业道德规范是指在一定职业活动中应遵循的，体现一定职业特征的，调整一定职业关系的执行行为准则和规范。其主要表现如下：

（1）遵纪守法。倡导"以遵纪守法为荣，以违法乱纪为耻"的道德观念，要做到明纪、知法、守法。

（2）遵章守制。遵章守制是社会化大生产的客观要求，是企业强化基础管理，提高生产效率和经济效益的基本要求，更是营造和谐企业、安全生产、廉洁从业的基本要求，也是员工执行力的重要体现。所有从业人员都应遵守行业、企业的规章制度和工作程序，按章办事，规范有序，令行禁止，服从统一安排。

（3）诚实守信。忠诚地履行自己承担的义务是每一个从业人员应有的职业品质。监理从业人员要以诚为本，讲信用，讲信誉，信守合约、承诺。

（4）勤勉敬业。勤勉敬业精神是一种优秀的职业品质，是从业人员生存和发展所必需的潜在动力源。每一名监理从业人员都应以勤勉敬业的态度进行工作，忠实维护社会公共利益，对当事人和社会负有责任感、荣誉感，以实际行动塑造企业形象。

（5）忠诚企业。监理从业人员要关心企业发展，维护企业信誉，保守企业秘密，维护企业利益，把企业的发展与自己的发展联系在一起，愿意为企业的兴旺发达贡献自己的力量。

（6）团结协作。团结协作就是团队合作精神，就是监理从业人员在工作中要互相支持、互相协作、互相配合，顾全大局，明确工作任务和共同目标，尊重他人，虚心诚恳，

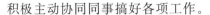

积极主动协同同事搞好各项工作。

（7）廉洁奉公。廉洁奉公就是将企业的集体、整体利益和从业人员实际利益摆在第一位，清正廉洁，保持奋发向上的精神状态和艰苦奋斗的工作作风。

1.1.4　监理从业人员的职业道德修养

监理单位代表着发包人监控工程建造、协调推进合同目标，是发包人和承包人之间的桥梁。所谓监理职业道德修养，就是监理从业人员在道德意识和道德行为方面的自我锻炼及自我改造中所形成的职业道德品质以及达到的职业道德境界。职业道德修养是一种自律行为，关键在于"自我锻炼"和"自我改造"。任何一个监理从业人员，职业道德素质的提高，一方面靠他律，即社会的培养和组织的教育；另一方面就取决于自己的主观努力，即自我修养。两个方面是缺一不可的，而且后者更加重要。

（1）文明礼貌。文明礼貌是指监理从业人员在与工程相关人员接触交往中，必须具备的相互表示尊敬和友好的行为规范，是文明行为的最起码要求。

（2）公平公正。公平公正就是指监理人员严格执行国家的法律法规、技术规范、合同要求，重事实，客观公正的处理问题和矛盾，尽力维护当事人的合法权益。

（3）相互尊重。相互尊重建立在"以人为本"基础之上，就是监理从业人员要尊重客户，尊重合作伙伴，通过尊重，赢得客户的信任，创造融洽的工作氛围、合作的基础、流畅的信息和情感沟通、高效的工作节奏。

第2章　监理职业准则和行为规范

1.2.1　监理职业准则

（1）监理单位必须维护国家的荣誉和利益，维护公司的信誉，遵循"守法、诚信、公正、科学"的准则，以公正的立场、严肃的态度、严格的要求、科学的分析、求实的处理，努力搞好所承担的监理工作。

（2）监理单位必须遵守国家的法律、有关条例和规定，认真学习和坚持贯彻国家和地方有关工程建设的法律、法规和政策。

（3）监理单位和监理从业人员必须坚持原则，秉公办事，清正廉洁，自觉抵制不正之风，不索贿，不受贿，不参与一切与监理服务项目有关的兼职、任职或隐性任职、合伙经营和岗位权益交换。

（4）监理从业人员必须坚守规程、规范、标准和制度，履行监理合同规定的义务和职责，工作认真，一丝不苟。

（5）监理单位必须注意保守有关秘密，对发包人、设计单位、承包人等的秘密和信息，未经对方允许不得任意公开或传播。

（6）监理单位必须坚守自身职责和权限，不得行使自身职责以外的职权。

（7）监理从业人员必须谦虚谨慎、尊重事实、文明礼貌、态度诚恳、平等待人、热情服务。

（8）监理从业人员必须努力学习专业技术和监理知识，及时总结经验教训，不断提高监理工作水平。

1.2.2　监理行为规范

（1）监理单位必须严守独立、公正、廉洁的原则，对监理服务项目具有高度的责任感。正确执行国家及地方建设法规、规范、标准等，坚决维护国家利益。

（2）监理单位应严格按照项目监理合同来实施对项目的监理，既要保护发包人利益，又要公正、合理地对待承包方。

（3）监理单位及监理从业人员不得接受除发包人支付的工程监理酬金以外的任何与监理服务项目有关的单位或个人的回扣、津贴或其他形式的间接报酬。

（4）监理单位必须熟悉各自的业务，对设计文件、技术规范、施工程序、安全措施、施工工艺、验收规程、质量评定标准及有关的合同文件等，应认真学习、理解，并能正确运用。

（5）监理单位应经常深入施工现场，准确掌握第一手资料，认真听取被监理单位的意见，在职权授权范围内充分正确地运用自己的职责和技能及时妥善处理各种问题。

（6）监理单位应定期向发包人报告项目进展及监理业务开展情况，不得以谎言欺骗发包人或故意掩饰工作中的失误。

（7）监理单位无权自行变更和修改设计。发现设计有重大失误或因施工条件变化导致设计文件必须作局部调整、变更与修改时，应由总监理工程师、会同发包人及时与设计单位会商后作出处理。

（8）监理单位必须观点鲜明，对其认为正确的判断或决定，遭发包人否决时，也应书面向发包人说明其理由，并阐明否决后可能引起的后果。对发包人的某些决定认为不妥时，也应主动向发包人阐明可能导致的不良影响。

（9）监理单位对所了解的关于发包人或承包人的经济技术情报，除经合法授权外不得泄露。

1.2.3　监理单位工作纪律

鉴于工程建设监理工作的重要性、特殊性，为保证工程监理工作遵循"守法、诚信、公正、科学"的监理准则的有效实施，要求监理人员必须严格遵守执行监理工作人员"六不准"：

（1）监理单位和监理从业人员不准利用职务之便和工作关系牟取私利、索贿。在监理工作中必须做到秉公办事，公正合理，一丝不苟。不允许任何懈怠和渎职的现象存在。

（2）监理单位和监理从业人员不准利用合同授予监理的权限向承包人敲诈勒索、吃拿卡要，也不得要求承包人为自己提供规定以外的任何方便和需要。

（3）监理单位和监理从业人员不准由于承包人的某些关照而放松合同要求或降低质量标准，更不能参与承包人的经济活动，以"服务"为名，收取劳务费、服务费。

（4）监理单位和监理从业人员不准由于自己的无理要求未能得到满足而对承包人进行刁难，或不给好处不办事。坚决杜绝行业不正之风。

（5）监理单位和监理机构不准有徇私情、袒护影响监理质量的任何行为和个人。

（6）监理单位和监理从业人员不准向承包人介绍、推荐分包人。监理单位要自觉接受发包人与监理公司的检查和监督，对违反上述规定者，视情节轻重分别给予警告、解聘处分，触犯刑律的应依法送交司法部门处理。

1.2.4　监理单位工作须知

（1）严格执行合同是监理从业人员的基本规则，监理单位和监理从业人员应与承包人保持正常的工作关系，在实际工作中做好事前监理、事中监理及事后监理。

（2）监理人员在合同执行中要熟悉合同和设计文件，了解和掌握监理工作的重点，及时处理发生的问题。

（3）监理单位不允许承包人发生不合格项目，但又不要轻易否定承包人在确保工程质量的前提下，通过技术手段获得利益的机会。

（4）监理单位与承包人对项目质量的判断发生分歧时，应以合同文件和检测试验资料为依据，切忌感情用事，或凭个人的看法和经验随意做出决定。

（5）监理单位当遇到工程质量将受到危害时，并迅速采用劝告、提示的方法引导承包人进行纠正。如果承包人不听劝告继续施工时，必须果断地下达指令暂停施工进行检查。

（6）质量的优劣既要以试验和测量数据为依据，还应按规范要求对测量和试验数据进行综合评价才能做出结论。

（7）监理单位在计划监控中仅指出承包人进度滞后是不够的，还必须有充分的根据论证并令承包人信服，促使承包人采取措施加快进度。

（8）项目计量时，监理单位应切记："保证纳入支付的计量满足合同质量合格的工程量，这是承包人的责任，而复核这一工作则是监理人员的责任。"

（9）监理单位定期检查和记录承包人的人员变动和工地情况，以及材料和施工机械运转情况。

（10）监理单位给承包人下达指令时一定要谨慎，非合同内约定的责任义务不要向承包人发出指令，因为承包人没有义务接受合同规定以外的其他指令。

（11）监理从业人员不能行使业主和总监理工程师授权范围以外的任何权力。

（12）监理单位每天应做好监理日志。监理从业人员每天应做好监理记录，必要时应拍照，以保证监理日志的真实准确。

第2篇

水利工程建设监理相关法律法规

第1章　法律的概念、形式和效力

2.1.1　法律的概念

（1）什么是法律，这是一个既简单又非常复杂的问题。不同的法律流派，往往有截然不同的回答。马克思主义法学认为，法律是与国家不可分离的现象，法律的出现是生产力和生产关系这一社会基本矛盾发展的必然结果，法律的产生经历了一个漫长而又复杂的过程，是同社会和国家的出现分不开的。马克思主义从唯物史观出发，深刻解释了法律的本质，把法律定义为：法律是由国家制定、认可并依据国家强制力保证实施的，以权利和义务为调整机制，以人的行为及行为关系为调整对象，反映由特定物质生活条件所决定的统治阶级（在阶级对立社会）或广大人民群众（在社会主义社会）意志，以确认、保护和发展统治阶级或广大人民群众所期望的社会关系和价值目标为目的的行为规范体系。

（2）法律的概念可概括为：法律是调节人们行为的规范；法律是由国家制定或认可的一种特殊的行为规范；法律是以规定权利和义务的方式来运作的行为规范；法律是由国家强制力保证实施的社会行为规范。我国是社会主义国家，我国的法律属于社会主义法律范畴。社会主义法律的概念可以概括为：社会主义法律是工人阶级领导的广大人民群众的根本利益和共同意志的体现，它是由社会主义国家制定或认可并以社会主义国家强制力保证实施的行为规范的总和，目的在于维护有利于广大人民群众的社会关系和社会秩序，是实现广大人民群众根本利益的重要工具。

（3）为了规范立法活动，健全国家立法制度，建立和完善中国特色社会主义法律体系，保障和发展社会主义民主，推进依法治国，建设社会主义法治国家，根据宪法，制定并颁布了《中华人民共和国立法法》（简称《立法法》）。法律、行政法规、地方性法规、自治条例和单行条例的制定、修改和废止，必须遵守《立法法》。我国立法必须遵守的主要原则是：

1）立法应当遵循宪法的基本原则，以经济建设为中心，坚持社会主义道路，坚持人民民主专政，坚持中国共产党的领导，坚持马克思列宁主义，毛泽东思想、邓小平理论，

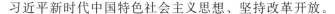

习近平新时代中国特色社会主义思想、坚持改革开放。

2）立法应当依照法定的权限和程序，从国家整体利益出发，维护社会主义法制的统一和尊严。

3）立法应当体现人民的意志，发扬社会主义民主，保障人民通过多种途径参与立法活动。

4）立法应当从实际出发，科学合理地规定公民、法人和其他组织的权利与义务，国家机关的权力与责任。

2.1.2　法律的形式

法律形式又称为法律渊源。法律的渊源（法律形式）：指那些来源不同（制定法与非制定法、立法机关制定与政府制定等）因而具有法的不同效力意义和作用的法的外在表现形式。

我国法律渊源是以宪法为核心的制定法形式，我国社会主义法律渊源可分为以下几类：

（1）宪法。宪法是由全国人民代表大会依特别程序制定的具有最高效力的根本法。宪法是集中反映统治阶级的意志和利益，规定国家制度、社会制度的基本原则，具有最高法律效力的根本大法，其主要功能是制约和平衡国家权力，保障公民权利。宪法是我国的根本大法，在我国法律体系中具有最高的法律地位和法律效力，是我国最高的法律渊源。宪法主要由两个方面的基本规范组成，一是《中华人民共和国宪法》，二是其他附属的宪法性文件，主要包括：主要国家机关组织法、选举法、民族区域自治法、特别行政区基本法、国籍法、国旗法、国徽法、保护公民权利法及其他宪法性法律文件。

（2）法律。法律是指由全国人民代表大会和全国人民代表大会常务委员会制定颁布的规范性法律文件，即狭义的法律，其法律效力仅次于宪法。法律分为基本法律和一般法律（非基本法律、专门法）两类。基本法律是由全国人民代表大会制定的调整国家和社会生活中带有普遍性的社会关系的规范性法律文件的统称，如刑法、民法、诉讼法以及有关国家机构的组织法等法律。一般法律是由全国人民代表大会常务委员会制定的调整国家和社会生活中某种具体社会关系或其中某一方面内容的规范性文件的统称。其调整范围较基本法律小，内容较具体，如《中华人民共和国商标法》《中华人民共和国文物保护法》等。

（3）行政法规。行政法规是国家最高行政机关国务院根据宪法和法律就有关执行法律和履行行政管理职权的问题，以及依据全国人大的特别授权所制定的规范性文件的总称。其法律地位和法律效力仅次于宪法和法律，但高于地方性法规和法规性文件。

（4）地方性法规。地方性法规是指依法由有地方立法权的地方人民代表大会及其常委会就地方性事务以及根据本地区实际情况执行法律、行政法规的需要所制定的规范性文件。有权制定地方性法规的地方人大及其常委会包括省、自治区、直辖市人大及其常委会、较大的市的人大及其常委会。较大的市，指省、自治区人民政府所在地的市，经济特区所在地的市和经国务院批准的较大市。地方性法规只在本辖区内有效。

（5）规章。国务院各部、委员会、中国人民银行、审计署和具有行政管理职能的直属

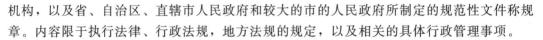

机构，以及省、自治区、直辖市人民政府和较大的市的人民政府所制定的规范性文件称规章。内容限于执行法律、行政法规，地方法规的规定，以及相关的具体行政管理事项。

（6）民族自治地方的自治条例和单行条例。根据《中华人民共和国宪法》和《中华人民共和国民族区域自治法》的规定，民族自治地方的人民代表大会有权依照当地民族的政治、经济和文化的特点，制定自治条例和单行条例。其适用范围是该民族自治地方。

（7）特别行政区的法律法规。宪法规定"国家在必要时得设立特别行政区"。特别行政区根据宪法和法律的规定享有行政管理权、立法权、独立的司法权和终审权。特别行政区同中央的关系是地方与中央的关系。但特别行政区享有一般地方所没有的高度自治权，包括依据全国人大制定的特别行政区基本法所享有的立法权。特别行政区的各类法的形式，是我国法律的一部分，是我国法律的一种特殊形式。特别行政区立法会制定的法律也是我国法的渊源。

（8）国际条约和行政协定。国际条约指我国与外国缔结、参加、签订、加入、承认的双边、多边的条约、协定和其他具有条约性质的文件（国际条约的名称，除条约外还有公约、协议、协定、议定书、宪章、盟约、换文和联合宣言等）。这些文件的内容除我国在缔结时宣布持保留意见不受其约束的以外，都与国内法具有一样的约束力，所以也是我国法的渊源。行政协定指两个或两个以上的政府相互之间签订的有关政治、经济、贸易、法律、文件和军事等方面内容的协议。国际条约和行政协定的区别在于：前者以国家名义签订，后者以政府名义签订。注意：我们国家和政府一旦与外国或外国政府签订了条约或协定，所签订的条约和协定对国内的机关、组织和公民同样具有法律约束力。

2.1.3　法律的效力

法律效力是指法所蕴涵的相对于一定对象（与范围）的作用力。在我国法律的竞争力等级具体表现为第一级为宪法，也是最高级；第二级是法律；第三级是行政法规；第四级是省、自治区、直辖市地方性法规；第五级是设区的市地。

第2章　相关法律、法规及规章

水利工程建设监理相关法律、行政法规以及有关标准是水利工程建设监理的法律依据和工作指南。有关部门规章和规范性文件，以及地方性法规、地方政府规章及规范性文件，行业标准和地方标准等，也是水利工程建设监理的依据和工作指南。监理人员应了解以下（包含但不限于）相关法律、行政法规、部门规章以及有关标准、规范规程。

2.2.1　水利工程监理适用法律

（1）《中华人民共和国建筑法》。1997年11月1日第八届全国人民代表大会常务委员

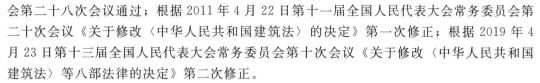

会第二十八次会议通过；根据 2011 年 4 月 22 日第十一届全国人民代表大会常务委员会第二十次会议《关于修改〈中华人民共和国建筑法〉的决定》第一次修正；根据 2019 年 4 月 23 日第十三届全国人民代表大会常务委员会第十次会议《关于修改〈中华人民共和国建筑法〉等八部法律的决定》第二次修正。

（2）《中华人民共和国水法》。1988 年 1 月 21 日第六届全国人民代表大会常务委员会第二十四次会议通过；2002 年 8 月 29 日第九届全国人民代表大会常务委员会第二十九次会议修订；根据 2009 年 8 月 27 日第十一届全国人民代表大会常务委员会第十次会议《关于修改部分法律的决定》第一次修正；根据 2016 年 7 月 2 日第十二届全国人民代表大会常务委员会第二十一次会议《关于修改〈中华人民共和国节约能源法〉等六部法律的决定》第二次修正。

（3）《中华人民共和国民法典》。2020 年 5 月 28 日中华人民共和国第十三届全国人民代表大会第三次会议通过，自 2021 年 1 月 1 日起施行。《中华人民共和国民法典》第一千二百六十条规定：《中华人民共和国婚姻法》《中华人民共和国继承法》《中华人民共和国民法通则》《中华人民共和国收养法》《中华人民共和国担保法》《中华人民共和国合同法》《中华人民共和国物权法》《中华人民共和国侵权责任法》《中华人民共和国民法总则》同时废止。

（4）《中华人民共和国招标投标法》。1999 年 8 月 30 日第九届全国人民代表大会常务委员会第十一次会议通过；根据 2017 年 12 月 27 日第十二届全国人民代表大会常务委员会第三十一次会议《关于修改〈中华人民共和国招标投标法〉、〈中华人民共和国计量法〉的决定》修正。

（5）《中华人民共和国环境保护法》。1989 年 12 月 26 日第七届全国人民代表大会常务委员会第十一次会议通过 2014 年 4 月 24 日第十二届全国人民代表大会常务委员会第八次会议修订。

（6）《中华人民共和国安全生产法》。2014 年 8 月 31 日中华人民共和国主席令第十三号《全国人民代表大会常务委员会关于修改〈中华人民共和国安全生产法〉的决定》由中华人民共和国第十二届全国人民代表大会常务委员会第十次会议通过，自 2014 年 12 月 1 日起施行。

2.2.2　水利工程监理相关行政法规

（1）《建设工程质量管理条例》。2000 年 1 月 10 日国务院第 25 次常务会议通过；2000 年 1 月 30 日国务院令第 279 号公布；根据 2017 年 10 月 7 日《国务院关于修改部分行政法规的决定》（国务院令第 687 号）第一次修订；依据 2019 年 4 月 23 日《国务院关于修改部分行政法规的决定》（国务院令第 714 号）第二次修订。

（2）《建设工程安全生产管理条例》。2003 年 11 月 24 日国务院令第 393 号发布。

（3）《中华人民共和国招标投标法实施条例》。2011 年 12 月 20 日中华人民共和国国务院令第 613 号公布；根据 2017 年 3 月 1 日《国务院关于修改和废止部分行政法规的决定》修订；根据 2018 年 3 月 19 日国务院令第 698 号《国务院关于修改部分行政法规的决定》修订；根据 2019 年 3 月 2 日国务院令第 709 号《国务院关于修改部分行政法规的决定》修订。

（4）《国务院办公厅关于加强基础设施工程质量管理的通知》（国办发〔1999〕16号）（二）、（三）发布。

（5）《关于全面推行河长制的意见》。2016 年 11 月 28 日，中共中央办公厅、国务院办公厅厅字〔2016〕42 号发布。

（6）《危险化学品安全管理条例》。国务院令第 591 号发布。

2.2.3　水利部规章和文件

（1）《水利工程建设程序管理暂行规定》。1998 年 1 月 7 日水利部水建〔1998〕16 号发布，根据 2014 年 8 月 19 日《水利部关于废止和修改部分规章的决定》第一次修正；根据 2016 年 8 月 1 日《水利部关于废止和修改部分规章的决定》第二次修正；根据 2017 年12 月 22 日《水利部关于废止和修改部分规章的决定》第三次修正；根据 2019 年 5 月 10日《水利部关于修改部分规章的决定》。第四次修正。

（2）《水利工程质量管理规定》。1997 年 12 月 21 日水利部令第 7 号发布，根据 2017年 12 月 22 日《水利部关于废止和修改部分规章的决定》修正。

（3）《水利水电建设工程蓄水安全鉴定暂行办法》。1999 年 4 月 16 日水利部水建管〔1999〕177 号发布，根据 2017 年 12 月 22 日《水利部关于废止和修改部分规章的决定》修正。

（4）《水利工程建设安全生产管理规定》。2005 年 7 月 22 日水利部令第 26 号发布，根据 2014 年 8 月 19 日《水利部关于废止和修改部分规章的决定》第一次修正；根据2017 年 12 月 22 日《水利部关于废止和修改部分规章的决定》第二次修正；根据 2019 年5 月 10 日《水利部关于修改部分规章的决定》第三次修正。

（5）《水利工程建设项目验收管理规定》。2006 年 12 月 18 日水利部令第 30 号发布，根据 2014 年 8 月 19 日《水利部关于废止和修改部分规章的决定》第一次修正；根据2016 年 8 月 1 日《水利部关于废止和修改部分规章的决定》第二次修正；根据 2017 年 12月 22 日《水利部关于废止和修改部分规章的决定》第三次修正。

（6）《水利工程质量事故处理暂行规定》。1999 年 3 月 4 日水利部令第 9 号发布，自发布之日起施行。

（7）《水利工程建设监理规定》。2006 年 12 月 18 日水利部令第 28 号发布，根据 2017年 12 月 22 日《水利部关于废止和修改部分规章的决定》修正。

（8）《水利工程建设监理单位资质管理办法》。2006 年 12 月 18 日水利部令第 29 号发布，根据 2010 年 5 月 14 日《水利部关于修改〈水利工程建设监理单位资质管理办法〉的决定》第一次修正；根据 2015 年 12 月 16 日《水利部关于废止和修改部分规章的决定》第二次修正；根据 2017 年 12 月 22 日《水利部关于废止和修改部分规章的决定》第三次修正；根据 2019 年 5 月 10 日《水利部关于修改部分规章的决定》第四次修正。

（9）《水利部关于加强事中事后监管规范生产建设项目水土保持设施自主验收的通知》

2017 年 11 月 13 日，水利部水保〔2017〕365 号发布。

（10）《水利水电工程施工危险源辨识与评价导则》（试行）。《水利部办公厅关于印发水利水电工程施工危险源辨识与评价导则（试行）的通知》办监督函〔2018〕1693 号发布。

（11）《水利工程质量检测管理规定》。2008 年 11 月 3 日水利部令第 36 号发布，根据 2017 年 12 月 22 日《水利部关于废止和修改部分规章的决定》修正；根据 2019 年 5 月 10 日《水利部关于修改部分规章的决定》第二次修正。

（12）《水利工程质量监督管理规定》。水利部水建 1997 第 339 号发布。

（13）《关于水利建设项目代建制管理的指导意见》。2015 年 2 月 16 日，水利部水建管〔2015〕91 号发布。

（14）《水利部关于调整水利建设项目施工准备条件的通知》。2015 年 11 月 13 日，水利部水建管〔2015〕433 号发布。

2.2.4　地方政府规章

《贵州省水利工程建设项目安全生产费使用管理规定》（黔水安监〔2017〕13 号，关于印发《贵州省水利工程建设项目安全生产费使用管理暂行办法》的通知）

2.2.5　规范规程及标准

（1）《水利水电建设工程验收规范》（SL 223—2008）。

（2）《水利工程建设标准强制性条文》（2020 年版）。

（3）《水利工程施工监理规范》（SL 288—2014）。

（4）《水利水电工程施工安全管理导则》（SL 721—2015）。

（5）《检验检测机构资质认定管理办法》（总局令第 163 号）。

（6）《水利工程质量检测技术规程》（SL 734—2016）。

（7）《水利水电工程施工质量检验与评定规程》（SL 176—2007）。

（8）《水利水电工程钢闸门制造、安装及验收规范》（GB/T 14173—2008）。

（9）《水利水电工程启闭机制造安装及验收规范》（SL 381—2007）。

（10）《水利水电工程单元工程施工质量验收评定标准——土石方工程》（SL 631—2012）。

（11）《水利水电工程施工通用安全技术规程》（SL 398—2007）。

（12）《水利水电工程土建施工安全技术规程》（SL 399—2007）。

（13）《水利水电工程金属结构与机电设备安装安全技术规程》（SL 400—2007）。

（14）《水利水电工程施工作业人员安全操作规程》（SL 401—2007）。

（15）《水利水电工程施工安全防护设施技术规范》（SL 714—2015）。

第3篇

项目施工质量、进度和资金控制

在工程建设过程中，施工进度是工程进展的载体，施工质量是工程进展的保障，安全生产是工程进展的前提，合同支付是工程进展的条件。项目施工监理应以施工质量为中心、施工工期为主线、投资效益为目标，正确处理工程施工质量、进度和投资的关系，促使施工进度、质量和费用的矛盾向统一转化。项目施工质量、进度和投资三大控制目标中，资金控制和进度控制必须以一定的质量水平为前提。

第1章 项目施工质量控制

3.1.1 质量管理与施工质量控制概述

"百年大计，质量第一。"水利工程的质量对国民经济起着重要的作用，如水电站、大坝、堤防、水库等发生重大质量问题，对国家和人民将造成不可估量的损失。国务院2000年颁布了《建设工程质量管理条例》，水利部1997年颁布、2017年修订《水利工程质量管理规定》，以法规、规章强化了工程质量管理责任。十八大以来，党中央、国务院先后提出要加快质量强国建设、实施高质量发展的战略，提高质量成为全社会的共识。当前，中国特色社会主义进入新时代，水利事业改革发展也进入了新时代。2019年，水利部确定了"水利工程补短板、水利行业强监管"水利改革发展总基调，各级水行政主管部门、流域管理机构全面加强了对水利工程质量、安全的政府监管。当前，国家水行政主管部门对大中型水利工程实行水利稽察、专项巡查、特定飞检、驻站监督等多种监督形式。2019年4月15日，水利部以"水监督〔2019〕123号"文，正式印发《水利部特定飞检工作规定（试行）》，对水利行业检查采取"四不两直"的工作机制；2019年5月，水利部以"水监督〔2019〕139号"文，正式印发《水利工程建设质量与安全生产监督检查办法（试行）》和《水利工程合同监督检查办法（试行）》，明确了监理单位质量和安全违规行为、承包人质量和安全违规行为分类标准，2020年5月，水利部办公厅以"办监督〔2020〕124号"文，发布《监督检查办法问题清单（2020年版）》，以进一步增强适用性和针对性。提升水利工程质量管理水平，规范水利工程质量管理工作行为刻不容缓。

3.1.1.1 质量管理的概念

1. 工程产品质量

《质量管理体系 要求》（GB/T 19001—2016/ISO 9001：2015）中质量的定义是：客体的一组固有特性满足要求的程度。建设项目质量通常有狭义和广义之分。从狭义上讲，建设项目质量通常指工程产品质量，而从广义上讲，则应包括工程产品质量和工作质量两个方面。广义的工程产品质量是指工程产品满足社会和用户需要所具备的特征和特性的综合。需要有可以转化成有规定指标的特性，通常是指国家有关法规、质量标准、设计文件或合同规定的要求。狭义的工程产品质量是指工程产品本身的功能特性，水利工程产品质量是指满足国家和水利行业相关标准及合同约定要求的程度，在安全、功能、适用、外观及环境保护等方面的特性总和。主要表现在以下几个方面：

（1）性能，即功能。指工程产品满足使用目的的各种性能。包括：机械性能（如强度、弹性、硬度等）、理化性能（尺寸、规格、耐酸碱、耐腐蚀）、结构性能（大坝强度、稳定性）、使用性能（大坝要能防洪、发电等）。

（2）时间性。指工程产品在规定的使用条件下，能正常发挥规定功能的工作总时间，即服役年限。

（3）可靠性。是指工程产品在规定的时间内和规定的条件下，完成规定的功能能力的大小和程度。符合设计质量要求的工程，不仅要求在竣工验收时要达到规定的标准，而且在一定的时间内要保持应有的正常功能。

（4）经济性。工程产品的经济性表现为工程产品的造价或投资、生产能力或效益及其生产使用过程中的能耗、材料消耗和维修费用的高低等。

（5）安全性。工程产品的安全性是指工程产品在使用和维修过程中的安全程度。

（6）适应性与环境的协调性。工程产品的适应性表现为工程产品适应外界环境变化的能力。

工程产品和水利工程对用户（发包人）来讲，质量就是使用价值。工程产品质量的基础是工序质量，只有每个工序的质量符合设计文件、技术标准和质量检验评定标准的规定，工程质量才有保障。

2. 工作质量

工作质量是指参与工程项目建设的各方，为了保证工程项目质量所做的组织管理工作和生产全过程各项工作的水平和完善程度。工作质量包括：社会工作质量，如社会调查、市场预测、质量回访和保修服务等；生产过程工作质量，如政治工作质量、管理工作质量、技术工作质量、后勤工作质量等。工程质量是多单位、各环节工作质量的综合反映，而工程产品质量又取决于施工操作和管理活动各方面的工作质量。因此，保证工作质量是确保工程项目质量的基础。

水利工程质量的优劣，是建设规划、勘测、设计、施工等各单位、各方面、各环节工作质量的综合反映，要保证工程产品的质量，就要求各部门、各环节、各有关人员对影响工程质量的所有因素进行科学分析和合理控制，借以良好的工作质量来保证和提高工程质量。工作质量也取决于决策层与执行层领导重视程度、能力、管理技巧、资源配备、技能水平、管理经验等。

3. 质量管理体系

依据《质量管理体系 基础和术语》（GB/T 19000—2016），体系是相互关联或相互作用的一级要素；管理体系是建立方针和目标并实现这些目标的体系；质量管理体系是在质量方面指挥和控制组织的管理体系。组织结构通常以组织结构图予以规定。一个组织的组织结构图应能显示其机构设置、岗位设置以及它们之间的相互关系。资源可包括人员、设备、设施、资金、技术和方法，质量管理体系应提供适宜的各项资源以确保过程和产品的质量。

4. 质量管理及质量保证

依据《质量管理体系 基础和术语》（GB/T 19000—2016），质量管理是在质量方面指挥和控制组织的协调的活动。在质量方面的指挥和控制活动，通常包括制定质量方针和质量目标，以及质量策划、质量控制、质量保证、质量改进。质量策划致力于制定质量目标并规定必要的运行过程和相关资源以实现质量目标。质量控制是致力于满足质量要求；质量保证是致力于提供质量要求会得到满足的信任。质量保证分为内部和外部两种，内部质量保证是企业向自己的管理者提供信任，外部质量保证是供顾客或第三方认证机构提供信任。质量改进是致力于增强满足质量要求的能力。

5. 持续改进

依据《质量管理体系 基础和术语》（GB/T 19000—2016），持续改进是增强满足要求的能力的循环活动。制定目标和寻求改进机会的过程是一个持续过程，该过程使用审核发现的审核结论、数据分析、管理评审或其他方法，其结果通常是保证施工的预防措施。

6. 工程质量管理

工程质量管理是为了经济、高效地建成质量符合行业标准、批准的设计文件、工程施工合同及发包人需要的工程，以及工程参建各方对工程建设的各环节、各阶段所采取的组织协调、控制的系统管理手段的总称。质量管理的目的是以较低的成本、在保证工期的条件下，向用户、使用单位交付符合设计要求及技术标准的、适用对的、使其满意的工程。

水利工程一般规模较大，技术要求较高，涉及面较广，工程质量不仅关系到工程效益的发挥，而且关系到人民生命和财产的安全。因此在建设中必须坚持全员、全过程、全方位的质量管理指导思想，贯彻以预防为主的原则，建立健全建设单位的质量检查体系，监理单位控制体系，勘测、设计、施工和材料设备供应单位的质量保证体系，确保工程质量。

7. 质量检验

依据《质量管理体系 基础和术语》（GB/T 19000—2016），检验是通过观察和判断，适时结合测量、试验所进行的符合性评价，所以质量检验应理解为符合性过程判断。质量检验活动主要包括以下几个方面：

（1）明确并掌握对检验对象的质量要求。即明确并掌握产品的技术标准，明确检验的项目和指标要求；明确抽样方案，检验方法及检验程序；明确产品合格判定原则等。

（2）测试。用规定的手段按规定的方法在规定的环境条件下，测试产品的质量特性值。

（3）比较。即将测试所得的结果与质量要求相比较，确定其是否符合质量要求。

（4）评价。根据比较的结果，对产品质量的合格与否做出评价。

（5）处理。出具检验报告，反馈质量信息，对产品进行处理。具体讲：一是对合格的产品或产品批做出合格标记，填写检验报告，签发合格证，放行产品。二是对不合格的产品或产品批填写检验报告与有关单据，说明质量问题，提出处理意见，并在产品上做出不合格标记，根据不合格品管理规定予以隔离。三是将质量检验信息及时汇总分析，并反馈到有关部门，促使其改进质量。施工过程中，施工承包人是否按照设计图纸、技术操作规程、质量标准的要求实施，将直接影响到工程产品的质量，为此，监理单位必须进行各种必要的检验，避免出现工程缺陷和不合格品。

3.1.1.2　水利工程参建各方的质量责任

对于水利工程，参与工程建设的各方，应根据国家颁布的《建设工程质量管理条例》、《水利工程质量管理规定》和合同、协议以及有关文件的规定承担相应的质量责任。

1. 发包人的质量责任

（1）发包人应根据国家和水利部有关规定依法设立，主动接受水利工程质量监督机构对其质量体系的监督检查。发包人在工程开工前，应按规定向水利工程质量监督机构办理工程质量监督手续。在工程施工过程中，应主动接受质量监督机构对工程质量的监督检查。发包人要加强工程质量管理，建立健全施工质量检查体系，根据工程特点建立质量管理机构和质量管理制度。

（2）发包人应根据工程规模和工程特点，按照水利部有关规定，通过资质审查招标选择勘测设计单位、监理单位、承包人并实行合同管理。发包人应当将工程发包给具有相应资质等级的单位。不得将应由一个承包人完成的建设工程项目肢解成若干部分发包给几个承包人。不得迫使承包方以低于成本的价格竞标。不得任意压缩合理工期。建设单位不得明示或者暗示设计单位或者承包人违反工程建设强制性标准，降低建设工程质量。

（3）在合同文件中，必须有工程质量条款，明确图纸、资料、工程、材料、设备等的质量标准及合同双方的质量责任。

（4）发包人必须向有关的勘测、设计、施工、工程监理等单位提供与建设工程有关的原始资料。原始资料必须真实、准确、齐全。

（5）实行监理的建设工程，发包人应当委托具有相应资质等级的工程监理单位进行监理，也可以委托具有工程监理相应资质等级并与被监理工程的承包人没有隶属关系或者其他利害关系的该工程的设计单位进行监理。

（6）发包人应组织设计和承包人进行设计交底；施工中应对工程质量进行检查，工程完工后，应及时组织有关单位进行工程质量验收、签证。

2. 勘测、设计单位的质量责任

从事建设工程勘测、设计单位应当依法取得相应等级的资质证书，并在其资质等级许可的范围内承揽工程。禁止勘测、设计单位超越其资质等级许可的范围或者以其他勘测、设计单位的名义承揽工程。禁止勘测、设计单位允许其他单位或者个人以本单位的名义承揽工程。勘测、设计单位不得转包或者违法分包所承揽的工程。勘测、设计单位必须按照工程建设强制性标准进行勘测、设计，并对其勘测、设计的质量负责。注册建筑师、注册结构工程师等注册执业人员应当在设计文件上签字，对设计文件负责。勘测单位提供的地质、测量、水文等勘测成果必须真实、准确。设计文件必须符合以下基本要求：

（1）设计单位应当根据勘察成果文件进行建设工程设计。设计文件应当符合国家规定的设计深度要求，注明工程合理使用年限。

（2）设计文件应当符合国家、水利行业有关工程建设法规、工程勘测设计技术规程、标准和合同的要求。

（3）设计依据的基本资料应完整、准确、可靠，设计论证充分，计算成果可靠。

（4）设计文件的深度应满足相应设计阶段有关规定要求，设计质量必须满足工程质量、安全需要并符合设计规范的要求。

（5）设计单位在设计文件中选用的建筑材料、建筑构配件和设备，应当注明规格、型号、性能等技术指标，其质量要求必须符合国家规定的标准。除有特殊要求的建筑材料、专用设备、工艺生产线等外，设计单位不得指定生产厂、供应商。设计单位应按合同规定及时提供设计文件及施工图纸，在施工过程中要随时掌握施工现场情况，优化设计，解决有关设计问题。对大中型工程，设计单位应按合同规定在施工现场设立设计代表机构或派驻设计代表。设计单位应按水利部有关规定在阶段验收、单位工程验收和竣工验收中，对施工质量是否满足设计要求提出评价。

3. 承包人质量责任

（1）承包人必须按其资质等级和业务范围承揽工程施工任务，禁止承包人超越本单位资质等级许可的业务范围或者以其他承包人的名义承揽工程。禁止承包人允许其他单位或者个人以本单位的名义承揽工程。承包人不得转包或者违法分包工程。

（2）承包人不得将其承接的水利工程建设项目的主体工程进行转包。对工程的分包，分包单位必须具备相应资质等级，并对其分包工程的施工质量向总包单位负责，总承包人与分包单位对分包工程的质量承担连带责任。总包单位对全部工程质量向发包人负责。工程分包必须经过发包人的同意。

（3）承包人必须依据国家、水利行业有关工程建设法规、技术规程、技术标准的规定以及设计文件和施工合同的要求进行施工，并对其施工的工程质量负责。承包人必须按照工程设计图纸和施工技术标准施工，不得擅自修改工程设计，不得偷工减料。承包人在施工过程中发现设计文件和图纸有差错的，应当及时提出意见和建议。

（4）承包人必须按照工程设计要求、施工技术标准和合同约定，对建筑材料、建筑构配件、设备和商品混凝土进行检验，检验应当有书面记录和专人签字；未经检验或者检验不合格的，不得使用。施工人员对涉及结构安全的试块、试件以及有关材料，应当在建设单位或者监理单位监督下现场取样，并送到具有相应资质等级的质量检测单位进行检测。承包人对施工中出现质量问题的项目或者竣工验收不合格的项目，应当负责返修。

（5）承包人要推行全面质量管理，建立健全质量保证体系，制定和完善岗位质量规范、质量责任及考核办法，落实质量责任制。在施工过程中要加强质量检验工作，认真执行"三检制"，切实做好工程质量的全过程控制。承包人应当建立、健全教育培训制度，加强对职工的教育培训；未经教育培训或者考核不合格的人员，不得上岗作业。

（6）工程发生质量事故，承包人必须按照有关规定向监理单位、发包人（建设单位）及有关部门报告，并保护好现场，接受工程质量事故调查，认真进行事故处理。

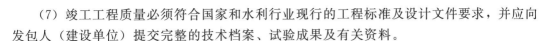

（7）竣工工程质量必须符合国家和水利行业现行的工程标准及设计文件要求，并应向发包人（建设单位）提交完整的技术档案、试验成果及有关资料。

4. 监理单位的质量责任

（1）监理单位必须持有水利部颁发的监理单位资质等级证书，依照核定的监理范围承担相应水利工程的监理任务。禁止监理单位超越本单位资质等级许可的范围或者以其他监理单位的名义承担工程监理业务。禁止监理单位允许其他单位或者个人以本单位的名义承担工程监理业务。监理单位不得转让工程监理业务。监理单位与被监理工程的承包人以及建筑材料、建筑构配件和设备供应单位不得有隶属关系或者其他利害关系。

（2）监理单位必须严格执行国家法律、水利行业法规、技术标准，严格履行监理合同。

（3）监理单位根据所承担的监理任务向水利工程施工现场派出相应的监理机构，人员配备必须满足项目要求。监理工程师上岗必须持有监理工程师资格证书，一般监理人员上岗要经过岗前培训。

（4）监理单位应选派具备相应资格的总监理工程师和监理工程师进驻施工现场。未经监理工程师签字，建筑材料、建筑构配件和设备不得在工程上使用或者安装，承包人不得进行下一道工序的施工。未经总监理工程师签字，发包人不拨付工程款，不进行竣工验收。

（5）监理机构应根据监理合同约定参与工程招标工作；核查签发施工图纸；审查承包人的施工组织设计和技术措施；指导监督合同中有关质量标准、要求的实施；参加工程质量检查、工程质量事故调查处理和工程验收工作。

5. 建筑材料、设备采购的质量责任

（1）建筑材料和工程设备的质量由采购单位承担相应责任。凡进入施工现场的建筑材料和工程设备均应按有关规定进行检验。未经检验或经检验不合格的产品不得用于工程。

（2）建筑材料和工程设备的采购单位具有按合同规定自主采购的权利，其他单位或个人不得干预。

（3）建筑材料或工程设备应当符合：有产品质量检验合格证明；有中文标明的产品名称、生产厂名和厂址；产品包装和商标式样符合国家有关规定和标准要求；工程设备应有产品详细的使用说明书，电气设备还应附有线路图；实施生产许可证或实行质量认证的产品，应当具有相应的许可证或认证证书。

6. 水利工程建设质量终身责任制

（1）水利工程质量终身责任，是指参与新建、扩建、改建、加固的水利工程项目建设的责任主体相关责任人（发包人、勘察单位、设计单位、承包人、监理单位等单位的法定代表人、项目负责人、项目技术负责人和注册执业人员），按照国家法律法规和有关规定，在工程设计使用年限内对工程质量承担相应责任。

（2）水利工程开工建设前，勘察、设计、施工、监理、质量检测单位法定代表人应当签署授权书，明确本单位项目负责人。发包人如需设置法定代表人以外的项目负责人，也应在开工前签署授权书。项目负责人对工程质量承担的相应责任，并不免除责任单位和其他人员的法定责任。

（3）水利工程项目负责人应在办理工程质量监督手续前签署工程质量终身责任承诺书，连同法定代表人授权书，报工程质量监督机构备案，作为受理质量监督手续必需资料。项目负责人如有变更的，应经发包人同意并按规定办理变更手续，重新签署工程质量终身责任承诺书，连同法定代表人授权书，报工程质量监督机构备案。

（4）各施工现场要在明显部位设立质量责任公示牌，公示发包人、勘察单位、设计单位、承包人、监理单位、质量检测单位等名称、负责人姓名、联系电话等。

（5）发包人应当建立工程参建各方项目负责人质量终身责任信息档案，工程竣工验收合格后作为永久工程档案保存。

（6）符合下列情形之一的，县级以上人民政府水行政主管部门应当依法依规追究相关负责人的质量终身责任：发生工程质量事故；发生投诉、举报、群体性事件；媒体报道并形成恶劣社会影响的严重工程质量问题；由于工程质量问题造成尚在设计使用年限内的建筑工程不能正常使用；存在其他违法违规行为。

（7）水利工程责任主体相关责任人因工作调动、退休等原因离开原单位，或原单位已被撤销、注销、吊销营业执照或者宣告破产的，被发现在原单位工作期间违反国家法律法规、工程建设标准及有关规定，造成所负责项目发生工程质量事故或严重质量问题的，仍按有关规定依法追究相应责任。

7. 政府对工程质量的监督与管理

（1）水利工程政府质量监督指各级政府水利工程质量监督机构对工程开展的质量监督活动。水利工程质量监督机构监督程序及主要工作内容如下：一是发包人应在工程开工前到相应的水利工程质量监督机构办理监督手续，签订《水利工程质量监督书》。二是水利工程建设项目质量监督方式以抽查为主。大型水利工程应建立质量监督项目站，中小型水利工程可根据需要建立质量监督项目站（组），或进行巡回监督。对监理、设计、施工和有关产品制作单位的资质进行复核。对建设、监理单位的质量检查体系和承包人的质量保证体系以及设计单位现场服务等实施监督检查。对工程项目的单位工程、分部工程、单元工程的划分进行监督检查。监督检查技术规程、规范和质量标准的执行情况。检查承包人和发包人、监理单位对工程质量检验和质量评定情况。在工程竣工验收前，对工程质量进行等级核查，编制工程质量监督报告，并向工程竣工验收委员会提出工程质量等级的建议。工程发包人、监理单位、设计单位和承包人必须接受质量监督机构的监督。对工程质量验收结果未经过质量监督部门进行核查或核查不合格，不得进行下一阶段的验收工作。

（2）补短板强监管。2019年，水利部确定了"水利工程补短板、水利行业强监管"的总基调，各级水行政主管部门、流域管理机构全面加强对水利工程质量、安全的政府监管。当前政府对大中型水利工程实行水利稽查、专项巡查、特定飞检、驻站监督等多种监督形式，依据《水利工程建设稽察问题清单》《水利工程建设质量与安全生产监督检查办法（试行）》《水利部特定飞检工作规定（试行）》等，对水利发包人、设计单位、监理单位、承包人实施责任追究。同时，水利部每年按2%～5%的抽查比例，按照《水利工程建设监理单位资质管理办法》对水利工程建设监理单位进行随机抽查。政府对监理单位的质量监督检查主要从质量保证体系、质量管理行为、实体工程质量三个方面进行。根据《水利部办公厅关于印发水利工程运行管理监督检查办法（试行）第5个监督检查办法问题清单（2020 年版）的通知》（办监督〔2020〕124 号），对监理单位质量管理违规行为共划分为 137 项，详见表 3.1.1。

表 3.1.1　　　　　　　　　　监理单位质量管理违规行为分类标准

序号	质量管理违规行为	分类
（一）	质量控制体系	
1	未制定质量控制体系	严重
2	质量控制目标不满足质量管理工作要求	较重
3	质量控制目标未进行宣贯	一般
4	未编制质量控制体系文件，或编制的质量控制体系文件不全或不满足质量控制需要	较重
5	监理单位资质不满足承担的监理服务工作要求	严重
6	派驻现场监理人员数量、专业、资格不符合合同约定或不能满足工程建设需要	严重
7	主要监理人员变更未报项目法人（项目建管单位）批准	严重
8	监理机构主要人员驻工地时间不满足合同约定	严重
9	总监理工程师、专业监理工程师等主要监理人员挂名、不履职，或长期不在岗	严重
10	质量管理制度不健全或不完善	较重
11	监理机构岗位质量责任不明确，岗位责任制不落实	较重
12	监理单位未与监理机构签订工程质量责任书，质量责任书中未明确质量责任、无具体奖罚规定或未执行，无可操作性	较重
（二）	施工准备工作	
13	未制定监理规划或监理实施细则	严重
14	监理实施细则未履行审批程序，或无审批手续	严重
15	监理规划或监理实施细则编制缺项、不完整，或存在错误	较重
16	监理实施细则针对性和可操作性较差；无质量控制要点、控制措施	较重
17	对承包人质量保证体系未进行审查或审查无记录，或对存在问题未督促落实整改	较重
18	对承包人的开工准备（如人员设备进场、工器具准备等）未进行检查与批准或审核工作，或检查与批准、审核工作存在不足	较重
19	对混凝土、浆砌石等项目施工器具不满足相关规定即允许开仓或默认开仓	较重
20	对施工单位的开工准备（如人员设备进场、工器具准备等）检查与批准、审核工作存在不足	一般
21	未按规定协助建管单位向承包人移交施工设施或施工条件	较重
22	未按规定对承包人的测量方案、成果进行批准和实地复核	严重
23	提供的施工图不满足开工条件，即同意开工	较重
24	未协调建管单位及设计单位及时提供施工图纸，或同意或默认承包人在无正式施工图纸的情况下施工	较重
25	对不具备开工条件的分部工程批准开工	严重

续表

序号	质 量 管 理 违 规 行 为	分类
26	合同项目开工申请批复时间晚于实际开工时间	一般
27	对承包人施工技术准备工作审核不严或监督检查工作不到位	较重
28	对施工图纸审签不符合监理规范要求	较重
29	未组织设计交底会议	严重
30	组织的设计交底会议没有记录、记录内容不全	较重
31	对施工组织设计、施工技术方案、作业指导书等技术文件审查不严	较重
32	对工艺试验审查不满足合同规定的技术要求	较重
33	未按规定执行设计变更管理程序	严重
34	设计变更未履行审批程序，或审批程序不全即同意用于施工或结算	较重
（三）	施工过程质量控制	
35	未对承包人地质勘探和土料场复勘等工作进行监督检查或监督检查不到位	严重
36	未监督承包人定期对施工控制网进行复核	较重
37	未按规范要求承包人进行各种施工工艺参数的试验或未审批承包人提交的工艺参数试验报告	较重
38	对批复的施工方案实施监督不到位	较重
39	未按规定对承包人的原材料、中间产品的存放工作进行监督检查或监督检查不到位	一般
40	签证未经检验或检验不合格的建筑材料、建筑构配件和设备	严重
41	签证不合格的建设工程	严重
42	与承包人串通，弄虚作假、降低工程质量	严重
43	对进场使用的原材料、中间产品，未履行审批手续或审批工作存在不足	严重
44	未按规范规定的项目和频次对进场原材料、中间产品及成品进行平行检测和跟踪检测	较重
45	平行检测、跟踪检测工作不符合规范要求	严重
46	委托不具备资质的试验检测单位进行检测	严重
47	未按规程规范要求对承包人的取样工作进行见证	较重
48	对平行检测不合格的材料和中间产品的处理措施不力	严重
49	未按规定对承包人的原材料、中间产品及产品质量检测工作进行监督检查或监督检查不到位	严重
50	批准或默认承包人使用错误的混凝土（砂浆）配合比，或配料单	严重
51	未按规定对进场的特种机械设备使用进行检查和审批	较重
52	未按规定对施工单位拌和系统及其管理进行监督检查	较重
53	未按规定对混凝土拌和质量进行监督检查	较重
54	未按合同和规范规定对重要隐蔽（关键部位）单元工程、重要部位、主要工序施工过程进行旁站监理或旁站无记录，或编造旁站记录	严重
55	工作期间履职不到位，擅离职守，脱岗	严重
56	对重要隐蔽（关键部位）单元工程、主要工序施工过程旁站记录不完整	较重

续表

序号	质 量 管 理 违 规 行 为	分类
57	对承包人"三检制"执行情况和存在问题检查不到位	较重
58	未对承包人的质量评定资料进行复核或复核不认真，签认存在明显错误的质量评定表	严重
59	单元（工序）工程未经检验合格即允许或默认下道工序施工	严重
60	单元（工序）工程未经检验合格即默认下道工序施工或未制止下道工序施工	严重
61	对施工（安装）单位有质量改进指令，但事后无检查或有检查无记录	较重
62	未按规程规范要求组织重要隐蔽（关键部位）单元工程（或设备安装主要单元工程）质量验收，或未验收即允许或默认下道工序施工	严重
63	未按规程规范要求组织重要隐蔽（关键部位）单元工程（或设备安装主要单元工程）质量验收即允许或默认下道工序施工，或未对施工单位违规进行下道工序施工行为进行制止	严重
64	重要隐蔽（关键部位）单元工程质量等级签证未及时报送建管单位	较重
65	重要隐蔽（关键部位）单元工程质量等级签证，相关人员未进行签字确认或签认有错误	较重
66	对承包人申报文件、资料，监理单位审批意见填写不准确	较重
67	对承包人申报文件、资料，监理单位审批人员资格不符合规定	较重
68	对承包人提交的各种资料审查不严格	较重
69	对明显的质量问题不能及时发现或对发现的质量问题未及时下发监理指令	严重
70	对存在的质量问题未督促承包人进行及时处理或落实整改	严重
71	出现质量问题未及时召开质量专题会议，或议定的事项未落实	严重
72	应由总监理工程师签字的文件由他人代签	严重
73	工程质量评定资料监理单位签字不全	一般
74	工程质量评定评定资料弄虚作假	严重
（四）	安全监测设备安装监理	
75	未参加监测仪器和材料进场验收或进场验收记录不详	较重
76	未对监测仪器率定情况进行监督检查	较重
77	未对电缆进行见证取样检测	较重
78	未对施工人员资格及所用检测设备进行审查	较重
79	未对需要变更的方案提出审批意见	严重
80	未按合同约定开展安全监测安装工程的监理工作	严重
81	未及时复核监测单位监测结果	较重
82	未及时组织系统联合测试	较重
83	未组织开展试运行阶段监测数据的分析整理工作	较重
84	未按规程规范进行工程质量评定和验收	严重
85	未组织相关单位移交基准点、原始资料、考证表等相关原始资料	较重

序号	质量管理违规行为	分类
86	未对监测仪器埋设质量缺陷处理进行监督或记录	较重
87	未督促监测单位对监测资料进行整编、分析和处理	较重
（五）	金属结构、设备监造	
88	未按合同约定进行驻厂监造或监造无资料	严重
89	未对项目检测人员、设备、方法进行审核，未对项目检测实施全过程监督并确认结果	严重
90	未对零部件加工工艺、精度、材质进行检查监督，或没有记录	严重
91	未对关键部位、关键工序、关键施工时段实行旁站监理，或旁站无记录，编造旁站记录	严重
92	旁站监理人员未按合同要求和有关规定履职	较重
93	未对金属结构件和设备的安装、调试、试运转等进行检查	严重
94	未对设备制造质量检验和试验记录进行签字确认	严重
95	未对外购外协件质量检验进行审查确认	严重
96	未进行出厂验收，出厂验收资料不全，无验收大纲，无验收遗留问题处理资料	严重
97	未组织工程金属结构件、永久设备进场验收，或验收无记录	严重
98	工程金属结构件、永久设备进场验收记录不详	较重
99	无监造日志、日记，或记录不全	较重
（六）	输变电工程监理	
100	未对变电所址、线路路径进行复核和检查处理	严重
101	发生特殊工种人员资质不符的现象未检查发现或未指令其停止作业	严重
102	未对重要项目、隐蔽工程和关键部位设置见证点、待检点，并实行旁站监理	严重
（七）	质量缺陷管理	
103	未制定或明确工程质量缺陷管理制度	严重
104	未按要求对质量缺陷进行检验和评估	较重
105	未按规定对工程质量缺陷处理方案进行审查	较重
106	对质量缺陷的处理未实施监督、检验及验收；检验和验收无记录或记录不全	严重
107	未按规定将质量缺陷的检查、处理和验收情况上报建管单位	较重
108	未进行质量缺陷记录和备案；缺陷记录、备案资料不全、不详或实际情况不符	较重
109	未对承包人质量缺陷管理制度的执行、缺陷处理工作落实及存在的问题进行检查或检查工作不到位	
（八）	质量事故处理	
110	对工程质量事故未按规定及时报告	严重
111	质量事故无记录或记录不详、不实或与实际情况不符	严重
112	未按要求参加工程质量事故调查、分析	严重

序号	质量管理违规行为	分类
113	对工程质量事故处理未实施监督及验收，或监督、验收无记录	严重
114	未建立工程质量事故档案或档案资料不全	较重
（九）	质量问题整改	
115	对质量督查、巡查、检查、稽察等提出的整改意见未落实，或落实不到位	严重
116	对项目法人（建管单位）、设计单位提出的质量问题未督促承包人进行整改或整改不到位	较重
（十）	工程验收	
117	对承包人提交的验收申请报告等验收资料未审查，或审查无记录	较重
118	未对施工单位提交的施工管理工作报告进行审核或审核无记录	较重
119	施工验收阶段使用规程、规范不当	较重
120	未及时组织分部工程验收	较重
121	主持的分部工程验收不符合规范要求	严重
122	未提交各时段工程验收监理工作报告	严重
123	对遗留问题未在分部工程验收签证书中填写清楚	较重
124	未督促承包人落实验收遗留问题	较重
125	提交的验收资料不真实、不完整，导致验收结论有误	严重
（十一）	监理资料及其他	
126	监理日志、日记等资料造假	严重
127	监理日志、日记填写不规范、不完整或日志与日记填写内容不能反映工程实际情况	较重
128	监理工程师、总监理工程师巡视无记录或记录不全	较重
129	监理单位与承包人以及建筑材料、建筑构配件和设备供应单位有隶属关系或者其他利害关系	严重
130	监理例会记录内容不完善，会次数不满足监理规划要求	较重
131	监理用表格式不规范，或填写错误	一般
132	施工进度滞后，未编制控制性进度计划，未责令承包人采取补救措施	较重
133	未制定监理业务培训计划或培训计划未落实	一般
134	对承包人主要管理人员考勤不严格	较重
135	监理月报、监理专题报告、监理工作报告和监理工作总结报告等文件及其内容不完整、不规范、不能反映工程实际情况	较重
136	对承包人工程档案资料整理整编检查监督工作不到位	较重
137	未安排专人负责信息管理，未制定监理收发文管理办法，文档管理混乱	严重

3.1.1.3 水利工程建设标准强制性条文

《水利工程建设标准强制性条文管理办法（试行）》（2012年12月16日水利部印发，水国科〔2012〕546号）第三十条规定：水利工程发包人、勘察单位、设计单位、承包人、监理单位、质量检测单位等单位违反强制性条文要求的，应按《建设工程质量管理

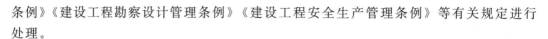

条例》《建设工程勘察设计管理条例》《建设工程安全生产管理条例》等有关规定进行处理。

自 2000 年版《工程建设强制性条文》（水利工程部分）以后，水利工程建设标准强制性条文经过多次修订，现行《水利工程建设标准强制性条文》（2020 年版）是摘录现行水利技术标准中直接涉及人民生命财产安全、人身健康、环境保护和其他公众利益的、必须严格执行的强制性规定汇总而成的。《水利工程建设标准强制性条文》（2020 年版）由四篇正文与附录组成，包括第一篇水利工程设计、第二篇水利工程施工、第三篇劳动安全与卫生、第四篇水利工程验收，共涉及现行有效的国家标准和行业标准 94 项，摘录出强制性条文共 577 条。《水利工程建设标准强制性条文》（2020 年版）对土石方工程（开挖、锚固与支护、疏浚与吹填）、混凝土工程、灌浆工程的强制性规定进行了摘录。其中：

（1）开挖方面特别强调特大断面洞室设有拱座，采用先拱后墙法施工时，应保护和加固拱座岩体。拱脚下部的岩体开挖应符合下列要求：拱脚下部开挖面与拱脚线最低点的距离不应小于 1.5m；顶拱混凝土强度不应低于设计强度的 75%。

（2）混凝土方面特别强调模板施工，对拆除模板的期限，应遵守下列规定：钢筋混凝土结构的承重模板，应在混凝土达到下列强度后（按混凝土设计标号的百分率计）才能拆除。悬臂板、梁：跨度 $L \leqslant 2m$，75%；跨度 $L > 2m$，100%。其他梁、板、拱：跨度 $L \leqslant 2m$，50%；$2m < $跨度 $L \leqslant 8m$，75%；跨度 $L > 8m$，100%。

（3）水泥灌浆施工，特别强调了接缝灌浆的高程、与初期蓄水位的关系。

3.1.2　施工质量控制

3.1.2.1　施工质量控制的依据

（1）国家有关工程建设的法律、法规、规章和强制性标准（参见第 1 篇）。

（2）已批准的设计文件、施工图纸及相应的设计变更与修改文件。

（3）已批准的施工组织设计、施工技术措施及施工方案。

（4）合同中引用的国家和行业（或部颁）的现行施工操作技术规范、施工工艺规程及验收规范、技术标准。

（5）合同文件中引用的有关原材料、半成品、构配件方面的质量依据。这类质量依据包括：有关产品技术标准；有关检验、取样方法的技术标；有关材料验收、包装、标志的技术标准。

（6）发包人和施工承包人签订的工程施工合同中有关质量的合同条款。监理合同写有发包人和监理单位有关质量控制的权利和义务的条款，施工合同写有发包人和施工承包人有关质量控制的权利和义务的条款，各方都必须履行合同中的承诺，尤其是监理单位，既要履行监理合同的条款，又要监督施工承包人履行质量保证条款。因此，监理单位要熟悉这些条款，当发生纠纷时，及时采取协商调解等手段予以解决。

（7）制造厂提供的设备安装使用说明书和有关技术标准。制造厂提供的设备安装使用说明书和有关技术标准，是承包人进行设备安装必须遵循的重要的技术文件，同样是监理单位对承包人的设备安装质量进行检查和控制的依据。

3.1.2.2　施工质量控制基本工作

依据施工合同文件、设计文件、技术规范与质量检验标准，以单元工程和工序过程为基础，通过巡视、检查、旁站、试验和验收等有效的措施和手段，对工程质量实行全面全过程监督和控制。工程监理合同约定的监理工作包括：

（1）参加或主持监理工程项目的构成划分（单元工程、分部工程、单位工程划分及外观质量标准等，由发包人批准并报送质量监督机构备案），并按施工程序明确质量控制工作流程，分析和确定质量控制重点及其应采取的监理措施，制定质量控制的各项实施细则、规定及其他管理制度。

（2）核实并签发工程施工必须遵循的设计要求、采用的技术标准、技术规程规范等质量文件；审核签发施工图纸。

（3）审查承包人的质量管理体系文件和措施，督促承包人质量管理体系正常运作。

（4）组织向承包人移交与施工合同有关的测量控制网点；审查承包人提交的测量实施报告，其内容应包括测量人员资质、测量仪器及其他设备配备、测量工作规程、合同项目施测方案、测点保护等；审查施工承包人引申的测量控制网点测量成果及关键部位施工测量放样成果，并进行必要的复测。

（5）审查承包人自建的实验室或委托试验的实验室，审查内容主要有资质、设备和仪器的计量认证文件、检验检测设备及其他设备的配备，实验室人员构成及素质、实验室的工作规程规章制度等。

（6）审查批准承包人按施工合同规定进行的材料试验和混凝土骨料级配试验及配合比试验、工艺试验及确定各项施工参数试验；审查批准经各项试验提出的施工质量控制措施；审查批准有关施工质量的各项试验检测成果，并进行抽样检查试验，抽样频率不低于规范要求和合同约定数量。

（7）审查进场工程材料的质量证明文件及承包人按有关规定进行的试验检测结果。监理机构编制检验计划，依据《水利工程施工监理规范》（SL 288—2014）开展平行、跟踪检验项目及数量抽样检查试验，抽样频率不低于规范规定数量。不符合工程施工合同及国家有关规定的材料及其半成品不得投入施工、且限期清理出场并编制材料及其半成品清退清单记录。

（8）检查施工前的其他各项准备工作是否完备（如图纸供应、水电供应、道路、场地、施工组织、施工设备以及其他环境影响因素），尽力避免可能影响施工质量的问题发生。

（9）对施工质量进行全过程全面的监督管理，在加强现场管理工作的前提下对关键部位、关键施工工序、特殊工序、关键施工时段（如建基面的清理，混凝土浇筑，灌浆工作中的压水试验、浆液制备、施灌、封孔，锚杆插杆和注浆，预应力锚束施工，安全监测仪器的安装及埋设等）必须实行旁站监理，对发现的可能影响施工质量的问题及时指令承包人采取措施解决，必要时发出停工、返工的指令。

（10）充分运用监理的质量检查签证的控制手段，对工程项目及时进行逐层次、逐项的（按单元工程、分部工程、单位工程等）施工质量认证和质量评定工作。及时组织进行隐蔽工程、重要部位、重要工序的质量检查验收和签证工作以及分部工程的检查验收工作。

（11）做好监理日志，随时记录施工中有关施工质量方面的问题及处理情况，并对发生施工质量问题的施工现场及时拍照或录像。

（12）组织并主持定期或不定期的质量检查和质量分析会，分析、通报施工质量情况，协调有关单位间的施工活动以消除影响质量的各种外部干扰因素。

（13）质量事故发生后，及时报告发包人并督促承包人采取必要的应急措施，同时积极配合对质量事故进行调查、提出处理意见，并监督事故的处理。

（14）对施工质量进行经常性分析，定期提出施工质量控制报告，并按规定格式编制施工质量统计报表（年、季、月）报送发包人。

3.1.2.3　工程质量保证体系和施工质量保证

1. 工程质量保证体系

工程质量保证体系一般由思想保证子体系、组织保证子体系、工作保证子体系组成，如图3.1.1所示。

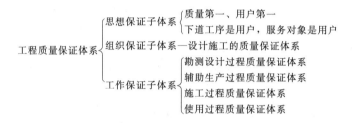

图3.1.1　建设项目质量保证体系示意图

（1）设计单位/承包人的工程质量保证体系。设计单位/承包人的质量保证体系，是工程质量管理体系中最基础的部分，设计质量也是工程质量、工程投资的必要条件。

（2）监理机构的工程质量保证体系建立及对承包人现场机构的质量保证体系的管理。监理机构的工程质量保证体系，实行总监负责制，总监为质量第一责任人，设置分管质量负责人负责日常质量管理督导、协调，根据监理机构组织结构模式，将质量管理责任分解到各职能部门、专业监理工程师等。监理机构担负有督促承包人及时建立健全质量保证的组织机构与制度责任；明确项目经理为施工项目质量保证第一责任人，对合同工程施工负全面责任。明确工程项目的质量管理目标，安全目标应符合国家法律、法规的要求并形成方便员工理解的文件，并保持实施；施工项目应对从事与质量有关的管理、操作和检查人员；规定其职责、权限，并形成文件；针对工程项目的规模、结构、环境、技术含量、资源配置等因素进行质量保证策划，根据策划的结果，编制质量保证计划。督促承包人按时提交工序质量、施工质量措施；督促承包人从人、机、料、环境和管理等方面采取有针对性的控制措施。

2. 监理机构与发包人专业中心的工作关系

大型水利工程发包人为加强专业管理，提高对工程质量及相关工作的管控能力，招标引入专业机构代为开展专业技术管理。专业中心的设置根据工程特点、发包人需求会有所不同。通常情况下，通过招标引进专业机构，成立试验检测中心、测量管理中心、安全监测中心、水保环保中心等，最常规的专业管理为在工程现场组建水情中心。各专业中心作为发包人管理体系的有机组成部分，除水情中心是为工程建设提供水情气象服务外，其他各专业中心既行使一部分发包人管理职责，也通过开展一定比例的抽样检测，对各监理机构和承包人相应的工作进行监督检查。

3．施工质量保证

施工质量保证是承包人内部向管理者提供优质服务证据，外部向发包人提供信任。在工程建设中，施工质量保证的途径包括以下三种：

（1）以检验为手段的质量保证。

（2）以工序管理为手段的质量保证。以工序管理为手段，涉及设计过程、施工过程的质量保证（不涉及对规划和使用等阶段有关的质量控制）。

（3）以开发新技术、新工艺、新材料、新工程产品为手段的质量保证。以开发新技术、新工艺、新材料、新工程产品为手段的质量保证，是对工程从规划、设计、施工到使用的全过程实行的全面质量保证。

3.1.2.4 工程项目划分

项目划分既方便工程管理，也便于施工质量控制工作开展。在项目划分的基础上，督促承包人的工程项目的开工申报；开展工程项目合同支付、施工进展、施工质量、施工安全信息的分类管理和统计分析；根据合同要求开展工程项目施工过程质量检验；以单元工程为基础，对经施工质量检验合格的已完工程项目进行计量支付；根据需要对前阶段工程项目施工履约情况进行评价；分部工程完成后及时组织分部工程验收。发包人组织参建单位对各标段所涉及的工程应在工程建设初期开展此项工作，在施工过程中可根据需要进行更正或补充。发包人在主体工程开工前将项目划分表及说明书面报相应质量监督机构确认。依据《水利水电工程施工质量检验与评定规程》（SL 176—2007）、《水利水电工程单元工程施工质量验收评定标准》（SL 631～637—2012）、《水利水电工程单元工程施工质量验收评定表及填写说明》（上、下册）及《水利工程施工质量检查评分办法》（水建〔1995〕339号），结合某工程施工合同文件，对各工程项目按单位工程、分部工程、单元工程三级进行划分。其中，单元工程指按设计分缝（块、层），或同期施工作业区、段、层、块，或质量检验区段划分，通过若干作业工序完成的工程项目，是工程质量考核和合同支付审核的基本工程单位。以某输引水工程代码为例（图3.1.2），工程的代码为JP，标段合同编号为C2，C2标1号输引水管道（隧洞）的项目划分及项目代码见表3.1.2，其中，X1X2、X3X4、X5X6X7等分别代表单位工程、分部工程、单元工程各分级项目编码。

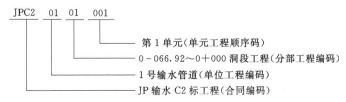

图 3.1.2　某输引水工程 C2 标工程项目编码示意图

表 3.1.2   JP 输引水 C2 标工程 1 号输水管道项目划分及项目代码

单位工程名称	单位工程编码	里程/桩号	分部工程名称	分部工程编码	分部工程位置（桩号）	单元工程类别及编号	备注
1号输水管道	01	桩号 0+000.0～ 34+300.0	△控制阀室及稳压水池	01	0－066.92～ 0+000.0	开挖（001）/回填（002）/混凝土（003）/钢管（004）	
			管道及附属建筑物（1）	02	0+000.0～ 5+000.0	开挖（001）/回填（002）/垫层（003）/混凝土（004）/PCCP管安装（005）	
			管道及附属建筑物（2）	03	5+000.0～ 10+000.0	开挖（001）/回填（002）/垫层（003）/混凝土（004）/PCCP管安装（005）	
			管道及附属建筑物（3）	04	10+000.0～ 17+379.693	开挖（001）/回填（002）/垫层（003）/混凝土（004）/PCCP管安装（005）	
			管道及附属建筑物（4）	05	18+850.0～ 24+000.0	开挖（001）/回填（002）/垫层（003）/混凝土（004）/PCCP管安装（005）	
			管道及附属建筑物（5）	06	24+000.0～ 29+000.0	开挖（001）/回填（002）/垫层（003）/混凝土（004）/PCCP管安装（005）	
			管道及附属建筑物（6）	07	29+000.0～ 34+300.0	开挖（001）/回填（002）/垫层（003）/混凝土（004）/PCCP管安装（005）	
			交叉建筑物	08		开挖（001）/回填（002）/垫层（003）/混凝土（004）/浆砌石（00）/瓦形支撑（006）/角钢支撑（007）	
			标志及警示设施	09		标志桩（001）/警标牌（002）	
			机电设备安装	10		检修碟阀（001）控制/流量阀（002）/进排气阀（003）/泄水阀（004）/连通管蝶阀（005）/＊闸门（006）/电气（007）	
			观测设施	11		仪器（001）/混凝土（002）/观测房（003）	根据仪器类别划分单元

注   JP 输水 C2 标工程 1 号输水管道 0－066.92～0+000 桩号的混凝土单元工程其编码为：JPC20101003。

3.1.2.5   施工图纸的核查与组织设计的审批

单位工程开工条件的审查与合同项目开工条件既有相同之处，但也存在区别。相同之处是两者审查的内容、方法基本相同；不同之处是两者侧重点有所不同。合同项目开工条件的审查侧重于整体，属于粗线条，涉及面广；而单位工程开工条件的审查则是针对合同中一个具体的组成部分而进行的。单位工程开工条件主要是对施工图纸的核查和施工组织设计的审批。

1. 施工图纸的核查

施工图的核查是指监理机构对施工图的审核。核查的重点是使用功能及质量要求是否得到满足。

（1）施工图核查内容。监理机构对施工图纸进行审核时，除了重视施工图纸本身是否满足设计要求之外，还应注意从合同角度进行核查，保证工程质量，减少设计变更，对施工图纸的核查应侧重于：施工图纸是否经设计单位正式签署；图纸与说明书是否齐全，如分期出图，图纸供应是否及时；是否与招标图纸一致（如不一致是否有设计变更）；地下构筑物、障碍物、管线是否探明并标注清楚；施工图中的各种技术要求是否切实可行，是否存在不便于施工或不能施工的技术要求；各专业图纸的平面、立面、剖面图之间是否有矛盾，几何尺寸、平面位置、标高等是否一致，标注是否有遗漏。

（2）设计技术交底。为更好地理解设计意图，从而编制出符合设计要求的施工方案，监理机构对重大或复杂项目组织设计技术交底会议，由发包人、设计单位、承包人、监理机构等相关负责人员参加。设计技术交底会议应着重包括：分析地形、地貌、水文气象、工程地质及水文地质等自然条件方面的影响；主管部门及其他部门（如环保、旅游、交通、渔业等）对本工程的要求，设计单位采用的设计规范；设计单位的意图，如设计思想、结构设计意图、设备安装及调试要求等；承包人在施工过程中应注意的问题，如基础处理、新结构、新工艺、新技术等方面应注意的问题。对设计技术交底会议应形成记录。

（3）施工图纸的发布。监理机构在收到施工详图后，首先应对图纸进行核查。在确认图纸正确无误后，由监理机构总监理工程师签字，加盖监理章，施工图即正式生效，施工承包人就可按图纸进行施工。承包人在收到监理机构发布的施工图后，在用于正式施工之前应注意：检查该图纸是否已经监理机构签章；对施工图作仔细的检查和研究。检查和研究可能有如下结果：

1）图纸正确无误，承包人应立即按施工图的要求组织实施，研究详细的施工组织和施工技术保证措施，安排机具、设备、材料、劳力、技术力量进行施工。

2）发现施工图纸中有不清楚的地方或有可疑的线条、结构、尺寸等，或施工图上有互相矛盾的地方，承包人应向监理机构提出"澄清要求"，待这些疑点澄清之后再进行施工。监理机构在收到承包人的"澄清要求"后，应及时与设计单位联系，并对"澄清要求"及时予以答复。

3）根据施工现场的特殊条件、承包人的技术力量、施工设备和经验，认为对图纸中的某些方面可以在不改变原来设计图纸和技术文件的原则的前提下，进行一些技术修改使施工方法更为简便，结构性能更为完善，质量更有保证，且并不影响投资和工期。此时，承包人可提出"技术修改"要求。这种"技术修改"可直接由监理机构处理，并将处理结果书面通知设计单位驻现场代表。如果设计代表对建议的技术修改持有不同意见，应立即书面通知发包人、监理机构。

4）如果发现施工图与现场的具体条件，如地质、地形条件等有较大差别，难以按原来的施工图纸进行施工，此时，承包人可提出"现场设计变更要求"。

2. 施工组织设计审批主要内容

（1）项目组织及合同履约体系的合理性与可靠性。

1）施工项目组织管理机构设置的合理与完备。包括：施工进度计划管理体系的合理与完备；施工质量管理体系的合理与完备；施工安全管理体系的合理与完备；施工环境保护管理体系的合理与完备。相关体系必须合理、可靠，能够切实带队履职。在合同文件中有明确规定的体系，承包人的施工组织设计必须响应，如果承包人擅自替换关键岗位、专门指明到位履职人员，必须督促到场或得到发包人的批准。

2）施工测量、试验检测机构设置；合同约定以及工程必需的设备设施配置的合理与完备。

（2）施工总体布置计划的合理性与可靠性。施工期供电、供风、供水、通信、施工期安全监测系统与设施的布置对合同目标实现的影响。施工期防汛度汛、文明施工与施工安全防护、施工环境保护系统与设施的布置对合同目标实现的影响。施工营地使用与安全防护，随着工程建设推进，在承包人开工准备期间可能出现工程条件与施工条件变化，监理工程师应查明相关变化，确认变化对现场布置的调整，带来费用、工期变化的，依据合同条款明确具体事项。

（3）施工总进度计划的合理性与可靠性。见第 3 篇第 2 章 3.2.3 "3.2.3.6 施工总进度计划的审批" 小节相关内容。

（4）施工方案及重要项目施工措施的合理性与可靠性。施工方案及重要项目施工措施合理、可靠，及对施工安全合同目标实现的影响。包括施工不同阶段、不同项目施工中可能发生的施工安全隐患分析，及应采取的措施对策。

施工方案及重要项目施工措施合理、可靠，及对施工质量合同目标实现的影响。包括施工不同阶段、不同项目施工中可能发生的影响施工质量的因素分析，及应采取的措施对策。

施工方案及重要项目施工措施合理、可靠，及对施工进度计划和合同工期、节点目标实现的影响。包括施工不同阶段、不同项目施工中可能发生的影响施工按期进展的因素分析，及应采取的措施对策。施工方案及重要项目施工措施合理、可靠，及对施工环境保护目标实现的影响。包括施工不同阶段、不同项目施工中可能发生的破坏或恶化施工环境因素分析，及应采取的措施对策。关键施工技术、手段、工艺的技术审查及对合同目标实现的影响分析。涉及新技术、新材料、新工艺和新设备使用，应明确试验使用检验可靠性等。

（5）施工人员安全健康与职业病防护措施的合理性与可靠性。见第 5 篇安全文明生产和生态环境保护相关管理主要内容。重点是责任落实，明确单元工程相关工作要求、安全防护措施的可靠性、环境保护的响应性、职业健康的合理性。

（6）合同工程项目施工组织设计审查成果管理与利用。

1）实施性施工组织设计必须要有针对性、及时性。有的承包人直接转报《招标项目施工组织设计》，除非现场条件确实没有变化，一般不应许可。见证过在建或已运行的工程，施工进入施工高峰期仍然没有正式批复实施性施工组织，不满足合同执行要求。监理机构应协调各方及早完成相关程序性的工作。

2）实施性施工组织设计是后续工程施工的基础性文件。谨慎使用 "监理机构对实施性《施工组织设计》的审批，不免除工程合同应承担的义务和合同责任"。监理机构人员应正确把握合同原则,提高工程技术水平,综合专业提出高质量的审批意见。获得发包人或监理机构批准的工程项目实施性《施工组织设计》,将被作为确定施工项目组织机构与管理体系、总体施工进度计划、总体施工布置计划、总体施工方案、施工资源配置规划,以及指导相应组成工程项目施工措施计划编制等的基础性文件。

3)批准的实施性施工组织设计是后续工程施工的依据。工程施工合同规定,承包人应认真执行监理单位(监理机构)发出的与合同有关的任何指示,按合同规定的内容和时间完成全部承包工作。除合同另有规定外,承包人(项目现场机构)应提供为完成本合同工作所需的劳务、材料、施工设备、工程设备和其他物品。获得发包人或监理机构批准的工程项目实施性《施工组织设计》,是对承包人(现场机构)合同履约评价的基础性文件。

3. 危险性较大工程的施工组织设计或施工方案审查主要内容

与常规施工组织设计审批不同,对危险性较大工程的施工组织设计或施工方案审查,首先应审查文件编制是否符合法规规定的内容;其次审查危险性分析,特别是技术分析的全面性;再次审查承包人是否完善了专家评审程序;最后监理机构在完成初步审查意见后(必要时由监理单位指导完成初步审查意见),应报请发包人现场机构或根据授权组织参建各单位共同对危险性较大工程的施工组织设计或施工方案审查进行会审,结合会审情况,再行批复。批复后的危险性较大的工程的施工组织设计或施工方案实施过程,监理机构跟踪措施落实,并根据法规要求,对危险性较大工程施工进行旁站监理。

3.1.2.6 施工质量控制流程

施工阶段的质量控制是对投入的资源和条件的质量控制(事前控制)进而对生产过程及各环节质量进行控制(事中控制),直到对所完成的工程产出品的质量检验与控制(事后控制)为止的全过程的系统控制过程。事前、事中、事后质量控制及其所主要方面如图3.1.3所示。

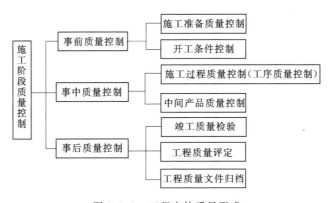

图 3.1.3 工程实体质量形成

1. 实体形成过程各阶段的质量控制

(1)事前质量控制的内容。事前质量控制内容是指正式开工前所进行的质量控制工作,其具体内容包括:

1)承包人资格审核。主要包括:检查主要技术负责人是否到位;审查分包单位的资格。

2）施工现场的质量检验、验收。包括：现场障碍物的拆除、迁建及清除后的验收；现场定位轴线、高程标桩的测设、验收；基准点、基准线的复核、验收等。

3）负责审查批准承包人在工程施工期间提交的各单位工程和部分工程的施工措施计划（包含生产性试验大纲等）、方法和施工质量保证措施。组织审查完成的试验成果并及时批复。

4）督促承包人建立和健全质量保证体系，组建专职的质量管理机构，配备专职的质量管理人员。承包人现场应设置专门的质量检查机构和必要的实验条件，配备专职的质量检查、实验人员，建立完善的质量检查制度。

5）设置质量控制点。为保证施工质量，监理机构根据工程的特点，将主要环节、关键部位、关键工序、薄弱环节预先确定为质量控制的重点、难点和关键点，以合同文件、设计图纸、技术规范、质量检验标准为质量控制依据，设置现场见证（W）、停工待检（H）、旁站（S）等质量控制点有效的措施和手段，以验收签证为质量控制凭证，对质量控制点实施全面、全过程的有效监督和控制。

6）采购材料和工程设备的检验和交货验收。承包人负责采购的材料和工程设备，应由承包人会同监理机构进行检验和交货验收，检验材质证明和产品合格证书。对其他单位提供的主要生产设备安装配合调试、试运行等，谨慎提出接收意见。

7）工程观测设备的检查。监理机构须检查承包人对各种观测设备的采购、运输、保存、率定、安装、埋设、观测和维护等。其中观测设备的率定、安装、埋设和观测均必须在有现场监理人员在场的情况下进行。

8）施工机械的质量控制。凡直接危及工程质量的施工机械，如混凝土搅拌机、振动器等，应按技术说明书查验其相应的技术性能，不符合要求的，不得在工程中使用；施工中使用的衡器、量具、计量装置应有相应的技术合格证，使用时应完好并不超过它们的校验周期。

（2）事中质量控制的内容。

1）监理机构有权对工程的所有部位及其任何一项工艺、材料和工程设备进行检查和检验，也可随时提出要求，在制造地、装配地、储存地点、现场、合同规定的任何地点进行检查、测量和检验，以及查阅施工记录。承包人应提供通常需要的协助，包括劳务、电力、燃料、备用品、装置和仪器等。承包人也应按照监理机构的指示，进行现场取样试验、工程复核测量和设备性能检测，提供试验样品、试验报告和测量成果，以及监理机构要求进行的其他工作。监理机构的检查和检验不解除承包人按合同规定应负的责任。

2）施工过程中承包人应对工程项目的每道施工工序认真进行检查，并应把自行检查结果报送监理机构备查，重要工程或关键部位，承包人自检合格并报经监理工程师批准后，方才能进行下道工序施工。如果监理机构认为必要时，也可随时进行抽样检验，承包人必须提供抽查条件。如抽查结果不符合合同规定，必须进行返工处理，处理合格后，方可继续施工，否则将按质量事故处理。依据合同规定的检查和检验，应由监理机构与承包人按商定时间和地点共同进行检查和检验。

3）隐蔽工程和工程隐蔽部位的检查。覆盖前的检查。经承包人的自行检查确认隐蔽工程或工程的隐蔽部位具备覆盖条件的，在约定的时间内承包人应通知监理机构进行检查，如果监理机构未按约定时间到场检查，拖延或无故缺席，造成工期延误，承包人有权要求延长工期和赔偿其停工或窝工损失。虽然经监理机构检查，并同意覆盖，但事后对质量有怀疑时，监理机构仍可要求承包人对已覆盖的部位进行钻孔探测，以致揭开重新检验，承包人应遵照执行；当承包人未及时通知监理机构，或监理机构未按约定时间派人到场检查时，承包人私自将隐蔽部位覆盖，监理机构有权指示承包人进行钻孔探测或揭开检查，承包人应遵照执行。对隐蔽工程、关键工程，发包人、质量安全监督部门、工程设计单位等均是抽检、验收责任行为主体，应执行联合检查验收、落实联合签证管理程序。

4）不合格工程、材料和机电设备的处理。在工程施工中禁止使用不符合合同规定的等级质量标准和技术特性的材料和机电设备。

5）行使质量监督权，下达停工令。出现下述情况之一者，监理机构有权发布停工通知：未经检验即进入下一道工序作业者；擅自采用未经认可或批准的材料者；擅自将工程转包；擅自让未经同意的分包商进场作业者；没有可靠的质量保证措施贸然施工，已出现质量下降征兆者；工程质量下降，经指出后未采取有效改正措施，或采取了一定措施而效果不好，继续作业者；擅自变更设计图纸要求者等。

6）行使好质量否决权，为工程进度款的支付签署质量认证意见。

（3）事后质量控制的内容。审核完工资料；审核施工承包人提供的质量检验报告及有关技术性文件；整理有关工程项目质量的技术文件，并编目、建档；通过工程质量管理、施工工艺、施工过程质量控制，质量检验成果及工程质量评定统计分析、问题处理等评价工程项目质量状况及水平。

事后控制还包括参加组织联动试车等检验功能程序。

2. 合同项目质量控制程序

（1）从进场、施工准备、工程开工，随着工程进展质量管理，到项目完工、验收投用，监理机构均需要按照合同约定开展质量控制程序管理。

（2）合同工程质量控制程序。监理机构应审批合同工程的开工申请，熟悉图纸，审核承包人提交的施工组织设计、技术措施等，确认后签发开工通知。

（3）分部工程质量控制程序。监理机构应审批承包人报送的每一分部工程开工申请，审核承包人递交的施工措施计划，检查该分部工程的开工条件，确认后签发分部工程开工通知。

（4）工序或单元工程质量控制程序。第一个单元工程在分部工程开工申请获批准后自行开工，后续单元工程凭监理机构签发的上一单元工程施工质量合格证明方可开工。

（5）混凝土浇筑开仓。监理机构应对承包人报送的混凝土浇筑开仓报审表进行审核。符合开仓条件后，方可签发。

3.1.3 施工质量管理工作

3.1.3.1 监理质量控制工作制度

根据《水利工程施工监理规范》（SL 288—2014），监理单位应建立但不限于以下质量管理制度。

1. 技术文件核查、审核、审批和设计交底制度

（1）对设计单位提交的所有设计图纸、报告等文件，监理工程师都将进行认真仔细的核查，发现错、漏、碰、缺等问题，应书面通知设计单位确认、改正；对同意下发的设计文件应加盖监理机构公章，未加盖监理机构公章的设计文件不得作为施工和计量依据。

（2）对承包人完成的施工图设计，监理工程师应进行严格的审核工作，提交发包人组织设计单位会审。

（3）参加、主持或与发包人联合主持召开设计交底会议，由设计单位进行设计文件的技术交底，形成会议纪要发送各单位。

（4）工程开工前，承包人必须提交该工程项目详细的施工技术措施和施工方案以及施工进度计划报监理工程师，经审查批准后方可进行开工申请。

（5）当工程的主要施工准备工作已经完成时，承包人应向监理工程师提出工程开工申请报告，监理工程师根据报告进行现场检查，在满足各项要求的条件下批准工程开工，向承包人发出开工通知并报发包人备案。

2. 原材料、中间产品及工程设备报验制度

（1）所有材料和构配件进场前应报告监理工程师检查验收，对出厂证明、材质证明和试验报告进行审阅，并按规定对材料进行检验，或在监理工程师的监督下由承包人进行复查，检查验收合格的材料方可进入施工现场，不满足质量要求的材料不得进入施工现场。

（2）施工前，监理人员应对准备投入工程中的材料和构配件再次进行检查，不合格的材料或储存超过期限或因储存保管方法不当而引起变质的材料应限期撤离现场，不得用于工程。

（3）承包人设备进场后，应及时书面报请监理工程师核验，监理工程师应核实进场设备规格、型号、数量、生产能力、完好率及设备配套的情况是否符合施工合同的要求，是否满足工程开工及随后施工的需要。对存在严重问题或隐患的施工设备，要及时书面督促承包人限时更换。

3. 工程质量报验制度

承包人每完成一道工序或一个单元工程，都应经过自检。承包人经过自检合格后报监理机构复核。上一道工序或上一个单元工程未经复核或复核不合格，不得进行下一道工序或下一个单元工程施工。按照合同技术条款规定、设计技术要求、相关规程规范等落实工程质量检验检测，发现问题跟踪处理。隐蔽以前，承包人应根据《工程质量评定验收标准》进行自检，并将自检资料报监理工程师。承包人应将需检查的隐蔽工程在隐蔽前预先提出报监理工程师，监理工程师应排出计划，在24小时内通知承包人进行隐蔽工程检查，重点部位或重要项目应会同发包人、设计单位共同检查签认。重点部位和重要项目应会同承包人、设计单位和发包人单位共同检查签认，并联合签署。重要部位，开展必要的实物取样、取芯检查、检测；需要委托工程场外检测的项目、物件，完善相关取送样程序，委托有资格的单位进行检查。

4. 工程计量签证制度

对于承包人的工程量计量报表和单元、分部工程最终计量申请，监理工程师应与承包人一起进行复核，对不符合合同文件规定的计量不予签认。

5. 会议制度

监理机构组织会议包括第一次工地会议、监理例会和专题会议。会议由总监理工程师或其授权的监理工程师主持，工程建设有关各方应派员参加。会议应符合以下要求：

（1）第一次监理工地会议。第一次监理工地会议应在监理机构批复合同工程开工前举行，会议主要内容包括：介绍各方组织机构及其负责人；沟通相关信息；进行首次监理工作交底；合同工程开工准备检查情况。会议的具体内容可由有关各方会前约定，会议由总监理工程师主持召开。

（2）监理例会。监理机构每月定期主持召开由参建各方现场负责人参加的会议，会上应通报工程进展情况，检查上次监理例会中有关决定的执行情况，分析当前存在的问题，提出问题的解决方案或建议，明确会后应完成的任务及其责任方和完成时限。

（3）监理专题会议。监理机构应根据工作需要，主持召开监理专题会议。会议专题可包括施工质量、施工方案、施工进度、技术交底、变更、索赔、争议及专家咨询等方面。

6. 紧急情况报告制度

当施工现场发生紧急情况时，监理工程师应立即指示承包人采取有效紧急处理措施，并向发包人报告。

7. 强制性条文符合性审核制度

监理机构在审核施工组织设计、施工措施计划、专项施工方案、安全技术措施、度汛方案和灾害应急预案等文件时，应对其与工程建设标准强制性条文（水利工程部分）的符合性进行审核。

8. 监理报告制度

监理机构应定期向发包人提供监理周报、月报或其他表报，工程验收时应提交监理工作报告。

9. 工程验收制度

在承包人提交工程验收申请有后，监理机构应对其是否具备验收条件进行审核，并根据有关水利工程验收规程或合同约定，参与或主持（发包人委托的）工程验收。

10. 工程质量事故处理制度

在施工过程中，由于设计或施工原因，造成工程质量不符合规范或设计要求，或者超出规定的偏差范围，需做返工处理的统称工程质量事故。对重大的质量事故和工伤事故，监理机构应立即上报发包人。凡对工程质量事故隐瞒不报，或拖延处理，或处理不当，或处理结果未经监理机构同意的，对事故部分及受事故影响的部分工程应视为不合格，不予验收计价，待合格后，再补办验收计价。承包人应及时上报《质量问题报告单》，并应抄报发包人和监理各一份。对于一般工程质量事故，应由承包人研究处理，填写事故报告一份报监理；对重大质量事故，承包人填写事故报告一式三份，报监理、发包人、设计三方。监理组织有关单位研究处理方案，报发包人批准后，承包人方能进行事故处理。待事故处理后，经监理复查，确认无误，方可继续施工。

11. 工程质量缺陷管理制度

在施工过程中，因特殊原因工程个别部位或局部未达到技术标准和设计要求，且未能及时进行处理的工程质量缺陷问题，以工程质量缺陷备案形式进行记录备案，即由监理机构组织各参建单位按照《水利水电工程施工质量检验与评定规程》（SL 176—2007）要求填写"质量缺陷备案表"，并及时报工程质量监督机构备案。

3.1.3.2　监理技能提升与质量管理活动

1. 监理技能提升

监理机构采取监理业务培训、质量检验签证展评、质量控制总结交流、质量管理知识竞赛、现场监理工作观摩交流等多项措施，全面提升监理机构人员业务技能。其中，①业务培训包括组织制度交底、监理细则学习、编制质量工作手册发放等，监理机构人员开展专项培训，提升工作技能；②现场监理记录和质量检验签证等监理工作成果的展示、评价和交流活动，可以检查和规范监理人员记录填写、质量检验表签证质量；③质量控制总结交流，可以通过开展质量管理优秀论文演讲活动和质量管理知识竞赛活动，进一步提高监理机构人员的质量意识、工作业务能力和质量控制水平；④现场监理工作观摩交流活动可以经常性进行，观摩交流的主要内容可以是值班前的准备与交接班程序、监理现场巡视与旁站监督工作内容和方法、现场施工质量监督效果、质量检验签证及内部会签制度落实情况、一次报验合格率评价开展与成效等，对观摩交流的现场监理工作进行总结，对观摩发现的问题进行整改，促进现场监理工作水平提高。

2. 质量管理活动

通过创样板工程、质量月活动等促进实体质量稳定、提高；督促承包人按章作业，文明施工，创造良好的作业环境，保证工序质量稳定性。

3. 监理单位的职能促进

监理单位分管质量负责人及职能部门对监理工程开展年度或定期巡视检查，评价监理机构工作效能，是指导和提高现场监理工作的重要方法。

3.1.3.3　施工质量检查及工程质量评价方式

1. 施工质量检查

除现场项目监理人员的日常检查和旁站监督外，监理机构还会开展大量的施工质量监督检查，包括参加发包人组织的质量巡视检查、监理机构内部质量例行巡视检查、专业联合巡视检查等；其中联合巡视检查包括：试验、测量、档案等定期检查，会议讨论分析评价等。

（1）发包人组织的质量巡视检查。由发包人组织、各专业中心、监理机构负责人参加，对各主要合同工程的工程实物质量、承包人质量保证体系、相关内业资料以及上一季度内部质量巡视检查提出问题的整改情况等进行检查，对检查结果予以通报，要求承包人对照检查中存在的问题限期整改，整改落实情况报送监理机构，监理机构限期对各承包人整改落实情况进行全面检查，并将检查情况连同承包人的整改落实情况以书面形式报送发包人质量管理办公室。

（2）监理机构内部质量例行检查。监理机构定期（按周、月）对现场各合同工程项目的施工质量进行巡视检查，巡视检查组组长由监理机构领导担任，成员由监理机构部门分管工程质量的责任人组成。检查内容结合工程施工进展确定，主要检查内容包括：现场施工质量情况；现场监理记录和施工质量检验签证；现场监理机构及监理人员施工质量监督职责履行情况；历次检查中发现问题的整改情况。每次检查完成后印发现场巡视检查情况通报，提出存在的问题及限期整改要求。

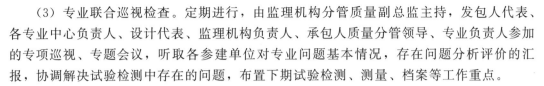

（3）专业联合巡视检查。定期进行，由监理机构分管质量副总监主持，发包人代表、各专业中心负责人、设计代表、监理机构负责人、承包人质量分管领导、专业负责人参加的专项巡视、专题会议，听取各参建单位对专业问题基本情况，存在问题分析评价的汇报，协调解决试验检测中存在的问题，布置下期试验检测、测量、档案等工作重点。

2. 水利工程施工质量考核及质量评价方式

（1）考评方式。大型水利工程工程明确有施工质量考核制度，按照一定方式，定期进行，监理机构组织的月度质量考核情况与发包人组织的质量巡检情况综合起来进行评比，并根据评比结果按照合同约定奖励。

（2）考评内容。月度质量考核内容包括施工质量月度现场检查情况，施工质量保证体系、内业资料检查情况，违规作业、质量缺陷和事故情况，还可根据不同合同工程的特点增加考核内容。月度质量考核得分为上述各项得分之和。监理机构月度质量考核除肯定成绩和进行评分外，更加注重促进全员质量意识、质量管理工作和实体工程质量提高，通报日常监理过程中和考核时发现的质量管理、施工作业、施工组织和实体工程质量方面的问题，并督促整改落实。

（3）施工质量评价。承包人的自检与试验结果评价；监理机构的工序检查与抽检试验结果评价；发包人专业中心的抽检试验评价；设计巡视与建筑物功能评价等环节与评价方式。各阶段发现的问题均闭合处理或专门论证满足条件。监理机构对工程施工质量阶段情况检查后出具施工质量评价报告，其内容包括：

1）质量保证体系：承包人质量管理体系总体运行状况，管理制度是否得到有效执行；承包人提供的施工过程质量文件是否能够指导现场施工。

2）检验试验：承包人工地试验室配置的试验仪器检定，试验检测工作否满足合同及需要；阶段使用的原材料及半成品试验检测、阶段施工衬砌混凝土、灌浆项目抽检查情况；对进场原材料能够及时报验、检测，混凝土、灌浆过程检测频次是否满足要求；监理抽检原材料、半成品、成品、构件等是否合格。

3）工序施工情况：对开挖、混凝土、灌浆等项目是否总体能够按照设计、规范及相关技术要求进行施工，施工质量总体上是否满足设计及规范要求；不合格项处理情况。

4）新材料、新工艺的专项试验检验情况；第三方检查情况；按规程规定要求进行项目验收评定情况等。

5）上次质量评价报告要求整改落实的事项闭合情况；阶段查证问题整改闭合情况；下一阶段需要落实的事项等。相关报告评价结果发送承包人现场机构，必要时报告承包人总部督促改进。

3.1.3.4　配合水利工程质量监督的监理工作

水行政主管部门对工程质量的监督主要采取巡视检查：不定期现场巡视（季）、年度监督检查、工程阶段监督检查（截流、蓄水、机组启动、枢纽工程专项验收等）、驻站监督、对大中型水利工程实行水利稽察、专项巡查、特定飞检等方式。监理机构应积极配合相关质量监督检查工作。

1. 质量监督内容

水行政主管部门对水利工程质量实体开展质量监督，包括对施工导流及水利项目工程，涉及土石方明挖工程、地下洞室开挖工程、水工混凝土（特种混凝土）工程、输水管道、基础处理与灌浆工程、软基防渗与加固工程、土石方（坝）填筑工程、砌体工程与其他特殊工程，以及相关前述工程的原型观测项目。质量监督的形式包括：听取工程建设各责任主体的汇报；与工程建设各责任主体座谈；查看工程现场；检查工程质量管理体系建立和运行情况；抽查施工记录和质量检测记录；专题研究；专题通报会议。其他方式：对影响工程安全的重要部位、隐蔽工程、质量问题突出部位进行重点检查，必要时找第三方检测机构检查验证和质量评价。工程稽察及质量专项巡查的内容：巡视检查的主要明确于《水利工程建设稽察问题清单》《水利工程建设质量与安全生产监督检查办法（试行）》《水利部特定飞检工作规定（试行）》中。为保证工作有序，监理机构在发包人的指导下，与参建单位共同检查以下方面的内容，做到有备不乱。对质量体系建立、运行情况，规章制度建立情况；质量管理方针政策、法律法规、工程建设标准强条执行情况；技术规程、规范和质量标准的执行情况；重大设计变更是否论证充分并履行相关程序；企业资质、转包及违法分包；通过检查现场，查阅资料方式，检查实体质量及安全文明施工。

　　水行政、行业主管及相关部门对监理机构检查的重点如下：

　　1）体系建立和执行情况：资质是否满足要求、是否建立健全质量管理体系、规章制度和工作程序；人员是否持证上岗，总监及主要监理人员是否有资质证书，总监是否常驻工地，监理人员是否到位及满足要求，监理设备、仪器是否按合同到位并定期检查。

　　2）监理工作制度：是否编制监理大纲、监理规划和建立实施细则；是否明确质量要求、质量目标；质量标准是否满足国家、行业及合同要求；是否建立过程控制程序和实施办法，验收及检查签证制度和档案管理办法等。

　　3）执行情况：是否履行"四控制、二管理、一协调"职责；对主要原材料、中间产品的抽检情况和成果；提供过程控制执行情况和旁站监理记录；是否坚持监理例会制度，提出的质量问题是否能够及时解决；提供对进场材料、设备出厂检验证明、出厂合格证、质量证明材料的检验及开箱检查、抽检情况；落实质量检查验收签证和质量评定制度，提供检查验收签证原始记录和单项工程质量综合分析成果是否真实、准确、完整等证明材料；提供监理日志、监理月报等资料和文件，接受检查是否及时、真实、准确反映工程质量及存在问题和处理情况；接受检查对现场质量问题的处理，发出指令情况，工程质量事故的报告及调查和处理情况；接受检查施工质量缺陷是否进行了统计、处理，消缺手续是否完备，是否坚持质量事故报告备案制度；接受检查对承包人的质量检验结果核实情况，对单元工程质量等级复核情况，签字手续是否完备；接受检查阶段验收的自检报告及对工程质量评定意见；接受检查对质量监督的整改和落实情况；接受检查文件、材料整编、归纳分析和档案管理工作。

　　2. 监理机构接受检查与问题闭合管理

　　接受质量监督，监理机构的工作不仅限于本单位的准备，还配合发包人完成闭合文件提交。第一步，做好迎接检查的工作：现场准备、自查报告汇总校审、备查资料准备。第二步，陪同检查，了解专家关注情况，积极做好情况介绍；对专家提出的问题及时回复、提供证明材料。第三步，在质量监督专家通报会后，配合发包人组织各单位主要负责人员，召开专题通报会，对存在问题提出具体整改要求。根据检查情况，配合发包人下发专

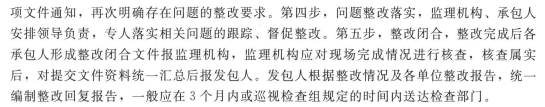

项文件通知，再次明确存在问题的整改要求。第四步，问题整改落实，监理机构、承包人安排领导负责，专人落实相关问题的跟踪、督促整改。第五步，整改闭合，整改完成后各承包人形成整改闭合文件报监理机构，监理机构应对现场完成情况进行核查，核查属实后，对提交文件资料统一汇总后报发包人。发包人根据整改情况及各单位整改报告，统一编制整改回复报告，一般应在3个月内或巡视检查组规定的时间内送达检查部门。

3.1.3.5 施工质量控制方法及手段

在水利工程施工监理中，监理工程师进行质量控制的方法与手段主要有：试验、测量，其中巡视及旁站监督、程序管理、支付控制、指令文件和质量评价等。其中，试验指通过试件、取样进行的试验检查等。测量指借助于测量仪器、设备进行检查。巡视指施工现场作业面不定时的检查监督。旁站指现场跟踪、观察及量测等方式进行的检查监督量测指用简单的手持式量尺，量具、量器（表）进行的检查监督。

1. 试验

试验是工程质量控制的重要手段，其数据是评定工程质量的依据。监理机构设置专业职能机构：试验室，配备有经验的试验检测监理工程师对承包人的试验进行监督和见证，对承包人试验室的建立、资质、设备和仪器的计量认证文件、试验检测设备及其他设备的配备、试验室人员的构成及素质、试验室的工作规程规章制度以及试验过程及方法、试验标准等进行审核，对试验人员进行合同资质认证和跟踪评价。

（1）审查进场工程材料的质量证明文件及承包人按有关规定进行的试验检测结果。并按合同和发包人有关试验检测规定进行抽样检测平行试验。不符合合同及国家有关规定的材料及其半成品不得投入施工，且应限期清理出场。

（2）审查批准承包人按合同规定进行的材料级配和配合比试验、工艺试验及确定各项施工参数的试验；审查批准经各项试验提出的施工质量控制措施；审查批准有关施工质量的各项试验检测成果，并进行一定数量的抽样检测平行试验；对工程关键部位、重要部位和混凝土拌和系统的试验，监理机构按合同和发包人有关试验检测规定进行平行取样检测，检测监理24小时值班，对混凝土拌和系统生产质量进行全过程监督、检测、试验；监督承包人对其使用的称量、计量、检测设备每月定期校正。

（3）在施工过程中，采取跟踪检测和平行检测两种手段控制工程的施工质量。对涉及工程重要（关键）部位、重要构件、特殊部位对承包人采用见证取样或同步进行跟踪检测。

（4）跟踪检测和平行检测是监理机构对承包人试验结论和工程施工质量进行确认和评价的重要手段。对于重要的工程部位，在施工过程中，对承包人的施工材料、产品质量和试验结果有疑问，经技术研究需要核实时，需进行跟踪检测试验，或监理独立平行检测试验，必要时同步送发包人试验检测中心进行对比试验。

（5）跟踪检测和平行检测均应严格执行合同、国家、行业相应的技术标准，及发包人颁发的有关试验检测规定和某工程的技术要求。检验和试验中因工作需要送外部单位委托试验时，应当选择经国家主管部门认可资格的单位进行。若发现不合格产品，应分析原因，提出处理措施，经会审后才能实施，对不合格样品应另外存放。所有的检验和试验结果都必须按照合同和技术规范要求进行记录，建立并保存所有表明产品已经检验或试验的记录。

2. 测量

测量是施工质量控制、正确计量的依据和重要手段。监理机构设置监理测量队或专职人员，配备具备测量监理资质、有经验的测量工程师开展测量监理和监理测量工作，对承包人的测量工作进行监督和复核。

（1）在测量工作开始前，测量监理工程师对各承包人测量机构设置、测量仪器设备和测量人员进行检查，确认其是否满足合同要求，并对测量人员进行合同资质认真和跟踪评价。

（2）在测量工作开始前，审批承包人的测量方案。

（3）组织发包人测量中心向承包人移交与工程项目有关的测量控制网点；审查承包人提交的测量实施报告，其内容应包括测量人员资质、测量仪器及其他设备配备、测量工作规程、工程项目施测方案、测点保护等。

（4）在重要部位或测量监理工程师认为有必要时，对承包人的测量进行旁站监理和平行复核测量。监理人员抽检工程控制桩的频率，一般情况是 100％，即全检。

（5）审核承包人的测量成果，发现问题或有疑问时进行单独复核或联合复核测量。

（6）施工前对施工放线及高程控制进行检查，严格控制，不合格者不得施工；施工过程中随时注意控制，发现偏差及时纠正；中间验收时，发现几何尺寸等不符合要求的，指令承包人按要求进行处理，直至满足要求为止。检查过程以一定面积内的点目数或一定间距的测量断面，对照合同约定、行业规范，核查测量频率或比例，不足部分进行补测，对隐蔽工程采取必要的补救措施，直到满足规定。

（7）对采用测量计量的项目，测量监理工程师应进行原始数据和最终数据的测量，在中间过程中进行随机核实。对涉及原始地形、土石分界线、最终开挖线等重要工程项目的计量，监理测量对承包人报送的测量成果、工程量计算书独立复测计算审核后，报发包人或业主测量中心复核后再批复承包人。

（8）对测量控制网或承包人加密的施工测量控制网等进行定期核实。

3. 巡视及旁站监督

通过现场观察、监督和检查整个施工过程，注意并及时发现潜在的质量事故和质量隐患、影响质量不利因素的发展变化以及出现的质量问题等，以便及时进行控制。

（1）对于施工正常，不易出现质量事故的中间过程施工，采用巡视监理。

（2）在加强现场管理工作的前提下，对关键工序、重要隐蔽工程施工采取"旁站监督"的方式；重要工序或部位采取"旁站监理"的方式或 24 小时值班制度进行控制。对发现的可能影响施工质量的问题及时指令承包人采取措施解决，必要时发出停工、返工的指令。

（3）监理人员应做好巡视检查、旁站监理记录和监理日志。

4. 程序管理

工程开工前，监理机构向承包人印发有关监理工作规程、监理实施细则，对监理工作程序、工程开工申报、质量控制工作流程、合同计量与支付申报等提出明确要求。督促承包人提出单元工程施工工艺设计（仓面设计）并审查批准，没有进行仓面设计的单元工程一律不许开工。建立仓面设计执行情况的考评制度。工序完工后，承包人先进行自检，自检合格后，填报质量验收单，并附上自检记录及各种试验和检查表格，监理人员对工序质

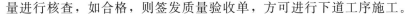

量进行核查，如合格，则签发质量验收单，方可进行下道工序施工。

5. 支付控制、指令文件和质量评价

（1）如果工程施工质量达不到合同规定的质量标准，又未按监理工程师的要求处理合格，监理工程师有权拒绝开具支付证书，停止支付部分或全部款项。当承包人拒绝或其他原因不能及时有效地处理质量事故或缺陷，监理工程师将建议发包人委托其他承包人进行处理，其费用将从承包人最近一期的付款中或质量保证金中扣除。

（2）工程验收程序管理遵守《水利水电工程验收规程》（SL 223—2008）的相关规定。工程施工过程开展的项目质量抽检不合格，或其他检验不合格的项目，按有关要求进行处理，检验合格后才能进行验收或后续工程施工。

（3）在施工过程中，监理机构有权按工程施工合同规定进行施工质量监督并作出指示：对不合格的工序指令补工和返工，必要时，采用合同赋予的权力，由总监下发暂停令进行整顿，保证工程质量；对承包人施工质量管理中严重失察、失职、玩忽职守、伪造记录和检测资料，或造成施工质量事故的责任人员予以警告、处罚、撤换，直至责令退场；对多次严重违反作业规程，经指出后仍无明显改进的作业班组指令停工整顿，撤换，甚至指令退场。对工程施工质量问题闭合处理：针对监理机构及水行政主管单位监督、发包人巡查、监理机构巡视、试验检验等发现的问题，分类、分时段及时督促承包人进行整改，实现闭环管理。指令承包人按合同要求对完建工程继续予以养护，维护，照管和缺陷处理。

（4）施工评价报告。按照工程建设管理程序进行的质量评价方式有：接受安全鉴定考核、水行政主管单位的质量监督巡查、发包人与监理机构对工程施工质量阶段情况评价核查等。监理机构对施工质量控制，也应开展工程施工质量评价环节的管理工作，管理方式为：由发包人组织，监理机构及承包人参加，按月对承包人的质量体系运行情况、工程项目质量情况进行检查，并评比，根据发包人的管理制度，巡检工作。

3.1.3.6　施工质量数据的统计分析

1. 质量数据的分类及整理

按照相关规范的规定、设计技术要求或以下方法进行质量数据处理：①数据的修约，四舍五入，五后非零时进一，五后皆零时视五前奇偶，五前为偶应舍去，五前为奇则进一（零视为偶数）；②总体算术平均数；③样本算术平均数；④求样本中位数；⑤极差；⑥标准偏差；⑦求变异系数。

2. 质量数据的分布规律

（1）质量数据波动的原因。在生产实践中，常可看到设备、原材料、工艺及操作人员相同的条件下，生产的同一种产品的质量不同，反映在质量数据上，即具有波动性，也称为变异性。波动的原因，来自生产过程或检测过程。但不管哪一个过程的原因，均可归纳为下列五个方面因素的变化：①人的状况，如精神、技术、身体和质量意识等；②机械设备、工具等的精度及维护保养状况；③材料的成分、性能；④方法、工艺、测试方法等；⑤环境，如温度和湿度等。根据造成质量波动的原因，以及对工程质量的影响程度和消除的可能性，将质量数据的波动分为两大类，即正常波动和异常波动。质量数据的变化在质量标准允许范围内的波动称为正常波动，是由偶然因素引起的；超越了质量标准允许范围的波动则称为异常波动，是由系统性因素引起的。

（2）质量数据分布的规律性。在正常生产条件下，质量数据仍具有波动性，即变异性。概率数理统计在对大量统计数据研究中归纳总结出许多分布类型。一般来说，计量连续的数据是属于正态分布。计件值数据服从二项分布，计点值数据服从泊松分布。正态分布规律是各种频率分布中用得最广的一种，在水利工程施工质量管理中，量测误差、土质含水量、填土干密度、混凝土坍落度、混凝土强度等质量数据的频率的频数分布一般认为服从正态分布。质量统计数据颁布概率密度曲线如图3.1.4所示。

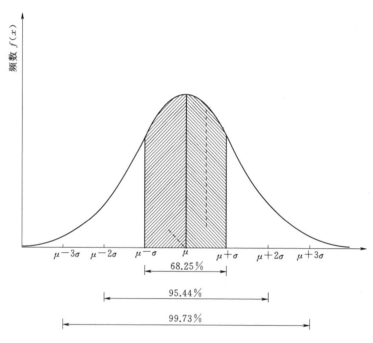

图 3.1.4　质量统计数据颁布概率密度曲线图

从图3.1.4可知：分布曲线关于均值 μ 是对称的。标准差 σ 大小表达曲线宽窄的程度，σ 越大，曲线越宽，数据越分散；σ 越小，曲线越窄，数据越集中。由概率论中的概率和正态分布的概念，查正态分布表可算出：曲线与横坐标轴所围成的面积为 l；正态分布总体样本落在 $(\mu-\sigma,\ \mu+\sigma)$ 区间的概率为 68.26%；落在 $(\mu-2\sigma,\ \mu+2\sigma)$ 区间的概率为95.44%，落在 $(\mu-3\sigma,\ \mu+3\sigma)$ 区间的概率为99.7%。也就是说，在测试1000件产品的质量特性值中，就可能有997件以上的产品质量特性值落在区间 $(\mu-3\sigma,\ \mu+3\sigma)$ 内，而出现在这个区间以外的只有不足3件。这在质量控制中称为"千分之三原则"或者"3σ 原则"。这个原则是在统计管理中做任何控制时的理论根据，也是国际上公认的统计原则。

（3）常用的质量分析工具。利用质量分析方法控制工序或工程产品质量，主要通过数据整理和分析，研究其质量误差的现状和内在的发展规律，据以推断质量现状和将要发生的问题，为质量控制提供依据和信息。所以，质量分析方法本身，仅是一种工具，通过它只能反映质量问题，提供决策依据。真正要控制质量，还是要依靠针对问题所采取的措

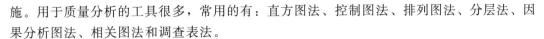

施。用于质量分析的工具很多，常用的有：直方图法、控制图法、排列图法、分层法、因果分析图法、相关图法和调查表法。

3.1.3.7　施工过程影响因素管理

工程施工影响因素有以下五个方面，它们分别是人（man）、材料（material）、工程机械（machine）、施工方法（method）及环境（environment）。

1. 人的管理

工程质量取决于工序质量和工作质量，工序质量又取决于工作质量，而工作质量直接取决于参与工程建设各方所有人员的技术水平、文化修养、心理行为、职业道德、质量意识、身体条件等因素。这里所指的人员既包括了施工承包人的操作、指挥及组织者，也包括了监理人员。"人"作为控制的对象，要避免产生失误，要充分调动人的积极性，以发挥"人是第一因素"的主导作用。监理机构要本着适才适用、扬长避短的原则来控制人的使用。

2. 材料的管理

（1）材料、构配件管理的特点。工程建设所需用的建筑材料、构件、配件等数量大，品种规格多，且分别来自众多的生产加工部门，故施工过程中，材料、构配件的质量管理工作量大。工程施工受外界条件的影响较大，有的材料甚至是露天堆放，影响材料质量的因素多，且各种因素在不同环境条件下影响工程质量的程度也不尽相同，因此，监理机构对材料、构配件的质量控制具有较大困难。

（2）材料、构配件质量控制程序。监理工程师应审核材料的采购订货申请，审查的内容主要包括所采购的材料是否符合设计的需要和要求，以及生产厂家的生产资格和质量保证能力等。材料进场后，监理工程师应审核承包人提交的材料质量保证资料，并派出监理人员参与承包人对材料的清点。材料使用前，监理工程师应审核承包人提交的材料试验报告和资料，经确认签证后方可用于施工。对于工程中所使用的主要材料和重要材料，监理机构应按规定进行抽样检验，验证材料的质量。承包人对涉及结构安全的试块、试件及有关材料进行质量检验时，应在监理机构的监督下现场取样。材料质量控制程序如图3.1.5所示。

（3）材料供应的管理。监理机构应监督和协助承包人建立材料运输、调度、储存的科学管理体系，加快材料的周转，减少材料的积压和储存，做到既能按质、按量、按期地供应施工所需的材料，又能降低费用，提高效益。

（4）材料使用的管理。监理机构应建立材料使用检验的质量控制制度，材料在正式用于施工之前，承包人应组织现场试验，并编写试验报告。现场试验合格，试验报告及资料经监理工程师审查确认后，这批材料才能正式用于施工。同时，还应充分了解材料的性能，质量标准，适用范围和对施工的要求。使用前应详细核对，以防用错或使用了不适当的材料。对于重要部位和重要结构所使用的材料，在使用前应仔细核对和认证材料的规格、品种、型号、性能是否符合工程特点和设计要求。

（5）材料的质量检验。材料质量检验方法分为书面检验、外观检验、理化检验和无损检验等四种。书面检验是通过对提供的材料质量保证资料、试验报告等进行审核，取得认可方能使用。外观检验是对材料从品种、规格、标志、外形尺寸等进行直观检验，看其有

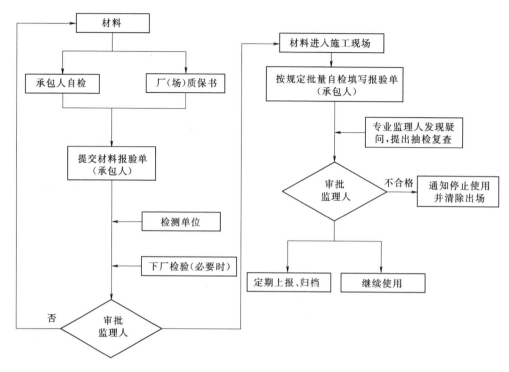

图 3.1.5　材料质量控制程序

无质量问题。理化检验是指在物理、化学等方法的辅助下的量度。它借助于试验设备和仪器对材料样品的化学成分、机械性能等进行科学的鉴定。无损检验是在不破坏材料样品的前提下，利用超声波、X 射线、表面探伤仪等进行检测。如瑞波雷仪（进行土的压实试验）、探地雷达（钢筋混凝土中钢筋的探测）。依据《水工混凝土施工规范》（SL 677—2014）、《水利水电工程岩石试验规程》（SL 264—2001）、《混凝土面板堆石坝施工规范》（SL 49—2015）、《水工混凝土掺用粉煤灰技术规范》（DL/T 5055—1996）等，常用材料检验的项目及取样方法见表 3.1.3 表 3.1.4。

表 3.1.3　　　　　　　　　　常 用 材 料 检 验 项 目

序号	名　称		主 要 项 目	其 他 项 目
1	水泥		凝结时间、强度、体积安定性、三氧化硫含量	细度、水化热、稠度
2	混凝土用砂、石料	砂	细度模数、石粉含量、泥块含量、含水率	云母含量、表观密度、有机质含量、坚固性、硫化物及硫酸盐含量、轻物质含量（根据技术要求检测骨料碱活性检测）
		石	超径、逊径、含泥量、泥块含量	有机质含量、坚固性、硫化物及硫酸盐含量、表观密度、吸水率、针片状含量、压碎指标（根据技术要求检测骨料碱活性检测）

序号	名　称		主 要 项 目	其 他 项 目
3	混凝土用外加剂		减水率、凝结时间差、抗压强度对比、钢筋锈蚀	泌水率比、含气量、收缩率比、相对耐久性
4	钢材	热轧钢筋、冷拉钢筋、型钢钢板、异型钢	拉力、冷弯	冲击、硬度、焊接件的机械性能
		冷拔低碳素钢丝、碳素钢丝及刻痕钢丝	拉力、反复弯曲、松弛	冲击、硬度、焊接件的机械性能
5	土石坝用土石料	土	天然含水量、天然容重、比重、孔隙率、孔隙比、流限、塑限、塑性指标、饱和度、颗粒级配、渗透系数； 最优含水量、内摩擦角	压缩系数
		石	岩性。比重、容重、抗压强度、渗透性	岩石母材检测岩矿成分、软化系数、坚固性、压碎指标
6	粉煤灰		细度、烧失量、需水比、含水率	三氧化硫

表 3.1.4　　　　　　　　　　　原材料及半成品质量检验取样方法

材料名称	取样单位	取样数量	取样方法
水泥（SL 677—2014《水工混凝土施工规范》、GB 175—2007《通用硅酸盐水泥》）	同品种、同标号水泥按200～400t 为一批，不足200t 者也按一批计	从一批水泥中选取平均试样 20kg	从不同部位的至少15袋或15处水泥中抽取。手捻不碎的受潮水泥结块应过每平方厘米64孔筛除去
砂、卵石、碎石（SL 677—2014《水工混凝土施工规范》、GB 14684—2001《建筑用砂》）	细骨料以600～1200t 作为一批，粗骨料以2000t 作为一批，卵石以1000t 作为一批	样品质量鉴定时，砂子30～50kg，石子30kg；作混凝土配合比时，砂子100kg、石子200kg	分别在砂、石堆的上、中、下三个部位抽取若干数量，拌和均匀，按四分法缩分提取
钢材（钢号不明的钢材）（SL 677—2014《水工混凝土施工规范》、GB 14991—2008《钢筋混凝土用钢 第1部分：热轧光圆钢筋》）	同型号的钢筋以60t 为一批，不足者也按一批取样	钢筋原材 5 根长 50cm，2根长 30cm；对焊 3 根冷拉、3 根冷弯、搭接焊 3 根冷拉	任意取，分别在每根截取拉伸、冷弯、化学分析试件各1根，每组试件送2根，截取时先将每根端头弃去50cm
粉煤灰（SL 677—2014《水工混凝土施工规范》、GB/T 1596—2017《用于水泥和混凝土中的粉煤灰》）	以连续供应相同等级的检煤灰 200t 为一批，不足200t 者也按一批计	对散装灰，从每批灰的15 个不同部位各取不少于1kg 的粉煤灰，对袋岩灰，从每批中任取10 袋，从每袋中取不少于1kg	将上述试样搅拌均匀，采用四分法取比试验需量大 1 倍的试样

3．工程机械的管理

（1）工程设备制造质量控制。一般情况下，在签订设备采购合同后，监理单位应授权独立的检验员，作为监理单位代表派驻工程设备制造厂家，以监造的方式对供货生产厂家的生产重点及全过程实行质量监控，以保证工程设备的制造质量，并弥补一般采购订货中可能存在的不足之处。同时可以随时掌握供货方是否严格按自己所提出的质量保证计划书执行。

（2）工程设备运输的质量控制。工程设备容易因运输不当而降低甚至丧失使用价值，造成部件损坏，影响其功能和精度等。因此，监理机构应加强工程设备运输的质量控制，与发包人一起，通过多种方式采取措施，避免责任问题出现。

（3）工程设备检查及验收的质量控制。

1）根据合同条件的规定，工程设备运至现场后，承包人应负责在现场工程设备的接收工作，然后由发包人、监理机构相关人员检查验收。工程设备的检查验收内容有：计数检查；质量保证文件审查；品种、规格、型号的检查；质量确认检验等。

2）工程设备质量保证文件的组成内容随设备的类别、特点的不同而不尽相同。但其主要的、基本的内容包括：供货总说明；合格证明书、说明书；质量检验凭证；无损检测人员的资格证明；焊接人员名单，资格证明及焊接记录；不合格内容、质量问题的处理说明及结果；有关图纸及技术资料；质量监督部门的认证资料等。监理机构应重视并加强对质量保证文件的管理。质量保证文件管理的内容主要有：所有投入到工程中的工程设备必须有齐备的质量保证文件；对无质量保证文件或质量保证文件不齐全，或质量保证文件虽齐全，但对其对应的设备表示怀疑时，监理机构应进行质量检验（或办理委托质量检验）；质量保证文件应有足够的份数，以备工程竣工后用；监理机构应监督施工承包人将质量保证文件编入竣工技术文件等。

3）质量确认检验按一定的程序进行，其一般程序如下：由供货承包人或使用承包人提出报验申请及全部质量保证文件送交负责质量检验的监理机构审查；检验人员按照供货承包人或使用承包人提供的质量保证文件，对工程设备进行确认检查，如经查无误，检验人员在"工程设备验收单"上盖允许或合格的印记；当对供货承包人或使用承包人提供的质量保证文件资料的正确性有怀疑或发现文件与设备实物不符时，以及设计、技术规程有明确规定，或因是重要工程设备必须复验才可使用时，检验人员应盖暂停入库的记号，并填写复验委托单，交有关部门复验；工程设备的试车运转质量控制，工程设备安装完毕后，要参与和组织单体、联体无负荷和有负荷的试车运转。

（4）材料和工程设备的检验。材料和工程设备的检验应符合下列规定：对于工程中使用的材料、构配件，监理机构应监督承包人按有关规定和施工合同约定进行检验，并应查验材质证明和产品合格证；对于承包人采购的工程设备，监理机构应参加工程设备的交货验收；对于发包人提供的工程设备，监理机构应会同承包人参加交货验收；材料、构配件和工程设备未经检验，不得使用；经检验不合格的材料、构配件和工程设备，应督促承包人及时运离工地或做出相应处理；监理机构如对进场材料、构配件和工程设备的质量有异议时，可指示承包人进行重新检验；必要时，监理机构应进行平行检测；监理机构发现承包人未按有关规定和施工合同约定对材料、构配件和工程设备进行检验，应及时指示承包人补做检验；若承包人未按监理机构的指示进行补验，监理机构可按施工合同约定自行或委托其他有资质的检验机构进行检验，承包人应为此提供一切方便并承担相应费用；监理机构在工程质量控制过程中发现承包人使用了不合格的材料、构配件和工程设备时，应指示承包人立即整改。发包人负责采购的工程设备，应由发包人（或发包人委托监理机构代表发包人）和承包人在合同规定的交货地点共同进行交货验收，由发包人正式移交给承包人。在验收时承包人应按监理机构的批示进行工程设备的检验测试，并将检验结果提交监理机构。工程设备安装后，若发现工程设备存在缺陷，应由监理机构和承包人共同查找原因，如属设备制造不良引起的缺陷应由发包人负责；如属承包人运输保管不慎或安装不良引起的损坏应由承包人负责。

（5）施工设备的质量控制。监理机构应着重从施工设备的选择、使用管理和保养、施工设备性能参数的要求等三方面开展性能检查。其中，对于施工设备的性能及状况，不仅在其进场时应进行考核。在使用过程中，由于零件的磨损、变形、损坏或松动，降低效率和性能，从而影响施工质量。因此监理机构必须督促施工承包人对施工设备特别是关键性的施工设备的性能和状况定期进行考核。例如对吊装机械等必须定期进行无负荷试验、加荷试验及其他测试，以检查其技术性能、工作性能、安全性能和工作效率。发现问题时，应及时分析原因，采取适当措施，以保证设备性能的完好。

4. 施工方法的质量控制

施工方案合理与否、施工方法和工艺先进与否，均会对施工质量产生极大的影响，是直接影响工程项目的进度控制、质量控制、投资控制三大目标能否顺利实现的关键，在施工实践中，由于施工方案考虑得不周、施工工艺落后而造成施工进度迟缓，质量下降，增加投资等情况时有发生。为此，监理机构在制订和审核施工方案和施工工艺时，必须结合工程实际，从技术、管理、经济、组织等方面进行全面分析，综合考虑，确保施工方案、施工工艺在技术上可行，在经济上合理，且有利于提高施工质量。

5. 环境因素的质量控制

影响工程项目质量的施工环境因素较多，主要有技术环境、施工管理环境及自然环境。技术环境因素包括施工所用的规程、规范、设计图纸及质量评定标准。施工管理环境因素包括质量保证体系、三检制、质量管理制度、质量签证制度、质量奖惩制度等。自然环境因素包括工程地质、水文、气象、温度等。上述环境因素对施工质量的影响具有复杂而多变的特点，尤其是某些环境因素更是如此，如气象条件千变万化，温度、大风、暴雨、酷暑、严寒等均影响到施工质量。为此，监理机构要根据工程特点和具体条件，采取有效的措施，严格控制影响质量的环境因素，确保工程项目质量。

3.1.3.8 施工质量管理问题类型及整改方式

1. 承包人质量体系运行问题的闭合处理

检查承包人质量体系运行、材料进场检验、施工工序质量、试验检测频次及试验数据合规性、施工技术改进等情况，存在问题通过监理指令督促整改，整改完成由承包人提交整改报告，监理机构相关人员复核确认。对于停工整改，严格履行复工程序管理，确保质量问题得到处理、过程管理受控。

2. 设计人员现场检查中反映问题的闭合处理

设计单位提供设代技术管理服务，由设计月报等渠道反映设计单位检查的相关设计意图、设计文件要求落实评价意见。此方面的意见，监理机构、承包人均必须重视，并在对比、检查设计评价意见的基础上，对发现的偏差及时改进。

3. 发包人组织质量巡检中暴露问题的闭合处理

发包人检查工程参建单位的质量体系运行、工程施工质量、工程实体质量、检验试验（测量专业、试验）、安全监测等阶段工作开展，资料整理、质量标准执行与检验试验成果等情况，常常以会议纪要、通报等正式文件明确整改要求。承包人三检制度执行、试验检验管理，施工工序质量保证等方面的问题，由监理机构督促承包人及时进行处理闭合。涉及监理机构方面的技术管理、现场检查督促、工程信息管理等，监理机构必须夯实基础工作，完善相关质量验评、混凝土浇筑与试验台账，混凝土外观情况统计台账等，实现快速备查，信息准确可靠。

4. 强制性条文执行专项检查发现问题的闭合处理

强制性条文检查针对参建所有单位。检查的内容包括：执行强制性条文的管理制度，特别是强制条文培训学习制度和强制性条文执行、检查与考核制度；强制性条文宣传贯彻和培训的记录；建立有效的技术标准清单；施工、调试、验收符合强制性条文规定；工程采用材料、设备符合强制性条文的规定；工程项目建筑、安装的质量符合强制性条文的规定；工程中采用导则、指南、手册、计算机软件的内容符合强制性条文的规定。检查的重点是对强制性标准条文的宣传贯彻与落实情况、执行情况。结合发包人定期开展的质量检查、质量监督机构开展阶段检查，监理机构应采取月检查方式保证强制性条文执行，查证相关问题均在规定时间内完成整改。监理过程中可能涉及部分质量标准调整，应及时替换。如果在合同实施过程中，国家或部门颁发新的技术标准代替了原技术标准，从新标准生效之日起，依据新标准执行；合同技术条款与国家或部门颁发的技术标准有冲突时，以合同技术条款为准，因为，合同技术条款是招标报价条件，并且大型水电工程对工程施工质量等要求有其特殊性；合同技术条款与国家或部门颁发的强制性标准有冲突时，以国家或部门颁发的强制性标准为准，所导致的标准调整，按工程变更处理；为合同目标的更优实现，监理机构可依照工程建设合同文件规定，在发包人授权范围内，对工程质量、施工安全、施工环境保护所执行的技术标准与质量检验方法进行补充、修改与调整，所导致的标准调整，按工程变更处理。

5. 安全鉴定、质量监督发现问题的闭合处理

质量监督活动、专项安全鉴定，督查有关工程质量、安全和体现其质量行为的建、管环节等规范性检查，实体质量巡查检查等，监理机构应按照本章"3.1.3.4 配合水利工程质量监督的监理工作"中的程序，配合核查存在问题，对照检查通报要求，在规定时间内，落实问题整改，及时回复。

3.1.4 施工质量控制

3.1.4.1 监理机构的准备工作及开工前质量控制内容

1. 工作开办及内部管理准备

按合同规定办理发包人提供的办公、生活、通信设施和场内交通设备的交接，组织监理机构人员进场，配置必需的检测设备与设施等，完善办公条件。熟悉工程建设合同文件、工程设计文件，熟悉工程建设条件、工程现场条件；分析研究影响施工质量的因素，

提出工程质量管理点，制订工程质量控制流程，确定工程质量控制措施，完善监理细则文件等。

2. 工程项目开工准备

主持召开第一次工地会议。发包人提供条件核查：合同工程开工前，应进行发包人提供条件检查。检查发包人提供测量基准、临时场地提供到位、发包人统供材料齐备到库、供用电管理方式确定等。另外，提请发包人按工程施工合同文件规定，做好工程预付款支付。提供施工图纸。按工程施工合同文件规定，监理机构核查首批开工项目设计图纸后，签发给工程承包人实施。这些图纸包括由发包人通过监理机构提供的部分，或者是按工程施工合同文件规定由承包人负责完成设计的部分。由监理工程师对每张施工图纸进行审查，及时发现、纠正图纸中的缺陷和差错，与招标图纸和合同技术文件存在重大偏差时，报请发包人同意召开专题协调会予以审议。开工前，组织设计单位进行设计技术交底，合同特殊约定事项检查，包括约定的特殊条件如工艺、专用设备、科研准备等，此类方面的事项纳入专项管理核查，记录过程与结果。

3. 承包人的施工准备情况检查

检查与认证工程承包人合同履约体系，核查与认可承包人的施工质量管理准备情况。督促承包人按工程施工合同文件规定建立完整的质量保证体系。完成质量管理组织、质量检测机构的组建，完成质量保证体系文件编制，督促设立专门的质量检测（检验、测量）工程师和满足质量检测要求的现场试验室、施工测量队与质量检验机构，检查认可检验、测量仪器、设备的有效性。质量保证的合同认证：督促承包人完成施工质量检查员、施工质量检测作业人员的岗位培训和业务考核。施工质量检查员和施工质量检测操作人员的资质、安全员等必须报经监理机构审批或认可。检查与施工质量有关的准备。包括完成必需的施工试验，前置工序施工质量检查合格并取得签证，施工机械设备与施工辅助生产设施到位，劳动组织完成与施工措施计划交底，材料、构件质量检查合格并满足连续施工要求，测量放样完成并经检查合格，以及施工安全管理、施工环境保护等防护措施到位等。检查开工程序。检查承包人施工组织设计编制报审情况；检查承包人施工作业准备及监理人员检查确认情况。

4. 合同工程开工通知

工程开工条件具备时，按合同文件规定，发布合同工程开工通知监理机构根据工程施工合同文件规定，在施工准备查验合格后，或按合同文件规定的日期发布合同工程开工通知并抄报发包人。自合同工程开工通知发布之日或开工通知中指明的日期，开始起算合同工期。

3.1.4.2　施工工序的质量控制

1. 工序质量控制的内容

进行工序质量控制时，应着重于以下四方面的工作：

1）严格遵守工艺规程。施工工艺和操作规程，是进行施工操作的依据和法规，是确保工序质量的前提，任何人都必须遵守，不得违反。

2）主动控制工序活动条件的质量。工序活动条件包括的内容很多，主要指影响质量的五大因素：即施工操作者、材料、施工机械设备、施工方法和施工环境。只有将这些因素切实有效地控制起来，使它们处于被控状态，确保工序投入品的质量，就能保证每道工序的正常和稳定。

3）及时检验工序活动效果的质量。工序活动效果是评价工序质量是否符合标准的尺度。为此，必须加强质量检验工作，对质量状况进行综合统计与分析，及时掌握质量动态，发现质量问题，应及时处理。

4）设置质量控制点。质量控制点是指为了保证作业过程质量而预先确定的重点控制对象、关键部位或薄弱环节，设置控制点以便在一定时期内、一定条件下进行强化管理，使工序处于良好的控制状态。

2. 工序分析

工序分析就是找出对工序的关键或重要的质量特性起着支配作用的那些要素的全部活动，以便能在工序施工中针对这些主要因素制订出控制措施及标准，进行主动的、预防性的重点控制，严格把关。工序分析一般可按以下步骤进行。

（1）选定分析对象，分析可能的影响因素，找出支配性要素。包括以下工作：选定的分析对象可以是重要的、关键的工序，或者是根据过去的资料认为经常发生问题的工序；掌握特定工序的现状和问题，改善质量的目标；分析影响工序质量的因素，明确支配性要素。

（2）针对支配性要素，拟定对策计划，并加以核实。

（3）将核实的支配性要素编入工序质量控制表。

（4）对支配性要素落实责任，实施重点管理。

3. 质量控制点的设置

对于质量控制点，应事先分析可能造成质量问题的环节、原因，再制定对策和措施预控。在正式施工前，监理机构应督促承包人全面、合理地选择质量控制点，并对承包人设置质量控制点的情况及拟采取的控制措施进行审核。必要时，应对承包人的质量控制实施过程进行跟踪检查或旁站监督，以确保质量控制点的实施质量。设置质量控制点的对象，主要有以下几方面：

（1）人的行为。某些工序或操作重点应控制人的行为，避免人的失误造成质量问题，如高空作业、水下作业、爆破作业等危险作业。

（2）材料的质量和性能。材料的性能和质量是直接影响工程质量的主要因素，尤其是某些工序，更应将材料的质量和性能作为控制的重点，如预应力钢筋的加工，就要求对钢筋的弹性模量、含硫量等有较严要求。

（3）关键的操作。

（4）施工顺序。有些工序或操作，必须严格相互之间的先后顺序。

（5）技术参数。有些技术参数与质量密切相关，必须严格控制，如外加剂的掺量，混凝土的水灰比等。

（6）常见的质量通病。常见的质量通病如混凝土的起砂、蜂窝、麻面、裂缝等都与工序衔接、工艺熟练程度有关，应事先制定好对策，提出预防措施。

（7）新工艺、新技术、新材料的应用。当新工艺、新技术、新材料虽已通过鉴定、试验，但是施工操作人员缺乏经验，又是初次施工时，也必须对其工序进行严格控制。

（8）质量不稳定、质量问题较多的工序。通过质量数据统计，表明质量波动、不合格率较高的工序，也应作为质量控制点设置。

（9）特殊地基和特种结构。对于湿陷性黄土、膨胀土、红黏土等特殊地基的处理，以及大跨度结构、高耸结构等技术难度大的施工环节和重要部位，更应特别控制。

（10）关键工序。如钢筋混凝土工程的混凝土振捣，灌注桩的钻孔，隧洞开挖的钻孔布置、方向、深度、用药量和填塞等。控制点的设置要准确有效，这需要由有经验的质量控制人员通过对工程性质和特点、自身特点以及施工过程的要求充分分析后进行选择。表3.1.5是某工程质量控制点总表。

表 3.1.5　　　　　　　　　　　　　　某工程质量控制点总表

序号	工程项目	质量控制要点	控制手段与方法
1	土石方工程	开挖范围（尺寸及边坡比）	测量、巡视
		高程	测量
2	一般基础工程	位置（轴线及高度）	测量
		高程	测量
		地基承载能力	试验测定
		地基密实度	检测、巡视
3	碎石桩基础	桩底土承载力	测试、旁站
		孔位、孔斜、成桩垂直度	量测、巡视
		投石量	量测、旁站
		桩身及桩间土	试验、旁站
		复合地基承载力	试验、旁站
4	换填基础	原状土地基承载力	测试、旁站
		混合料配比、均匀性	审核配合比，取样检查、巡视
		碾压遍数、厚度	旁站
		碾压密实度	仪器、测量
5	水泥搅拌桩	桩位（轴线、坐标、高程）	测量
		桩身垂直度	量测
		桩顶、桩端地层高程	测量
		外掺剂掺量及搅拌头叶片外径	量测
		水泥掺量、水泥浆液、搅拌喷浆速度	量测
		成桩质量	N10轻便触探器检验、抽芯检测
6	灌注桩	孔位（轴线、坐标、高程）	测量
		造孔、孔径、垂直度	量测
		终孔、桩端地层、高程	检测、终孔岩样做超前钻探
		钢筋混凝土浇筑	审核混凝土配合比、坍落度、施工工艺、规程、旁站
		混凝土密实度	用大小应变超声波等检测、巡视

续表

序号	工程项目	质量控制要点		控制手段与方法
7	混凝土浇筑	位置轴线、高程	测量	（1）原材料要合格碎石冲洗，外加剂检查试验。 （2）混凝土拌和：拌和时间不少于 120 秒。 （3）混凝土运输方式。 （4）混凝土入仓方式。 （5）浇筑程序、方式、方法。 （6）平仓、控制下料厚度、分层。 （7）捣振间距，不超过振动棒长度的 1.25 倍，不漏振，振捣时间。 （8）浇筑时间要快，不能停顿，但要控制层面时间。 （9）加强养护
		断面尺寸	量测	
		钢筋：数量、直径、位置、接头、绑扎、焊接	量测、现场检查	
		施工缝处理和结构缝措施	现场检查	
		止水材料的搭接、焊接	现场检查	
		混凝土强度、配合比、坍落度	现场制作试块，审核试验报告，旁站	
		混凝土外观	量测	

4. 两类质量检验点

根据质量控制点的重要程度及监督控制要求不同，将质量控制点区分为质量检验见证点和质量检验待检点。

（1）见证点。所谓"见证点"，是指承包人在施工过程中达到这一类质量检验点时，应事先书面通知监理机构到现场见证，观察和检查承包人的实施过程。然而在监理机构接到通知后未能在约定时间到场的情况下，承包人有权继续施工。

监理机构到场见证时，应仔细观察、检查该质量检验点的实施过程，并在见证表上详细记录，说明见证的建筑物名称、部位、工作内容、工时、质量等情况，并签字。该见证表还可用作承包人进度款支付申请的凭证之一。

（2）待检点。对于某些更为重要的质量检验点，必须要在监理机构到场监督、检查的情况下承包人才能进行检验。这种质量检验点称为"待检点"。例如在混凝土工程中，由基础面或混凝土施工缝处理、模板、钢筋、止水、伸缩缝和坝体排水管及混凝土浇筑等工序构成混凝土单元工程，其中每一道工序都应由监理机构进行检查认证，每一道工序检验合格才能进入下一道工序。根据承包人以往的施工情况，有的可能在模板架立上发生漏浆或模板走样事故，有的可能在混凝土浇筑方面出现问题。此时，就可以选择模板架立或混凝土浇筑作为"待检点"。承包人必须事先书面通知监理机构，并在监理机构到场进行检查监督的情况下，才能进行施工。又如在隧洞开挖中，当采用爆破掘进时，钻孔的布置、钻孔的深度、角度、炸药量、填塞深度、起爆间隔时间等爆破要素，对于开挖的效果有很大影响，特别是在遇到有地质构造带如断层、夹层、破碎带的情况下，正确的施工方法以及支护对施工安全关系极大。此时，应该将钻孔的检查和爆破要素的检查，定为"待检点"，每一工序必须要通过监理机构的检查确认。隐蔽工程覆盖前的验收和混凝土工程开仓前的检验，也可以认为是"待检点"。

"待检点"和"见证点"执行程序不同，如果在到达"待检点"时，监理机构未能到场，承包人不得进行该项工作，事后监理机构应说明未能到场的原因，然后双方约定新的检查时间。"见证点"和"待检点"的设置，是监理机构对工程质量进行检验的一种行之有效的方法。这些检验点应根据承包人的施工技术力量、工程经验、具体的施工条件、环境、材料、机械等各种因素的情况来选定。

5.工序质量的检查

工序或单元工程质量控制程序如图3.1.6所示。

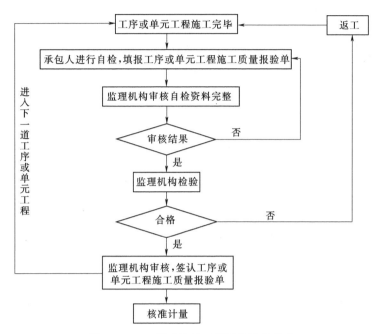

图 3.1.6　工序或单元工程质量控制程序

（1）承包人的自检。承包人是施工质量的直接实施者和责任者。监理工程师的质量监督与控制就是使承包人建立起完善的质量自检体系并运转有效。承包人完善的自检体系是承包人质量保证体系的重要组成部分，承包人各级质检人员应按照承包人质量保证体系所规定的制度，按班组、值班检验人员、专职质检员逐级进行质量自检，保证生产过程中质量合格。发现缺陷及时纠正和返工，把事故消灭在萌芽状态，监理人员应随时监督检查，保证承包人质量保证体系的正常运作，这是施工质量得到保证的重要条件。

（2）监理机构的检查。监理机构的质量检查与验收，是对承包人施工质量的复核与确认；监理机构的检查决不能代替承包人的自检，而且，监理机构的检查必须是在承包人自检并确认合格的基础上进行的。专职质检员没检查或检查不合格就不能报监理工程师，不符合上述规定，监理工程师一律拒绝进行检查。

3.1.4.3　导截流工程主要项目的质量控制

1.质量控制要点

本小节主要指导流洞方式导流截流，相关单项工程质量控制见"3.1.4.4 土石方明挖质量控制""3.1.4.5地下洞室开挖质量控制""3.1.4.6混凝土工程质量控制""3.1.4.7灌浆工程质量控制""3.1.4.10金属结构制造安装过程的质量控制"相关内容。

(1)导流洞开挖质量控制。爆破设计单位方案的审核控制,包括周边预裂(或光面)孔、掏槽孔、爆破孔参数及装药量、联网起爆设计,并通过爆破试验不断优化调整爆破参数。预裂孔或光面孔钻孔质量控制,保证洞室开挖成型满足设计和规范要求。不良地质洞段的开挖质量控制,严格遵循"短进尺、弱爆破、强支护、勤量测"的开挖支护施工方案,确保洞室围岩稳定和施工安全。

(2)锚喷支护质量控制。锚杆施工,重点检查锚杆、预应力锚杆钻孔、安装和注浆质量。喷射混凝土施工,重点检查包括喷射混凝土施工配合比审核、喷射混凝土施工工艺、混凝土厚度及强度,钢筋挂网、钢支撑、超前管棚等支护质量。预应力锚索施工检查包括锚索孔造孔、穿索和灌浆质量。

(3)混凝土质量控制。导截流工程混凝土主要包括导流洞衬砌混凝土和堵头封堵混凝土。

(4)灌浆质量控制。包括导流洞洞周固结灌浆、封堵堵头高压固结灌浆和堵头接缝灌浆质量控制,控制要点是钻孔孔位、孔深、孔斜和灌浆预埋管路安装、保护及灌浆压力、浆液水灰比、流量、围岩抬动变形和灌浆结束标准、质量检查等。

(5)围堰施工质量控制。控制要点是围堰填筑碾压、围堰底部防渗体、心墙防渗或面部层防渗。底部防渗墙钻孔成槽和塑性水下混凝土浇筑、防渗墙下帷幕灌浆施工、土工膜铺设等。

2.监理控制措施

(1)施工准备阶段的监理质量控制。导流洞开挖、混凝土施工、围堰填筑、防渗体施工前,监理机构应完善相关项目的监理实施细则,对工程施工各环节的开工申报程序与内容、施工质量过程控制、施工质量检查标准等提出具体要求。对承包人洞室开挖、混凝土工程、围堰填筑、防渗墙施工方案的审核控制。督促承包人根据工程项目施工特点、设计技术要求编制相应工程项目施工方案报监理审批后实施,以确保工程施工质量满足规范要求。支护工程和混凝土工程施工前,督促承包人按设计和规范要求完成支护用砂浆、喷混凝土和浇筑混凝土的施工配合比设计和试验,试验成果报监理机构审核批准。

(2)导流洞开挖支护质量控制。导流洞开挖过程中,监理测量人员按规定对洞轴线进行测量复测,以确保导流洞开挖轴线满足设计要求;监理人员加强对开挖钻孔、装药、爆破的检查控制,每循环爆破,经监理人员检查合格后方可起爆。爆破后,监理人员及时组织承包人对爆破效果进行检查评价,并根据爆破效果评价对爆参数进行优化调整,以不断提高爆破开挖质量。锚杆、锚索造孔前,监理人员督促承包人对每个不同类型的锚杆孔(锚索孔)用不同颜色的油漆做上记号进行标识,使作业人员容易识别,避免出错;造孔完成后,监理人员对锚杆孔(锚索孔)孔深、孔斜进行检查验收签证后方可安装锚杆(或穿索),锚杆注浆、安装及锚索穿索、灌浆和张拉过程中,监理人员全过程旁站监督。锚索所用钢绞线、锚杆所用钢筋及水泥、砂等原材料应检验合格,砂浆、水泥净浆和喷混凝土配合比试验应完成,所有原材料和配合比试验成果需报监理机构审核批准后才能用于现场施工。

（3）导流洞混凝土工程施工质量控制。导流洞衬砌或堵头封堵混凝土每仓混凝土开仓浇筑前，承包人应按照监理机构规定格式要求编制单元工程混凝土浇筑工艺设计（仓面设计），报现场监理组或专业监理工程师审批后实施，仓面设计作为混凝土开仓浇筑技术准备的前提条件。仓面设计应至少包括单元工程混凝土浇筑设计单位案、工艺流程、设备及劳力资源配置、混凝土标号级配和浇筑方法等。混凝土收仓后，监理组织进行仓面设计执行情况评价，以确保混凝土施工质量满足规范要求。经监理人员检查混凝土浇筑前置工序验收合格，承包人施工准备工作到位，方可签发开仓证后开仓浇筑。混凝土浇筑过程中，监理人员全过程旁站监督，重点加强钢筋密集区、止水、模板周边等关键部位的混凝土浇筑振捣控制和止水、止浆、灌浆管路等预埋件的保护控制，避免出现欠振和过振，避免由于振捣不当损坏预埋件。监理机构督促承包人制订过流面混凝土浇筑工艺方案和措施，包括过流面施工工艺措施、抹面质量控制、平整度控制和过流面保护措施等，报监理机构审批后实施，并在施工过程中，督促承包人认真落实。加强对导流洞堵头封堵混凝土温控的控制。监理人员对混凝土入仓浇筑、冷却水管铺设、混凝土温度检测、各期通水冷却水温、流量、时间等各环节进行全过程监控，督促承包人切实落实各项温控措施，确保混凝土浇筑温度、最高温度、各期冷却目标温度及通水冷却降温速率、降温幅度满足设计要求，避免产生混凝土温度裂缝。导流洞过流面施工缺陷处理过程中，监理人员旁站监督，对每一道处理工序进行验收签证，缺陷处理后组织联合验收。

（4）水泥灌浆施工质量控制。主要质量控制方法见"3.1.4.7灌浆工程质量控制"相关内容。其中，混凝土浇筑过程中，重点对灌浆预埋系统进行监控，发现问题及时督促承包人处理。

（5）围堰工程施工质量控制。加强对围堰填筑碾压生产性试验控制。围堰规模性填筑前，监理机构对承包人围堰填筑生产性试验大纲进行审核批准，以通过试验确定围堰不同填筑区的填筑层厚、最优含水率、碾压参数。生产性试验完成后，督促承包人编制围堰填筑生产性试验总结报告，报监理组织各方进行评审后，作为围堰填筑施工工艺控制标准。对围堰填筑进行全过程控制，控制围堰填筑料粒径、填筑层厚、摊铺、碾压等关键工序及岸坡结合部位填筑质量控制，加强填筑层碾压质量检测，监理人员会同检测监理对承包人密实度检测全过程旁站，以确保围堰填筑质量满足设计要求。每填筑层未经检验合格报监理签证，不得进行上层填筑。监理人员重点控制槽孔孔斜和终孔深度。在监理人员见证下，承包人按每造孔3～5m进行孔斜检测，若检测孔斜超标，及时采取措施纠偏，以确保槽孔孔斜满足设计要求。钻孔成槽至设计深度（入岩1m）后，监理人员会同设计地质工程师结合钻孔返渣的岩渣和进尺记录，对孔底入岩深度进行判断，确定槽孔深度满足设计要求后，对该槽孔进行验收签证，否则，承包人应继续钻孔。加强对防渗墙水下混凝土浇筑质量控制，重点进行塑性混凝土拌和质量和水下浇筑过程质量控制。检测监理全过程对混凝土拌和质量进行控制，包括拌和楼的校称、配合比审签和出机口混凝土性能检测控制，以保证混凝土拌和质量和性能满足设计和现场施工要求。水下混凝土浇筑过程中，监理人员全过程旁站监督，严格控制混凝土下料高度和导管拔管，避免断桩。监理人员结合成槽记录情况，预先计算出槽孔水下混凝土量与深度的理论对应关系，按规定要求做好槽内混凝土面高度和导管内混凝土面高度的测量，作为拔管技术依据，开仓和收仓适当增加测量次数。对围堰复合土工膜铺设质量控制，重点在于控制复合土工膜拼接质量。在现场监理人员的见证下，承包人进行复合土工膜铺设拼接、焊接连接工艺试验，试验成果报监理机构审批后，督促承包人应严格执行。复合土工膜铺设拼接、焊接过程中，现场监理人员全过程旁站监督，以确保复合土工膜铺设质量满足规范要求。

3.1.4.4　土石方明挖质量控制

土方是指人工填土、表土、黄土、砂土、淤泥、黏土、砾质土、砂砾石、松散的坍塌体及软弱的全风化岩石，以及小于或等于 $0.7m^3$ 的孤石和岩块等，无须采用爆破技术而可直接使用手工工具或土方机械开挖的全部材料。在水利工程施工中，明挖主要是指建筑物基础、导流渠道、溢洪道和引航道（枢纽工程具有通航功能时）、地下建筑物的进、出口等部位的露天开挖，为开挖工程的主体。明挖的施工部署也关系着工程全局，极为重要。依据工程地形特征，明挖的施工部署大体可考虑分为两种类型。一为工程规模大而开挖场面宽广，地形相对平坦，适宜于大型机械化施工，可以达到较高的强度，如葛洲坝工程和三峡工程。二为工程规模虽不很大，而工程处于高山狭谷之中，不利于机械作业，只能依靠提高施工技术，才能克服困难，顺利完成。

1. 施工方法选择应注意问题

土石方工程施工方案的选择必须依据施工条件、施工要求和经济效果等进行综合考虑，具体因素有如下几个方面。

（1）土质情况。必须弄清土质类别，是黏性土、非黏性土或岩石，以及密实程度、块体大小、岩石坚硬性、风化破碎情况。

（2）施工地区的地势地形情况和气候条件，距重要建筑物或居民区的远近。

（3）工程情况。工程规模大小、工程数量和施工强度、工作场面大小、施工期长短等。

（4）道路交通条件。修建道路的难易程度、运输距离远近。

（5）工程质量要求。主要决定于施工对象，如坝、电站厂房及其他重要建筑物的基础开挖、填筑应严格控制质量。通航建筑物的引航道应控制边坡不被破坏，不引起塌方或滑坡。对一般场地平整的挖填有时是无质量要求的。

（6）机械设备。主要指设备供应或取得的难易、机械运转的可靠程度、维修条件与能力。对小型工程或施工时间不长时，为减少机械购置费用，可用原有的设备。但旧机械完好率低、故障多，工作效率必然较低，配置的机械数量应大于需要的量，以补偿其不足。工程数量巨大、施工期限很长的大型工程，应该采用技术性能好的新机械，虽然机械购置费较多，但新机械完好率高，生产率高，生产能力强，可保证工程顺利进行。

（7）经济指标。当几个方案或施工方法均能满足工程施工要求时，一般应以完成工程施工所花费用低者为最好。有时，为了争取提前发电，经过经济比较后，也可选用工期短费用较高的施工方案。

2. 开挖中应注意的问题

（1）土方明挖。监理机构应对开挖过程进行连续的监督检查，在开挖过程中应注意以下问题：除另有规定外，所有主体工程建筑物的基础开挖均应在旱地进行；在雨季施工时，应有保证基础工程质量和安全施工的技术措施，有效防止雨水冲刷边坡和侵蚀地基土壤。监理机构有权随时抽验开挖平面位置、水平标高、开挖坡度等是否符合施工图纸的要求，或与承包人联合进行核测。主体工程临时边坡的开挖，应按施工图纸所示或监理机构的指示进行开挖；对承包人自行确定边坡坡度、且时间保留较长的临时边坡，经监理机构检查认为存在不安全因素时，承包人应进行补充开挖或采取保护措施。但承包人不得因此要求增加额外费用。

（2）石方明挖。边坡开挖前，承包人应详细调查边坡岩石的稳定性，包括设计开挖线外对施工有影响的坡面和岸坡等；设计开挖线以内有不安全因素的边坡，必须进行处理和采取相应的防护措施，山坡上所有危石及不稳定岩体均应撬挖排除，如少量岩块撬挖确有困难，经监理机构同意可用浅孔微量炸药爆破。开挖应自上而下进行，高度较大的边坡，应分梯段开挖，河床部位开挖深度较大时，应采用分层开挖方法，梯段（或分层）的高度应根据爆破方式（如预裂爆破或光面爆破）、施工机械性能及开挖区布置等因素确定。垂直边坡梯段高度一般不大于 10m，严禁采取自下而上的开挖方式。随着开挖高程下降，应及时对坡面进行测量检查以防止偏离设计开挖线，避免在形成高边坡后再进行处理。对于边坡开挖出露的软弱岩层及破碎带等不稳定岩体，必须按施工图纸和监理机构的指示进行处理，并采取排水或堵水等措施，经监理机构复查确认安全后，才能继续向下开挖。基础开挖，除经监理机构专门批准的特殊部位开挖外，永久建筑物的基础开挖均应在旱地中施工。承包人必须采取措施避免基础岩石面出现爆破裂隙，或使原有构造裂隙和岩体的自然状态产生不应有的恶化。邻近水平建基面，应预留岩体保护层，其保护层的厚度应由现场爆破试验确定，并应采用小炮分层爆破的开挖方法。若采用其他开挖方法，必须通过试验证明可行，并经监理机构批准。基础开挖后表面因爆破震松（裂）的岩石，表面呈薄片状和尖角状突出的岩石，以及裂隙发育或具有水平裂隙的岩石均需采用人工清理，如单块过大，亦可用单孔小炮和火雷管爆破。开挖后的岩石表面应干净、粗糙。岩石中的断层、裂隙、软弱夹层应被清除到施工图纸规定的深度。岩石表面应无积水或流水，所有松散岩石均应予以清除。建基面岩石的完整性和力学强度应满足施工图纸的规定。基础开挖后，如基岩表面发现原设计未勘查到的基础缺陷，承包人必须按监理的指示进行处理，包括（但不限于）增加开挖、回填混凝土塞、或埋设灌浆管等，监理机构认为有必要时，可要求承包人进行基础的补充勘探工作。进行上述额外工作所增加的费用由发包人承担。建基面上不得有反坡、倒悬坡、陡坎尖角；结构面上的泥土、锈斑、钙膜、破碎和松动岩块以及不符合质量要求的岩体等均必须采用人工清除或处理。坝基不允许欠挖，开挖面应严格控制平整度。为确保坝体的稳定，坝基不允许开挖成向下游倾斜的顺坡。在工程实施过程中，依据基础石方开挖揭示的地质特性，需要对施工图纸做必要的修改时，承包人应按监理机构签发的设计修改图执行，涉及变更应按合同相关规定办理。

3.1.4.5　地下洞室开挖质量控制

本小节主要描述长度大于 2km 的隧洞、开挖面积大于 $200m^2$ 的地下厂区枢纽开挖施工监理质量控制，其他地下洞室工程开挖可参考"3.1.4.3 导截流工程主要项目质量控制"的相关内容。

1. 监理工作内容

监理人员督促承包人复核测量基准，对承包人在施工过程中及开挖结束后的测量进行现场监督检查，对施工导线、重要部位的轮廓线放样及收方测量落实旁站监理；由专业监理工程师对承包人提交的各类测量成果进行 100％的内业复核，根据审核结果开展必要的现场复核测量工作；洞室开挖时，督促并参与洞内引测导线与地面施工控制网的平面坐标和高程闭合性复核；在每一次爆破作业前后，督促承包人对洞轴线和开挖断面进行测量放样、收点，监理人员按照《水利水电工程施工测量规范》（SL 52—2015）、合同文件规定数量进行测量断面的抽查复核。在每一部位爆破钻孔前，监理工程师审查承包人现场机构的技术交底与生产性试验或监理审批的爆破设计的参数改变情况。爆破作业过程中，注意检查钻孔、装药、起爆的参数偏差情况；爆破作业后，监理人员及时收集现场资料，会同承包人的质检人员检查爆破效果，根据地质条件评定开挖质量。组织参建各方对地质原因引起的超挖进行鉴定确认，组织参建各方进行基岩面联合验收，对开挖单元工程质量等级进行评定。专业监理工程师按照规范规定对施工现场进行经常性的巡视、检查，发现问题，采用书面指令方式发出整改通知，并报告部门负责人。

2. 地下洞室开挖及其相关内容

地下洞室开挖，这里只涉及钻爆法开挖，不涉及掘进机施工。其内容包括隧洞、斜井、竖井、大跨度洞室等地下工程的开挖，以及已建地下洞室的扩大开挖等。承包人应全面掌握本工程地下洞室地质条件，按施工图纸、监理机构指示和技术条款规定进行地下洞室的开挖施工。其开挖工作内容包括准备工作、洞线测量、施工期排水、照明和通风、钻孔爆破、围岩监测、塌方处理、完工验收前的维护，以及将开挖石渣运至指定地区堆存和废渣处理等工作。

（1）准备工作。在地下工程开挖前，承包人应根据施工图纸和技术条款的规定，提交施工措施计划、钻孔和爆破作业计划，报监理机构审批。地下洞室开挖前，承包人应会同监理机构进行地下洞室测量放样成果的检查，并对地下洞室洞口边坡的安全清理质量进行检查和验收。地下洞室的爆破应进行专门的钻孔爆破设计，其内容包括：地下洞室的开挖应采用光面爆破和预裂爆破技术，其爆破的主要参数应通过试验确定，光面爆破和预裂爆破试验采用的参数可参照有关规范选用。承包人应选用岩类相似的试验洞段进行光面爆破和预裂爆破试验，以选择爆破材料和爆破参数，并将试验成果报送监理机构。

（2）地下洞室开挖。洞口开挖。洞口掘进前，应仔细勘察山坡岩石的稳定性，并按监理机构的指示，对危险部位进行处理和支护。洞口削坡应自上而下进行，严禁上下垂直作业。同时应做好危石清理，坡面加固，马道开挖及排水等工作。进洞前，须对洞脸岩体进行鉴定，确认稳定或采取措施后，方可开挖洞口；洞口一般应设置防护棚，必要时，尚应在洞脸上部加设挡石拦栅。平洞开挖。平洞开挖的方法应在保证安全和质量的前提下，根据围岩类别、断面尺寸、支护方式、工期要求、施工机械化程度和施工技术水平等因素选定。有条件时，应优先采用全断面开挖方法。根据围岩情况、断面大小和钻孔机械、辅助工种配合情况等条件，选择最优循环进尺。竖井和斜井的开挖。竖井与斜井的开挖方法，可根据其断面尺寸、深度、倾角、围岩特性及施工设备等条件选定。竖井一般开挖方法有：自上而下全断面开挖方法和贯通导井后，自上而下进行扩大开挖方法。在Ⅰ、Ⅱ类围岩中开挖小断面的竖井，挖通导井后亦可采用留渣法蹬渣作业，自下而上扩大开挖。最后随出渣随锚固井壁。

（3）现场检查项目。中小型洞室开挖一次成型，大型洞室开挖或分上断面、下断面成型，或多层开挖成型，分层高度预设计并经过试验确定。某输引水工程隧洞上、下断面开挖，现场检查项目见表3.1.6。

表3.1.6 　　　　　　　　　　某输引水工程隧洞开挖的现场检查项目

序号	检查项目	检 查 内 容
（1）	测量	开挖上断面、下断面边线及洞轴线，收方测量
（2）	爆破设计	掏槽孔、崩落孔及周孔边的孔深、孔径及孔向
		炸药种类、线装药密度、单孔药量、单响药量、炸药单耗、总装药量及爆破效率
		导爆管、导爆索或导火索与火雷管或电雷管的联结方式
（3）	开挖质量	开挖岩面有无松动岩块、陡坎、尖角
		径向、侧墙及底板超欠挖、不平整度
		半孔率
（4）	专项检查	岩爆部位检查岩爆影响情况；绿泥石片岩部位检查局部变形情况

3. 现场质量检验的一般质量要求

钻孔孔口位置、角度和孔深符合爆破设计的规定，钻孔偏斜度不得大于10°；隧洞开挖的周边孔在断面轮廓线上开孔并向外发散，外张量小于20cm；已完成的钻孔，落实孔口保护，对于因堵塞无法装药的钻孔，予以冲孔或补钻，钻孔经检查合格后方可装药。爆破后检查相邻两茬炮之间的台阶（光面爆破孔的最大外斜值）不得大于20cm；在开挖轮廓面上，残留炮孔痕迹均匀分布。残留炮孔痕迹保存率，除地质缺陷部位外，节理裂隙不发育的岩体应大于80%，节理裂隙发育的岩体应大于50%，节理裂隙极发育的岩体应大于20%。基岩面上的泥土、破碎岩体、松动岩块以及不符合质量要求的岩体，必须彻底清除或处理；基岩面如发现不良地质缺陷，按设计文件及监理工程师的指示进行处理。

4. 质量标准及检测方法

质量标准及检测方法见表3.1.7。贯通误差，对于地下洞室的开挖，其贯通测量允许极限误差应满足表3.1.8的要求。

表3.1.7 　　　　　　　　　　隧洞上下断面开挖质量标准及检测方法

项类		检 查 项 目	质量标准	检测方法
主控项目	①	开挖岩面或壁面	无松动岩块、陡坎、尖角	
	②	不良地质缺陷处理	符合设计要求	
	③	洞、井轴线	符合设计要求	

续表

项类		检 查 项 目		质量标准	检测方法
一般项目	①	无结构要求无配筋	平洞（径向、侧墙）	$-10\sim+20$cm	测量仪器、检查施工记录 因岩爆影响超挖值较大，不参加评定优良率
			竖井（径向、侧墙）	$-10\sim+25$cm	
			底标高	$-10\sim+20$cm	
			开挖面不平整度（2m 直尺）	15cm	
	②	有结构要求有配筋	平洞（径向、侧墙）	$0\sim+20$cm	
			竖井（径向、侧墙）	$0\sim+25$cm	
			底标高	$0\sim+20$cm	
			开挖面不平整度（2m 直尺）	15cm	
	③	半孔率/%	节理裂隙不发育的岩体	>80	观察检查
			节理裂隙发育的岩体	>50	
			节理裂隙极发育的岩体	>20	
	④	声波检测（需要时采用）		声波降低率小于10%，或达到设计要求声波值以上	仪器检测

注 1. "—"为欠挖，"+"为超挖。本表所列的超欠挖的质量标准是指不良地质缺陷原因以外的部位。

2. 表中所列允许偏差值系指局部欠挖的突出部位（面积不大于 0.5m² 的平均值）和局部超挖的凹陷部位（面积不大于 0.5m² 的平均值）（地质原因除外）。

3. 斜井、洞室超欠挖质量标准参照竖井允许偏差执行。

表 3.1.8 贯通测量允许极限误差值

相向开挖长度/km		<4	>4
贯通极限误差/cm	横向的	±10	±15
	纵向的	±20	±30
	竖向的	±5	±7.5

检测数量：分横断面或纵断面进行检查，检测间距不大于 5m，弧形段检测断面间距 2～3m；每个单元不少于两个检查断面，总检测点数不少于 20 个，局部突出或凹陷部位（局部在 0.5m² 以上）增设检测点。质量评定：在主控项目符合质量标准的前提下，一般项目不少于 70% 的检查点符合质量标准，即评为合格；一般项目不少于 90% 的检查点符合质量标准，即评为优良。特别明确，对于岩爆部位、断层或裂隙密集带开挖单元质量验评，相关质量验评的结论应经过技术负责人组织讨论确定。质量控制程序：在监理机构按照规定移交测量基准后，检查承包人的导线测量测点准确可靠的基础上，对隧洞测量放样、断面检测、质量偏差进行复核性跟踪检查。隧洞开挖质量控制程序：测量放样、监理验收合格→承包人现场作业班组钻孔、监理跟踪检查→装药联网、准爆破证签署→爆破→爆破检查、随机支护。安排测量收取成型断面，并根据开挖围岩安全性判定确定测量放样确定是否进行下一循环开挖工作，设计于期间进行地质素描的，由承包人配合完成相关工作；具备开挖单元验收的，相关人员共同完成开挖面的验收工作；相关各方确定需要进行加强支护的，落实加强支护后进行下一循环的开挖工作。地下洞室开挖工程质量控制程

序如图 3.1.7 所示。

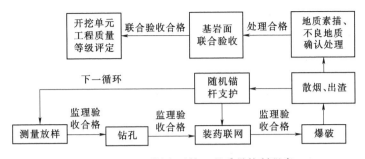

图 3.1.7   地下洞室开挖工程质量控制程序

5．支护

需要支护的地段，应根据地质条件、洞室结构、断面尺寸、开挖方法、围岩暴露时间等因素，做出支护设计。除特殊地段外，应优先采用喷锚支护。采用喷锚支护时，应检查锚杆、钢筋网和喷射混凝土质量。锚杆材质和砂浆标号符合设计要求；砂浆锚杆抗拔力、预应力锚杆张拉力符合设计和规范要求；锚孔无岩粉和积水，孔位偏差、孔深偏差和孔轴方向符合要求。钢筋材质、规格和尺寸符合设计要求；钢筋网和基岩面距离满足质量要求；钢筋绑扎牢固。喷射混凝土抗压强度保证率 85％ 及以上；喷混凝土性能符合设计要求；喷射厚度满足质量要求；喷层均匀性、整体性、密实情况要满足质量要求；喷层养护满足质量要求。

6．地下洞室开挖质量检查及验收

承包人应按合同的有关规定，做好地下工程施工现场的粉尘、噪声和有害气体的安全防护工作，定时定点进行相应的监测，并及时向监理机构报告监测数据。工作场地内的有害成分含量必须符合国家劳动保护法规的有关规定。承包人应对地下洞室开挖的施工安全负责。在开挖过程中应按施工图纸和合同规定，好围岩稳定的安全保护工作，防止洞（井）口及洞室发生塌方、掉块危及人员安全。开挖过程中，由于施工措施不当而发生山坡、洞口或洞室内塌方，引起工程量增加或工期延误，以及造成人员伤亡和财产损失，均应由承包人负责。隧洞开挖过程中，承包人应会同监理机构定期检测隧洞中心线的定线误差。隧洞开挖完毕后，对于开挖质量应进行以下各项的检查：开挖岩面无松动岩块、小块悬挂体；如有地质弱面，对其处理符合设计要求；洞室轴线符合规范要求；底部标高、径向、侧墙、开挖面平整度在设计允许偏差范围内。

3.1.4.6　混凝土工程质量控制

《水工混凝土施工规范》（SL 677—2014）明确了混凝土施工质量的标准。

1．原材料质量控制

（1）水泥。水泥品种。承包人应按各建筑物部位施工图纸的要求，配置混凝土所需品种，各种水泥均应符合技术条款指定的国家和行业的现行标准。运输贮存。运输时，不得受潮和混入杂物。不同品种、标号、出厂日期和出厂编号的水泥应分别运输装卸，并做好明显标志，严防混淆。承包人应采取有效措施防止水泥受潮。库内应保持干燥，防止雨露侵入。袋装水泥的出厂日期不应超过 3 个月，散装水泥不应超过 6 个月，袋装水泥的堆放高度不得超过 15 袋。检验。检测取样以 200～400t 同品种、同标号水泥为一个取样单位，不足 200t 时也应作为一个取样单位。检测的项目应包括：水泥标号、凝结时间、体积安定性、稠度、细度、比重等试验，监理机构认为有必要时，可要求进行水化热试验。

（2）骨料。骨料可选用天然骨料、人工骨料，或两者互相补充。混凝土骨料应按监理机构批准的料源进行生产，对含有活性成分的骨料必须进行专门的试验论证，并经监理机构批准后，方可使用。骨料的堆存和运输要求：堆存骨料的场地，应有良好的排水设施；不同粒径的骨料必须分别堆存，设置隔离设施混杂；粒径大于 40mm 的粗骨料的净自由落差不宜大于 3m，超过时应设置缓降设备；骨料堆存时，不宜堆成斜坡或锥体，以防产生分离。细骨料的质量要求：细骨料的细度模数应在 2.4～2.8 范围内，天然砂细度模数应在 2.2～3.0 范围内；砂料应质地坚硬、清洁、级配良好，使用山砂、特细砂应经过试验论证。其他砂的质量要求如含泥量、石粉含量、云母含量、轻物质含量、硫化物及硫酸盐含量、坚固性和密度应满足要求。粗骨料的质量要求：粗骨料的最大粒径，不应超过钢筋最小间距的 2/3 及构件断面边长的 1/4，素混凝土板厚的 1/2，对少筋或无筋结构，应选用较大的粗骨料粒径。施工中应将骨料粒径分成下列几种级配：二级配分成 5～20mm 和 20～40mm，最大粒径 40mm。三级配分成 5～20mm、20～40mm 和 40～80mm，最大粒径为 80mm。四级配分成 5～20mm、20～40mm、40～80mm 和 80～150mm（120mm），最大粒径为 150mm（120mm）。采用连续级配或间断级配，应由试验确定并经监理机构同意，如采用间断级配，应注意混凝土运输中骨料分离的问题。其他粗骨料的质量要求如含泥量、坚固性、硫酸盐及硫化物含量、有机质含量、比例、吸水率、针片状颗粒含量等应满足要求。应严格控制各级骨料的超径、逊径含量。以原孔筛检验，其控制标准：超径不小于 5％，逊径不大于 10％。当以超、逊径筛检验时，其控制标准：超径为零，逊径不大于 2％。

（3）水。凡符合《生活饮用水卫生标准》（GB 5749—2006）适宜饮用的水均可使用，拌和及养护混凝土所用的水，除按规定进行水质分析外，应按监理机构的指示进行定期检测。

（4）掺合料。为改善混凝土的性能，合理降低水泥用量，宜在混凝土中掺入适量的活性掺合料，掺用部位及最优掺量应通过试验决定。

（5）外加剂。为改善混凝土的性能，提高混凝土的质量及合理降低水泥用量，必须在混凝土中掺加适量的外加剂，其掺量通过试验确定。

（6）钢筋。承包人应负责钢筋材料的采购、运输、验收和保管，若承包人要求采用其他种类的钢筋替代施工图纸中规定的钢筋，应将钢筋的替代报送监理机构审批。钢筋混凝土结构用的钢筋应符合热轧钢筋主要性能的要求。每批钢筋均应附有产品质量证明书及出厂检验单。承包人在使用前，应分批进行钢筋机械性能试验：钢筋分批试验，以同一炉（批）、同一截面尺寸的钢筋为一批；根据厂家提供的钢筋质量证明书，检查每批钢筋的外表质量，并测量每批钢筋的代表直径；在每批钢筋中，选取表面质量检查和尺寸测量合格的两根钢筋，一个进行拉力试件（含屈服点、抗拉强度和延伸率试验），另一个冷弯试验，如一组试验项目的一个试件不符合规定数值时，则另取两倍数量的试件，对不合格的项目做第二次试验，如有一个试件不合格，则该批钢筋为不合格产品。水工结构非预应力混凝土中，不得使用冷拉钢筋，因为冷拉钢筋一般不作为受压筋。钢筋的表面应洁净无损伤，油漆污染和铁锈等应在使用前清除干净。带有颗粒状或片状老锈的钢筋不得使用。

2. 混凝土配合比

各种不同类型结构物的混凝土配合比必须通过试验选定。混凝土配合比试验前，承包人应将各种配合比试验的配料及其拌和、制模和养护等的配合比试验计划报送监理机构。

配合比的设计：承包人应按施工图纸的要求和监理机构的指示，通过室内试验成果进行混凝土配合比设计，并报送监理机构审批。水工混凝土水灰比最大允许值根据部位和地区的不同，应满足相应的规定，并符合表3.1.9中的规定。

表3.1.9　　　　　　　　　　　　水 灰 比 最 大 允 许 值

部　　　位	严寒地区	寒冷地区	温和地区
上、下游水位以上（坝体外部）	0.5	0.55	0.60
上、下游水位变化区（坝体外部）	0.45	0.5	0.55
上、下游最低水位以下（坝体外部）	0.50	0.55	0.60
基础	0.50	0.55	0.60
内部	0.60	0.65	0.65
受水流冲刷部位	0.45	0.50	0.50

注　1. 在环境水有侵蚀的情况下，外部水位变化区及水下混凝土的水灰比最大允许值应减0.05。
　　2. 表中规定的最大允许值，也考虑了减水剂和加气剂的情况，否则酌情减小0.05。

3. 混凝土拌和的质量控制

承包人拌制现场浇筑混凝土时，必须严格遵照承包人现场试验室提供并经监理机构批准的混凝土配料单进行配料，严禁擅自更改配料单。除合同另有规定外，承包人应采用固定拌和设备，设备生产率必须满足本工程高峰浇筑强度的要求，所有的称量、指示、记录及控制设备都应有防尘措施，设备称量应准确，其偏差量应不超过规定，承包人应按监理机构的指示定期校核称量设备的精度。拌和设备安装完毕后，承包人应会同监理机构进行设备运行操作检验。对于混凝土拌和质量检查，应检查以下项目：

（1）水泥、外加剂符合国家标准；混凝土拌和时间应通过试验决定，表3.1.10中的拌和时间可参考使用；混凝土强度保证率大于等于80%，混凝土抗冻、抗渗标号符合设计要求。

表3.1.10　　　　　　　　　　　　混凝土最少拌和时间

拌和机容量 Q/m^3	最大骨料粒径/mm	最少拌和时间/s	
		自落式拌和机	强制式拌和机
$0.75{\leqslant}Q{\leqslant}1$	80	90	60
$1{<}Q{\leqslant}3$	150	120	75
$Q{>}3$	150	150	90

注　1. 入机拌和量不应超过拌和机容量的110%。
　　2. 掺加混合材、加气剂、减水剂及加冰时建议延长拌和时间，出机料不要有冰块。
　　3. 掺纤维、硅粉的混凝土其拌和时间根据试验确定。

（2）混凝土坍落度、拌合物均匀性满足质量标准。

（3）水泥、混合材、砂、石、水的称量在其允许偏差范围之内。不应超过表 3.1.11 的规定。

表 3.1.11　　　　　　　　　　混凝土组成材料称量的允许偏差

材 料 名 称	允许偏差/%	备注
水泥、掺合料、水、片冰、外加剂溶液	±1	
砂、石	±2	

在混凝土拌和过程中，应采取措施保持砂、石、骨料含水率稳定，砂子含水率应控制在 6% 以内。掺有掺合料（如粉煤灰等）的混凝土进行拌和时，掺合料可以湿掺也可以干掺，但应保证掺和均匀。承包人应按监理机构指示，并会同监理机构对混凝土拌和均匀性进行检测。坍落度的检测：按施工图纸的规定和监理机构的指示，每班应进行现场混凝土坍落度的检测，出机口应检测四次，仓面应检测两次。混凝土的坍落度，由根据建筑物的性质、钢筋含量、混凝土的运输、浇筑方法和气候条件决定，尽可能采用小的坍落度。混凝土在浇筑地点的坍落度可参照表 3.1.12 的规定。

表 3.1.12　　　　　　　　　　混凝土浇筑时的坍落度

混 凝 土 类 型	坍落度/mm	备注
素混凝土	10～40	
配筋率不超过 1% 的钢筋混凝土	30～60	
配筋率不超过 1% 的钢筋混凝土	50～90	
泵送混凝土	140～220	

注　有温控要求或高、低温季节浇混凝土时，其坍落度可根据情况酌量增减。

4. 混凝土的运输

混凝土出拌和机后，应迅速运达浇筑地点，运输中不应有分离、漏浆和严重泌水现象。混凝土入仓时，应防止离析，最大骨料粒径 150mm 的四级配混凝土自由下落的垂直落距不应大于 1.5m，骨料粒径小于 80mm 的三级配混凝土其垂直落距不应大于 2m。混凝土运至浇筑地点，运输道路保持平整；装载混凝土的厚度不小于 40cm，车厢严密平滑不漏浆；搅拌车装料前，应将拌筒内积水清理干净。运送途中，拌筒保持 3～6r/min 的慢速转动，并不应往拌筒内加水。

5. 混凝土浇筑

任何部位混凝土开始浇筑前，承包人必须通知监理机构对浇筑部位的准备工作进行检查。检查内容包括：地基处理、已浇筑混凝土面的清理以及模板、钢筋、插筋、冷却系统、灌浆系统、预埋件、止水和观测仪器等设施埋设和安装等，经监理机构检验合格后，方可进行混凝土浇筑。任何部位混凝土开始浇筑前，承包人应将该部位的混凝土浇筑的配料单提交监理机构进行审核，经监理机构同意后，方可进行混凝土的浇筑。

（1）基础面混凝土浇筑。建筑物建基础面必须验收合格后，方可进行混凝土浇筑。岩基上的杂物、泥土及松动岩石均应清除，应冲洗干净并排干积水，如遇有承压水，承包人应指定引排措施和方法报监理机构批准，处理完毕，并经监理机构认可后，方可浇筑混凝土。清洗后的基础岩面在混凝土浇筑前应保持洁净和湿润。易风化的岩基础及软基，在立模扎筋前应处理好地基临时保护层；在软基上进行操作时，应力求避免破坏或扰动原状土壤；当地基为湿陷性黄土时应按监理机构指示采取专门的处理措施。基岩面或混凝土施工缝面浇筑第一坯混凝土前，必须先铺一层 2～3cm 的水泥砂浆，或同等强度的小混凝土或富砂浆混凝土。

（2）混凝土浇筑层的厚度，应根据拌和能力、运输距离、浇筑速度、气温及振捣器的性能等因素确定。一般情况下，浇筑层的允许最大厚度，不应超过表 3.1.13 规定的数值；如采用低流态混凝土及大型强力振捣设备时，其浇筑层厚度应根据试验确定。

表 3.1.13 　　　　　　　　　　　**混凝土浇筑层的允许最大厚度**

振 捣 器 类 别		浇筑层的允许最大厚度
插入式振捣器	振捣机	振捣棒（头）工作长度的 1.0 倍
	电动、风动振捣器	振捣棒（头）工作长度的 0.8 倍
	软轴振捣器	振捣棒（头）工作长度的 1.25 倍
平板式振捣器		200mm

（3）浇筑层施工缝面的处理。在浇筑分层的上层混凝土层浇筑前，应对下层混凝土的施工缝面，按监理机构批准的方法进行冲毛或凿毛处理。

（4）浇入仓内的混凝土应随浇随平仓，不得堆积。仓内若有粗骨料堆叠时，应均匀地分布于砂浆较多处，但不得用水泥砂浆覆盖，以免造成内部蜂窝。不合格的混凝土严禁入仓，已入仓的不合格混凝土必须清除，并按规定弃置在指定地点。浇筑混凝土时，严禁在仓内加水。如发现混凝土的和易性较差，应采取较强振捣等措施，以保证质量。

（5）施工中严格进行温度控制，是防止混凝土裂缝的主要措施。要防止大体积混凝土结构中产生裂缝，就要降低混凝土的温度应力，这就必须减少浇筑后混凝土的内外温差。为此应优先选用水化热低的水泥，掺入适量的粉煤灰，降低浇筑速度和减少浇筑厚度，浇筑后宜进行测温，采用一定的降温措施，控制内外温差不超过规范要求可设计技术要求，必要时，经过计算和取得设计单位同意后可留施工缝分层浇筑。

（6）施工缝留设。混凝土结构多要求整体浇筑，如因技术或组织上的问题不能连续浇筑时，且停留时间有可能超过混凝土的初凝时间，则应事先确定在适当的位置设置施工缝。施工缝是结构中的薄弱环节，宜设置在结构剪力较小而且施工方便的部位。对于混凝土结构面上有巨大荷载，整体性要求高，往往不允许留施工缝，要求一次性连续浇筑完毕。

6. 混凝土质量检查

混凝土在拌制和浇筑过程中，检查拌制混凝土所用原材料的品种、规格和用量，每一工作班至少两次；检查混凝土在浇筑地点的坍落度，每一工作班至少两次；在每一工作班内，当混凝土配合比由于外界影响有变动时，应及时检查；混凝土的搅拌时间应随时检查。

检查混凝土质量应进行抗压强度试验。对有抗冻、抗渗要求的混凝土，尚应进行抗冻性、抗渗性等试验。现场混凝土质量检验以抗压强度为主，同一标号混凝土试件的数量应符合下列要求。抗压强度：大体积混凝土 28d 龄期每 500m³ 成型 1 组，设计龄期每 1000m³ 成型 1 组；结构混凝土 28d 龄期每 100m³ 成型 1 组，设计龄期每 200m³ 成型 1 组。每一浇筑块混凝土方量不足以上规定数字时，也应取样成型 1 组试件。抗拉强度：28d 龄期每 2000m³ 成型 1 组，设计龄期每 3000m³ 成型 1 组。抗冻、抗渗或其他特殊指标应适当取样，其数量可按每季度施工的主要部位取样成型 1～2 组；混凝土生产质量水平应采用现场试件 28d 龄期抗压强度标准差表示，其评定标准见表 3.1.14。

表 3.1.14　　　　　　　现场混凝土生产质量水平（抗压强度标准差）

评 定 标 准		生 产 质 量 水 平	
		优良	合格
抗压强度标准差 /MPa	$f_{cu,k} \leqslant 20$	≤3.5	≤4.5
	$20 < f_{cu,k} \leqslant 35$	≤4.0	≤5.0
	$f_{cu,k} > 35$	≤4.5	≤5.5

7. 混凝土强度的合格评定

混凝土强度的检验评定应以设计龄期抗压强度为准。有根据不同强度等级（标号）按月评定，当组数不足 30 组时可适当延长统计时段。混凝土质量评定标准见表 3.1.15。混凝土强度保证率 P 的计算方法见《水工混凝土施工规范》（SL 677—2014）附录 E。混凝土设计龄期抗冻检验的合格率：素混凝土含量不应低于 80%，钢筋混凝土含量不应低于 90%；混凝土设计龄期的抗渗检验应满足设计要求。

表 3.1.15　　　　　　　　设计龄期混凝土抗压强度质量标准

项　　　目		质 量 标 准	
		优良	合格
任何一组试块抗压强度	$f_{cu,k} \leqslant 20MPa$	85%	
	$f_{cu,k} > 20MPa$	90%	
无筋或少筋（配筋率不超过 1%）混凝土强度保证率		≥85%	≥80%
钢筋（配筋率超过 1%）混凝土强度保证率		≥95%	≥90%

3.1.4.7　灌浆工程质量控制

水利工程的灌浆施工可能存在类型有回填灌浆、固结灌浆、帷幕灌浆、接缝灌浆、接触灌浆，或根据需要采取专门措施的补强灌浆、防渗灌浆、堵水灌浆、化学灌浆、排水孔等。其中，个别工程固结灌浆深度较深；由帷幕灌浆区域地质条件复杂，质量标准、技术要求高，断层及其影响带部位地质性状较差，水泥浆液难以灌入；接缝灌浆分灌区高度，常常采用"灌浆槽＋升浆管"灌浆方式，灌区底部、顶部布置进浆槽、出浆槽及其配套的进、回浆、出浆和排气管路系统。监理机构应成立专门的灌浆工程管理部门、配置有经验的人员负责过程质量控制。水利工程地下洞室灌浆有回填灌浆、固结灌浆、帷幕灌浆、化学灌浆或根据需要采取专门措施的补强灌浆、防渗灌浆、堵水灌浆等。设计对灌浆类型进行分类有：裸岩混凝土衬后固结灌浆、堵水灌浆、接触和接缝灌浆等。监理机构应重视地下洞室灌浆施工的环境条件及质量控制难度，除配置足够有经验的监理人员外，还与承包人一道对灌浆工程的特点、重难点、施工组织和管理方式、施工方法、沟通协调渠道等进

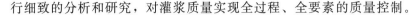

行细致的分析和研究，对灌浆质量实现全过程、全要素的质量控制。

1. 灌浆技术要求及质量检查一般规定

灌浆施工的造孔、洗孔、灌浆压水；灌浆过程的灌浆压力、水灰比变化、结束标准、灌浆异常情况的处理、灌浆封孔；灌浆质量检查等均应执行相关设计院要求或规范要求。对于大中型水利工程，设计灌浆一般均提出了灌浆试验的要求，监理机构应督促承包人编制灌浆试验大纲，组织审查后监督实施。灌浆试验结束，需要督促承包人提交灌浆试验报告，对相关设计基本要求进行修正。对于灌浆质量检查除压水试验检查外，要求开展物探测试检查的，监理机构应做好现场协调，督促完成物探检查。

2. 第三方复核性检查

大中型水利工程大坝固结、帷幕灌浆施工质量控制、过程管理存在复杂性；地下洞室灌浆存在不可预见性。总结多年来的发包人对大中型水利工程灌浆施工管理方法，常常引进第三方灌浆质量检测机构对灌浆施工质量进行专门检查控制，监理机构应做好现场协调，配合完成任务相关方的检查工作。

3.1.4.8　碾压式的土石坝（围堰）质量控制

在水利水电工程中，土石方填筑主要包括基础和岸坡处理、土石料以及填筑的质量控制。这里所指的土石方填筑包括碾压式的土坝（堤）、土石坝、堆石坝等的坝体，以及土石围堰堰体和其他填筑工程的施工。

1. 坝基与岸坡处理

坝基与岸坡处理系属隐蔽工程，直接影响坝的安全。一旦发生事故，较难补救，因此，必须按设计要求认真施工。承包人应根据设计要求，充分研究工程地质和水文地质资料，借以制订有关技术措施。对于缺少或遗漏的部分，应会同设计单位补充勘探和试验。坝基和岸坡处理过程中，如发现新的地质问题或检验结果与勘探有较大出入时，勘测设计单位应补充勘探，并提出新的设计，与承包人共同研究处理措施。对于重大的设计修改，应按程序报请上级单位批准后执行。进行坝基及岸坡处理时，主要进行以下检查及检验：

（1）坝基及岸坡清理工序。检查树木、草皮、树根、乱石、坟墓以及各种建筑物全部清除是否已全部清除；水井、泉眼、地道、洞穴等是否已经按设计处理。检查粉土、细砂、淤泥、腐殖土、泥炭是否已全部清楚，对风化岩石、坡积物、残积物、滑坡体等是否已按设计要求处理。地质探孔、竖井、平洞、试坑的处理是否符合设计要求。长、宽是否在允许偏差范围内；清理边坡应不陡于设计边坡。

（2）坝基及岸坡地质构造处理。岩石节理、裂隙、断层或构造破碎带按设计要求进行处理。地质构造处理的灌浆工程符合设计要求和《水工建筑物水泥灌浆施工技术规范》（SL 62—2014）的规定。岩石裂隙与节理处理方法符合设计，节理、裂隙内的充填物冲洗干净，回填水泥浆、水泥砂浆、混凝土饱满密实。进行断层或破碎带的处理以及开挖宽度、深度符合设计要求，边坡稳定，回填混凝土密实，无深层裂缝，蜂窝麻面面积不大于0.5%，蜂窝进行处理。

（3）坝基及岸坡渗水处理。渗水已妥善排堵，基坑中无积水。经过处理的坝基及岸坡渗水，在回填土或浇筑混凝土范围内水源基本切断，无积水，无明流。

2．填筑材料

（1）料场复查与规划。筑坝土石料和土工试验应按照《水利水电工程天然建筑材料勘察规程》（SL 251—2015）和《土工试验规程》（SL 237—1999）的有关规定，明确附近各种天然土石料的性质、储量和分布，以及枢纽建筑物开挖的性质和可利用的数量。承包人应根据工程所需各种土石料的使用要求，对合同指定的土石料场进行复勘核查，根据施工图纸要求对土石料进行物理力学性能复核试验。料场规划应遵循原则：料场可开采量（自然方）与坝体填筑量的比值：堆石料为 1.2～1.5；砂石料，水上为 1.5～2.0，水下为2.0～2.5。天然肥滤料不小于 3.0，土料为 2.0～2.5；砾质土取上限。料场开采爆破工作面规划应与料场道路规划结合进行，并应满足不同施工时段填筑强度需要。主堆石坝料的开采，宜选择运距较短、储量较大和便于高强度开采的料场，以保证坝体填筑的高峰用量。充分利用枢纽建筑物的开挖料。开挖时宜采用控制爆破方法，以获得满足设计级配要求的坝料，并做到"计划开挖、分类堆存"。

（2）开采。承包人必须按监理机构批准的料场开采范围和开采方法进行开采；土料开采应采用立采（或平采）的开采方法；石料应采用台阶法钻孔爆破分层开采的施工方法。

（3）制备和加工。承包人应按批准的施工措施以及现场生产性试验确定的参数进行坝料制备和加工。

（4）运输。土料运输应与料场开采、装料和坝面卸料、铺料等工序持续和连贯进行，以免周转过多导致含水量的变化过大。

反滤料运输及卸料过程中，承包人应采取措施防止颗粒分离。运输过程中反滤料应保持湿润，卸料高度应加以限制。监理机构认为不合格的土料、反滤料（含垫层料、过渡料）或堆石料，一律不得上坝。

（5）填筑材料的质量检查。现场鉴别的控制指标与项目一般由设计技术要求进行明确，一些易于进行现场鉴别的控制指标与项目，具体如表 3.1.16。其每班试验次数可根据现场情况确定。试验方法应以目测、手试为主，并取一定数量的代表样进行试验。

表 3.1.16　　　　　　　　　　　填 筑 材 料 控 制 指 标

坝料类别		控制项目与指标	备注
黏性土		含水量上、下限值	
		黏粒含量下限值	
砾质土		允许最大粒径	
		含水量上、下限值；砾石含量上、下限值	
反滤料		级配；含泥量上限值；风化软弱颗粒含量	
过渡料		允许最大粒径；含泥量	
坝壳砾质土		小于5mm含量的上、下限值；含水量的上、下限值	
坝壳砂砾料		含泥量及砾石含量	
堆石		允许最大块径；小于5mm粒径含量；风化软弱颗粒含量	

3．填筑

施工过程中承包人应会同监理机构定期进行以下各项目的检查：

（1）土料填筑。在施工过程中，进行土料填筑时，主要检验和检查内容有：土料铺筑，含水率适中，无不合格土，铺土均匀，铺土厚度满足设计要求，表面平整，无土块，无粗料集中，铺料边线整齐；上、下层铺土之间的结合处理，砂砾及其他杂物清除干净，表面刨毛，保持湿润；土料碾压，无漏压、欠压，表面平整，无弹簧土，起皮，脱空或剪力破坏现象，压实指标满足设计干密度的要求；接合面处理，进行削坡，湿润，刨毛处理，搭接无界。

（2）堆石体填筑。进行堆石体填筑时，主要检验和检查项目：填筑材料符合堆石填筑规范和设计要求；每层填筑应在前一填筑层验收合格后才能进行；按选定的碾压参数进行施工；铺筑厚度不得超后、超径；含泥量、洒水量符合规范和设计要求；材料的纵横向结合部位符合规范和设计要求；与岸坡结合处的料物不得分离、架空，对边角加强压实；填筑层铺料厚度、压实后的厚度满足要求（每层应有大于等于90%或95%的测点达到规定的铺料厚度）；堆石填筑层面基本平整，分区能基本均衡上升，大粒径料无较大面积集中现象；分层压实的干密度合格率满足要求干密度，其平均值不小于设计值，标准差不大于0.1g/cm³，当样本数小于20组时，应按合格率不小于90%，不合格点的干密度不低于设计干密度的95%控制。土工格栅质量检查项目主要包括原材料外观、性质，铺设的长度、宽度、均匀程度、平展度、连接方式、外观质量情况等。经监理工程师检查认为质量不合格时，督促承包人按监理工程师指示对工程缺陷部分进行返工、修理和补强。

4.大型水电站当地材料大坝堆石料填筑施工质量控制

监理机构根据设计对工程坝体填筑料的压实标准要求，为改善坝体和面板应力状态以及减小坝体沉降考虑出发采取比较可靠的方法和措施。

（1）组织管理。制定《坝体填筑施工监理旁站实施细则》，拟定大坝填筑施工中的重点、难点、施工中薄弱环节，组织监理机构员全过程工序施工实施旁站监理，严把工序质量关，确保填筑质量满足设计要求；堆石料填筑实行准填证制度，只有在碾压遍数、孔隙率检测和局部处理合格后，监理工程师方签发下一层准填证。碾压：监理工程师检查铺料厚度满足设计要求，边角处理合格后，方可进行碾压。碾压过程中碾压遍数、碾压设备规格、重量、振动频率和激振力、行驶速度必须符合生产性试验要求。工程将启用的智慧工程系统，采取GPS定位仪等一系列仪器设备进行联网，对采集的数据进行智能化分析处理，可进行分区摊铺厚度、碾压遍数及覆盖范围监测，及时发现不合格产品立即报警，进行人工复核后作出进一步处理决定，保证整个坝体填筑质量检测无遗漏区。试验检测：由于堆石料粒径较大，堆石料压实质量主要以碾压遍数来控制，同时孔隙率应满足设计控制指标的要求；当试验检测压实孔隙率不满足设计指标要求时，应分析原因，是否由于碾压设备性能、铺料超厚、粗粒径料集中或料性改变等原因引起，采取相应的处理措施，如补压、减薄铺料厚度后补压、粗粒料挖除处理或根据料性重新测定堆石料干密度。

（2）技术管理。优先进行生产性试验，在填筑之前，要求承包人根据设计提供的设计控制指标及承包人拟投入的设备进行碾压试验，以此获得效率比较高的施工控制参数，在大坝填筑施工过程中，作为施工质量控制的依据。通过试验复核设计确定的有关技术指标（物性指数、渗透系数、抗渗透变形性质、抗剪强度、干密度、最优含水率）、施工工艺和各种参数，提出有关质量控制的技术要求和检验方法。具体包括以下几方面的内容：核实坝料设计填筑标准的合理性，并向设计提供坝料的物理、力学、渗透性质指标；确定达到设计填筑标准的压实方法（包括碾压设备类型、机械参数、施工参数等）；研究填筑施工工艺；选择料场的开挖方式及料物含水率调整措施；对碾压前后的填料级配进行对比分析。严格审核坝体填筑详细规划；施工机械应相互配套，以提高机械配合使用效率；配套机械的选择应考虑适用性和通用性原则。选择机械性能可靠、效率高的现代化成套的施工机械设备，并针对填筑工序作业特点合理地配置组合机械设备，实现机械化的流水作业施工。施工过程中实行科学的统一管理、调度、维护和保养，以提高机械设备的完好率和有效利用率，满足工程施工目标总进度计划和施工技术要求。加强机械设备的维护与管理，施工过程中，督促承包人对机械设备统一管理、调度、维护和保养，严格执行相关的管理制度，做好每台设备的运行、维护及保养记录，保证机械设备最大限度的发挥效力。

（3）现场检查项目和质量要求。

1）坝体填筑质量控制以工序控制为主要手段，在施工过程中，重点检查以下项目：各填筑部位的填料质量；铺料厚度、碾压遍数、洒水量和表面平整度；碾压机具规格、重量、振动频率和压力等；有无漏碾、欠碾或过碾；坝体各部位接头及纵横向接缝的处理与结合部位质量；坝体填筑断面控制情况；坝体及坡面平整度。

2）下游30m以内的填筑体包括垫层料、过渡料和主堆石料应保证连续平起，均衡上升。垫层、过渡层、主堆石区之间不允许紧后层面侵入前一层面。相邻各层的填筑高差不宜超过1个堆石填筑层的厚度，以保证各分区之间的结合良好，达到较好的密实度。垫层料的铺筑，应向上游坡面法线方向超填10～15cm。进行水平碾压时，振动碾距上游坝面边缘的距离不宜大于40cm。采用挤压边墙时，垫层料的铺筑紧贴挤压边墙。垫层填筑每升高10～15m应进行一次坡面碾压。坡碾压应按碾压试验确定的碾压机具、方法和碾压参数进行。斜坡碾压前，应以已超填的坡面为基础进行修整，修整后的坡面，在法线方向应高出设计线5～10cm。采用挤压边墙时，无此项要求；但每层挤压边墙均应进行测量校核。垫层坡面防护应做到喷摊均匀密实，无空白、无鼓包，表面平整干净。当用水泥砂浆对斜坡面进行防护后，其砂浆表面在5m范围内不应高于设计线5cm和低于设计线8cm，并同时做好养护。垫层料铺筑上游边线水平超宽一般为20～30cm。如用振动平板压实时，垫层料水平超宽可适当减少。如采用自行式振动碾压实时，振动碾与上游边缘的距离不宜大于40cm。垫层料是混凝土下最重要的坝材料，对碾压工艺和削坡标准均应重视。垫层料每填筑升高10～15m进行垫层坡面削坡修整和碾压。如采用反铲削坡时，宜每填高3.0～4.5m进行一次，削坡修整后坡面在法线方向宜高于设计线5～8m，尽可能采用激光控制削坡坡度。

3）堆石坝各区之间的结合部位应遵循先填粗料后填细料的原则。对结合部位分离出来的超径石，要求承包人采取措施清除。坝体与岸坡相结处，应先填一部分细料，避免大石集中，不易碾压密实。

4）堆石料层厚控制。监理工程师对铺料过程进行监督，铺料完场后采用定点方格网全站仪测量控制铺料厚度及平整度，铺料厚度不得超过规定厚度的±10%。

5）施工缝处理。堆石区施工缝面按设计要求预留（一般不陡于1:1.7）。接坡填筑时，每填筑层要求水平往里至少削坡1m，清除所有架空大块石，回填较细一些的堆石料，平整后再跨缝碾压；对削坡地段、岸坡地段、堆石料与过渡料的相邻界面处等，也参

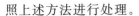

照上述方法进行处理。

6）施工中宜采用跳堆法铺料、平料，以避免颗粒分离。分离严重部位应掺混或挖除处理。

7）堆石坝各区结合部位施工控制：分期、分段填筑时的纵横向结合部位，由于接缝处坡面临空，振动碾碾压时在距坡面边缘要留有 0.5～0.8m 的安全距离，边坡部位难于压实，所以优先选用台阶收坡法，即在先期铺料时，每层预留台阶，要求台阶宽度不大于层厚。重新填料时，在新填料与松坡接触带，采用振动碾骑缝碾压，不需做削坡处理，但要在新填料前清除坡面上松散石料。

（4）过程注意事项。坝内斜坡路等坝体内修建的临时施工道路，尽量设置在堆石坝体或坝下游坡的任意高程和部位（但须是填筑压实合格的坝段），其材料按所经各区的要求填筑。对坝内道路边缘松动的填料，按所在料区填料碾压要求与新填料一起碾压。接缝部位按上述的接缝处理方法进行施工。两岸接坡料填筑施工时，采用振动碾与垫层料、过渡料一起碾压。两岸接坡料碾压对因岸边地形突变及坡度过陡碾压不到的部位，要调整振动碾碾压方向或采用薄层填筑，振动夯板压实。接坡处未压实的虚坡石料需挖除整平，并按要求重新碾压，达到设计的密实度要求。铺料应分层平行摊铺，层面如出现明显的凸凹不平整现象时，必须进行整平，才允许进行碾压。靠岸坡或其他构造边角部位碾压不到的地方通过碾压试验采用其他有效压实机具压实。重视垫层料坡面的保护，雨季施工应缩短上游坡面的整坡、防护周期，并做好岸坡排水，确保垫层料免遭径流冲刷。垫层坡面压实合格后，应尽快按照设计要求进行坡面保护。堆石坝各区之间的结合部位应遵循先填粗料后填细料的原则。对结合部位分离出来的超径石，要求承包人采取措施清除。坝体与岸坡相结处，应先填一部分细料，避免大石集中，不易碾压密实。坝体填筑材料的级配、含泥量、风化石等软弱岩体含量必须符合设计要求，超过设计标准者，不允许上坝。对于已运至填筑地点的不合格填料，承包人的质检人员和监理工程师可以拒绝其卸料，已填筑的不合格料必须挖除并运出坝外，填筑料中的超径石必须采取有效措施及时进行处理。坝体内修建的临时施工道路，其材料应按所经过填筑区的质量要求填筑并碾压密实。通过这些临时道路的车辆不能污染坝体内的任何永久性填筑料。在大坝填筑期间或填筑以后，如果已填筑的坝体受到表土或其他不合适材料的污染，承包人应将污染范围内的坝体填料全部予以清除。控制卸料方式，坝料铺筑宜采用进占法卸料，避免填筑料分离，垫层料、过度料、排水料的交界处，铺料时应避免分离，两者交界处应避免大石集中，超径石应予以剔除。对严重分离的垫层料、过度料应挖除。铺料时应采取措施防止发生分离，不允许从高坡向下卸料，不得发生大块石集中，力求做到粗细石料铺料均匀，防止发生架空现象。施工中应严格控制填筑层厚。卸料处前应有层厚标尺，以控制铺料。每一填筑层碾压后，应按 20m×20m 方格布网进行高程测量，据此检查填筑层厚。施工中应按设计要求对填筑料加水，供水系统的布设应合理，供水量应满足高峰填强度的要求。填筑中的加水必须充足均匀，并随碾压作业保持连续不间断。碾压宜采用进退错距法，在进退方向上一次延伸至整个单元，错距不应大于碾轮宽除以碾压遍数。碾压速度必须符合设计要求。当采用分段碾压时，相邻的两段交接带碾迹应彼此搭接，顺碾压方向搭接长度应不小于 0.5m，垂直碾压方向搭接宽度应不小于 1.5m。碾压路线应平行于坝轴线，前进和后退全振行驶。振动的工作重量、频率、振幅应定时核定，一般每三个月一次，以保证振动碾的规定工作参数。

3.1.4.9 输水 PCCP 管道质量控制

成槽开挖质量控制参考本章节"3.1.4.4 土石方明挖质量控制"相应内容，原材料质量控制参考本章节"3.1.4.6 混凝土工程质量控制"中的相关内容。

1. 施工方法

PCCP 管是由钢板、预应力钢丝和混凝土制作而成的层层包裹的复合结构，即在带钢筒的混凝土管芯上缠绕环向预应力钢丝并施喷水泥砂浆保护层而制成的管子，这种管道充分结合了钢管和混凝土的优点，同时解决了耐压、防腐蚀、抗震、防渗漏等问题，可靠、耐久，是当今一种比较先进的输水管道，如图 3.1.8 所示。

图 3.1.8　大型输水管道 PCCP 管结构与安装示意图

PCCP 安装工艺流程为：测量放线→沟槽开挖→运输、铺筑轨道→吊装设备就位→PCCP 管吊装入槽→待装管顶升对中→清口套胶圈涂润滑油→内拉法安装→接头试压→进行下一节管道安装→测量复核→接头灌浆→沟槽回填。

2. 管道运输和堆放、吊装

PCCP 管道运输采用平板拖车转运。PCCP 管道现场堆放时，选择了合适的堆放场地，场地坚实平整，雨水能自流排出。管道按照型号、规格分类堆放，第一层下面垫两根枕木，防止了管道滚动滑移，管子码垛存放时上下管子承插口相互倒立，并且错位 15～20cm。条件允许时直接运至沟槽的一侧堆放，但没有影响沟槽的土方施工和大型设备的通行，施工中尽量避免管道的二次倒运。管道起吊采用两点兜身吊，起吊索与管道接触面间距用橡胶或木板隔离，防止损伤管道保护层，吊装时绝对不能采用穿心吊法。严禁溜放或者用推土机、叉车等直接碰撞和推拉管道，管道下入沟槽时应避免碰撞其他管道。

3. 管道铺设安装

管道基础验收合格后可进行管道的铺设安装，管子下沟后将承插口清理干净，消除飞边毛刺防止划破橡胶密封圈。管道安装采用履带吊或可移动式龙门吊（包括底梁、顶梁、连接支撑等，各部位间采用高强度螺栓连接）。首先在沟槽底部铺设枕木安装轨道，然后在轨道上组装龙门吊，龙门吊组装完成后，移至待装管道处。龙门架四角设四个倒链，可以调节管道高低，管道水平方向用千斤顶来调节。管道对接安装前，清理管道承插口环，用植物油对承口工作面涂刷润滑，并将检验合格的胶圈轻轻拉套到 PCCP 插口凹槽内，使胶圈插口的各部位上粗细均匀并顺直地绷在插口环凹槽中，消除胶圈的扭曲翻转现象，以保持良好的密封，然后将润滑剂涂刷在胶圈上。管道安装时，为防止承插口环碰撞，管道应缓慢而平稳的移动，待移动至距已装管的承口 10～20cm 时，宜用方木支撑在两管间。对口时，应使插口端和承口端保持平行，并使圆周间隙大致相等，以期准确就位，采用管外上对拉，管内下对拉的方法，使待装管徐徐平行移动，撤除方木头，达到设计要求的安装间隙，安装间隙应控制在 15～28mm 范围内。

4. 管道接头试验

管道对接安装完成后，应及时进行接头打压试验。将管端打压孔螺栓拧下，将液压泵接口与管道打压孔对接，然后手动升压达到规定压力值，目视压力表有无变化，检查管道环向对接缝面处有无渗漏现象，持续时间 5min 以上的压力表变化在规定范围内即为合格。

5. 管道接头灌浆

水压试验合格的管接头，为防止根穿和保护外露的钢承插口不受腐蚀，需要在管外侧进行灌浆，接头灌浆应按照下列方法进行：在接头的外侧裹一层麻布、塑料编织袋或油毛毡（15～20cm）作为灌浆外模板，上面留出灌浆口，并用细铁丝将其两侧绑紧，在接口间隙内放一根铁丝，灌浆时来回牵动使用。用 1∶1.5～1∶2 的水泥砂浆调制成流态状，边灌浆边来回牵动铁丝，使砂浆密实，待砂浆灌满后，灌浆口上部用干砂浆填满抹平。

6. 沟槽回填

回填前首先应清除沟内的杂物，并且排除积水，不得在有积水的情况下回填。管道两侧至管顶部的回填必须对成分层夯实，严禁单侧回填或用推土机从一侧向沟内推填，以免引起管道轴线位移和接口变形，靠近管道的回填料中不得有超径石。每回填一层并按规定的压实要求施工完毕后，检查合格后才能继续铺填新土，经验收合格的填筑层因故未继续施工，并经检验合格后才能继续铺填新土。在一天内填筑的回填材料，宜在当天工作结束前压实。管道与其他管道或地下建筑物交叉部位的回填应符合要求的压实指标，并应使回填材料与被支撑管道紧贴。未及时回填的管道，特别是跨沟、跨河流段的管道在汛期必须采取有效的防洪措施，防止洪水进入管沟，造成管道漂移。管道敷设完毕后，在地面上设置标志。施工期间大型施工机械设备严禁横跨管槽，若确需横跨管槽时，承包人应采取可靠的保护措施，并经监理机构批准同意。井室、外包混凝土管道及其他附属构筑物回填要求：应在混凝土达到设计强度、防水设施完成后，方可回填；河（渠）堤恢复填筑采用规范或设计要求的回填材料。

7. 阴极保护施工质量控制

阴极保护施工应掌握设计和相关标准要求，检验阴极、阳极是否是设计要求的材料，并在使用前必须对其质量进行认真检查。在走线埋设完成后，做好测试桩的安装，并按照规范规定或设计技术要求开展测试。绝缘法兰（接头）绝缘性能测试有兆欧表法、电位法和漏电电阻测试法。电位测试偏差、土壤接地电阻测读数据必须满足规范规定或设计技术要求。其中，土壤电阻率测试分析方式可参考以下方式：

1）等距法测试从地表至深度为 $a(\text{m})$ 的平均土壤电阻率：把 ZC-8 型接地电阻摇表上的两个测试接线柱和一个电位接线柱、一个电流接线柱与四根一字排开相距 a 的电极用导线相连，四根电极插入土深应小于 $a/20$。然后按牺牲阳极接地电阻测试的操作步骤测得电阻 $R(\Omega)$ 后，则测量点从地表至深度为 a 的平均土壤电阻率 $\rho(\Omega \cdot \text{m})$ 为 $\rho = 2\pi a R$。

2）不等距法主要用于测深不小于 20m 情况下的土壤电阻率：其接线和测量方法与等距法相同，只是四根电极距离不等，两边两根距离相等都为 $a(\text{m})$，而中间两根之间距离为 $b(\text{m})$，且 $b > a$。测深 0～20m 时，$a = 1.6\text{m}$，$b = 20\text{m}$；测深 0～55m 时，$a = 5\text{m}$，$b = 60\text{m}$。此时测深 $h(\text{m})$ $h = (a + 2b)/2$ 按牺牲阳极接地电阻测试的操作步骤测得电阻 $R(\Omega)$ 后，则测深 $h(\text{m})$ 的平均土壤电阻率 $\rho(\Omega \cdot \text{m})$ 为 $\rho = \pi R(b + 2b/a)$。

8. 通水试验及验收

监理机构参加通水试验，参与试验出现的问题研究处理。试验结束，整理汇总所有与设计有关的文件、资料，并按规定完成阶段验收、合同工程验收。设计明确有整体水压试验要求的输水工程，监理机构应督促承包人编制水压试验方案，及时组织审查试验方案，并督促做好准备工作：一是必要的设备人员、器材；二是管道清理；三是敞口、弯段、接头、封堵抗推结构可靠性检查；四是充分湿润管道情况等。具备试验条件时，督促承包人按照方案进行水压试验，过程重点控制、升压、降压程序、标准等，整个试验必须满足规定的水压试验时间。试验结束，应组织召开总结会议，督促承包人提交试验总结报告，发现问题及处理情况反映在总结报告中。

3.1.4.10　金属结构制造安装过程的质量控制

水利工程金属结构设备可能涉及大坝、进水口、调压室和尾水出口的闸门和启闭机，进水口拦污栅和启闭机，引水管道压力钢管、检修排水系统钢管、普通管道以及闸阀的压力钢管制造、金属结构设备的安装工作。金属结构设备安装工程的工程量大，技术要求高，闸门及启闭设备多，局部闸门及启闭机的安装高差大、重量大、调试复杂等。严格按照《水利水电工程钢闸门制造安装及验收规范》（GB/T 14173—2008）、《水利水电工程启闭机制造安装及验收规范》（SL 381—2007）进行金属结构安装质量控制。监理机构应配备专业监理工程师、审核制作安装单位资质、现场焊接人员资格，审核和批准安装工艺指导书或作业指导书、安装调试及试验计划、检测计划等。

1. 闸门及启闭机安装控制措施

闸门及启闭机设备安装过程中，监理机构应联合承包人对设备基础、埋件安装进行测量放样，施工过程监理人员加强旁站监督，按照图纸和规范要求对各安装工序进行严格检查，对尺寸偏差进行调整，采用可靠的方式进行固定，安装完成后进行测量复核，确保埋件安装精度满足规范要求后才允许浇筑混凝土。闸门在安装前，监理机构组织安装前的验收，严格按设计图样对各项尺寸进行复测。节间采用焊接的应按已经评定合格的焊接工艺进行焊接和检验，焊接时应采取措施控制变形，焊缝属于Ⅰ、Ⅱ类的必须经过探伤检查，焊缝外观符合规范要求。闸门安装焊接完成后,监理机构组织进行全部焊缝的探伤无损检测评定,确保闸门的焊接质量满足要求。为保证水封安装质量,橡胶水封安装后,严格检查控制两侧止水中心距离和顶止水至底止水底缘距离的极限偏差满足设计规范要求,并对水封做透光检查。启闭机安装前,监理机构对运到现场的启闭机及其配件要进行逐个检查和清点并做好记录,如果发现启闭机或配件在运输和吊装过程中变形或损坏,安装前必须进行处理达到合格后才能进行安装。安装过程中,监理机构主要采用巡视的方式进行质量监控,要求承包人做好安装原始记录,并结合文件规定向监理机构报送当月有关质量控制的记录。监理机构的质量检验在承包人的三级自检合格基础上进行,除利用承包人的检测工具对施工过程进行复测外,对关键部位或关键工序还要采取平行检验的方式进行检测。监理机构严格控制启闭机安装高程偏差、起吊中心线与基准线偏差,偏差应满足设计规范要求,注油检查各轴承转动灵活,制动器安装调整到设计规定的抱闸力,闸瓦接触面积符合要求。闸门与启闭机均进行全行程无水及静水运行试验,全行程启闭无卡阻现象,起升机构在空中悬停时,无溜沟现象,钢丝绳固定牢靠,缠绕整齐,电动机运转平稳,转向准确,三相电流平衡,限位开关动作准确可靠,高度指示准确,现地手动控制程序无误,机械传动部件无异常声响,闸门透光试验满足要求。通过监理机构严格的质量控制,闸门和启闭机安装各项指标经检测满足相关规范要求,安装质量可靠受控。

2. 压力钢管制造与安装质量控制

高压管道分无外包、部分外包混凝土衬砌、全外包混凝土衬砌类型。

(1) 压力钢管制造质量控制要点。方案审批:重点审查制造、存储、运输至现场工作面安装方案的合理性。钢板材料检验:从原材料加工成一定直径的钢管,其间要经过钢板下料、组圆、焊接、涂装、探伤检测等复杂的制造工序,原材料是质量的基础,对进场的每一批次的加工材料进行检测。焊材质量控制:压力钢管使用多种不同型号的钢板材,除板材必须符合质量标准外,大量焊接使用的焊接材料也必须满足设计、规范要求,必须根据焊接工艺试验进行选择,焊接材料的品种与母材和焊接方法要相适应。焊接材料焊材入库前要进行外观检查,查验出厂日期、出厂合格质量证明。存放的库房内通风良好,做好领用、退库记录。涂装材料质量控制:使用的涂料质量,必须符合国家标准,经过涂装工艺试验评定,不合格或过期涂料严禁使用每批到货涂料均进行抽样检验,其检测性能指标必须符合质量要求。其堆存远离火源、热源,与其他建筑物的安全距离大于 10m,保存在内通风良好仓库内,仓库内严禁吸烟或使用明火。

(2) 压力钢管制造工序质量控制。压力钢管从原材料加工成一定直径的钢管,要经过钢板下料、卷板、组圆、焊接、涂装、探伤检测等复杂的制造工序,最后验收检验合格出厂,运输至堆放场进行堆存,方便安装取用。划线、下料及坡口加工:为控制钢管的加工质量,在板材下料时要求尺寸精准,根据计算尺寸数据在板材上进行精确的划线,下料加工。坡口加工尺寸偏差须符合加工图纸的规定,并须经过质检员用样板检查确认。瓦片卷制:钢管瓦片卷制采用冷卷法。卷板机、微控、液压水平下调式三辊卷板机卷板方向与钢板压延方向一致,钢板端口处不允许用锤击法使钢管弯曲成型和校正曲率。钢管组圆:在专用的组圆平台上,钢管单节组圆时,控制钢管周长、焊缝间隙、坡口错牙和管口平整度等。控制管节圆度、管口平整度、坡口错牙、纵缝反变形值及焊缝间隙等应符合工艺要求。钢管焊接：正式焊接前，监理机构承包人共同见证进行了焊接工艺实验，根据焊接工艺试验成果分析，选择焊接工艺控制参数，对生产焊接作业进行指导。焊缝检验：压力钢管所有焊缝均要求进行外观检查和无损探伤检查。监理机构与承包人共同见证进行无损检测。纵缝、环缝UT检测比例为100%，对设计有加劲环的钢管，对加劲环的对接口也应全部采用UT，射线为每条纵缝大于5%抽检。根据现场检验成果确定的焊缝缺陷，提出缺陷返修的部位和返修措施审批返修，直至重新检测合格。压力钢管的防腐涂装：应核查涂料质量及品种合规性。涂装结束后，监理机构对钢管的全部涂装面进行质量检查和验收。钢管上灌浆孔的开制与堵头加工质量控制：钢管管壁灌浆孔在钢管瓦片组圆纵缝焊接后，利用磁力电钻开制；灌浆完成后，应采用同等材料的螺栓封孔。

（3）压力钢管安装质量控制要点。压力钢管单节钢管轴向长度按照设计要求控制，制作完成验收合格后，督促承包人运抵安装现场进行安装焊接。按照项目划分要求，钢管安装单元长度需要有利于质量评定。安装控制点：压力钢管就位安装前，对钢管安装控制点进行放样，放样结束后测量监理工程师亲自对控制点进行准确的校测，合格后进入下一道工序。管节洞内安装定位：钢管就位后，在作业平台上对管节的中心进行调整，对管节进行压缝，检查合格后即可进行焊接加固工作。钢管焊接：监理机构组织进行检查后认为具备条件后，开始焊接施工。施焊过程中承包人质检必须全部过程旁站，监理机构采取旁站及巡检方式进行质量监督。无损探伤检测：焊缝施工完毕以后，对已完焊缝进行超声波和射线探伤检测，检测结束合格后，监理机构便可以通知由发包人指定的第三方检测单位进行抽检，只有检查结果达到合格以上标准承包人才可以进入下一道工序。外观质量检查：无损探伤检测合格以后便可以进行焊缝的外观质量检查，监理机构对焊缝表面的凹坑、咬边、余高等情况逐一进行检查，检查达到合格以上标准以后，放行承包人才可以进行最后的防腐工序。

3. 闸门安装

闸门安装前，对承包人报送的安装方案和安装工艺措施进行审查，重点对吊装方案、焊接工艺、精度控制措施、缺陷处理措施等有特殊要求的工艺进行审查，经监理机构批准后实施。闸门埋件安装前，督促承包人布设安装所需的高程点、里程线和孔口中心线，焊制线架并将相应的高程、中心及里程放至线架上并悬挂钢琴线。

（1）埋件检查。检查门槽中的杂物是否清理干净，对预埋锚筋或锚板的位置和数量进行查点，检查底槛及主、反轨几何尺寸和变形情况，混凝土浇筑前对底槛、门楣、轨道的焊接加固情况、安装尺寸、垂直度等进行全面检查、验收，二期混凝土浇筑完成后督促承包人及时复测。弧门安装重点控制铰座安装精度。安装前用全站仪将安装所有控制点投影在闸墩两侧的边墙上，吊装前用工字钢、槽钢将铰链和铰座进行固定使其成为一个固定整体，现场制作四个临时吊耳与铰链和铰座上的四个孔采用连接轴进行连接吊装。吊装到安装位置后用固定铰座连接的螺杆前后螺母、千斤顶和拉紧器进行粗调，确保左右支铰轴的同轴度和高程一致；利用铰链与支铰座轴孔中心为测量点，通过采用挂线与投影在闸墩两侧边墙上的控制点进行重合，采用水平仪测量轴孔中心调整其高程和水平度；再用全站仪和线锤测量支铰轴中心线以及铰座的同轴度；紧固螺母，进行焊接加固。监理对整个安装过程全程旁站监理。

（2）门叶检查。闸门在安装前，监理对各节门叶尺寸、焊接及变形情况进行复查。门叶组装完成后，监理对闸门整体尺寸进行检查，检查的项目包括：闸门高度、宽度、对角线相对差、侧轮平面度、两侧轮中心距、吊耳与门叶中心偏差、吊耳与充水阀偏差、组合处错位等。经监理检查验收合格后，按照已经评定合格的焊接工艺对闸门进行施焊；承包人对焊缝质量进行全面无损检测时，监理旁站监督。水封检查：水封进场后，监理对其合格证及产品质量证明材料进行审核，逐一检查水封螺孔位置与水封压板上的螺孔位置是否一致，控制孔径比螺栓直径小1mm。监理利用力矩扳手对拧紧的水封螺栓进行抽检，抽检比例不低于螺栓总数的合同规定数量；对水封的压缩量进行检查，水封压缩量控制为4mm。

4. 启闭机安装

监理对承包人布设的基座安装基准点、高程和起吊中心线进行复测或旁站测读，安装过程中跟踪检查。液压泵安装检查。按照图纸设计位置安装液压泵站所有设备，监督承包人进行配管和弯管，遵循管路最短、转弯最少的原则。全部管路配制完成后，督促承包人对管路进行酸洗、中和及干燥处理。对配管预安装合格的液压管路系统，按规范规定进行油循环冲洗，并见证承包人取油样化验。控制柜安装检查。监理重点检查：控制柜及其基础安装牢固，无严重变形；柜门开关灵活，柜内元件完好情况，元件动作灵活、可靠；触点接触良好，无油污、异物，触点压力、开距和超行程数值符合元件标准规定；磁系统接合面平整光滑，无油污、锈蚀，动作灵活可靠。

5. 金属结构安装后的联动调试与验收

闸门和启闭机安装完成后，监理机构督促承包人及时进行各项联动调试试验，其中闸门主要进行无水全行程启闭试验、静水启闭试验、动水启闭试验，启闭机主要进行空载试验、无水荷载试验和有水荷载试验。监理对各项试验过程进行全程旁站监督，并对督促承包人做好试验记录、编制试验总结报告。试验完成后会同承包人对各部位进行检查，对检查发现的问题详细做好记录。

3.1.4.11　机电设备安装过程的质量控制

1. 质量控制难点及要点

水力发电工程水轮发电机组设备现场焊接工作量大，如基础环、座环、蜗壳、定子机座、转子支架、上下机架、筒阀等设备均为分散到货，在现场拼装、组焊成为整体。焊缝焊接质量要求高，焊接收缩量及焊接变形控制要求严格。水轮发电机组设备如座环各平面加工、顶盖、底环把合面螺孔钻孔和攻丝、主轴与转子中心体连接螺孔加工及大量销钉孔加工等，均在现场由安装承包人使用厂家提供专用工具进行加工，加工工作量大、精度要求高。水轮发电机组部件尺寸均较大，在动态运行时变形及温度变化引起的胀缩量较大。针对动态变化量设计予以了考虑，同时对设备安装进度提出了严格要求，在设备安装调整中必须保证高安装精度、严格的施工工艺，方能保证各部件运行的准确性和同步性。部分机电设备安装环境要求高，如定子叠片、定子线棒嵌装及焊接、推力轴承组装、气体绝缘金属封闭开关设备（GIS）和气体绝缘金属封闭输电线路（GIL）等设备安装时对环境温湿度、含尘量均有较高要求。各设备安装前安装承包人安装了防尘棚、实施了设备施工区域全封闭隔离等保证措施，很好地控制了施工环境质量。首批发电机组主体设备安装期间，后续机组水轮机埋件安装和土建混凝土浇筑工作也在同步进行，混凝土浇筑工程量大、持续时间长、占用安装间卸车工位和桥机使用。针对安装现场发现的问题，监理机构应协调各单位细化进度计划和材料、设备进场计划，充分发挥协调会议的沟通和调度作用，有效减少了相互干扰，进而开展相应工序检查、试验工作。

2. 机电设备安装质量控制程序

（1）严格审核安装作业指导书，优化安装方案。主要机电设备安装项目开工前，安装单位必须编制安装作业指导书供监理工程师审查。通过审查可以优化安装程序和方案，以免因安装程序和方案不当，造成返工或延误工期。另外，安装单位能按审批的安装作业指导书要求进行安装，更好地控制安装质量。安装作业指导书未经监理工程师审批，不允许施工。

（2）认真检查承包人自购材料、构配件。各单元工程开工前，安装承包人自购材料的型号、规格、尺寸、出厂合格证及质量证明文件经监理工程师检查全部符合设计要求。

（3）认真进行设备开箱验收，发现问题及时处理。对安装承包人进场使用设备的实物质量进行检查，并对材质证明文件进行审核，符合要求准许使用，否则进行退场处理。设备运抵工地后，由监理、安装、发包人和设备厂代表进行开箱检查和验收。在开箱检查时，对机电设备的外观进行检查、核对产品型号和参数、检查出厂合格证、出厂试验报告、技术说明书等资料，核对专用工具和备品备件，对缺损件和不合格品进行登记。

（4）严格过程检验，严格验收程序。测量：目测法是凭感官和技术实际经验，采用看、敲等手法进行检查；测量法是利用量测工具或计量仪表，准确测量设备的几何尺寸是否满足设计要求。试验：确认各种材料、电气设备试验等，通过试验取得数据判断质量情况。对安装承包人报送的工序验收资料及单元工程质量等级评定资料进行审核，组织验评。安装完毕的部位，通过阶段试验检查后进行验收。

3. 必须开展的监理工作

（1）加强巡视检查、重点部位和重要试验旁站监理。机电设备的安装工序较多，每道工序一般都不重复，有时一天要完成几个工序的安装，因此，监理工程师现场的巡视和跟踪是非常重要的，要掌握第一手资料，及时协调和处理发生的各种问题，使安装工程有序地进行。重要部位、重要工序和隐蔽工程，监理工程师进行全程旁站、跟踪，例如蜗壳安装、定转子吊装、磁化试验、主要电气设备高压试验、机组启动试运行等关键节点和关键工序。对重要的和对工程质量有重大影响的工序（如蜗壳及转子组装焊缝检测、定子叠装、转子叠装、主变安装、GIS、GIL安装及焊缝检测、电气设备耐压试验等），进行全程旁站监督，及时发现影响质量的问题，发现质量事故苗头，消除潜在的质量隐患。注重过程质量控制，在定子叠片和定子线棒安装中监理工程师每天在现场旁站，检查现场环境温度、湿度，并监测数据，保证定子叠片及定子线棒安装质量。

（2）定期质量联合检查：监理工程师每周定期组织安装承包人主管生产、安全副经理及各专业技术员、施工作业队长对各作业面施工质量进行联合检查，实行检查—整改—复查的方式督促安装承包人做好质量工作。

4. 机电设备安装过程的质量控制

机电设备安装过程包括设备基础检验、设备就位、设备调平找正、设备复查与二次灌浆。

（1）设备基础。每台设备都有一个坚固的基础，以承受设备本身的重量和设备运转时产生的震动力和惯性力。若无一定体积的基础来承受这些负荷和抵抗振动，必将影响设备本身的精度和寿命。根据使用材料的不同，基础分为素混凝土基础和钢筋混凝土基础。素混凝土基础主要用于安装静止设备和振动力不大的设备。钢筋混凝土基础用于安装大型及有震动力的设备。设备安装就位前，安装单位应对设备基础进行检验，以保证安装工作的顺利进行。一般是检查基础的外形几何尺寸、位置等。对于大型设备的基础，应审核土建部门提供的预压及沉降观测记录，如无沉降观测记录，应进行基础预压，以免设备在安装后出现基础下沉和倾斜。设备基础检验的主要内容包括所在基础表面的模板、露出基础外的钢筋等必须拆除；地脚螺栓孔内模板、碎料及杂物、积水应全部清除干净。根据设计图纸要求，检查所有预埋件的数量和位置的正确性。设备基础断面尺寸、位置、标高、平正度和质量。基础混凝土的强度是否满足设计要求。设备基础检查后，如有不合格的应及时处理。

（2）设备就位。在设备安装中，正确地找出并划定设备安装的基准线，然后根据基准线将设备安放到正确的位置上，包括纵、横向的位置和标高。设备就位前，应将其底座底面的油污、泥土等去掉，须灌浆处的基础或地坪表面应凿成麻面，被油玷污的混凝土应予凿除，否则，灌浆质量无法保证。设备就位时，一方面要根据基础上的安装基准线；另一方面还要根据设备本身划出的中心线（定位基准线）。为了使设备上的定位基准线对准安装基准线，通常将设备进行微移调整，使其安装过程中所出现的偏差控制在允许范围之内。设备就位应平稳，防止摇晃位移；对重心较高的设备，应采取措施预防失稳倾覆。

（3）设备调平找正。设备调平找正主要是使设备通过校正调整达到国家规范所规定的质量标准，分为四个步骤。第一，设备的找正：设备找正找平时也需要相应的基准面和测点。所选择的测点应有足够的代表性。一般情况下对于刚性较大的设备，测点数可较少；对于易变形的设备，测点数应适当增多。第二，设备的初平：设备的初平是在设备就位找正之后，初步将设备的安装水平调整到接近要求的程度。设备初平常与设备就位结合进行。第三，设备的精平：设备的精平是对设备进行最后的检查调整。设备的精平在清洗后的精加工面上进行。精平时，设备的地脚螺栓已经灌浆，其混凝土强度不应低于设计强度的70%，地脚螺栓可紧固。第四，设备的复查与二次灌浆。每台设备安装定位，找正找平以后，要进行严格的复查工作，使设备的标高、中心和水平螺栓调整垫铁的紧度完全符合技术要求，如果检查结果完全符合安装技术标准，并经监理机构审查合格后，即可进行二次灌浆工作。

5. 设备安装的验收

设备转动精度的检查是设备安装质量检查验收的重点和难点。设备运行时是否平稳以及使用寿命的长短，不仅与组成这台机器的单体设备的制造质量有关，而且还与靠联轴器将各单体设备连成一体时的安装质量有关。机器的惯性越大，转速越高，对联轴器安装质量的要求也越高。目前检测联轴器安装精度较先进的仪器有激光对中仪，由于价格较贵，使用范围受限还没有普及，多数设备安装单位使用的仍是百分表、量块。设备安装质量的另一项重要检测是轴线倾斜度，即两个相连转动设备的同轴度。在设备安装监理过程中应对安装单位使用测量仪器的精度提出要求和进行检查，在安装过程中对半联轴器的加工精度进行复测，对螺栓的紧固应使用扭力扳手，有条件的最好使用液压扳手。在安装前要求安装单位预先提交检测记录表，审核其检测项目有无缺项，允差标准值是否符合规范要求。目的是促使安装单位在安装过程中按照规范要求进行调试，以保证安装精度。

6. 第三方检测

对关键部件，例如锥管、基础环及座环、定子、GIS、GIL 基础等需要复测中心、水平、高程，安装承包人测量完成后，提交测量成果报告，经监理工程师审核后转送发包人审查并组织进行专业复核。在蜗壳及转子中心体焊缝检测中，安装承包人对焊缝进行 UT、PT、TOFD 检测合格后，由发包人委托第三方对蜗壳及转子中心体焊缝进行抽检，焊缝质量满足企业标准（发包人或厂家标准）及规程规范要求。

7. 机组启动试运行联合检查

在大型水利工程的尾水充水前、压力钢管充水前、首次启机前、机组过速试验等阶段，监理工程师均应组织相关方对施工质量逐一进行联合检查验收，全部项目检查合格并经各方签字确认后，才能进入下一阶段的工作。

3.1.5 质量评定、验收和保修期的质量控制

3.1.5.1 工程质量评定及相关内容

工程施工质量评定是依据某一质量评定的标准和方法，对照施工质量的具体情况，确定质量等级的过程。为了提高水利水电工程的施工质量水平，保证工程质量符合设计和合同条款的规定，同时也是为了衡量承包人的施工质量水平，全面评价工程的施工质量，对水利水电工程进行评优和创优工作，在工程交工和正式验收前，应按照合同要求和国家有关的工程质量评定标准和规定，对工程质量进行评定，以鉴定工程是否达到合同要求，能否进行验收，以及作为评优的依据。

1. 施工质量评定的依据

（1）工程质量评定标准和国家及水利水电行业有关施工规程、规范及技术标准。

国家行发包人管部门从 1988 年起，先后制定了相应的评定标准，并在工程实践中不断修订，形成水利水电建设工程施工质量的质量检验和评定标准的法规体系，为加强水利水电工程施工质量管理，严格工程质量控制，保证工程质量奠定了良好的基础。现有相关标准为《水利水电工程单元工程施工质量验收评定标准》（SL 631～637—2012、SL 638～639—2013）（简称《新标准》）包括土石方工程、混凝土工程、地基处理与基础工程、堤防工程、水工金属结构安装工程、水轮发电机组安装工程、水力机械辅助设备系统工程、发电电气设备安装工程、升压变电电气设备安装工程。另外还有《水利水电工程施工质量检验与评定规程》（SL 176—2007）、《水利水电工程单元工程施工质量验收评定表及填表说明》（上、下册）、《水利水电工程单元工程施工质量验收评定表实例及填表说明》。

（2）经批准的设计文件、施工图纸、金属结构设计图样与技术条件、设计修改通知书、厂家提供的设备安装说明书及有关技术文件。

（3）工程承发包合同中采用的技术标准。

（4）工程试运行期的试验及观测分析成果。

2. 工程质量评定

质量评定时，应从低层到高层的顺序依次进行，这样可以从微观上按照施工工序和有关规定，在施工过程中把好质量关，由低层到高层逐级进行工程质量控制和质量检验。其

评定的顺序是：单元工程、分部工程、单位工程、工程项目。

（1）单元工程中的工序检查与评定。单元工程分划分工序与不划分工序。开挖工程按照一定长度明确单元，无论施工方式如何，直接成为结构轮廓，一般不再划分工序；部分金属结构安装工程也不划分工序；临时引管引水也有部分工程不划分工序；部分结构物的回填项目施工也不划分工序。锚喷支护、混凝土施工、灌浆、基础处理及金属结构安装大部分项目、机电安装等，一般划分工序。单元工程中的工序分主要工序和一般工序，主要工序应在项目划分中明确。单元工程验评前，一般是在工序验收评定合格和施工项目实体质量检验合格的基础上进行；当该单元工程未划分出工序时，按照检验项目直接验收评定。施工工序合格标准：主控项目检查结果应全部符合设计或规范、标准要求；一般项目逐项应有70%及以上的检查点合格，且不合格点不应集中；各项报验收资料应符合相关规范、标准要求。划分单元工程有主要工序时，优良单元工程的主要工序必须优良。

（2）单元工程质量评定标准。单元工程质量分为合格和优良两个等级。《新标准》中改变了原标准中质量检验项目分类，统一规定为"主控项目"和"一般项目"两类。单元工程质量等级标准是进行工程质量等级评定的基本尺度。由于工程类别不一样，单元工程质量评定标准的内容、项目的名称和合格率标准等也不一样。为便于归纳理解，将《新标准》包含的9类工程按原标准说明及其单元工程质量评定标准、内容和合格率要求的同异性划分为以下几类。

1）土建类：土石方工程、混凝土工程、地基处理与基础工程、堤防工程。其中，地基处理与基础工程的工序、单元工程质量评定与地基处理方式有直接关系，以下质量评定内容及合格率标准不包含该工程的质量评定，其质量评定应参阅《水利水电工程单元工程质量验收评定标准——地基处理与基础工程》（SL 633—2012）。单元工程按工序划分情况，分为划分工序单元工程和不划分工序单元工程。前者应先进行工序施工质量验收评定，在工序验收评定合格和施工项目实体质量检验合格的基础上，进行单元工程施工质量验收评定；后者在单元工程中所包含的检验项目检验合格和施工项目实体质量检验的基础上进行。工序施工质量评定分为合格和优良两个等级。合格等级标准应满足主控项目检验结果全部符合标准要求；一般项目逐项应有70%及以上的检验点合格，且不合格点不应集中；各项报验资料应符合标准要求。优良等级标准应满足主控项目检验结果全部符合标准要求；一般项目逐项应有90%及以上的检验点合格，且不合格点不应集中；各项报验资料应符合标准要求。划分工序单元工程质量评定分为合格和优良两个等级。合格等级标准应满足各工序施工质量验收评定应全部合格；各项报验资料应符合标准要求。优良等级标准应满足各工序施工质量验收评定应全部合格，其中优良工序应达到50%及以上，且主要工序应达到优良等级；各项报验资料应符合标准要求。不划分工序单元工程质量评定分为合格和优良两个等级。合格等级标准应满足主控项目检验结果全部符合标准要求；一般项目逐项应有70%及以上的检验点合格（河道疏浚工程一般项目逐项应有90%及以上的检验点合格），且不合格点不应集中；各项报验资料应符合标准要求。优良等级标准应满足主控项目检验结果全部符合标准要求；一般项目逐项应有90%及以上的检验点合格（河道疏浚工程一般项目逐项应有95%及以上的检验点合格），且不合格点不应集中；各项报验资料应符合标准要求。

2）金属结构安装类：水工金属结构安装工程。单元工程安装质量检验项目质量标准分为合格和优良两个等级。合格等级标准应满足主控项目检测点应100％符合合格标准；一般项目检测点应90％及以上符合合格标准，不合格点的最大值不应超过允许偏差值的1.2倍，且不合格点不应集中；优良等级标准是在合格标准的基础上，主控项目和一般项目的所有检测点应90％及以上符合优良标准。单元工程安装质量评定分为合格和优良两个等级。合格等级标准应满足检验项目全部符合单元工程安装质量检验项目质量合格等级标准；设备的试验和运行符合标准及相关标准的规定，且各项报验资料符合标准要求。优良等级标准是在合格等级标准的基础上，安装质量检验项目中优良项目占全部项目的70％及以上，且主控项目100％优良。

3）机电类：水轮发电机组安装工程、水力机械辅助设备系统安装工程。单元工程安装质量检验项目质量标准分为合格和优良两个等级。合格等级标准应满足主控项目检测点应100％符合合格标准；一般项目检测点应90％及以上符合合格标准，其余虽有微小偏差，但不影响使用；优良等级标准是在合格标准的基础上，主控项目和一般项目的所有检测点应90％及以上符合优良标准。单元工程安装质量评定分为合格和优良两个等级。合格等级标准应满足检验项目全部符合单元工程安装质量检验项目质量合格等级标准；主要部件的调试及操作试验应符合标准及相关专业标准的规定，且各项报验资料符合标准要求。优良等级标准是在合格等级标准的基础上，有70％及以上的检验项目应达到优良标准，且主控项目全部达到优良标准。第四类电气类：发电电气设备安装工程、升压变电电气设备安装工程。单元工程安装质量评定分为合格和优良两个等级。合格等级标准应满足主控项目全部符合标准的质量要求；单元工程所含各质量检验部分中的一般项目质量与标准有微小出入，但不影响安全运行和设计效益，且不超过该单元工程一般项目的30％。优良等级标准是主控项目和一般项目全部符合标准的质量要求，电气试验和操作试验中未出现故障。

（3）水利工程项目优良品率的计算及分部工程质量评定等级标准。合格标准：所含单元工程的质量全部合格；质量事故及质量缺陷已按要求处理，并经检验合格。原材料、中间产品及混凝土（砂浆）试件质量全部合格，金属结构及启闭机制造质量合格，机电产品质量合格。优良标准：所含单元工程质量全部合格，其中有70％以上达到优良，重要隐蔽工程及关键部位的单元工程质量优良率达90％，且未发生过质量事故；中间产品质量全部合格，其中混凝土（砂浆）试件质量达到优良（当试件组数小于30时，试件质量合格）。原材料质量、金属结构及启闭机制造质量合格，机电产品质量合格。重要隐蔽工程：指主要建筑物的地基开挖、地下洞室开挖、地基防渗、加固处理和排水工程等。工程关键部位：指对工程安全或效益有显著影响的部位。

$$分部工程的单元工程优良品率=\frac{单元工程优良个数}{单元工程总数}\times100\%$$

（4）单位工程外观质量评定。外观质量评定工作是在单位工程完成后，由发包人（建设单位）组织，发包人、监理、设计、施工及管理运行等单位组成外观质量评定组，进行现场检验评定。参加外观质量评定组的人员，必须具有工程师及以上技术职称。评定组人数不少于5人，大型工程不应少于7人〔根据《水利水电工程施工质量检验与评定规程》(SL 176—2007)评定规程规定]。确定检测数量。全面检查后,抽测25%,且各项不少于10点。评定等级标准。测点中符合质量标准的点数占总测点数的百分率为100%,评为一级。合格率为90%～99.9%时,评为二级。合格率70%～89.9%时,评为三级。合格率小于70%时,评为四级。每项评定得分按下式计算:各项评定得分=该项标准分×该项得分百分率。水工建筑物外观质量的评定表见表3.1.17和表3.1.18。

表3.1.17 水工建筑物外观质量评定表

单位工程名称			承包人			
主要工程量			评定日期		年 月 日	

项次	项 目		标准分/分	评定得分/分				备注
				一级 100%	二级 90%	三级 70%	四级 0	
1	建筑物外部尺寸		12					
2	轮廓线顺直		10					
3	表面平整度		10					
4	立面垂直度		10					
5	大角方正		5					
6	曲面与平面联结平顺		9					
7	扭面与平面联结平顺		9					
8	马道及排水沟		3(4)					
9	梯步		2(3)					
10	栏杆		2(3)					
11	扶梯		2					
12	闸坝灯饰		2					
13	混凝土表面无缺陷		10					
14	表面钢筋割除		2(4)					
15	砌体勾缝	宽度均匀、平整	4					
16		竖、横缝平直	4					
17	浆砌卵石露头均匀、整齐		8					
18	变形缝		3(4)					
19	启闭平台梁、柱、排架		5					
20	建筑物表面清洁、无附着物		10					
21	升压变电工程围墙(栏栅)		5					
22	水工金属结构外表面		6(7)					
23	电站盘柜		7					
24	电缆线路敷设		4(5)					
25	电站油、气、水管路		3(4)					
26	厂区道路及排水沟		4					
27	厂区绿化		8					
合计			应得 分,实得 分,得分率 %					

承包人	设计单位	监理单位	发包人(建设单位)	质量监督机构
年 月 日	年 月 日	年 月 日	年 月 日	年 月 日

表 3.1.18   水工建筑物外观质量评定表（例表）

单位工程名称		泄水闸工程	承包人		贵州省××工程公司
主要工程量		混凝土 25600m³	评定日期		×年×月×日

项次	项目		标准分/分	评定得分/分				备注
				一级 100%	二级 90%	三级 70%	四级 0	
1	建筑物外部尺寸		12		10.8			
2	轮廓线顺直		10	10.0				
3	表面平整度		10		9.0			
4	立面垂直度		10		9.0			
5	大角方正		5			3.5		
6	曲面与平面联结平顺		9		8.1			
7	扭面与平面联结平顺		9	9.0				
8	马道及排水沟		3 (4)	—				
9	梯步		2 (3)	2.0				
10	栏杆		2 (3)			1.4		
11	扶梯		2		1.8			
12	闸坝灯饰		2		1.8			
13	混凝土表面无缺陷		10			7.0		
14	表面钢筋割除		2 (4)		1.8			
15	砌体	宽度均匀、平整	4		3.6			
16	勾缝	竖、横缝平直	4		3.6			
17	浆砌卵石露头均匀、整齐		8	—				
18	变形缝		3 (4)			2.1		
19	启闭平台梁、柱、排架		5		4.5			
20	建筑物表面清洁、无附着物		10		9.0			
21	升压变电工程围墙（栏栅）		5	—				
22	水工金属结构外表面		6 (7)			6.3		
23	电站盘柜		7					
24	电缆线路敷设		4 (5)					
25	电站油、气、水管路		3 (4)					
26	厂区道路及排水沟		4					
27	厂区绿化		8	—				
合计			应得 118 分，实得 104.3 分，得分率 88.4 %					

承包人	设计单位	监理单位	发包人（建设单位）	质量监督机构
××× ×年×月×日	××× ×年×月×日	××× ×年×月×日	××× ×年×月×日	××× ×年×月×日

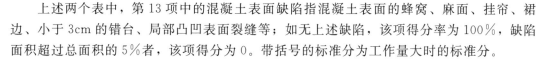

上述两个表中，第 13 项中的混凝土表面缺陷指混凝土表面的蜂窝、麻面、挂帘、裙边、小于 3cm 的错台、局部凸凹表面裂缝等；如无上述缺陷，该项得分率为 100%，缺陷面积超过总面积的 5% 者，该项得分为 0。带括号的标准分为工作量大时的标准分。

（5）单位工程质量评定标准。合格标准：所含分部工程质量全部合格；质量事故已按要求进行处理；工程外观质量得分率达到 70% 以上；施工质量检验与评定资料基本齐全；工程施工期及试运行期，单位工程观测资料分析结果符合国家和行业技术标准以及合同约定的标准要求。优良标准：所含分部工程质量全部合格，其中 70% 及以上达到优良等级，主要分部工程质量全部优良，且施工中未发生过较大质量事故；质量事故已按要求进行处理；外观质量得分率达到 85% 及以上；施工质量检验与评定资料齐全；工程施工期及试运行期，单位工程观测资料分析结果符合国家和行业技术标准以及合同约定的标准要求。外观质量得分率，指单位工程外观质量实际得分占应得分数的百分数。根据 SL 176—2007 评定规程规定，工程外观质量评定结论由项目法人报工程质量监督机构核定。

（6）工程项目质量评定标准。合格标准：单位工程质量全部合格，各单位工程观测资料分析结果符合国家和行业技术标准以及合同约定的标准要求。优良标准：单位工程质量全部合格，其中 70% 及以上的单位工程质量优良，且主要单位工程质量优良；工程施工期及试运行期，各单位工程观测资料分析结果符合国家和行业技术标准以及合同约定的标准要求。

（7）质量评定工作的组织与管理。单元工程质量由承包人进行自检，监理机构复核。

重要隐蔽单元工程及工程关键部位单元工程在承包人自评合格后，由建设单位（或委托监理）主持，应由建设、设计、监理、施工等单位组成联合小组，共同验收评定，并应在验收前通知工程质量监督机构。分部工程质量评定首先由承包人质检部门组织评定，合格后报监理机构复核，由发包人认定。发包人（或委托监理机构）组织进行分部工程验收。分部工程验收的质量结论由发包人报工程质量监督机构核备。对于大型枢纽工程主要建筑物的分部工程，其质量等级评定首先由承包人质检部门组织评定，监理机构复核，发包人认定后，发包人（或委托监理机构）应组织进行分部工程验收。分部工程验收的质量结论由发包人报工程质量监督机构核定。单位工程质量评定在承包人自评的基础上，由监理机构复核，发包人认定。当发包人认定单位工程质量达到合格及以上等级后，发包人可组织进行单位工程验收，并邀请工程质量监督机构派代表列席单位工程验收会议。发包人应将单位工程验收的质量结论和相关资料报工程质量监督机构核定。工程项目的质量等级由该项目质量监督机构在单位工程质量评定的基础上进行核定。质量监督机构应在工程竣工验收前提出工程质量监督报告，向工程竣工验收委员会提出工程施工质量是否合格的结论。

3.1.5.2 工程验收

1. 工程验收意义和依据

工程验收是工程建设进入到某一阶段的程序，借以全面考核该阶段工程是否符合批准的设计文件要求，以确定工程能否继续进行、进入到下一阶段施工或投入运行，并履行相关的签证和交接验收手续。通过对工程验收工作可以检查工程是否按照批准的设计进行建设；检查已完工程在设计、施工、设备安装等方面的质量是否符合技术标准、设计文件的要求和合同的规定，并对验收遗留问题提出处理要求；检查工程是否具备运行或进行下一阶段建设的条件；总结工程建设中的经验教训，并对工程做出评价；及时移交工程，尽早发挥投资效益。水利工程建设项目验收的依据是：国家有关法律、法规、规章和技术标准；主管部门有关文件，批准的设计文件及相应设计变更、修改文件，施工合同，监理签发的施工图纸和说明，设备技术说明书等。此外还要符合国家现行有关法规的规定。利用外资的工程项目还必须符合外资项目管理的有关规定。

2. 工程验收分类及水利工程验收管理规定

工程验收分为合同工程验收及基本建设工程验收。合同工程验收，是指发包人按工程施工合同文件规定，并以工程施工合同文件及其技术条款为依据，对已实施完成或部分实施完成的合同工程项目是否符合合同要求作出评价和鉴定的一项工作。合同工程验收必须在合同规定的完工期届满或合同工期节点目标以前进行。监理机构和工程承包人在施工计划安排中，应给工程验收的进行留有必需的时间。基本建设工程验收，是为国家安全和保护公共利益，依据国家法律和法规，由国家主管部门组织，对完建或部分完建工程项目工程质量是否符合国家颁布的技术标准和安全标准作出评价和鉴定，以及对工程项目是否能投入运行作出批准的一项工作。基本建设工程验收与合同工程项目验收的区别与联系对比情况见表3.1.19。

表 3.1.19 基本建设工程验收与合同工程项目验收的区别与联系

项目	基本建设工程验收	合同工程项目验收
依据	国家法律法规和技术标准	工程建设合同文件
目的	为依法对工程项目运行或部分运用申报作出批准提供依据	对工程项目运行或部分运用做出鉴定
程序与时限	依照法规或技术标准规定	依照工程施工合同规定
评价内容	工程建设是否符合技术法规、不侵害公众权益、不危害国家和公众安全、不对环境和区域经济可持续发展构成危害	工程建设是否符合合同文件规定、不对发包人的合同权益构成危害
主持与组织	政府部门或其授权机构	发包人或其授权机构
被评价人	工程建设发包人	工程承包人及接受合同委托的相关参建各方
验收基础	已完工程项目经工程质量监督、工程安全鉴定合格	已完工程项目经工程监理机构质量检验合格
后果	未通过验收，由工程发包人承担法律责任	未通过验收，由工程承包人承担合同责任

《水利工程建设项目验收管理规定》（2006年水利部令第30号发布、2014年《水利部关于废止和修改部分规章的决定》第一次修正、2016年《水利部关于废止和修改部分规章的决定》第二次修正、2017年"水利部关于废止和修改部分规章的决定"第三次修正）明确水利工程建设项目验收按验收主持单位性质不同分为法人验收和政府验收两类。法人验收是指在项目建设过程中由项目法人组织进行的验收。法人验收是政府验收的基础。政府验收是指由有关人民政府、水行政主管部门或者其他有关部门组织进行的验收，包括专项验收、阶段验收和竣工验收。

3. 法人验收

工程建设完成分部工程、单位工程、单项合同工程，或者中间机组启动前，应当组织法人验收。项目法人可以根据工程建设的需要增设法人验收的环节。项目法人应当自工程开工之日起 60 个工作日内，制订法人验收工作计划，报法人验收监督管理机关和竣工验收主持单位备案。承包人在完成相应工程后，应当向项目法人提出验收申请。项目法人经检查认为建设项目具备相应的验收条件的，应当及时组织验收。法人验收由项目法人主持。验收工作组由项目法人、设计、施工、监理等单位的代表组成；必要时可以邀请工程运行管理单位等参建单位以外的代表及专家参加。项目法人可以委托监理单位主持分部工程验收，有关委托权限应当在监理合同或者委托书中明确。法人验收后，质量评定结论应当报该项目的质量监督机构核备。未经核备的，不得组织下一阶段验收。项目法人应当自法人验收通过之日起 30 个工作日内，制作法人验收鉴定书，发送参加验收单位并报送法人验收监督管理机关备案。法人验收鉴定书是政府验收的备查资料。单位工程投入使用验收和单项合同工程完工验收通过后，项目法人应当与承包人办理工程的有关交接手续。工程保修期从通过单项合同工程完工验收之日算起，保修期限按合同约定执行。

（1）中间验收。中间验收包含重大工序转序、分部工程验收、重要节点或重要工程阶段的验收。中间验收和单位工程验收无排序的先后。随单位工程划分或验收阶段进展，可能相互穿插，即中间验收前可能有单位工程验收，或单位工程验收前可能有中间验收。中间验收、单位工程验收和完工验收，一般均以前阶段验收签证为基础，相互衔接，不重复进行。对已签证部分，除有特殊要求抽样复查外，一般也不再复验。对于施工期短于一年，或使用条件比较简单，或项目比较简单（如组成的单位工程数目只有一个）的工程，或另行报经发包人或监理机构审核批准的工程项目，前两阶段或后两阶段验收也可以合并进行。监理机构应督促承包人至少应提前 28 天至 56 天申请验收，并作好完建工程单元、分部工程验收签证、工程资料搜集整理和各项验收准备工作。除非工程施工合同文件另有规定或发包人另外要求，否则完工验收应在工程完建后 3 个月内进行。如在三个月内进行确有困难，由承包人申报，经发包人同意，也可适当延长。大中型水电水利工程完工验收，除发包人验收外，一般还须发包人报上级主管机关，组织任命验收委员会进行验收。重要项目的阶段性验收，如截流、蓄水、启动试运行等，必要时也由上级机关委派的验收委员会主持。

（2）中间验收的条件。工程施工过程中，当主体工程基础开挖完成，或具备截流、蓄水、通水、重要工程设备设施启用等条件的关键阶段，或其他规模较大的分部工程完建，或承包人行将更迭以及发生工程项目的停建、缓建等重大情况时，均应进行中间验收。当发包人要求或监理机构认为必要时，也可以依据工程施工合同文件的规定，组织进行中间验收。中间验收申报进行中间验收的 28 天（或工程施工合同文件另行规定的期限）前，监理机构应督促承包人完成中间验收工作报告准备，并随报告报送或准备下述主要资料：单元、分部（单位）工程项目质量检验签证；待验收工程项目的施工报告（包括工程概况，重大设计与施工变更，分部工程施工情况，已完建工程形象及已具备的运行、运用条件，后续工程的施工安排等）；待验收工程的主要设计文件和图纸，以及设计文件和图纸的文、图号与监理签发号；已完和未完建的工程项目清单（包括工程项目、工程量等）；

质量事故及重大质量缺陷处理和处理后的检查记录；建筑物运行或运用方案；建筑物运行或运用前属于承包人应完成的试运行情况及其成果、工作说明，以及签证、协议等文件；施工大事记与施工作业原始记录资料；发包人指示或监理机构要求报送的其他资料。上述资料中，除施工报告、缺陷处理、运行方案、运行情况、发包人指示的其他资料等必须报送监理机构预审外，其他由承包人准备，通过监理机构预验后供验收小组备查。分部工程验收，一般由监理机构牵头完成验收签证，可不编制监理工作报告。发包人有专门要求时，监理机构应编制监理工作报告。重大节点或重要阶段中间验收，在验收进行之前，监理机构应完成工程项目中间验收监理工作报告，其内容应包括：监理工程项目概况（包括工程特性、合同目标、工程项目组成及施工进展等）；工程监理综述（包括监理机构、监理工作程序、工作方式与方法以及监理成效等）；工程质量监理过程（包括工程项目划分、监理过程控制，质量检测，质量事故及缺陷处理，以及单元、分部工程的质量检查与检验情况等）；工程进展（包括已完成工程量和工程形象，后续工程施工对验收的影响等）；工程评价意见（包括工程质量评价，工程进展及运行条件评价等）；其他需要说明或报告事项。

（3）中间验收检查内容。中间验收中，对已完建工程项目重点检查其完建工程形象和施工质量以及是否具备运用或运行条件，对在建工程项目重点检查已完建工程项目投入运用或运行后对其后续工程施工的影响，对待建工程项目重点检查其施工条件，最后对中间验收工程项目能否具备交工或投入运行作出结论。

4. 单位工程验收

（1）单位工程验收的条件。当某一单位工程在合同工程竣工前已经完建并具备独立发挥效益条件，或发包人要求提前启用时，应进行单位工程验收，并根据验收要求或继续由承包人照管与维护，或办理提前启用和单位工程移交手续。

（2）单位工程验收申报。进行单位工程验收的至少28天（或工程施工合同文件另行规定的期限）前，监理机构应督促承包人提交单位工程验收申请报告，并随同报告提交或准备下列主要验收文件：第一，竣工图纸（包括基础竣工地形图、工程竣工图、工程监测仪埋设图，设计变更、施工变更和施工技术要求等均应在竣工图纸中得到反映）；第二，施工报告（包括工程概况，施工组织与施工资源投入，合同工期和实际开工、完工日期，合同工程量和实际完成工程量，分部工程施工和变更情况，施工质量检验、安全与质量事故处理，重大质量缺陷处理，以及施工过程中的违规、违约、停、返工记录等）；第三，试验、质量检验、施工期测量成果，以及按工程施工合同文件要求必须进行的调试与试运行成果；第四，隐蔽工程、岩石基础工程、基础灌浆工程或重要单元、分项工程的检查记录和照片，以及按工程施工合同文件规定必须提交的工程摄像资料，对于基础工程还包括应取的岩芯和土样；第五，单元、分项、分部工程验收签证和质量等级评定表；第六，基础处理及竣工地质报告资料；第七，已完建报验的工程项目清单；第八，施工质量与施工安全事故记录、分析资料及其处理结果；第九，施工大事记和施工原始记录；第十，发包人或监理机构根据合同文件规定要求报送的其他资料。上述内容中，除第一、第二、第六、第七、第八、第十项必须随同验收申请报告报送监理机构预审外，其他文件由承包人准备，通过监理机构预验后供工程验收委员会（小组）备查。

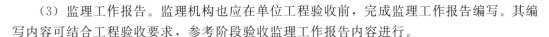

（3）监理工作报告。监理机构也应在单位工程验收前，完成监理工作报告编写。其编写内容可结合工程验收要求，参考阶段验收监理工作报告内容进行。

（4）单位工程的验收工作。监理机构接受承包人报送的单位工程验收申请报告后，应于 28 天（或工程施工合同另行规定的期限）内完成对验收文件的预审预验，并在通过监理机构预审预验后及时报告发包人，限期完成单位工程验收。

5. 合同工程完工验收

（1）合同工程完工验收条件。当合同工程项目全部完建，并具备完工验收条件后，承包人应及时向监理机构申报完工验收。并在通过工程完工验收后限期向发包人办理工程项目移交手续。合同工程完工验收应具备的条件包括：工程已按合同规定和设计文件要求完建；单位工程及阶段（中间）验收合格，以前验收中的遗留问题已基本处理完毕并符合合同文件规定和设计文件的要求；各项独立运行或运用的工程已具备运行或运用条件，能正常运行或运用，并已通过设计条件（可能是实际运行条件，或报经批准的模拟运行条件）的检验；完工验收要求的报告、资料已经整理就绪，并经监理机构预审预验通过。

（2）完工验收申报。进行合同工程完工验收的 84 天（或工程施工合同文件另行规定的期限）前，承包人应向监理机构提交工程完工验收申请报告，并随同报告提交或准备下列主要验收文件：一类，合同工程完工报告（包括工程概述，合同工期和工程实际开工、完工日期，合同工程量和实际完成工程量，施工过程中设计、施工与地质条件的重大变化情况及其处理方案，已完建工程项目清单等）。二类，竣工图纸（包括图纸、目录及其说明）。三类，各阶段（中间）、单位工程验收鉴定书与签证文件。四类，竣工地质报告（含图纸）及竣工地形测绘资料。五类，完工合同支付结算报告。六类，必须移交的施工原始记录及其目录（包括检测记录、安全监测记录、施工期测量记录，以及其他与工程有关的重要会议和活动记录）。七类，工程施工合同履行报告（包括重要工程项目的分包选择及分包合同履行情况、工程施工合同履行情况，以及有关合同索赔处理等事项）。八类，工程施工大事记。九类，发包人或监理机构依据工程施工合同文件规定要求承包人报送的其他资料。上述文件中，除一类、二类、四类、五类、七类、九类必须随同验收申请报告送监理机构预审外，其他文件由承包人整理就绪，在通过监理机构预验后供验收委员会（小组）查阅。监理机构接受承包人报送的申请验收报告后，对于认为不符合完工验收条件或对报送文件持异议的，应在 28 天以内通知承包人；否则，应在 56 天内完成预审预验，并在通过预审预验后及时报送发包人限期组织和完成工程完（竣）工验收。

（3）监理工作报告。在工程完工验收进行之前，监理机构应完成合同工程项目完工验收监理工作报告，其内容应包括：监理工程项目概况（包括工程特性、合同目标、工程项目组成及施工进展等）；工程监理综述（包括监理机构，监理工作程序、工作方式与方法以及监理成效等）；工程质量监理过程（包括工程项目划分、监理过程控制、质量检测、质量事故及缺陷处理以及单元、分部工程的质量检查与检验情况等）；施工进度控制（包括合同工程完成工程量、工程完工形象、合同工期目标控制成效、监理过程控制等情况）；合同支付进展（包括：合同工程计量与支付情况、合同支付总额及控制成效）；合同商务管理（包括工程变更、合同索赔、工程延期以及合同争议等情况）；工程评价意见；其他需要说明或报告事项。

（4）验收工作内容。完工验收一般不再复验原始资料，竣工验收委员会的工作主要包括：听取承包人、设计、监理及其他有关单位的工作报告，对工程是否满足工程施工合同文件规定和设计要求作出全面的评价，对合同工程质量等级作出评定，确定工程能否正式移交、投产、运用和运行，确定尾工项目清单、合同完工期限和缺陷责任期。最后，讨论并通过合同工程完工验收鉴定书。

（5）完工后的工程资料移交。工程通过完工验收后，承包人还应根据工程施工合同文件及国家、部门工程建设管理法规和验收规程的规定，及时整理其他必须报送的工程文件、岩芯、土样以及应保留或拆除的临建工程项目清单等资料，并按发包人或监理机构的要求，及时一并向发包人移交。

6. 合同责任

（1）工程照管。建筑物完建后未通过完工验收正式移交发包人以前，应由承包人负责管理和维护。对通过单位工程和阶段验收的工程项目，承包人仍然具有维护、照管、保修等合同责任，直至完工验收。

（2）延误责任。工程承包人未能按工程施工合同文件规定或监理机构要求申报工程验收，因此造成工程验收与施工的延误，或由此所发生以及引起的合同责任和经济损失，由承包人承担。

（3）发包人责任。承包人申报进行合同工程项目完工验收后，若监理机构确认承包人已完成合同规定的工程并具备了完工验收条件，但由于并非承包人原因致使完工验收不能进行时，由发包人承担合同责任。

3.1.5.3　政府验收

为加强水利工程建设项目验收管理，明确验收责任，规范验收行为，结合水利工程建设项目的特点，水利部于 2006 年 11 月 9 日颁布《水利工程建设项目验收管理规定》，并于 2007 年 4 月 1 日起施行。政府验收包括专项验收、阶段验收和竣工验收。

1. 专项验收

枢纽工程导（截）流、水库下闸蓄水等阶段验收前，涉及移民安置的，应当完成相应的移民安置专项验收。工程竣工验收前，应当按照国家有关规定，进行环境保护、水土保持、移民安置以及工程档案等专项验收。经商有关部门同意，专项验收可以与竣工验收一并进行。专项验收主持单位依照国家有关规定执行。发包人应当自收到专项验收成果文件之日起 10 个工作日内，将专项验收成果文件报送竣工验收主持单位备案。专项验收成果文件是阶段验收或者竣工验收成果文件的组成部分。

2. 阶段验收

根据工程建设需要，当工程建设达到一定关键阶段时〔工程导（截）流、水库下闸蓄水、引（调）排水工程通水、首（末）台机组启动等〕，应进行阶段验收。阶段验收的验收委员会由验收主持单位、该项目的质量监督机构和安全监督机构、运行管理单位的代表以及有关专家组成；必要时，应当邀请项目所在地的地方人民政府以及有关部门参加。工程参建单位是被验收单位，应当派代表参加阶段验收工作。大型水利工程在进行阶段验收前，可以根据需要进行技术预验收，有关竣工技术预验收的规定进行；水库下闸蓄水验收前，发包人应当按照有关规定完成蓄水安全鉴定。验收主持单位应当自阶段验收通过之日起 30 个工作日内，制作阶段验收鉴定书，发送参加验收的单位并报送竣工验收主持单位备案。阶段验收鉴定书是竣工验收的备查资料。

3. 竣工验收

竣工验收应当在工程建设项目全部完成并满足一定运行条件后 1 年内进行。不能按期进行竣工验收的，经竣工验收主持单位同意，可以适当延长期限，但最长不得超过 6 个月。逾期仍不能进行竣工验收的，发包人应当向竣工验收主持单位作出专题报告。竣工财务决算应当由竣工验收主持单位组织审查和审计。竣工财务决算审计通过 15 日后，方可进行竣工验收。工程具备竣工验收条件的，发包人应当提出竣工验收申请，经法人验收监督管理机关审查后报竣工验收主持单位。竣工验收主持单位应当自收到竣工验收申请之日起 20 个工作日内决定是否同意进行竣工验收。竣工验收原则上按照经批准的初步设计所确定的标准和内容进行。项目有总体初步设计又有单项工程初步设计的，原则上按照总体初步设计的标准和内容进行，也可以先进行单项工程竣工验收，最后按照总体初步设计进行总体竣工验收。项目有总体可行性研究但没有总体初步设计而有单项工程初步设计的，原则上按照单项工程初步设计的标准和内容进行竣工验收。建设周期长或者因故无法继续实施的项目，对已完成的部分工程可以按单项工程或者分期进行竣工验收。竣工验收分为竣工技术预验收和竣工验收两个阶段。大型水利工程在竣工技术预验收前，发包人应当按照有关规定对工程建设情况进行竣工验收技术鉴定。中型水利工程在竣工技术预验收前，竣工验收主持单位可以根据需要决定是否进行竣工验收技术鉴定。竣工技术预验收由竣工验收主持单位以及有关专家组成的技术预验收专家组负责。工程参建单位的代表应当参加技术预验收，汇报并解答有关问题。竣工验收的验收委员会由竣工验收主持单位、有关水行政主管部门和流域管理机构、有关地方人民政府和部门、该项目的质量监督机构和安全监督机构、工程运行管理单位的代表以及有关专家组成。工程投资方代表可以参加竣工验收委员会。竣工验收主持单位可以根据竣工验收的需要，委托具有相应资质的工程质量检测机构对工程质量进行检测。发包人全面负责竣工验收前的各项准备工作，设计、施工、监理等工程参建单位应当做好有关验收准备和配合工作，派代表出席竣工验收会议，负责解答验收委员会提出的问题，并作为被验收单位在竣工验收鉴定书上签字。竣工验收主持单位应当自竣工验收通过之日起 30 个工作日内，制作竣工验收鉴定书，并发送有关单位。竣工验收鉴定书是发包人完成工程建设任务的凭据。

4. 验收遗留问题处理与工程移交

发包人和其他有关单位应当按照竣工验收鉴定书的要求妥善处理竣工验收遗留问题和完成尾工。验收遗留问题处理完毕和尾工完成并通过验收后，发包人应当将处理情况和验收成果报送竣工验收主持单位。工程通过竣工验收，验收遗留问题处理完毕和尾工完成并通过验收的，竣工验收主持单位向发包人颁发工程竣工证书。工程竣工证书格式由水利部统一制定。发包人与工程运行管理单位不同的，工程通过竣工验收后，应当及时办理移交手续。工程移交后，发包人以及其他参建单位应当按照法律法规的规定和合同约定，承担后续的相关质量责任。发包人已经撤销的，由撤销该发包人的部门承接相关的责任。

3.1.5.4 工程保修期的质量控制

1. 保修期

工程移交前，虽已经过验收，有时某些工程还未经过使用考验，还可能有一些尾工项目尚未完成，需要在某一规定的期限内经过正常使用的检验，在这一期限内，施工承包人应按合同规定完成全部尾工项目和修补好可能出现的缺陷。这一规定期限就是保修期。保修期自工程移交证书中写明的全部工程完工日开始算起，保修期在专用合同条款中规定。由中央或者地方财政全部投资或者部分投资的大中型水利工程（含 1 级、2 级、3 级堤防工程）保修期从通过单项合同工程完工验收之日算起。水利水电土建工程的保修期一般为一年。在全部工程完工验收前，已经发包人提前验收的单位工程或部分工程，若未投入正常使用，其保修期按全部工程的完工日开始算起。若发包人提前验收的单位工程或部分工程在验收后即可投入正常使用，其保修期应从该单位工程或部分工程移交证书上写明的完工日算起，同一合同中的不同项目可有多个不同的保修期。

2. 保修期承包人的质量责任

承包人应在保修期终止前，尽快完成监理机构在交接证书上列明的、在规定之日要完成的工程内容。在保修期间承包人的一般责任是：负责未移交的工程尾工施工和工程设备的安装，以及这些项目的日常照管和维护；负责移交证书中所列的缺陷项目的修补；负责新的缺陷和损坏，或者原修复缺陷（部件）又遭损坏的修复。上述施工、安装、维护和修补项目应逐一经监理机构检验，直至检验合格为止。经查验确属施工中隐存的或其他由于承包人责任造成的缺陷或损坏，应由承包人承担修复费用；若经查验确属发包人使用不当或其他由发包人责任造成的缺陷和损坏，则应由发包人承担修复费用。

在保修期内，不管谁承担质量责任，承包人均有义务负责修理。

3. 保修期监理机构质量控制任务

监理机构在保修期质量控制的任务包括下列三方面。

（1）对工程质量状况分析检查。工程竣工验收后，监理机构对竣工验收过程中发现的一些质量问题应分析归类，列成细目，并及时将有关内容通知施工承包人，限期加以解决。工程试运行后，监理机构应密切注意工程质量对工程运行的影响，并制订检查计划，有步骤地检查工程质量问题。在保修期终止以前的任何时候，如果工程出现了任何质量问题（缺陷、变形或不合格），监理机构应书面通知承包人，并将其复印件报送发包人。此时，承包人应在监理机构指导下，对质量问题的原因进行调查。如果调查后证明，产生的缺陷、变形或不合格责任在承包人，则其调查费用应由承包人负担。若调查结果证明，质量问题不属于承包人，则监理机构和承包人协商该调查费用的处理问题，发包人承担的费用则加到合同价中去。对上述调查，监理机构应同时负责监督。

（2）对工程质量问题责任进行鉴定。在保修期内，对工程出现的质量问题，监理工程师应认真查对设计图纸和竣工资料，根据下列几点分清责任。凡是承包人未按规范、规程、标准或合同和设计要求施工，造成的质量问题由承包人负责。凡是由于设计原因造成的质量问题，承包人不承担责任。凡因原材料和构件、配件质量不合格引起的质量问题，属于承包人采购的，或由发包人采购，承包人不进行验收而用于工程的，由承包人承担责任；属于发包人采购，承包人提出异议，而发包人坚持使用的，承包人不承担责任。凡有

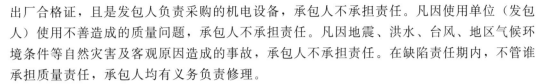

出厂合格证，且是发包人负责采购的机电设备，承包人不承担责任。凡因使用单位（发包人）使用不善造成的质量问题，承包人不承担责任。凡因地震、洪水、台风、地区气候环境条件等自然灾害及客观原因造成的事故，承包人不承担责任。在缺陷责任期内，不管谁承担质量责任，承包人均有义务负责修理。

（3）对修补缺陷的项目进行检查。保修期质量检查的目的是及时发现质量问题。质量责任鉴定的目的是分清责任，监理机构应督促承包人按计划完成尾工项目，协助发包人验收尾工项目，并为此办理付款签证。确修补缺陷的费用由谁支付。而更重要的是组织好有缺陷项目的修补、修复或重建工作。在这一过程中，监理工程师仍要像控制正常工程建设质量一样，抓好每一个环节的质量控制。例如，对修补用材料的质量控制，修补过程中工序的质量控制等，在修补、修复或重建工作结束后，仍要按照规范、规程、标准、合同和设计文件进行检查，确保修补、修复或重建的质量。

4. 保修责任终止证书

保修期或保修延长期满，承包人提出保修期终止申请后，监理机构在检查承包人已经按照施工合同约定完成其应完成的工作，且经检验合格后，应及时办理工程项目保修期终止事宜。工程的任何区段或永久工程的任何部分的竣工日期不同，各有关的保修期也不尽相同，不应根据其保修期分别签发保修责任终止证书，而只有在全部工程最后一个保修期终止后，才能签发保修期终止证书。在整个工程保修期满后的 28 天内，由发包人或授权监理机构签署和颁发保修责任终止证书给承包人。若保修期满后还未修补，则需待承包人按监理机构的要求完成缺陷修复工作后，再发保修责任终止证书。尽管颁发了保修责任终止证书，发包人和承包人均仍应对保修责任终止证书颁发前尚未履行的义务和责任负责。

3.1.6　施工质量问题影响辨析

3.1.6.1　水利工程质量事故分类及质量问题处理的管理

工程建设中，监理机构应注重区分质量不合格、质量缺陷和质量事故。应该掌握处理质量事故的基本方法和程序，在工程质量事故处理中如何正确协调各方的关系，组织工程质量事故的处理和鉴定验收。

1. 工程质量事故及其分类

根据《水利工程质量事故处理暂行规定》，工程质量事故是指在水利工程建设过程中，由于建设管理、监理、勘测、设计、咨询、施工、材料、设备等原因造成工程质量不符合规程规范和合同规定的质量标准，影响使用寿命和对工程安全运行造成隐患和危害的事件。工程质量事故按直接经济损失的大小，检查、处理事故对工期的影响时间长短和对工程正常使用的影响，分为一般质量事故、较大质量事故、重大质量事故、特大质量事故。一般质量事故指对工程造成一定经济损失，经处理后不影响正常使用并不影响使用寿命的事故。较大质量事故是指对工程造成较大经济损失或延误较短工期，经处理后不影响正常使用但对工程寿命有较大影响的事故。重大质量事故是指对工程造成重大经济损失或较长时间延误工期，经处理后不影响正常使用但对工程寿命有较大影响的事故。特大质量事故是指对工程造成特大经济损失或较长时间延误工期，经处理后仍对正常使用和工程寿命造成较大影响的事故。水利工程质量事故分类标准见表 3.1.20。

表 3.1.20 水利工程质量事故分类标准

损 失 情 况		事 故 类 别			
		特大质量事故	重大质量事故	较大质量事故	一般质量事故
事故处理所需的物质、器材和设备、人工等直接损失费用/万元	大体积混凝土、金结制作和机电安装工程	>3000	>500，≤3000	>100，≤500	>20，≤100
	土石方工程，混凝土薄壁工程	>1000	>100，≤1000	>30，≤100	>10，≤30
事故处理所需合理工期/月		>6	>3，≤6	>1，≤3	≤1
事故处理后对工程功能和寿命影响		影响工程正常使用，需限制运行	不影响正常使用，但对工程寿命有较大影响	不影响正常使用，但对工程寿命有一定影响	不影响正常使用和工程寿命

注 1. 直接经济损失费用为必需条件，其余两项主要适用于大中型工程。
  2. 小于一般质量事故的质量问题称为质量缺陷。

2. 工程质量问题（缺陷）的处理

工程质量问题是指工程质量与合同技术标准或设计技术要求发生偏差。发现工程质量问题后，监理机构应立即向发包人报告，同时督促承包人及时提出处理方案，监理机构应做好问题记录。质量问题处理要落实四不放过原则：正确分析和妥善处理所发生的问题原因，创造正常的施工条件；保证建筑物、构筑物的安全使用，减少问题的损失；总结经验教训，预防问题发生；了解结构的实际工作状态，为正确选择结构计算简图、构造设计，修订规范、规程和有关技术措施提供依据。

3. 工程质量问题（缺陷）处理方法

发生工程质量问题或施工缺陷时，应及时指令承包人查明范围、数量，分析产生原因，提出处理措施，报经监理机构审查、批准后及时处理。

（1）修补处理。这是最常用的一类处理方法。通常当工程的某个检验批、单元或分部的质量虽未达到规定的规范、标准或设计要求，存在一定缺陷，但通过修补或更换器具、设备后还可达到要求的标准，又不影响使用功能和外观要求，在此情况下，可以进行修补处理。属于修补处理这类具体方案很多，诸如封闭保护、复位纠偏、结构补强、表面处理等。某些混凝土结构表面的蜂窝、麻面，经调查分析，可进行剔凿、抹灰等表面处理，一般不会影响其使用和外观。对较严重的质量问题，可能影响结构的安全性和使用功能，必须按一定的技术方案进行加固补强处理。这样往往会造成一些永久性缺陷，如改变结构外形尺寸，影响一些次要的使用功能等。

（2）返工处理。当工程质量未达到规定的标准和要求，存在的严重质量问题，对结构的使用和安全构成重大影响，且又无法通过修补处理的情况下，可对检验批、单元、分部甚至整个工程返工处理。例如，某防洪堤坝填筑压实后，其压实土的干密度末达到规定值，经核算不满足抗渗能力要求并且将影响土体的稳定，可挖除不合格土，重新填筑，进行返工处理。对某些存在严重质量缺陷，且无法采用加固补强等修补处理或修补处理费用比原工程造价还高的工程，应进行整体拆除，全面返工。

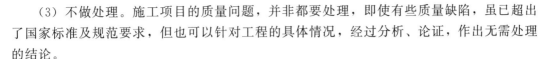

（3）不做处理。施工项目的质量问题，并非都要处理，即使有些质量缺陷，虽已超出了国家标准及规范要求，但也可以针对工程的具体情况，经过分析、论证，作出无需处理的结论。

（4）质量问题（缺陷）处理的鉴定。质量问题（缺陷）处理是否达到预期的目的，是否留有隐患，需要通过检查验收来作出结论。问题（缺陷）处理质量检查验收，要通过实测、实量、荷载试验、取样试压，仪表检测等方法来获取可靠的数据，严格按施工验收规范中有关规定进行。

4. 水利工程质量缺陷备案及管理

在施工过程中，因特殊原因使得工程个别部位或局部发生达不到技术标准和设计要求（但不影响使用），且未能及时进行处理的工程质量缺陷问题（质量评定仍为合格），应以工程质量缺陷备案形式进行记录备案。质量缺陷备案表由监理单位组织填写，内容应真实、准确、完整。各工程参建单位代表应在质量缺陷备案表上签字，若有不同意见应明确记载。质量缺陷备案表应及时报工程质量监督机构备案，格式见《水利水电工程施工质量检验与评定规程》（SL 176—2007）附录 B。质量缺陷备案资料按竣工验收的标准制备。工程竣工验收时，项目法人应向竣工验收委员会汇报并提交历次质量缺陷备案资料。

3.1.6.2 江西丰城"11·26"特大事故的质量问题分析

1. 背景

2016 年 11 月 24 日，江西丰城发电厂三期扩建工程发生冷却塔施工平台坍塌特别重大事故，造成 73 人死亡、2 人受伤，直接经济损失 10197.2 万元。国家安全总局调查组认定：工程总承包人中南电力设计院有限公司对施工方案审查不严，对分包承包人缺乏有效管控，未发现和制止承包人项目部违规拆模等行为。其上级公司中国电力工程顾问集团有限公司和中国能源建设集团（股份）有限公司未有效督促其认真执行安全生产法规标准。监理单位上海斯耐迪工程咨询有限公司未按照规定要求细化监理措施，对拆模工序等风险控制点失管失控，未纠正承包人违规拆模行为。其上级公司国家核电技术有限公司对其安全质量工作中存在的问题督促检查不力。建设单位江西丰城三期发电厂及其上级公司江西赣能股份有限公司和江西省投资集团公司未按规定组织对工期调整的安全影响进行论证和评估；项目建设组织管理混乱。中国电力企业联合会所属电力工程质量监督总站违规使用建设单位人员组建江西丰城发电厂三期扩建工程质量监督项目站，未能及时发现和纠正压缩合理工期等问题。国家能源局电力安全监管司、华中监管局履行电力工程质量安全监督职责存在薄弱环节，对电力工程质量监督总站的问题失察。丰城市政府及其相关职能部门违规同意及批复设立混凝土搅拌站，对违法建设、生产和销售预拌混凝土的行为失察。

2. 监理单位承担处罚的责任认定

依据《建设工程安全生产管理条例》第五十七条，住建部决定给予上海斯耐迪工程咨询有限公司电力工程监理资质由甲级降为乙级的行政处罚。上海斯耐迪工程咨询有限公司作为江西丰城发电厂三期扩建工程的工程监理单位，未按照规定要求细化监理措施，对施工方案审查不严，未纠正承包人违规拆模行为，未按要求在浇筑混凝土时旁站，对拆模工序等风险控制点失管失控。

3. 质量问题产生的原因

质量问题产生的原因应牵涉多样性、多方责任，但其中"工程总承包人中南电力设计院有限公司对施工方案审查不严，对分包承包人缺乏有效管控，未发现和制止承包人项目部违规拆模等行为"是与监理单位关联的。监理单位应重视：工程建设管理体制仍不健全，工程建设业界的市场信用和工程质量保证仍然不能适应工程建设发展对质量管理的要求。其主要表现为：第一方面，工程施工合同观念淡薄，履约意识差。有些工程承建企业甚至在投标阶段、在合同签约时，就没有切实履行其合同义务的诚意；第二方面，一些工程项目发包人不切实地一味追求低价，导致工程承建企业压低报价竞标，使得工程施工质量实现过程中，没有必需的施工投入和质量成本保障；第三方面，工程质量保证体系不完善，质量责任机制不健全，施工设备陈旧、施工手段落后，施工质量管理和施工技术人员的素质不能满足工程质量保证的要求；第四方面，以包代管的情况还是存在。

4. 监理过程应采取的针对性措施

监理单位应对承包人的组织机构开展经常性检查，承包人的专业人员采取合同资格认证的方式进行管理；对劳务分包、专业分包单位的准入关进行管理，督促承包人开展经常性培训，使用熟练工，落实班级管理，减少质量问题引起安全事故。

3.1.6.3 质量问题处理的程序管理

1. 质量问题分类及处理程序管理

工程质量缺陷通常由材料和设备供应或工程施工所导致，指工程质量不完全符合工程质量标准，但经过补工和一般性返工处理后能达到工程质量标准，并且其处理费用和对施工工期影响不足一般工程质量事故标准，或不经处理也不影响设计规定的工程运行性能和运行要求的质量问题。因施工过程或工程养护、维护和照管等原因导致发生工程质量缺陷时，承包人应立即向监理机构报告，及时查明其范围和数量，分析产生的原因，提出缺陷修复和处理措施。工程质量缺陷处理报经监理机构批准后方可进行。施工过程中，对于外界条件或施工作业条件的限制与变化，或由于施工本身的作业行为等导致发生的局部施工质量缺陷，工程监理机构会指令承包人采取措施进行补工、返工或对缺陷的范围与性质进行检查后及时进行处理。对于工程地质问题严重的工程，承包人应加强工程质量检查，建立工程施工质量问题台账。在工程质量问题处理完成后及时报工程监理机构组织质量检验或联合检查，并在质量问题处理合格后进行质量问题处理闭合。

2. 质量问题与质量保证体系责任管理

一般性施工质量缺陷，承包人应按设计技术要求及时修复。较大的或重要部位质量缺陷，承包人应及时查明缺陷范围和数量，分析产生的原因，提出缺陷修复和处理措施报经批准后方可进行修复和处理。对于规律性、普遍性发生的工程质量缺陷（大概率工程质量缺陷），应对是否存在设计质量缺陷、材料与设备供应质量缺陷，或对是否存在施工方法、施工手段、工艺技术措施和施工组织、施工管理缺陷等进行分析，落实施工质量，保证责任管理和质量控制环节管理，避免类似质量缺陷再次发生。对重要工程项目，应在关键工序完成后及时组织施工人员进行质量检查，针对发现的质量问题做好处理并提出预控与质量缺陷防范措施，以避免同类质量问题的再次发生。

第2章   项目施工进度控制

3.2.1   项目施工进度控制概述

3.2.1.1   施工进度控制内容

1. 建设工期

（1）建设工期的概念。建设工期是指建设项目从正式开工到全部建成投产或交付使用所经历的时间。建设工期一般按日历月或天数计算，并在总进度计划中明确建设的起止日历时间。水利工程建设全过程可划分为工程筹建期、工程准备期、主体工程施工期和工程完建期四个施工时段。工程建设相邻两个阶段的工作可交叉进行。①工程筹建期：在主体工程开工前，为实现主体工程施工所具备的进场开工条件需要的时间，其工作内容主要为对外交通、施工供电和通信系统、征地补偿和移民安置等工作。②工程准备期：自准备工程开工起至关键线路上的主体工程开工或河道截流闭气前的工期，其工作内容通常包括场地平整、场内交通、施工工厂设施、必要的生活生产房屋建设以及实施经批准的试验性工程等。根据确定的施工导流方案，在工程准备期内还应完成必要的导流工程。③主体工程施工期：自关键线路上的主体工程开工或河道截流闭气起，至第一台机组发电或工程开始发挥效益为止的工期。④工程完建期：自水利工程第一台发电机组投入运行或工程开始发挥效益起，至工程完工的工期。

水利工程建设全过程阶段划分的主要理由有以下三点：第一方面，工程筹建期和工程准备期所完成的主要项目同属前期准备工作，但性质有所区别，它们具有明显的场外和场内特点。招标、评标及签约等工作属工程筹建期项目，在保证工程进度的条件下，后期工程的筹建项目可在前期工程的施工期进行。第二方面，主体工程开工后，发包人负责的对外工作大局基本已定，其逐步转移到工程内部各方的管理协调上，同时设计、施工、监理等各参建方的技术和物质准备工作也基本结束，其中心任务转变到落实蓝图上，此时的工作方向、工作强度、质量要求完全不同于前期准备阶段。第三方面，水利工程施工筹建期和准备期工程项目繁多、数量较大，其中施工准备期如导流工程等的工程投资和所需时间均占较大比例，主体工程施工期起点以控制总进度的关键线路上的项目的施工起点计算，中心任务是控制关键路线上的工作，工程完工期的主要工作是档案资料的准备与完工及竣工验收，主要为内业工作，各参建单位需要及时组织完成。

（2）建设工期定额。建设工期定额是指在平均的建设管理水平、施工装备水平及正常的建设条件（自然的、经济的）下，一个建设项目从设计文件规定的工程正式破土动工到全部工程建完并验收合格交付使用全过程所需的额定时间。工期定额按月（或天）数计算。建设工期定额是计算和确定建设项目工期的参考标准，对编制进度计划和工程进度控制具有指导作用。建设工期定额按项目的具体组成和工程内容不同，可划分为整个建设项目的工期和主要单项工程的工期。

（3）合同工期。工程项目建设是由一系列有序的相互联系、相互制约的活动组成。在市场经济条件下，这些活动由具有不同专业技能的单位完成，如设计、施工、监理、材料供应、设备供应等单位。就施工任务而言，一个工程一般分成若干个合同项目，分别由不同的承包人完成。按照建设工期的总体要求，每个合同项目都有其相应的合同工期。合同工期是发包人与承包人签订的合同中确定的承包人应完成的所承包项目的工期。

2. 进度控制概述

进度控制是指对工程项目建设各阶段的工作内容、工作程序、持续时间和衔接关系根据进度总目标及资源优化配置的原则编制计划并付诸实施，然后在进度计划的实施过程中经常检查实际进度是否按计划要求进行，对出现的偏差情况进行分析，采取补救措施或调整、修改原计划后再付诸实施，如此循环，直到建设工程竣工验收交付使用。建设工程进度控制的总目标是建设工期。进度控制是监理工程师的主要任务之一。进度控制人员必须事先对影响建设工程进度的各种因素进行调查分析，预测它们对建设工程进度的影响程度，确定合理的进度控制目标，编制可行的进度计划，使工程建设工作始终按计划进行。进度控制基本步骤如图3.2.1所示。

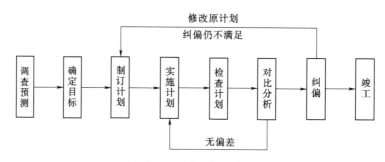

图 3.2.1　进度控制基本步骤

进度控制人员必须掌握动态控制原理，在计划执行过程中不断检查建设工程实际进展情况，并将实际状况与计划安排进行对比，从中得出偏离计划的信息。然后在分析偏差及其产生原因的基础上，通过采取组织、技术、经济等措施，维持原计划，使之能正常实施。如果采取措施后不能维持原计划，则需要对原进度计划进行调整或修正，再按新的进度计划实施。在进度计划的执行过程中进行不断地检查和调整，以保证建设工程进度得到有效控制。

3. 影响进度的因素

由于水利工程具有规模庞大、工程结构与工艺技术复杂、建设周期长及相关单位多等特点，所以决定了建设工程进度将受到许多因素的影响。从影响因素产生的根源看，有的来源于建设单位及其上级主管部门；有的来源于勘察设计、施工及材料、设备供应单位；有的来源于政府、建设主管部门、有关协作单位和社会文化习俗；有的来源于各种自然条件；也有的来源于建设监理机构本身。在工程建设过程中，常见的影响因素如下：

（1）发包人因素。如由于发包人使用要求改变而进行设计变更；发包人应提供的施工场地条件不能及时提供或所提供的场地不能满足工程正常需要；发包人不能及时向承包人或材料供应商付款等。

（2）勘察设计因素。如勘察资料不准确，特别是地质资料错误或遗漏；设计内容不完善，规范应用不恰当，设计有缺陷或错误；设计对施工的可能性未考虑或考虑不周；施工图纸供应不及时、不配套，或出现重大差错等。

（3）施工技术因素。如施工工艺错误；不合理的施工方案；施工安全措施不当；不可靠技术的应用等。

（4）自然环境因素。如复杂的工程地质条件；不明的水文气象条件；地下埋藏文物的保护、处理；洪水、地震、台风等不可抗力等。

（5）社会环境因素。如民风民俗、参工参建；外单位临近工程施工干扰；节假日交通、市容整顿的限制；临时停水、停电、断路等。

（6）组织管理因素。如向有关部门提出各种申请审批手续的延误；合同签订时遗漏条款、表达失当；计划安排不周密，组织协调不力，导致停工待料、相关作业脱节；领导不力，指挥失当，使参加工程建设的各个单位、各个专业、各个施工过程之间交接、配合上发生矛盾等。

（7）材料、设备因素。如由于材料、构配件、机具、设备供应环节的差错，导致品种、规格、质量、数量、时间不能满足工程的需要；特殊材料及新材料的不合理使用；施工设备不配套，选型失当，安装失误，有故障等。

（8）市场因素。汇率浮动和通货膨胀等。

4. 进度控制的主要任务和措施

施工阶段进度控制的主要任务有：编制施工总进度计划，并控制其执行；编制单位工程施工进度计划，并控制其执行；编制工程年、季、月实施计划，并控制其执行。发包人进度控制的任务是控制整个项目实施阶段的进度，包括控制设计准备阶段的工作进度、设计工作进度、施工进度、物资采购工作进度，以及项目启动前准备阶段的工作进度。设计单位进度控制的任务是依据设计任务委托合同对设计工作进度的要求控制设计工作进度，这是设计单位履行合同的义务。另外，设计单位应尽可能使设计工作的进度与招标、施工和物资采购等工作进度相协调。承包人进度控制的任务是依据施工任务委托合同对施工进度的要求控制施工进度，这是履行合同的义务。在进度计划编制方面，承包人应视项目的特点和施工进度控制的需要，编制具有不同深度控制性、指导性和实施性施工的进度计划，以及不同计划周期（年度、季度、月度和旬）的施工计划等。供货承包人进度控制的任务是依据供货合同对供货的要求控制供货进度，这是供货方履行合同的义务。供货进度计划应包括供货的所有环节，如采购、加工制造、运输等。进度控制的措施应包括组织措施、技术措施、经济措施及合同措施。

3.2.1.2 进度计划系统

1. 项目进度计划系统

建设工程项目进度计划系统是由多个相互关联的进度计划组成的系统，它是项目进度控制的依据。经常使用的计划有以下几类：第一类，由不同深度的计划构成进度计划系统，包括：总进度规划（计划）；项目子系统进度规划（计划）；项目子系统中的单项工程进度计划等；第二类，由不同功能的计划构成进度计划系统，包括：控制性进度规划（计划）；指导性进度规划（计划）；实施性（操作性）进度计划等；第三类，由不同项目参与方的计划构成进度计划系统，包括：发包人方编制的整个项目实施的进度计划；设计进度计划；施工和设备安装进度计划；采购和供货进度计划等。第四类，对于不同周期的计划系统，包括：5 年建设进度计划；年度、季度、月度和旬计划等。在建设工程项目进度计划系统中各进度计划或各子系统进度计划编制和调整时必须注意其相互间的联系和协调，如：总进度规划（计划）、项目子系统进度规划（计划）与项目子系统中的单项工程进度计划之间的联系和协调；控制性进度规划（计划）、指导性进度规划（计划）与实施性（操作性）进度计划之间的联系和协调；发包人方编制的整个项目实施的进度计划、设计单位编制的进度计划、施工和设备安装方编制的进度计划与采购和供货方编制的进度计划之间的联系和协调等。

2. 发包人的总体控制进度计划

建设工程进度控制计划体系主要包括建设单位的计划系统、监理机构的计划系统、设计单位的计划系统和承包人的计划系统。建设单位的总体控制性进度计划尽管不是直接用于具体实施的计划，但是，它在进度控制中处于核心地位，既是发包人开展施工准备阶段工作的重要依据和有效管理工具，也是项目建设实施阶段合同管理中的重要控制依据。发包人的总体控制进度计划有以下几点意义。

（1）是确定项目建设重要工作的时间安排。比如：对于枢纽工程进度计划，由于受河流水文季节变化（尤其是汛期）的影响，总进度计划的关键环节或重要工作项目就是施工导流、围堰截流、基坑排水、基础处理、施工度汛、坝体拦洪、水库蓄水等的时间安排，尤其是围堰截流时间、蓄水时间的确定。对于引水式工程来说，引水建筑物的施工进度，决定着输送水的时间，也是进度计划着眼的重要环节。

（2）对影响工程全部或部分投产的工作及单位工程完成时间的确定。

（3）考虑不同标段间的工作衔接或工作协调，确定有关工作的完成或开始时间。

（4）是编制发包人其他保证计划的基础。

（5）是编制工程验收计划的依据。

（6）是审核承包人施工进度计划的重要依据。

发包人（也可委托监理单机构）编制的进度计划包括工程项目前期工作计划、工程项目建设总进度计划和工程项目年度计划。

3. 承包人的施工进度计划

（1）施工总进度计划——合同进度计划。从一定程度上讲，一个项目的进度计划应当体现发包人对所有建设活动的全面安排，发包人的总体控制性计划涵盖了项目建设的全部活动。但是，当一个建设项目分为若干个标段建设时，发包人不应当、也不可能对承包人履行合同的所有具体活动通过计划一一约定。当发包人通过合同对某一分标的合同工期、里程碑进度目标等给出约定后，合同履行中的具体活动计划，应当由承包人在能够按期完成合同约定任务的前提下，根据自身的技术与管理水平、施工经验、资金能力以及合同承诺等具体情况进行安排。由承包人编制并经监理机构批准的施工进度计划，具有合同效力，是承包人组织施工、监理机构控制进度以及处理进度延误与提前等合同问题的重要依据。

（2）年进度计划、季进度计划、月进度计划。从计划实施与控制的需要出发，总进度计划需要按阶段进一步分解为更为详细的计划，习惯上分为年进度计划、季进度计划、月进度计划，甚至必要时，进一步分解为周计划、日计划等。从计划实施的关系上讲，长期进度计划对项目施工做了总体安排，对短期进度计划起控制作用；短期进度计划是长期进度计划的具体落实与保证。

（3）单位工程进度计划。单位工程是指具有独立发挥作用或独立施工条件的建筑物。当一个合同包括若干个单位工程时，为方便管理，经常要求对单位工程单独编制单位工程进度计划，明确该单位工程的施工活动安排、施工方案、施工设备投入、物资供应、道路场地使用、完工时间与里程碑进度以及与其他单位工程施工的关系等。单位工程进度计划是单位工程进度控制和工程总体进度控制的重要文件。

（4）进度计划的编制要求。承包人编制的进度计划内容完整、形式规范、工作安排合理，并具有可审核性和可操作性。在编制时应重视以下要点：应按照要求的项目划分（WBS）方式编制进度计划，这样，有利于所编制的进度计划与发包人的 WBS 谱系结构、管理组织机构相协调；有利于发包人进行项目的进度、费用、质量控制和信息管理。当然，发包人对项目划分的要求不是一点都不能修改的，监理机构在进度计划审批中，当出现承包人的安排合理，但与发包人的 WBS 不一致时，应与双方充分沟通、协商，将计划调整的既合理又协调。进度计划内容应当完整，并符合合同约定与投标承诺。承包人在按照合同要求编制的进度计划时，首先应当满足合同工期要求、进度里程碑目标要求和合同其他要求。对承包人进度计划中涉及的有关设备装备水平和数量，人员数量、水平和专业结构及其他资源的投入，以及采用的施工方案，原则上应实质性满足投标书中的承诺；需要作实质性调整时，应有充分理由并得到发包人认可；对投标方案中存在的不足，导致不能满足合同工期要求、进度里程碑目标要求时，应予以改进；对于由于发包人造成施工条件发生实质性改变、工程量增加、技术标准改变或工期调整等，应按照变更处理。应按照合同规定的进度计划管理软件（如 Primavera Project Planner，简称 P3 或 Microsoft Project）和计划表达形式（如横道图或网络图）编制并提交进度计划，不得随意改变。

3.2.1.3　流水施工

流水施工可以充分利用工作时间和操作空间，减少非生产性劳动消耗，提高劳动生产率，保证工程施工连续、均衡、有节奏地进行，从而对提高工程质量、降低工程造价、缩短工期有显著作用。

1. 流水施工方式

考虑工程项目的施工特点、工艺流程、资源利用、平面或空间布置等要求，其施工可以采用依次施工、平行施工、流水施工等组织方式。为说明 3 种施工方式及其特点，设定某闸坝工程 3 个相同典型坝段，其坝段编号分别为 Ⅰ、Ⅱ、Ⅲ，各坝段均分解为土石明挖、固结灌浆和混凝土施工 3 个施工过程，分别由相应的专业队伍按施工工艺要求依次施工完成，每个专业队伍在每个坝段的施工时间均为 5 周，各专业队伍的人数分别为 20 人、25 人和 80 人。3 个坝段施工的不同组织方式如图 3.2.2 所示。

（1）依次施工。依次施工方式是将拟建工程项目中的每一个施工对象分解为若干个施工过程，按施工工艺要求依次完成每一个施工过程，当一个施工对象完成后，再按同样的顺序完成下一个施工对象，依次类推，直至完成所有施工对象。依次施工方式具有以下特

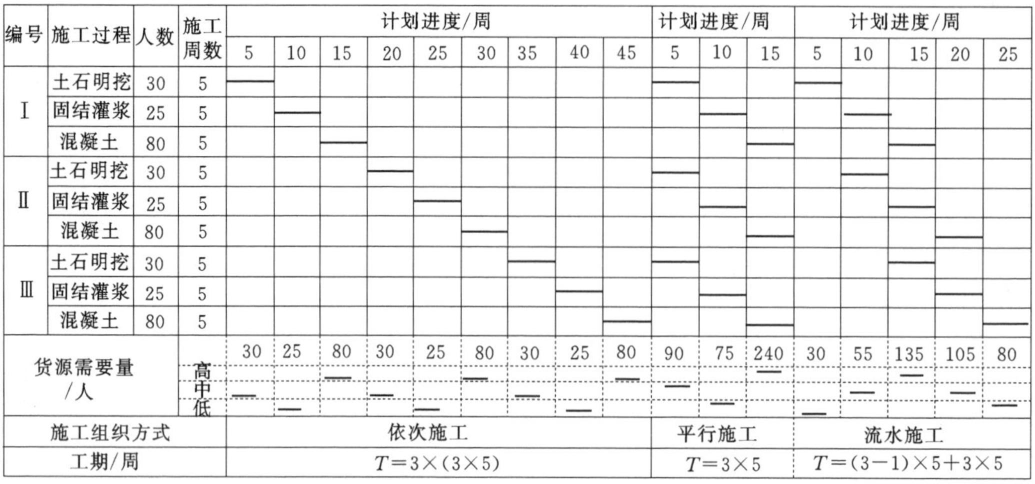

编号	施工过程	人数	施工周数	计划进度/周									计划进度/周			计划进度/周				
				5	10	15	20	25	30	35	40	45	5	10	15	5	10	15	20	25
I	土石明挖	30	5																	
	固结灌浆	25	5																	
	混凝土	80	5																	
II	土石明挖	30	5																	
	固结灌浆	25	5																	
	混凝土	80	5																	
III	土石明挖	30	5																	
	固结灌浆	25	5																	
	混凝土	80	5																	
货源需要量/人			高中低	30	25	80	30	25	80	30	25	80	90	75	240	30	55	135	105	80
施工组织方式				依次施工									平行施工			流水施工				
工期/周				$T=3\times(3\times5)$									$T=3\times5$			$T=(3-1)\times5+3\times5$				

图 3.2.2　施工方式比较图

点：没有充分地利用工作面进行施工，工期长；如果按专业成立工作队，则各专业队不能连续作业，有时间间歇，劳动力及施工机具等资源无法均衡使用；如果由一个工作队完成全部施工任务，则不能实现专业化施工，不利于提高劳动生产率和工程质量；单位时间内投入的劳动力、施工机具、材料等资源量较少，有利于资源供应的组织；施工现场的组织、管理比较简单。

（2）平行施工。平行施工方式是组织几个劳动组织相同的工作队，在同一时间、不同的空间，按施工工艺要求完成各施工对象。平行施工方式具有以下特点：充分地利用工作面进行施工，工期短；如果每一个施工对象均按专业成立工作队，劳动力及施工机具等资源无法均衡使用；如果由一个工作队完成一个施工对象的全部施工任务，则不能实现专业化施工，不利于提高劳动生产率；单位时间内投入的劳动力、施工机具、材料等资源量成倍地增加，不利于资源供应的组织；施工现场的组织管理比较复杂。

（3）流水施工。流水施工方式是将拟建工程项目中的每一个施工对象分解为若干个施工过程，并按照施工过程成立相应的专业工作队，各专业队按照施工顺序依次完成各个施工对象的施工过程，同时保证施工在时间和空间上连续、均衡和有节奏地进行，使相邻两专业队能最大限度地搭接作业。流水施工方式具有以下特点：尽可能地利用工作面进行施工，工期比较短；各工作队实现了专业化施工，有利于提高技术水平和劳动生产率；专业工作队能够连续施工，同时能使相邻专业队的开工时间最大限度地搭接；单位时间内投入的劳动力、施工机具、材料等资源量较为均衡，有利于资源供应的组织；为施工现场的文明施工和科学管理创造了有利条件。

2. 流水施工的表达方式

流水施工的表达方式除网络图外，主要还有横道图和垂直图两种。横道图表示法的优点是：绘图简单，施工过程及其先后顺序表达比较清楚，时间和空间状况形象直观，使用方便，因而工程中常采用横道图来表达施工进度计划。垂直图表示法的优点是：施工过程及其先后顺序表达比较清楚，时间和空间状况形象直观，斜向进度线的斜率可以直观地表示出各施工过程的进展速度，但编制实际工程进度计划不如横道图方便。

3. 流水施工参数

流水施工参数是表达各施工过程在时间和空间上的开展情况及相互依存关系的参数，包括工艺参数、空间参数和时间参数。流水施工参数如图3.2.3所示。

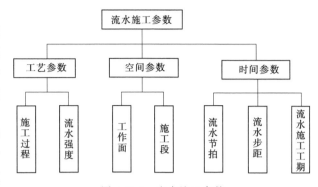

图 3.2.3 流水施工参数

（1）工艺参数。工艺参数主要是用以表达流水施工在施工工艺方面进展状态的参数，通常包括施工过程和流水强度两个参数。根据施工组织及计划安排需要而将计划任务划分成的子项称为施工过程。施工过程划分的粗细程度由实际需要而定。当编制控制性施工进度计划时，组织流水施工的施工过程可以划分得粗一些，施工过程可以是单位工程，也可以是分部工程。当编制实施性施工进度计划时，施工过程可以划分的细一些，施工过程可以是分项单元工程，甚至可将分项单元工程按照专业工种不同分解成施工工序。根据其性质和特点不同，施工过程一般分为三类，即建造类施工过程、运输类施工过程和制备类施工过程，建造类施工过程，是指在施工对象的空间上直接进行构筑、安装与加工，最终形成建筑产品的施工过程。它是建设工程施工中占有主导地位的施工过程，如建筑物或构筑物的地下工程、主体结构工程、装饰工程等。运输类施工过程，是指将建筑材料、各类构配件、成品、制品和设备等运到工地仓库或施工现场使用地点的施工过程。制备类施工过程，是指为了提高建筑产品生产的工厂化、机械化程度和生产能力而形成的施工过程，如砂浆、混凝土、各类制品、门窗等的制备过程和混凝土构件的预制过程。由于建造类施工过程占有施工对象的空间，直接影响工期的长短，因此，必须列入施工进度计划，并且大多作为主导的施工过程或关键工作。运输类与制备类施工过程一般不占有施工对象的工作面，故一般不列入流水施工进度计划之中。只有当其占有施工对象的工作面影响工期时，才列入施工进度计划之中。流水强度是指流水施工的某施工过程（专业工作队）在单位时间内所完成的工程量，也称为流水能力或生产能力。例如，浇筑混凝土施工过程的流水强度，是指每工作班浇筑的混凝土立方数。

（2）空间参数。空间参数是表达流水施工在空间布置上开展状态的参数，通常包括工作面和施工段。工作面是指供某专业工种的工人或某种施工机械进行施工的活动空间。工作面的大小，能反映安排施工人数或机械台数的多少。每个作业的工人或每台施工机械所需工作面的大小，取决于单位时间内其完成的工程量和安全施工的要求。工作面确定的合理与否，直接影响专业工作队的生产效率。因此，必须合理确定工作面。将施工对象在平面或空间上划分成若干个劳动量大致相等的施工段落，称为施工段或流水段。施工段的数目一般用所表示，它是流水施工的主要参数之一。划分施工段就是为了组织流水施工。由于建设工程体形庞大，可以将其划分成若干个施工段，从而为组织流水施工提供足够的空间。在组织流水施工时，专业工作队完成一个施工段上的任务后，遵循施工组织顺序及工艺要求又到另一个施工段上作业，产生连续流动施工的效果。组织流水施工时，可以划分足够数量的施工段，充分利用工作面，避免窝工，尽可能缩短工期。

（3）时间参数。时间参数是表达流水施工在时间安排上所处状态的参数，主要包括流水节拍、流水步距和流水施工工期等。流水节拍是指在组织流水施工时，某个专业工作队在一个施工段上的施工时间。流水节拍是流水施工的主要参数之一，它表明流水施工的速度和节奏性。流水节拍小，其流水速度快，节奏感强；反之则弱。流水节拍决定着单位时间的资源供应量，同时，流水节拍也是区别流水施工组织方式的特征参数。同一施工过程的流水节拍，主要由所采用的施工方法、施工机械以及在工作面允许的前提下投入施工的工人数、机械台数和采用的工作班次等因素确定。有时，为了均衡施工和减少转移施工段时消耗的工时，可以适当调整流水节拍，其数值最好为半个工作班次的整数倍。流水步距是指组织流水施工时，相邻两个施工过程（或专业工作队）相继开始施工的最小间隔时间。流水步距的数目取决于参加流水的施工过程数。流水步距的大小取决于相邻两个施工过程（或专业工作队）在各个施工段上的流水节拍及流水施工的组织方式。流水施工工期是指从第一个专业工作队投入流水施工开始，到最后一个专业工作队完成流水施工为止的整个持续时间。由于一项建设工程往往包含有许多流水组，故流水施工工期一般均不是整个工程的总工期。

4. 流水施工的基本组织方式

在流水施工中，由于流水节拍的规律不同，决定了流水步距、流水施工工期的计算方法也不同，甚至会影响到各个施工过程的专业工作队数目。按流水节拍不同进行的流水施工分类示意如图 3.2.4 所示。

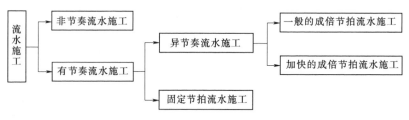

图 3.2.4 流水施工分类图

有节奏流水施工是指在组织流水施工时，每一个施工过程在各个施工段上的流水节拍都各自相等的流水施工，它分为等节奏流水施工和异节奏流水施工。等节奏流水施工是指在有节奏流水施工中，各施工过程的流水节拍都相等的流水施工，也称为固定节拍流水施工或全等节拍流水施工。异节奏流水施工是指在有节奏流水施工中，各施工过程的流水节拍各自相等而不同施工过程之间的流水节拍不尽相等的流水施工。在组织异节奏流水施工时，又可以采用等步距和异步距两种方式。等步距异节奏流水施工是指在组织异节奏流水施工时，按每个施工过程流水节拍之间的比例关系，成立相应数量的专业工作队而进行的流水施工，也称为加快的成倍节拍流水施工。异步距异节奏流水施工是指在组织异节奏流水施工时，每个施工过程成立一个专业工作队，由其完成各施工段任务的流水施工，也称为一般的成倍节拍流水施工。

（1）有节奏流水施工。

1）固定节拍流水施工。固定节拍流水施工是一种最理想的流水施工方式，其特点如下：所有施工过程在各个施工段上的流水节拍均相等；相邻施工过程的流水步距相等，且等于流水节拍；专业工作队数等于施工过程数，即每一个施工过程成立一个专业工作队，由该队完成相应施工过程中所有施工段上的任务；各个专业工作队在各施工段上能够连续作业，施工段之间没有空闲时间。固定节拍流水施工有两种施工工期。第一种是有间歇时间的固定节拍流水施工：间歇时间是指相邻两个施工过程之间由于工艺或组织安排需要而增加的额外等待时间，包括工艺间歇时间和组织间歇时间。第二种是有提前插入时间的固定节拍流水施工：提前插入时间是指相邻两个专业工作队在同一施工段上共同作业的时间。

2）成倍节拍流水施工。在通常情况下，组织固定节拍的流水施工是比较困难的。因为在任一施工段上，不同的施工过程，其复杂程度不同，影响流水节拍的因素也各不相同，很难使得各个施工过程的流水节拍都彼此相等。但是，如果施工段划分得合适，保持同一施工过程各施工段的流水节拍相等是不难实现的。使某些施工过程的流水节拍成为其他施工过程流水节拍的倍数，即形成成倍节拍流水施工。成倍节拍流水施工包括一般的成倍节拍流水施工和加快的成倍节拍流水施工。为了缩短流水施工工期，一般均采用加快的成倍节拍流水施工方式。加快的成倍节拍流水施工的特点如下：同一施工过程在其各个施工段上的流水节拍均相等；不同施工过程的流水节拍不等，但其值为倍数关系；相邻专业工作队的流水步距相等，且等于流水节拍的最大公约数（K）；专业工作队数大于施工过程数，即有的施工过程只成立一个专业工作队，而对于流水节拍大的施工过程，可按其倍数增加相应专业工作队数目；各个专业工作队在施工段上能够连续作业，施工段之间没有空闲时间。

（2）非节奏流水施工。非节奏流水施工是指在组织流水施工时，全部或部分施工过程在各个施工段上的流水节拍不相等的流水施工。这种施工是流水施工中最常见的一种。

在组织流水施工时，经常由于工程结构型式、施工条件不同等原因，使得各施工过程在各施工段上的工程量有较大差异，或因专业工作队的生产效率相差较大，导致各施工过程的流水节拍随施工段的不同而不同，且不同施工过程之间的流水节拍又有很大差异。这时，流水节拍虽无任何规律，但仍可利用流水施工原理组织流水施工，使各专业工作队在满足连续施工的条件下，实现最大搭接。这种非节奏流水施工方式是建设工程流水施工的普遍方式。

1）非节奏流水施工的特点。非节奏流水施工具有以下特点：各施工过程在各施工段的流水节拍不全相等；相邻施工过程的流水步距不尽相等；专业工作队数等于施工过程数；各专业工作队能够在施工段上连续作业，但有的施工段之间可能有空闲时间。

2）流水步距的确定。在非节奏流水施工中，通常采用累加数列错位相减取大差法计算流水步距。由于这种方法是由潘特考夫斯基首先提出的，故又称为潘特考夫斯基法。这种方法简捷、准确，便于掌握。这种方法的基本步骤如下：先对每一个施工过程在各施工段上的流水节拍依次累加，求得各施工过程流水节拍的累加数列；再将相邻施工过程流水节拍累加数列中的后者错后一位，相减后求得一个差数列；最后在差数列中取最大值，即

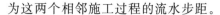

为这两个相邻施工过程的流水步距。

3.2.1.4 项目总进度目标的论证

1. 项目总进度目标论证的工作内容

在项目的实施阶段，项目总进度应包括：设计前准备阶段的工作进度；设计工作进度；招标工作进度；施工前准备工作进度；工程施工和设备安装进度；工程物资采购工作进度；项目动用前的准备工作进度等。大型水利工程项目总进度目标论证，应分析和论证上述各项工作的进度，以及上述各项工作进展的相互关系，核心工作是通过编制总进度纲要论证总进度目标实现的可能性。总进度纲要的主要内容包括：项目实施的总体部署；总进度规划；各子系统进度规划；确定里程碑事件的计划进度目标；总进度目标实现的条件和应采取的措施等。

2. 项目总进度目标论证的工作步骤

建设工程项目总进度目标论证的工作步骤如下：调查研究和收集资料→项目结构分析→进度计划系统的结构分析→项目的工作编码→编制各层进度计划→协调各层进度计划的关系，编制总进度计划→若所编制的总进度计划不符合项目的进度目标，则设法调整→若经过多次调整，进度目标无法实现，则报告项目决策者研究调整项目总进度目标。

（1）调查研究和收集资料。了解和收集项目决策阶段有关项目进度目标确定的情况和资料；收集与进度有关的该项目组织、管理、经济和技术资料；收集类似项目的进度资料；了解和调查该项目的总体部署；了解和调查该项目实施的主客观条件等。

（2）项目结构分析。项目结构分析是根据编制总进度纲要的需要，将整个项目进行逐层分解，并确立相应的工作目录，如：一级工作任务目录，将整个项目划分成若干个子系统；二级工作任务目录，将每一个子系统分解为若干个子项目；三级工作任务目录，将每一个子项目分解为若干个工作项。整个项目划分成多少结构层，应根据项目的规模和特点而定。

（3）大型建设工程项目的计划系统构成。大型建设工程项目的计划系统一般由多层计划构成，如：第一层进度计划，将整个项目划分成若干个进度计划子系统；第二层进度计划，将每一个进度计划子系统分解为若干个子项目进度计划；第三层进度计划，将每一个子项目进度计划分解为若干个工作项的进度计划。整个项目划分成多少计划层，应根据项目的规模和特点而定。

（4）项目的工作编码。项目的工作编码指的是每一个工作项的编码，编码有各种方式，编码时应方便阅读理解，操作性强。编码的方式有对不同计划层的标识；对不同计划对象的标识（如不同子项目）；对不同工作的标识（如设计工作、招标工作和施工工作等）。

3.2.1.5 SL 303—2017 规定的施工总进度

水利部《水利水电工程施工组织设计规范》（SL 303—2017）明确了对施工总进度的相关要求。施工总进度可按下列步骤进行编制：明确施工导流方案、导流程序和主体工程施工程序；编制单项工程进度；确立各单项工程间的逻辑关系，明确关键线路；调整平衡资源配置；确定工程总工期；编制工程总进度图（表）；编写施工总进度报告等。输水管线工程（除水源工程外）和其他与洪水关系不密切的工程等，可适当简化程序。

1. 一般规定

工程建设工期应根据工程特点、工程规模、技术难度，施工组织管理水平和施工机械化程度确定。工程建设全过程可划分为工程筹建期、工程准备期、主体工程施工期和工程完建期四个施工时段。编制施工总进度时，工程施工总工期应为后三项工期之和。工程建设相邻两个阶段的工作可交叉进行。编制施工总进度应遵守下列原则：应遵守基本建设程序；宜采用国内平均先进施工水平合理安排工期；地质条件复杂、气候条件恶劣或受洪水制约的工程，工期安排宜适当留有余地；应做到资源（人力、物资和资金等）均衡分配；单项工程施工进度应与施工总进度相互协调，各项目施工程序应前后兼顾、衔接合理、干扰少、施工均衡；在保证工程施工质量、施工总工期的前提下，应充分发挥投资效益；应确保工程项目的施工在安全、连续、稳定、均衡的状态下进行；应研究工程分期建设、降低初期建设投资、提前发挥效益的合理性。施工总进度应突出关键工程、重要工程、技术复杂工程，明确准备工程起点时间，明确截流、下闸蓄水、第一台（批）机组发电或工程发挥效益和工程完工日期。控制施工进程的重要关键节点（导流工程、坝肩开挖、截流、主体工程开工、工程度汛、下闸蓄水、工程投产运行等）应具备的条件，在施工进度设计文件中应予以明确。施工总进度的表示形式应采用横道图或网络图。在枢纽布置、建筑物型式和施工导流等方案比较中，应进行各方案控制性进度的比较。大、中型工程的施工总进度编制可利用网络计划技术，分析优化资源配置、施工强度、工期、关键线路。

2. 筹建工程及准备工程施工进度

桥梁、隧洞等对外交通工程，以及地下工程施工通道，宜优先安排在施工筹建期或准备期内建设，并分析确定投入使用的时间。场内交通主干线宜在施工准备期内建设，并确定场内交通主干线投入使用时间。其他场内施工道路的建设应与所服务的主体工程施工进度协调安排。应根据主体工程施工进度要求确定砂石系统、混凝土生产及预冷（热）系统投入正常运行的建设时间，宜创造条件提前建设。场地平整、施工供电系统、施工供水系统、施工供风系统、场内通信系统、施工工厂设施、生活和生产房屋等准备工程的建设应与所服务的主体工程施工进度协调安排，施工工期宜结合类似工程经验、工程实际情况和有关规定等分析确定。

3. 导流工程施工进度

导流工程施工进度应根据确定的施工导流方案，对导流工程的开工、截流、下闸、封堵等控制节点进行充分论证，对控制工程发挥效益的导流工程应尽早安排施工，并与其他准备工程工期相协调。一次拦断河床施工导流工程宜安排在施工准备期内进行，若为关键工程则应根据工程需要提早安排施工。分期导流的一期导流工程宜安排在施工准备期内进行。一期围堰拆除进度应与后续围堰施工相协调。河道截流宜在枯水期或汛后进行，不宜安排在封冻期和流冰期，截流时间应根据围堰施工时段和安全度汛要求、所选时段各月或旬平均流量分析确定。围堰工程应在非汛期内达到设计要求的面貌。围堰施工强度应遵守下列原则：应满足围堰施工工期以及围堰各月施工最低控制高程的要求，且强度均衡；心墙（或斜墙）土石围堰的填筑强度应与心墙（或斜墙）的上升速度相协调；混凝土围堰的平均升高速度与堰型、浇筑仓面数量、浇筑高度、浇筑设备能力等因素有关，应通过浇筑仓面安排或工程类比确定。采用过水围堰导流方案时，应分析围堰过水期限及过水前后对工期的影响，在多泥沙河流上应考虑围堰过水后清淤所需工期。基坑初期排水应在围堰水下防渗设施完成之后进行。基坑初期排水时间应根据围堰边坡稳定允许的基坑降水速度与基坑水深确定。对土石围堰、覆盖层地基或软岩地基，应控制基坑水位下降速度，以保证基坑边坡安全。挡水建筑物施工期临时度汛时段应根据施工进度安排确定，度汛时段前挡水建筑物满足设计度汛洪水标准要求的施工面貌应通过论证确定。导流泄水建筑物封堵时段宜选在汛后，封堵时间应根据河流水文特性、施工难度、水库蓄水及下游供水要求等因素综合分析确定，如汛前或汛期封堵，应进行充分论证，并采取保证工程安全度汛的措施。水库下闸蓄水时间应与导流泄水建筑物的封堵计划、工程发挥效益计划统一考虑，结合水文资料、库容曲线和水库蓄水历时曲线等资料综合分析确定，并应遵守下列原则：应与蓄水有关的工程项目施工进度和导流工程的封堵计划相协调；应满足库区征地、移民和清库、环境保护的要求；应考虑蓄水后的防洪标准、泄洪与度汛措施等的要求；应满足下游供水、灌溉及通航的要求；应分析利用围堰挡水发电或工程发挥效益的可能性。

4. 土石方明挖工程施工进度

土石方明挖宜根据开挖规模、岩土级别、枢纽布置、出渣道路及施工方案等分析计算开挖强度及相应的工期，并应根据下列因素确定：排水和降水措施；土方渠道及沟槽开挖规模，边坡稳定条件等。石方明挖施工工期应根据开挖规模、岩体强度、施工方法、施工机械及出渣道路布置等确定。坝基、河床式厂房地基等的岸坡开挖，可安排与导流工程平行施工，宜在河道截流前完成。河床基础开挖可安排在围堰闭气和基坑排水后进行。利用工程开挖料填筑坝体或加工骨料时，开挖施工进度宜与其需求相协调，提高直接利用率。土料开采强度和工期应根据开采规模、开挖方法、施工机械、施工临时道路、水文地质条件等因素确定。土料场开采宜避开雨季。砂砾石料场开采进度应根据地形、地质条件、枢纽布置、导流方式、施工条件和施工总进度要求等综合确定。汛期和冰冻期不宜安排水下砂砾料的开采。石料场开采进度应根据地形、地质条件、施工方案和施工总进度要求等综合确定。用于加工骨料的石料开采施工工期，应根据骨料的粒径与级配、开挖规模、岩体性质、施工方法、施工设备数量及性能、道路与骨料使用强度等情况确定。边坡支护应随着边坡的开挖适时进行。

5. 地基处理工程施工进度

地基处理工程进度应根据地质条件、处理方案、工程量、施工程序、施工水平、设备生产能力和总进度要求等因素研究确定。地质条件复杂、技术要求高、对总工期起控制作用的地基处理，应分析论证对施工总进度的影响，合理安排工期。两岸岸坡有地质缺陷的坝基，施工工期应根据地基处理方案确定，当处理部位在坝基范围以外或地下时，可考虑与坝体浇筑（填筑）同时进行，并应在水库蓄水前按设计要求处理完毕。不良地质地基处理宜在建筑物覆盖前完成。固结灌浆时间可与混凝土浇筑交叉作业，固结灌浆宜在混凝土浇筑1～2层后进行，经过论证也可在混凝土浇筑前进行。帷幕灌浆应在本坝段和相邻坝段固结灌浆完成后进行，并应在蓄水前完成。帷幕灌浆宜在坝基混凝土面或廊道内进行，不占直线工期。防渗墙施工工期应根据总工期要求，经分析论证或工程经验类比确定。地基加固处理的施工进度应根据地基情况、地基处理方案等确定。

6. 土石方填筑工程施工进度

土石方填筑工程施工应根据导流与安全度汛要求，研究坝体的拦洪方案，论证上坝强度，确定大坝分期填筑高程。土石坝填筑强度拟定应遵守下列原则：应满足总工期以及各阶段或历年度汛的工程形象要求；各期填筑强度宜均衡，月高峰填筑量与填筑总量比例相协调；坝面填筑强度应与料场合格料的出料能力、运输能力及坝面面积、碾压设备能力相协调。土石坝填筑有效施工时段应根据水文、气象条件分析确定。对于过水土石坝应分析坝体过水后恢复正常施工所需的时间，并应论证坝体防护工程施工措施。土质心墙坝、土质斜墙坝和均质土坝的上升速度，应根据导流设计、施工总进度安排、施工方法综合分析比较后选定。土质心墙和土质斜墙土石坝的上升速度应按其心墙或斜墙的上升速度控制，心墙、斜墙施工速度应根据材料特性、有效工作日、工作面、施工工艺、压实设备性能和压实参数等因素后确定。心墙应同上、下游反滤料及部分坝壳料平起填筑。沥青混凝土心墙坝体填筑进度应与沥青混凝土心墙施工进度相适应，沥青混凝土斜墙应在坝体填筑完成，并满足坝体沉降要求后，再进行沥青混凝土斜墙施工。混凝土面板堆石坝施工应合理安排面板施工时间，减小面板施工和坝壳填筑等相互干扰。混凝土面板施工前，相应坝体应安排有一定的沉降期。堤防、护岸、护坡等工程宜分期分段施工，平衡施工强度，保证施工进度，满足度汛要求。碾压式土石坝填筑期的月不均衡系数宜小于 2.0。

7. 混凝土工程施工进度

混凝土工程施工进度应根据下列因素确定：当地自然条件、地形条件、施工导流与度汛方案；混凝土生产系统生产能力、水平及垂直运输条件和能力；浇筑能力及温度控制要求等。在安排混凝土施工进度时，应分析有效工作天数，大型工程经论证后若需加快浇筑进度，可考虑在冬季、雨季、夏季采取确保施工质量的措施后施工。混凝土浇筑的月工作日数可按 25d 计。对控制直线工期的工作日数，宜将气象因素影响的停工天数从设计日历数中扣除。常态混凝土的平均升高速度应根据坝型、浇筑块数量、浇筑块高度、浇筑设备能力以及温度控制要求等因素确定，宜通过浇筑排块或工程类比确定。碾压混凝土平均升高速度应综合分析仓面面积、铺筑层厚度、混凝土生产和运输能力、浇筑能力、温度控制、防渗结构等因素后确定。混凝土坝施工期历年度汛高程与工程面貌应按施工导流要求确定。混凝土的接缝灌浆进度应满足施工期度汛与水库蓄水安全要求。在开挖与混凝土浇筑平行作业时，爆破开挖对已浇筑或新浇筑混凝土不应产生有害影响。厂房混凝土浇筑平均上升速度应根据下列因素，经浇筑分块或工程类比确定：厂房型式、浇筑块、浇筑高度、浇筑能力及温度控制要求；机电设备、金属结构及埋件安装工序要求；安装间形成时间、桥机安装完成时间的要求。高强度混凝土、抗磨蚀混凝土、硅粉混凝土、纤维混凝土、水下混凝土、泵送混凝土等，施工进度可按概算台时定额、机械效率分析或工程类比确定。沥青混凝土心墙施工安排时，与岸坡结合部位宜先施工，并始终使该部位领先一个升层。沥青混凝土不宜在夜间施工。混凝土浇筑期的月不均衡系数：大型工程宜小于 2.0，中型工程宜小于 2.3。

8. 地下工程施工进度

地下工程施工进度应统筹兼顾开挖、支护、浇筑、灌浆、金属结构、机电安装等工序。地下工程可全年施工。施工程序和洞室、工序间衔接和合理工期应根据工程项目规模、地质条件、施工方法及设备配套，采用关键线路法确定。地下工程月进尺指标可根据地质条件、施工方法、施工设备性能、工作面和交通条件等情况，经分析计算或工程类比确定。对于关键线路上的主要洞室，应进行循环作业进尺分析。钻爆法开挖进尺可按循环作业时间进行分析和工程类比确定。钻爆法施工循环作业时间应包含施工准备、测量放样、钻孔、起爆、通风散烟、安全检查与处理、出渣运输、一次支护各工序作业时间。钻爆法施工每循环的炮孔深度应根据洞室的围岩条件、断面尺寸和钻孔机械的性能确定。掘进机开挖进度，可根据单位进尺、每天掘进时间和每月掘进天数，以及地质条件、掘进机的类型和工程类比确定。临时安全支护与开挖应遵守下列原则：支护与开挖的间隔时间、施工顺序及相隔距离，应根据地质条件、爆破参数、支护类型等因素确定，应在围岩出现有害松弛变形之前支护完成；稳定性差的围岩，临时支护应紧跟开挖作业面实施，必要时还应采用超前支护的措施。隧洞混凝土衬砌施工进度，可按每浇筑段时间分析和工程类比确定。隧洞混凝土衬砌浇筑施工进度控制指标应通过循环作业进尺分析确定；衬砌浇筑循环作业时间应包括施工准备、架设钢筋、支模、浇筑混凝土、混凝土养护、拆模各工序作业时间。地下厂房混凝土浇筑施工进度宜通过浇筑分层、排块安排或工程类比分析确定，二期混凝土浇筑在时间上应与水轮发电机组埋件安装时间相协调。隧洞混凝土衬砌段的灌浆，应按先回填灌浆、后固结灌浆、再帷幕灌浆的顺序进行。回填灌浆应在衬砌混凝土达到 70% 设计强度后进行，固结灌浆宜在该部位回填灌浆后 7d 后进行。

9. 金属结构及机电安装施工进度

金属结构及机电安装施工进度应协调与土建工程施工的交叉衔接，应满足防洪、供水、灌溉、航运、发电等要求。控制金属结构及机电安装进度的土建工程交付安装时间应逐项确定。处于关键线路上的金属结构及机电安装工程进度应在施工总进度中逐项确定。压力钢管安装施工进度，应根据大坝、引水系统、厂房混凝土浇筑方案和施工总进度进行编制。闸门、拦污栅及启闭机安装应遵守下列原则：应协调与土建工程施工的交叉衔接，逐项确定控制金属结构安装进度的土建工程交付安装时间；应考虑土建工程与金属结构安装施工工序的安排，确定金属结构安装的时机；导流封堵闸门的安装进度，应结合施工导流方案和施工总进度编制；闸门的安装进度，应结合溢洪道、大坝、进水口、发电厂房等施工进度安排，并考虑工程度汛、通航、蓄水进度确定。机组设备安装进度编制应考虑机组容量、结构特点、施工环境、运输条件、安装场地、设备制造质量、施工装备、资源供应、管理水平和技术能力等因素。水轮发电机组安装进度，应根据机组安装次序、机组规模、结构型式安排机组调试和试验时间。辅助设备及管路安装进度，应以土建施工和主机设备安装进度为依据，协同平衡，均衡施工，满足机电安装进度要求，避免占用直线工期。

3.2.2　施工进度控制基本要求

3.2.2.1　施工进度控制监理工作规定

住建部《建设工程监理规范》（GB/T 50319—2013）中规定，项目监理机构应审查承包人报审的施工总进度计划和阶段性施工进度计划，提出审查意见，由总监理工程师审核后报建设单位。水利部行业标准《水利工程施工监理规范》（SL 288—2014）对施工总进度计划、分阶段分项施工进度计划、施工进度计划的调整等作出明确规定。施工阶段进度控制监理实施细则,是监理人员在施工阶段对项目实施进度控制的一个具有可操作性的文件。其内容应主要包括:建立施工进度目标系统;施工进度控制的主要任务、管理部门机构设置及部门、人员职责分工;与进度控制有关的各项相关工作的时间安排和项目总的工作流程;施工阶段进度控制所采用的具体措施(包括进度检查日期、信息采集方式、进度报告形式、统计分析方法、信息流程等);进度目标实现的风险分析。以下监理工作,一般会在工程施工监理合同中约定。

1. 事前进度控制

(1) 编制或审批施工总进度计划。当采用多标发包形式施工时,为了项目总体施工进度的控制与工作协调,监理机构可能需要编制施工总体进度计划,以便对各施工任务作出统一时间安排,使标与标之间的施工进度保持衔接关系,据此审批各承包人提交的施工进度计划。施工总体进度计划应书面通知承包人。按照合同审批各承包人提交的施工进度计划是监理机构进度控制的基本工作之一。经监理机构批准的进度计划称为合同性进度计划,是监理机构进度控制的重要依据。

(2) 审批单位工程施工进度计划。依据经批准的承包人总进度计划和工程进展情况,在单位工程开工前,监理机构应审批承包人提交的单位工程进度计划,作为单位工程进度控制的基本依据。如果合同条款无专门要求,单位工程施工进度计划常常包含于施工组织设计或施工方案中。

(3) 审批承包人提交的施工组织设计。施工组织设计系统反映了承包人为履行合同所采取的施工方案、作业程序、组织机构与管理措施、资源投入、作业条件、质量与安全控制措施等,因此,监理机构应认真审核承包人的施工组织设计,以满足施工进度计划的要求。

(4) 检查开工准备工作。开工条件检查是监理机构进度控制的基本环节之一。它既包括检查发包人的施工准备,如施工图纸和应由发包人提供的场地、道路、水、电、通信以及土料场等,又包括检查承包人的人员与组织机构、进场资源(尤其是施工设备)与资源计划以及现场准备工作等。

2. 事中进度控制

事中进度控制是指项目施工过程中进行的控制,这是施工进度计划能否付诸实现的关键环节。一旦发现实际进度与目标偏离,必须及时采取措施来纠正这种偏差。事中进度控制的具体内容包括以下几点:

(1) 跟踪监督检查现场施工情况,包括承包人的资源投入、资源状况、施工条件、施工方案、现场管理、施工进度等。

(2) 监督检查工程设备和材料的供应。

(3) 做好监理日志,收集、记录、统计分析现场进度信息资料,并将实际进度与计划进度进行比较。分析进度偏差将会带来的影响并进行工程进度预测,审批或研究进度改进措施。

(4) 协调施工干扰与冲突,随时注意施工进度计划的关键控制节点的动态。

(5) 审核承包人提交的进度统计分析资料和进度报告;施工进度计划的调整涉及总工

期目标、阶段目标的改变，或者资金使用有较大的变化时，监理机构应提出审查意见报发包人批准。

（6）定期向发包人汇报工程实际进展状况，按期提供必要的进度报告。

（7）组织定期和不定期的现场会议，及时分析、通报工程施工进度状况，并协调各承包人之间的生产活动。

（8）检查、核实按合同规定应由发包人向承包人提供的施工条件。

（9）处理好施工暂停、施工索赔等问题。

（10）预测、分析、防范重大事件对施工进度的影响。

3. 事后进度控制

事后进度控制的具体内容包括：及时组织验收工作；整理工程进度资料。施工过程中的工程进度资料一方面为发包人提供有用信息，另一方面也是处理施工索赔必不可少的资料，必须认真整理，妥善保存；工程进度资料的归类、编目和建档。施工任务完成后，这些工程进度资料将作为监理人员在今后类似工程项目上施工阶段时度控制的有用参考资料，应将其编目和建档。

3.2.2.2　施工进度控制合同授权

在发包人与监理机构签订的监理委托合同中，通常明确规定了发包人授予监理机构进行施工合同管理的权限，并在发包人与承包人签订的施工合同中予以明确，作为监理机构进行施工合同管理的依据。监理机构施工进度控制的权限主要如下。

1. 签发开工通知（或称进场通知）

开工通知具有十分重要的合同效力，它对合同项目开工日期的确定、开始施工具有重要作用。监理机构应在施工合同约定的期限内，经发包人同意后向承包人发出进场通知，要求承包人按约定及时调遣人员和施工设备、材料进场进行施工准备。进场通知中应明确合同工期起算日期。监理机构应协助发包人向承包人移交施工合同约定的应由发包人提供的施工用地、道路、测量基准点以及供水、供电、通信设施等开工的必要条件。承包人完成开工准备后，应向监理机构提交开工申请。监理机构在检查发包人和承包人的施工准备满足开工条件后，签发开工通知。由于承包人原因使工程未能按施工合同约定时间开工，监理机构应通知承包人在约定时间内提交赶工措施报告并说明延误开工原因。由此增加的费用和工期延误造成的损失由承包人承担。由于发包人原因使工程未能按施工合同约定时间开工，监理机构在收到承包人提出的顺延工期的要求后，应立即与发包人和承包人共同协商补救办法。由此增加的费用和工期延误造成的损失由发包人承担。监理机构应审批承包人报送的每一分部工程开工申请，审核承包人递交的施工措施计划，检查该分部工程的开工条件，确认后签发分部工程开工通知。

2. 审批施工进度计划

承包人应编制施工总进度计划并报送监理机构审批。经监理机构批准的施工总进度计划，作为控制本合同工程进度的依据，并据此编制年、季和月进度计划报送监理机构审批。监理机构认为有必要时，承包人应按监理机构指示的内容和期限，并根据合同进度计划的进度控制要求，编制单位工程（或部分工程）进度计划报送监理机构审批。

3. 审批施工组织设计和施工措施计划

承包人应按合同规定的内容和时间要求，编制施工组织设计、施工措施计划和由承包人负责的施工图纸，报送监理机构审批，并对现场作业和施工方法的完备和可靠负全部责任。

4. 劳动力、材料、设备使用监督权和分包单位审核权

监理机构有权深入施工现场监督检查承包人的劳动力、施工机械、材料等使用情况，并要求承包人做好施工日志，并在进度报告中反映劳动力、施工机械、材料等使用情况。对承包人提出的依法分包的项目和分包人，监理机构应严格审核，提出建议，报发包人批准。

5. 施工进度的监督权

不论何种原因造成的施工进度计划施迟，承包人均应按监理机构的指示，采取有效措施赶上进度。承包人应在向监理机构报送修订进度计划的同时，编制一份赶工措施报告报送监理机构审批，赶工措施应以保证工程按期完工为前提调整和修改进度计划。

6. 下达施工暂停指示和复工通知

监理机构下达施工暂停指示或复工通知，应事先征得发包人同意。监理机构向承包人发布暂停工程或部分工程施工的指示，承包人应按指示的要求立即暂停施工。不论由于何种原因引起的暂停施工，承包人应在暂停施工期间负责妥善保护工程和提供安全保障。工程暂停施工后，监理机构应与发包人和承包人协商采取有效措施积极消除停工因素的影响。当工程具备复工条件时，监理机构应立即向承包人发出复工通知，承包人收到复工通知后，应在监理机构指定的期限内复工。

7. 施工进度协调权

监理机构在认为必要时，有权发出命令协调施工进度，这些情况一般包括：各承包人之间的作业干扰、场地与设施交叉、资源供给与现场施工进度不一致、进度拖延等。但是，这种进度的协调在影响工期改变的情况下，应事先得到发包人同意。

8. 工期索赔的核定权

对于承包人提出的工期索赔，监理机构有权组织核定，如核实索赔事件、审定索赔依据、审查索赔计算与证据材料等。监理机构在从事上述工作时，是作为公正的、独立的第三方开展工作，而不是仲裁人。

9. 建议撤换承包人工作人员或更换施工设备

承包人应对其在工地的人员进行有效的管理，使其能做到尽职尽责。监理机构有权要求撤换那些不能胜任本职工作或行为不端或玩忽职守的任何人员，承包人应及时予以撤换。监理机构一旦发现承包人使用的施工设备影响工程进度或质量时，有权要求承包人增加或更换施工设备，承包人应予及时增加或更换，由此增加的费用和工期延误责任由承包人承担。

10. 完工日期确定

在签署移交证书前，应由监理机构、发包人和承包人协商核定工程项目实际完工日期，并在移交证书中写明。

3.2.2.3 施工进度控制一般要求

监理进度控制程序如图 3.2.5 所示。

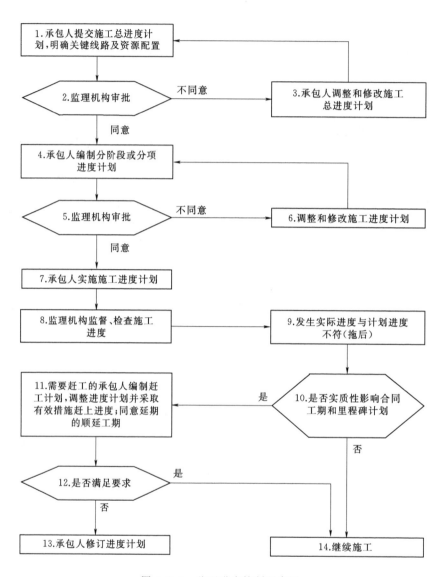

图 3.2.5 监理进度控制程序图

1. 施工总进度计划应符合相关规定

（1）监理机构应在合同工程开工前依据施工合同约定的工期总目标、阶段性目标和发包人的控制性总进度计划，制订施工总进度计划的编制要求，并书面通知承包人。

（2）施工总进度计划的审批程序应符合规定。承包人应按施工合同约定的内容、期限和施工总进度计划的编制要求，编制施工总进度计划，报送监理机构。监理机构应在施工合同约定的期限内完成审查并批复或提出修改意见。根据监理机构的修改意见，承包人应修正施工总进度计划，重新报送监理机构。监理机构在审查中，可根据需要提请发包人组织设代机构、承包人、设备供应单位、征迁部门等有关方参加施工总进度计划协调会议，听取参建各方的意见，并对有关问题进行分析处理、形成结论性意见。

（3）施工总进度计划审查内容。施工总进度计划审查内容符合监理机构提出的施工总进度计划编制要求。具体审查内容如下：施工总进度计划与合同工期和阶段性目标的响应性与符合性；施工总进度计划中有无项目内容漏项或重复的情况；施工总进度计划中各项目之间逻辑关系的正确性与施工方案的可行性，施工总进度计划中关键路线安排的合理性；人员、施工设备等资源配置计划和施工强度的合理性；原材料、中间产品和工程设备供应计划与施工总进度计划的协调性；本合同工程施工与其他合同工程施工之间的协调性；用图计划、用地计划等的合理性，以及与发包人提供条件的协调性；其他应审查的内容。

2. 分阶段、分项目施工进度计划控制应符合规定

监理机构应要求承包人依据施工合同约定和批准的施工总进度计划，分年度编制年度施工进度计划，报监理机构审批。根据进度控制需要，监理机构可要求承包人编制季、月施工进度计划，以及单位工程或分部工程施工进度计划，报监理机构审批。

3. 施工进度的检查应符合规定

监理机构应检查承包人是否按照批准的施工进度计划组织施工，资源的投入是否满足施工需要。监理机构应跟踪检查施工进度，分析实际施工进度与施工进度计划的偏差，重点分析关键路线的进展情况和进度延误的影响因素，并采取相应的监理措施。

4. 施工进度计划的调整应符合规定

监理机构在检查中发现实际施工进度与施工进度计划发生了实质性偏离时，应指示承包人分析进度偏差原因、修订施工进度计划报监理机构审批。当变更影响施工进度时，监理机构应指示承包人编制变更后的施工进度计划，并按施工合同约定处理变更引起的工期调整事宜。施工进度计划的调整涉及总工期目标、阶段目标改变，或者资金使用有较大的变化时，监理机构应提出审查意见报发包人批准。

5. 监理机构在签发暂停施工指示时，应遵守相关规定

（1）在发生下列情况之一时，监理机构应提出暂停施工建议，报发包人同意后签发暂停施工指示：第一方面，工程继续施工将会对第三者或社会公共利益造成损害；第二方面，为了保证工程质量、安全所必要；第三方面，承包人发生合同约定的违约行为，且在合同约定时间内未按监理机构指示纠正其违约行为，或拒不执行监理机构的指示，从而将对工程质量、安全、进度和资金控制产生严重影响，需要停工整改。

（2）监理机构认为发生了应暂停施工的紧急事件时，应立即签发暂停施工指示，并及时向发包人报告。

（3）在发生下列情况之一时，监理机构可签发暂停施工指示，并抄送发包人：第一，发包人要求暂停施工；第二，承包人未经许可即进行主体工程施工时，改正这一行为所需要的局部停工；第三，承包人未按照批准的施工图纸进行施工时，改正这一行为所需要的局部停工；第四，承包人拒绝执行监理机构的指示，可能出现工程质量问题或造成安全事故隐患，改正这一行为所需要的局部停工；第五，承包人未按照批准的施工组织设计或施工措施计划施工，或承包人的人员不能胜任作业要求，可能会出现工程质量问题或存在安

全事故隐患，改正这些行为所需要的局部停工；第六，发现承包人所使用的施工设备、原材料或中间产品不合格，或发现工程设备不合格，或发现影响后续施工的不合格的单元工程（工序），处理这些问题所需要的局部停工。

（4）监理机构应分析停工后可能产生影响的范围和程度，确定暂停施工的范围。

（5）发生上述（1）项暂停施工情形时，发包人在收到监理机构提出的暂停施工建议后，应在施工合同约定时间内予以答复；若发包人逾期未答复，则视为其已同意，监理机构可据此下达暂停施工指示。

（6）若由于发包人的责任需暂停施工，监理机构未及时下达暂停施工指示时，在承包人提出暂停施工的申请后，监理机构应及时报告发包人并在施工合同约定的时间内答复承包人。

（7）监理机构应在暂停施工指示中要求承包人对现场施工组织作出合理安排，以尽量减少停工影响和损失。

（8）下达暂停施工指示后，监理机构应按下列程序执行：指示承包人妥善照管工程，记录停工期间的相关事宜。督促有关方及时采取有效措施，排除影响因素，为尽早复工创造条件。具备复工条件后，若属于上述（1）、（2）、（3）项暂停施工情形，监理机构应明确复工范围，报发包人批准后，及时签发复工通知，指示承包人执行；若属于（3）项第二～第六暂停施工情形，监理机构应明确复工范围，及时签发复工通知，指示承包人执行。

（9）在工程复工后，监理机构应及时按施工合同约定处理因工程暂停施工引起的有关事宜。

6. 施工进度延误管理应符合下列规定

由于承包人的原因造成施工进度延误，可能致使工程不能按合同工期完工的，监理机构应指示承包人编制并报审赶工措施报告。

由于发包人的原因造成施工进度延误，监理机构应及时协调，并处理承包人提出的有关工期、费用索赔事宜。

7. 施工调整工期应符合下列规定

发包人要求调整工期的，监理机构应指示承包人编制并报审工期调整措施报告，经发包人同意后指示承包人执行，并按照施工合同约定处理有关费用事宜。

8. 监理机构应审阅承包人按施工合同约定提交的施工月报、施工年报，并报送发包人

9. 监理机构应在监理月报中对施工进度进行分析，必要时提交进度专题报告

3.2.3　施工进度计划管理工作

3.2.3.1　监理机构对施工进度计划的管理

强化进度计划的管理，采取有效的管理措施、组织措施和技术措施，确保进度计划可控。监理机构设置进度管理部门，对监理项目总进度计划实施进行总体策划、监督和协调，分管负责人具体负责各合同项目进度计划的实施、协调、督促，做好监理项目各施工合同进度计划的审查。合同工程项目开工后，监理机构及时督促承包人编制合同工程项目

施工总进度计划报批，作为工程施工进度检查、评价和纠偏的依据文件。对关键线路上的施工项目，监理机构采取进度网络图编制进度控制计划，并与承包人报批的进度计划对比分析，必要时指令承包人调整进度计划，以确保合同工程目标的实现。如监理机构依据大坝工程总进度计划，会同发包人编制大坝混凝土浇筑年、月排仓计划，并与大坝浇筑承包人编制的大坝混凝土浇筑计划对比分析，在和参建各方会议评审后，确定最终的年、月排仓计划，由发包人发布实施。监理机构再根据发包人发布的大坝浇筑月排仓计划编制周排仓计划，经周例会讨论后发布实施。

加强对承包人资源投入的检查和评价，以确保进度计划目标的实现。工程项目开工前，监理机构检查承包人施工资源到位情况，满足要求后允许工程开工。施工过程中，若检查发现施工资源不满足进度计划要求，及时书面指令承包人整改落实，或总监约见项目经理，以督促承包人资源配置到位。

强化施工进度计划的检查和纠偏管理。监理机构建立合同工程项目施工周例会制度，按周对进度计划完成情况进行检查、分析和评价，对施工进度中存在问题及影响因素，及时协调和督促承包人落实，以确保施工进展满足进度计划要求。

3.2.3.2　工作分解结构管理

（1）工作分解结构。所谓工作分解结构（work breakdown structure，WBS），即按照一定的方式将项目任务逐级逐项分解为具有一定结构的、相互联系的谱系层级图。在一个WBS 中包括多个层次（最常见的是 3 层结构），第一层次包括项目宏观总体控制所涉及的工作，每项工作向下分解并形成第二层，如此类推，直至最低层，一般为作业层。编制WBS 的程序一般按照由高层到低层的顺序，按照项目结构构成、管理界限或其他方式，逐级分解划分。通过工作分解，将任务分解成相对独立的、内容单一的、易于资源需求测算和管理的工作单元。工作分解结构能够帮助发包人、承包人、监理机构现场机构理清思路。应当指出，编制 WBS 不仅仅是为了编制项目进度计划，它更是项目管理的重要工具。除进度控制外，利用 WBS 还有助于项目管理组织机构图的合理设计、费用控制、质量控制和信息管理。因此，一个项目应尽量保持稳定的 WBS。

（2）建立"编码表"，每项工作应具有唯一的编码，并编制相应的工作说明书；编码应当简单、有序，便于使用并能表达出工作的 WBS 谱系结构。WBS 结构与项目管理组织机构相协调，可以分层次、分子项目编制进度计划，其优点在于：高层管理者最关注和熟悉的是 WBS 中第一层工作的进度计划，它是项目的总体进度安排，当然应该由它们组织编制或指导编制；作业层管理者所关心和熟悉的是最低层某种专业的工作安排，所以应当由它们编制或参与编制；中间各层次、各子项目的计划编制亦然。这样，一定程度上避免了在计划编制中的跨专业、跨工作领域等问题。这种方式编制计划的优点还在于使每一层次的每一子项目计划中涉及的工作数量较整个项目来说大大减少，无论是网络计划的编制，还是计算、调整，都变得十分方便。某水利工程项目 WBS 示意图如图 3.2.6 所示。

3.2.3.3　横道图进度计划管理

横道图是一种最简单、运用最广泛的传统的进度计划方法，尽管现在有许多新的计划技术，但横道图在建设领域中的应用仍非常普遍。通常横道图的表头为工作及其简要说

××水电站枢纽
准备工作
导截流工程
大坝
岸边溢洪道
水电站厂房
发电引水隧洞
调压室
压力钢管
设备供应
基础混凝土
立柱浇筑
吊车梁安装
吊车安装
屋顶安装
机电安装
放线
开挖基础
模板安装
钢筋获得
钢筋加工
钢筋架立
混凝土制备
混凝土浇筑

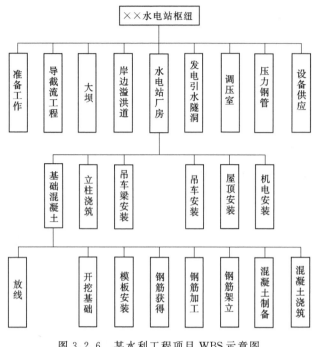

图 3.2.6　某水利工程项目 WBS 示意图

明，项目进展表示在时间表格上，如图 3.2.7 所示。按照所表示工作的详细程度，时间单位可以为小时、天、周、月等。这些时间单位经常用日历表示，此时可表示非工作时间，如：停工时间、法定节假日、假期等。根据使用者的要求，工作可按照时间先后、责任、项目对象、同类资源等进行排序。横道图也可将工作简要说明直接放在横道上。横道图可将最重要的逻辑关系标注在内，但是，如果将所有逻辑关系均标注在图上，则横道图简洁性的最大优点将丧失。横道图用于小型项目或大型项目的子项目上，或用于计算资源需要量和概要预示进度，也可用于其他计划技术的表示结果。

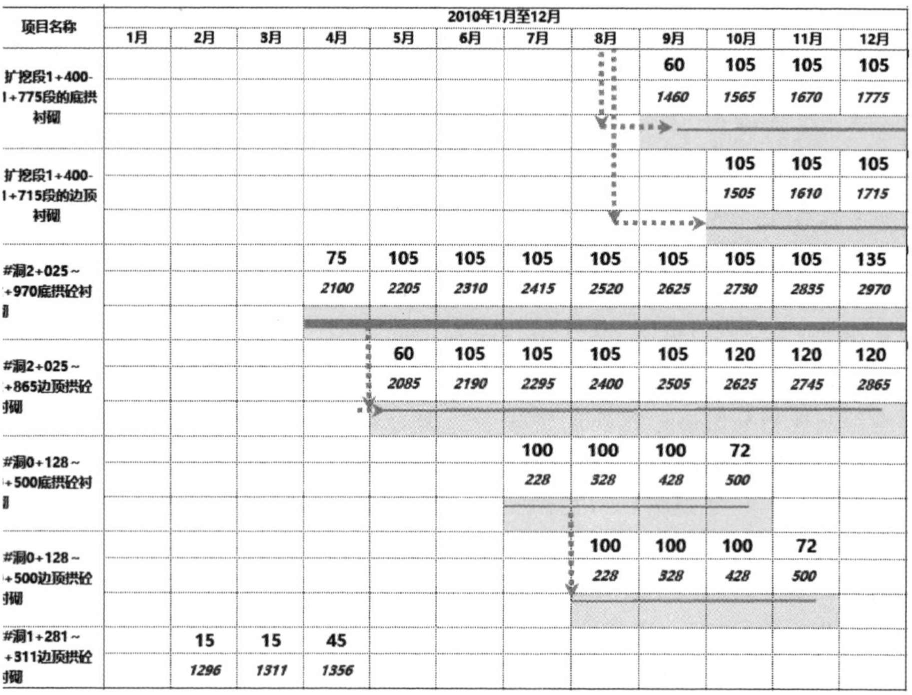

项目名称
2010年1月至12月
1月
2月
3月
4月
5月
6月
7月
8月
9月
10月
11月
12月
扩挖段1+400-
1+775段的底拱衬砌
60 105 105 105
1460 1565 1670 1775
扩挖段1+400-
1+715段的边顶衬砌
105 105 105
1505 1610 1715
#洞2+025～
+970底拱砼衬
75 105 105 105 105 105 105 105 135
2100 2205 2310 2415 2520 2625 2730 2835 2970
#洞2+025～
+865边顶拱砼衬砌
60 105 105 105 105 120 120 120
2085 2190 2295 2400 2505 2625 2745 2865
#洞0+128～
+500底拱砼衬
100 100 100 72
228 328 428 500
#洞0+128～
+500边顶拱砼衬砌
100 100 100 72
228 328 428 500
#洞1+281～
+311边顶拱砼衬砌
15 15 45
1296 1311 1356

图 3.2.7　某工程横道图

横道图计划表中的进度线（横道）与时间坐标相对应，这种表达方式直观，容易看懂计划编制的意图。但是，横道图进度计划法也存在一些问题，如：工序（工作）之间的逻辑关系可以设法表达，但不易表达清楚；适用于手工编制计划；没有通过严谨的进度计划时间参数计算，除计算机辅助项目管理软件绘制横道图外，不能确定计划的关键工作、关键路线与时差；计划调整一般用手工方式进行，其工作量较大；难以适应大的进度计划系统。

3.2.3.4 工程网络计划管理

1. 工程网络计划的编制方法

国际上，工程网络计划有许多名称，如 CPM、PERT、CPA、MPM 等。工程网络计划的类型有如下几种不同的划分方法。①工程网络计划按工作持续时间的特点划分为：肯定型问题的网络计划；非肯定型问题的网络计划；随机网络计划等。②工程网络计划按工作和事件在网络图中的表示方法划分为：事件网络：以节点表示事件的网络计划；工作网络：以箭线表示工作的网络计划 [《工程网络计划技术规程》（JGJ/T 121—2015）中称为双代号网络计划]；以节点表示工作的网络计划 [《工程网络计划技术规程》（JGJ/T 121—2015）中称为单代号网络计划]。③工程网络计划按计划平面的个数划分为：单平面网络计划；多平面网络计划（多阶网络计划、分级网络计划）。美国较多使用双代号网络计划，欧洲则较多使用单代号搭接网络计划。我国《工程网络计划技术规程》（JGJ/T 121—2015）推荐的常用的工程网络计划类型包括：双代号网络计划；双代号时标网络计划；单代号网络计划；单代号搭接网络计划。

（1）双代号网络计划。双代号网络计划一般用双代号网络图表示，双代号网络图是以箭线及其两端节点的编号表示工作的网络图。箭线（工作）是泛指一项需要消耗人力、物力和时间的具体活动过程，也称工序、活动、作业。双代号网络图中，每一条箭线表示一项工作。箭线的箭尾节点表示该工作的开始，箭线的时间可标注在箭线的下方。由于一项工作需用一条箭线和其箭尾与箭头处两个圆圈中的号码来表示，故称为双代号网络计划。在双代号网络图中，任意一条实箭线都要占用时间，并多数要消耗资源。在建设工程中，一条箭线表示项目中的一个施工过程，它可以是一道工序、一个单元工程、一个分部工程或一个单位工程，其粗细程度和工作范围的划分根据计划任务的需要确定。在双代号网络图中，为了正确地表达图中工作之间的逻辑关系，往往需要应用虚箭线。虚箭线是实际工作中并不存在的一项虚设工作，故它们既不占用时间，也不消耗资源，一般起着工作之间的联系、区分和断路三个作用：联系作用是指应用虚箭线正确表达工作之间相互依存的关系；区分作用是指双代号网络图中每一项工作都必须用一条箭线和两个代号表示，若两项工作的代号相同时，应使用虚工作加以区分；断路作用是用虚箭线断掉多余箭线，即在网络图中把无联系的工作连接上时，应加上虚工作将其断开。在无时间坐标的网络图中，箭线的长度原则上可以任意画，其占用的时间以下方标注的时间参数为准。箭线可以为直线、折线或斜线，但其行进方向均应从左向右。在有时间坐标的网络图中，箭线的长度必须根据完成该工作所需持续时间的长短按比例绘制。节点（又称结点、事件）是网络图中箭线之间的连接点。在时间上节点表示指向某节点的工作全部完成后该节点后面的工作才能开始的瞬间，它反映前后工作的交接点。网络图中有三个类型的节点：起点节点，即网络图的第一个节点。它只有外向箭线（由节点向外指的箭线），一般表示一项任务或一个项目的开始；终点节点，即网络图的最后一个节点。它只有内向箭线（指向节点的箭线），一般表示一项任务或一个项目的完成；中间节点，即网络图中既有内向箭线，又有外向箭线的节点。双代号网络图中，节点应用圆圈表示，并在圆圈内标注编号。一项工作应当只有唯一的一条箭线和相应的一对节点，且要求箭尾节点的编号小于其箭头节点的编号。网络图节点的编号顺序应从小到大，可不连续，但不允许重复。线路是指在网络图中从起始节点开始，沿箭头方向通过一系列箭线与节点，最后达到终点节点的通路。在一个网络图中可能有很多条线路，线路中各项工作持续时间之和就是该线路的长度，即线路所需要的时间。在各条线路中，有一条或几条线路的总时间最长，称为关键路线，一般用双线或粗线标注。其他线路长度均小于关键线路，称为非关键线路。逻辑关系是指网络图中工作之间相互制约或相互依赖的关系，它包括工艺关系和组织关系，在网络中均应表现为工作之间的先后顺序。工艺关系是指生产性工作之间由工艺过程决定的，非生产性工作之间由工作程序决定的先后顺序。组织关系是指工作之间由于组织安排需要或资源（人力、材料、机械设备和资金等）调配需要而确定的先后顺序关系。网络图必须正确地表达整个工程或任务的工艺流程和各工作开展的先后顺序，以及它们之间相互依赖和相互制约的逻辑关系。因此，绘制网络图时必须遵循一定的基本规则和要求。

（2）双代号时标网络计划。双代号时标网络计划是以时间坐标为尺度编制的网络计划，时标网络计划中应以实箭线表示工作，以虚箭线表示虚工作，以波形线表示工作的自由时差。双代号时标网络计划是以水平时间坐标为尺度编制的双代号网络计划，其主要特点如下：时标网络计划兼有网络计划与横道计划的优点，它能够清楚地表明计划的时间进程，使用方便；时标网络计划能在图上直接显示出各项工作的开始与完成时间、工作的自由时差及关键线路；在时标网络计划中可以统计每一个单位时间对资源的需要量，以便进行资源优化和调整；由于箭线受到时间坐标的限制，当情况发生变化时，对网络计划的修改比较麻烦，往往要重新绘图。但在使用计算机以后，这一问题已较容易解决。

双代号时标网络计划的一般规定：双代号时标网络计划必须以水平时间坐标为尺度表示工作时间。时标的时间单位应根据需要在编制网络计划之前确定，可为时、天、周、月或季；时标网络计划中所有符号在时间坐标上的水平投影位置，都必须与其时间参数相对应，节点中心必须对准相应的时标位置；时标网络计划中虚工作必须以垂直方向的虚箭线表示，有自由时差时加波形线表示。

时标网络计划的编制：时标网络计划宜按各个工作的最早开始时间编制。在编制时标网络计划之前，应先按已确定的时间单位绘制出时标计划表。双代号时标网络计划的编制方法有两种：间接法绘制是先绘制出时标网络计划，计算各工作的最早时间参数，再根据最早时间参数在时标计划表上确定节点位置，连线完成，某些工作箭线长度不足以到达该工作的完成节点时，用波形线补足。直接法绘制是根据网络计划中工作之间的逻辑关系及各工作的持续时间，直接在时标计划表上绘制时标网络计划。

（3）单代号网络计划。单代号网络计划一般是用单代号网络图表示。单代号网络图是以节点及其编号表示工作，以箭线表示工作之间逻辑关系的网络图，并在节点中加注工作代号、名称和持续时间，以形成单代号网络计划。单代号网络图与双代号网络图相比，具有以下特点：工作之间的逻辑关系容易表达，且不用虚箭线，故绘图较简单；单代号网络图便于检查和修改；由于工作持续时间表示在节点之中，没有长度，故不够直观；表示工作之间逻辑关系的箭线可能产生较多的纵横交叉现象。

单代号网络图的基本符号：①节点。单代号网络图中的每一个节点表示一项工作，节点宜用圆圈或矩形表示。节点所表示的工作名称、持续时间和工作代号等应标注在节点内。单代号网络图中的节点必须编号，编号标注在节点内，其号码可间断，但严禁重复。箭线的箭尾节点编号应小于箭头节点的编号，一项工作必须有唯一的一个节点及相应的一个编号。②箭线。单代号网络图中的箭线表示紧邻工作之间的逻辑关系，既不占用时间，也不消耗资源。箭线应画成水平直线、折线或斜线。箭线平投影的方向应自左向右，表示工作的行进方向。工作之间的逻辑关系包括工艺关系和组织关系，在网络图中均表现为工作之间的先后顺序。③线路。单代号网络图中，各条线路应用该线路上的节点编号从小到大依次表述。

（4）单代号搭接网络计划。在普通双代号和单代号网络计划中，各项工作按依次顺序进行，即任何一项工作都必须在它的紧前工作全部完成后才能开始。但在实际工作中，为了缩短工期，许多工作可采用平行搭接的方式进行。为了简单直接地表达这种搭接系，使编制网络计划得以简化，于是出现了搭接网络计划方法。

2. 工程网络计划时间参数的计算

所谓网络计划，是指在网络图上加注时间参数而编制的进度计划。网络计划时间参数的计算应在各项工作的持续时间确定之后进行。

（1）网络计划时间参数的概念。工作持续时间：指一项工作从开始到完成的时间。双代号 D_{i-j}。单代号 D_i。工期：指完成一项任务所需要的时间。计算工期（T_c）：根据网络计划时间参数计算而得到的工期。要求工期（T_r）：任务委托人所提出的指令性工期。计划工期（T_p）：根据要求工期和计算工期所确定的作为实施目标的工期。有要求工期，$T_p \leqslant T_r$，无要求工期，$T_p = T_c$，工作参数主要有六个：最早开始时间 $ES_{i-j}(ES_i)$：指在其所有紧前工作全部完成后，本工作有可能开始的最早时刻。最早完成时间 EF_{i-j}(EF_i)：指在其所有紧前工作全部完成后，本工作有可能完成的最早时刻。最迟完成时间 $LF_{i-j}(LF_i)$：在不影响整个任务按期完成的前提下，本工作必须完成的最迟时刻。最迟开始时间 $LS_{i-j}(LS_i)$：在不影响整个任务按期完成的前提下，本工作必须开始的最迟时刻。总时差 $TF_{i-j}(TF_i)$：在不影响总工期的前提下，本工作可以利用的机动时间。自由时差 $FF_{i-j}(FF_i)$：在不影响其紧后工作最早开始时间的前提下，本工作可以利用的机动时间。节点参数主要功能有两个：节点的最早时间：在双代号网络计划中，以该节点为开始节点的各项工作的最早开始时间 ET_i。节点的最迟时间：在双代号网络计划中，以该节点为完成节点的各项工作的最迟完成时间 LT_j。时间间隔：本工作的最早完成时间与其紧后工作最早开始时间之间可能存在的差值 LAG_{i-j}。

（2）双代号网络计划时间参数的计算（S）。双代号网络计划的时间参数既可以按工作计算，也可以按节点计算。

1）第一种方法：按工作计算法。网络计划时间参数中的开始时间和完成时间都应以时间单位的终了时刻为标准。按工作计算法有六个步骤：第一，计算工作的最早开始时间和最早完成时间。工作最早时间的计算应从网络计划的起点节点开始，顺着箭线方向依次进行。以网络计划起点节点为开始节点的工作，最早开始时间为零。工作的最早完成时间：$EF_{i-j}=ES_{i-j}+D_{i-j}$；其他工作的最早开始时间应等于其紧前工作最早完成时间的最大值：$ES_{i-j}=\max\{EF_{h-i}\}$；计算工期等于以终点节点为完成节点的工作的最早完成时间的最大值：$T_c=\max\{EF_{i-n}\}$。第二，确定网络计划的计划工期。当已规定了要求工期时，计划工期不应超过要求工期：$T_p\leqslant T_r$；当未规定要求工期时，可使计划工期等于计算工期：$T_p=T_c$。第三，计算工作的最迟完成时间和最迟开始时间，工作最迟时间的计算应从网络计划的终点节点开始，逆着箭线方向依次进行。终点节点为完成节点的工作，其最迟完成时间等于计划工期：$LF_{i-n}=T_p$；工作的最迟开始时间：$LS_{i-j}=LF_{i-j}-D_{i-j}$；其他工作的最迟完成时间应等于其紧后工作最迟开始时间的最小值：$LF_{i-j}=\min\{LS_{j-k}\}$。第四，计算工作的总时差，等于该工作最迟完成时间与最早完成时间之差，或最迟开始时间与最早开始时间之差：$TF_{i-j}=LS_{i-j}-ES_{i-j}=LF_{i-j}-EF_{i-j}$。第五，计算工作的自由时差，对于有紧后工作的工作，其自由时差等于本工作之紧后工作最早开始时间减本工作最早完成时间之差的最小值：$FF_{i-j}=\min\{ES_{j-k}-EF_{i-j}\}$；以终点节点为完成节点的工作，等于计划工期与本工作最早完成时间之差。$FF_{i-j}=T_p-EF_{i-j}$。第六，确定关键工作和关键线路。在网络计划中，总时差最小的工作为关键工作。当网络计划的计划工期等于计算工期时，总时差为零的工作就是关键工作。找出关键工作之后，将这些关键工作首尾相连，便构成从起点节点到终点节点的通路，通路上各项工作的持续时间总和最大的，就是关键线路。在关键线路上可能有虚工作存在。

2）第二种方法：按节点计算法。节点的最早时间——以该节点为开始节点的各项工作的最早开始时间 ET_i；节点的最迟时间——以该节点为完成节点的各项工作的最迟完成时间 LT_j。按节点计算法有四个步骤：第一，计算节点的最早时间和最迟时间。计算节点的最早时间，节点最早时间的计算应从网络计划的起点节点开始，顺着箭线方向依次进行。网络计划起点节点，如未规定最早时间时，其值等于零；其他节点的最早时间计算：$ET_j=\max\{ET_i+D_{i-j}\}$；计算工期等于终点节点的最早时间：$T_c=ET_n$。确定网络计划的计划工期：计算节点的最迟时间，节点最迟时间的计算应从网络计划的终点节点开始，逆着箭线方向依次进行。终点节点的最迟时间等于计划工期：$LT_n=T_p$；其他节点的最迟时间：$LT_i=\min\{LT_j-D_{i-j}\}$。第二，根据节点的最早时间和最迟时间判定工作的六个时间参数。工作的最早开始时间＝该工作开始节点的最早时间：$ES_{i-j}=ET_i$，工作的最早完成时间＝该工作开始节点的最早时间＋该工作的持续时间：$EF_{i-j}=ET_i+D_{i-j}$，工作的最迟完成时间＝该工作完成节点的最迟时间：$LF_{i-j}=LT_j$，工作的最迟开始时间＝该工作完成节点的最迟时间－该工作的持续时间：$LS_{i-j}=LT_j-D_{i-j}$，总时差＝该工作完成节点的最迟时间－该工作开始节点的最早时间－持续时间：$TF_{i-j}=LT_j-ET_i-D_{i-j}$，自由时差＝该工作完成节点的最早时间－该工作开始节点的最早时间－持续时间，$FF_{i-j}=\mathrm{Min}\{ET_j\}-ET_i-D_{i-j}$。第三，确定关键线路和关键工作。在双代号网络计划中，关键线路上的节点称为关键节点。关键工作两端的节点必为关键节点，但两端为关键节点的工作不一定是关键工作。关键节点组成的线路不一定是关键线路。关键工作的判定：关键节点的最迟时间与最早时间的差值最小。当网络计划的计划工期等于计算工期时，关键节点的最早时间与最迟时间必然相等。即满足下列判别式：$ET_i + D_{i-j} = ET_j$ 或 $LT_i + D_{i-j} = LT_j$。第四，关键节点的特性。开始节点和完成节点均为关键节点的工作，不一定是关键工作；以关键节点为完成节点的工作，其总时差和自由时差必然相等；当两个关键节点间有多项工作，且工作间的非关键节点无其他内向箭线和外向箭线时，则两个关键节点间各项工作的总时差均相等；在这些工作中，除以关键节点为完成节点的工作自由时差等于总时差外，其余工作的自由时差均为零；当两个关键节点间有多项工作，且工作间的非关键节点有外向箭线而无其他内向箭线时，则两个关键节点间各项工作的总时差不一定相等。在这些工作中，除以关键节点为完成节点的工作自由时差等于总时差外，其余工作的自由时差均为零。

3. 关键工作

关键工作指的是网络计划中总时差最小的工作。当计划工期等于计算工期时，总时差为零的工作就是关键工作。在搭接网络计划中，关键工作是总时差为最小的工作。工作总时差最小的工作也是其具有的机动时间最小，如果延长其持续时间就会影响计划工期，因此为关键工作。当计划工期等于计算工期时，工作的总时差为零是最小的总时差。当有要求工期，且要求工期小于计算工期时，总时差最小的为负值，当要求工期大于计算工期时，总时差最小的为正值。当计算工期不能满足计划工期时，可设法通过压缩关键工作的持续时间，以满足计划工期要求。在选择缩短持续时间的关键工作时，宜考虑下述因素：缩短持续时间而不影响质量和安全的工作；有充足备用资源的工作；缩短持续时间所需增加的费用相对较少的工作等。

4. 关键路线

在双代号网络计划和单代号网络计划中，关键线路是总的工作持续时间最长的线路。该线路在网络图上应用粗线、双线或彩色线标注。在搭接网络计划中，关键线路是自始至终全部由关键工作组成的线路或线路上总的工作持续时间最长的线路；从起点节点开始到终点节点均为关键工作，且所有工作的时间间隔均为零的线路应为关键线路。一个网络计划可能有一条或几条关键路线，在网络计划执行过程中，关键线路有可能转移。

5. 时差

总时差指的是在不影响总工期的前提下，本工作可以利用的机动时间。自由时差指的是在不影响其紧后工作最早开始时间的前提下，本工作可以利用的机动时间。

3.2.3.5 施工进度计划辅助计算机软件管理

随着计算机技术的发展，利用计算机技术进行项目进度控制已逐渐成为主流。国外有很多用于进度计划编制的商品软件，自20世纪70年代末期和80年代初期开始，我国也开始研究进度计划编制的软件，这些软件都是根据网络计划原理编制的。应用这些软件可以实现计算机辅助建设项目进度计划的编制和调整，以确定网络计划的时间参数。常用的项目管理软件有 Primavera Project Planner（简称P3）（图3.2.8）。当前国内项目管理广泛应用的项目管理软件是 Microsoft Project，专业性强，具备一定的项目管理专业知识。计算机辅助项目管理软件既能用横道图展示进度控制视图效果，又能自动计算施工强度指标、有效分配施工资源、充分体现各作业之间的逻辑关系。主要优点：解决当网络计划计算量大，而手工计算难以承担的困难；确保网络计划计算的准确性；有利于网络计划及时调整；有利于编制资源需求计划等。

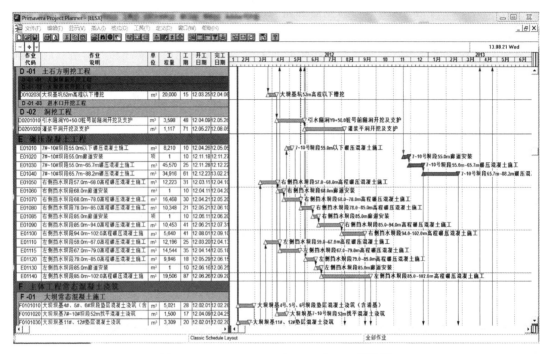

图 3.2.8　　Primavera Project Planner 横道图

进度控制是一个动态编制和调整计划的过程，初始的进度计划和在项目实施过程中不断调整的计划，以及与进度控制有关的信息应尽可能对项目各参与方透明，以便各方为实现项目的进度目标协同工作。为使发包人各工作部门和项目各参与方便捷地获取进度信息，可利用项目专用网站作为基于网络的信息处理平台辅助进度控制。

3.2.3.6　施工总进度计划的审批

在承包人提交了进度计划后，监理机构应组织力量，对承包人提交的总进度计划进行全面深入的审批。审查时注重响应性与符合性，施工进度计划应满足合同工期和阶段性目标（或里程碑）的要求；施工总进度计划的合理性与可靠性：指施工项目之间逻辑关系、关键路线设置的合理性及对合同目标实现的影响；施工资源配置规划的合理、完备，及对合同目标实现的影响；施工总进度计划中重要节点工期目标的合理、完备，及对合同目标实现的影响；重要分部单元工程项目开工、完工工期安排的合理、完备，及对合同目标实现的影响；对发包人提供条件（包括设计供图、主材供应、工程设备交货、资金支付）要求的合理性。施工划分的合理性、有效性，对重点程序采取有效措施的针对性，比如截流、封堵以及拦洪和蓄水的时期必须可靠；是否根据自然条件、工程条件选择合适的机械设备，分析重要程序的强度、速度；对于水利水电工程以及城市排涝、水环境治理工程，在关键节点与工期，要对截流、基坑排水、基础处理以及坝体施工方案进行重点论证，保证度汛安全。

1．审批程序

承包人应在施工合同约定的时间内向监理机构提交施工进度计划；监理机构应在收到

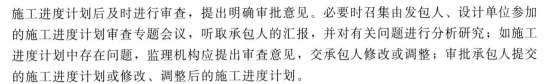

施工进度计划后及时进行审查，提出明确审批意见。必要时召集由发包人、设计单位参加的施工进度计划审查专题会议，听取承包人的汇报，并对有关问题进行分析研究；如施工进度计划中存在问题，监理机构应提出审查意见，交承包人修改或调整；审批承包人提交的施工进度计划或修改、调整后的施工进度计划。

2. 审查的主要内容

首先，合同规定的工程完工日期（包括中间完工日期）是承包人编制进度计划的基本要求和约束条件，不得有任何拖延，否则，会对工程按期投产运行产生影响。其次，为了有效控制施工进度，在工程工期较长的情况下，应将总工期目标分解为若干个里程碑目标。这样，便于在进度控制中明确当前具体目标与任务，及时采取有效措施实施主动控制，分解工期延误风险。因此，在计划审查过程中，不仅要分析各项工作任务对总工期的影响，还要分析它对进度里程碑实现的影响。进度里程碑的设置应考虑其目标重要性和影响力，如应选择主要单位工程的开工、完工或在工程建设过程中的重要阶段（如截流、度汛、水库蓄水、引水工程通水、分期投产等），这些里程碑目标既是进度控制的重点，对工程总体进展和效益影响大，又对有关参建单位和人员产生巨大的影响力，从思想上、组织上、工作上必须给予足够的重视。施工进度计划中应无项目内容漏项或重复的情况，工作项目的持续时间、资源需求等基本数据准确，各项目之间逻辑关系正确，施工方案可行。这样的计划才切合实际，才能指导工作。一个合同项目包括的工作数目很多，漏项、逻辑关系错误或数据错误是经常发生的，这就要求监理机构在审查进度计划时，既要有严肃认真的工作作风，又要有科学严谨的工作方法。同时，工作人员还应具有一定的工程经验和发现问题的直观判断能力。施工方案是施工进度顺利进行的技术保证。因此，在进度计划审查时，应重视施工方案的分析、论证。虽然，施工成本控制是承包人的义务，但是，不合理的施工方案，会影响承包人资金的有效使用，激化资金供需矛盾。不可行的施工方案，将直接影响工程按计划完成，关键施工方案的不可行甚至会导致承包人无能力补救的局面而影响到工程投资效益。在进度计划审批中，常见的施工方案不可行情形有：承包人采用的施工方案不能保证进度要求、实际施工强度达不到计划强度、作业交叉与工艺间歇要求而影响施工工效、现场干扰较大而影响施工工效、自然条件不利而影响施工工效、存在安全或质量隐患而可能影响工程进度、实际成本过高导致承包人在正常情况下不可能按计划投入、施工方案不适用于本工程的作业条件（如工程地质条件、水文地质条件、气候条件等）或不能满足本工程的技术标准要求等。面对诸如上述问题，监理机构应明确要求承包人调整施工方案或进度计划。

3.2.4　施工进度控制

确定建设工程进度目标，编制一个科学合理的进度计划是监理工程师实现进度控制的首要前提。但是在工程项目的实施过程中，由于外部环境和条件的变化，进度计划的编制者很难事先对项目在实施过程中可能出现的问题进行全面的估计。为此，在进度计划的执行过程中，必须采取有效的监测手段对进度计划的实施过程进行监控，以便及时发现问题，并运用行之有效的进度调整方法来解决问题。

在建设工程实施进度监测过程中，一旦发现实际进度偏离计划进度，即出现进度偏差时，必须认真分析产生偏差的原因及其对后续工作和总工期的影响，必要时采取合理有效的进度计划调整措施，确保进度总目标的实现。第一方面，分析进度偏差产生的原因。通过实际进度与计划进度的比较，发现进度偏差时，为了采取有效措施调整进度计划，必须深入现场进行调查，分析产生进度偏差的原因。第二方面，分析进度偏差对后续工作和总工期的影响。当查明进度偏差产生的原因之后，要分析进度偏差对后续工作和总工期的影响程度，以确定是否应采取措施调整进度计划。第三方面，确定后续工作和总工期的限制条件。当出现的进度偏差影响到后续工作或总工期而需要采取进度调整措施时，应当首先确定可调整进度的范围，主要指关键节点、后续工作的限制条件以及总工期允许变化的范围。这些限制条件往往与合同条件有关，需要认真分析后确定。第四方面，采取措施调整进度计划。采取进度调整措施，应以后续工作和总工期的限制条件为依据，确保要求的进度目标得到实现。第五方面，实施调整后的进度计划。进度计划调整之后，应采取相应的组织、经济、技术措施落实、执行，并继续监测其执行情况。

3.2.4.1　实际进度监测

在建设工程实施过程中，监理工程师应经常、定期对进度计划的执行情况进行检查，发现问题后，及时采取措施加以解决。对进度计划的执行情况进行监测检查是计划执行信息的主要来源，是进度分析和调整的依据，也是进度控制的关键步骤。跟踪检查的主要工作是定期收集反映工程实际进度的有关数据，收集的数据应当全面、真实、可靠，不完整或不正确的进度数据将导致判断不准确或决策失误。

1. 实际进度数据的加工处理

为了进行实际进度与计划进度的比较，必须对收集到的实际进度数据进行加工处理，形成与计划进度具有可比性的数据。例如，对检查时段实际完成工作量的进度数据进行整理、统计和分析，确定本期累计完成的工作量、本期已完成的工作量占计划总工作量的百分比等。

2. 实际进度与计划进度的对比分析

将实际进度数据与计划进度数据进行比较，可以判定建设工程实际执行状况与计划目标之间的差距。为了直观反映实际进度偏差，通常采用表格或图形进行实际进度与计划进度的对比分析，从而得出实际进度比计划进度超前、滞后还是一致的结论。

3.2.4.2　实际进度与计划进度的比较方法

实际进度与计划进度的比较是建设工程进度监测的主要环节。常用的进度比较方法有横道图、S 曲线、香蕉曲线、前锋线和列表比较法。

1. 横道图比较法

横道图比较法是指将项目实施过程中检查实际进度收集到的数据，经加工整理后直接用横道线平行绘于原计划的横道线处的进行实际进度与计划进度的比较方法。采用横道图比较法，可以形象直观地反映实际进度与计划进度的比较情况。

（1）匀速进展横道图比较法。匀速进展是指在工程项目中，每项工作在单位时间内完成的任务量都是相等的，即工作的进展速度是均匀的。工作匀速进展时任务量与时间关系如图 3.2.9 所示。完成的任务量可以用实物工程量、劳动消耗量或费用支出表示。为了便于比较，通常用上述物理量的百分比表示。

比较步骤：编制横道图进度计划；在进度计划上标出检查日期；将检查收集到的实际进度数据经加工整理后按比例用涂黑的粗线标于计划进度的下方；对比分析实际进度与计划进度。

（2）非匀速进展横道图比较法。当工作在不同单位时间里的进展速度不相等时，应采用非匀速进展横道图比较法。用涂黑粗线表示工作实际进度的同时，还要标出其对应时刻完成任务量的

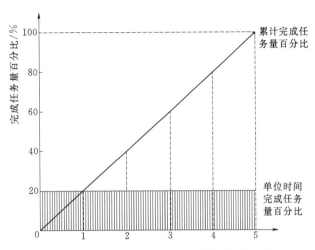

图 3.2.9　工作匀速进展时任务量与时间关系曲线

累计百分比，并将该百分比与其同时刻计划完成任务量的累计百分比相比较，判断工作实际进度与计划进度之间的关系。

比较步骤：编制横道图进度计划；在横道线上方标出各主要时间工作的计划完成任务量累计百分比；在横道线下方标出相应时间工作的实际完成任务量累计百分比；用涂黑粗线标出工作的实际进度，从开始之日标起，同时反映出该工作在实施过程中的连续与间断情况；通过比较同一时刻实际完成任务量累计百分比和计划完成任务量累计百分比，判断工作实际进度与计划进度之间的关系。横道图比较法虽有记录和比较简单、形象直观、易于掌握、使用方便等优点，但由于其以横道计划为基础，因而带有不可克服的局限性。在横道计划中，各项工作之间的逻辑关系表达不明确，关键工作和关键线路无法确定。一旦某些工作实际进度出现偏差时，难以预测其对后续工作和工程总工期的影响，也就难以确定相应的进度计划调整方法。因此，横道图比较法主要用于工程项目中某些工作实际进度与计划进度的局部比较。

2. S 曲线比较法

以横坐标为表示时间，纵坐标表示累计完成任务量，绘制一条按计划时间累计完成任务量的 S 曲线；然后将工程项目实施过程中各检查时间实际累计完成任务量的 S 曲线也绘制在同一坐标系中，进行实际进度与计划进度比较的一种方法。S 曲线比较如图 3.2.10 所示。

（1）S 曲线的绘制方法。绘制步骤如下：确定单位时间计划完成任务量；计算不同时间累计完成任务量；根据累计完成任务量绘制 S 曲线。

（2）实际进度与计划进度的比较。如果工程实际进展点落在计划 S 曲线左侧，表明此时实际进度比计划进度超前；如果工程实际进展点落在 S 计划曲线右侧，表明此时实际进度拖后；如果工程实际进展点正好落在计划 S 曲线上，则表示此时实际进度与计划进度一致。在 S 曲线比较图中可以直接读出实际进度比计划进度超前或拖后的时间（横坐标）。在 S 曲线比较图中也可直接读出实际进度比计划进度超额或拖欠的任务量（纵坐标）。如

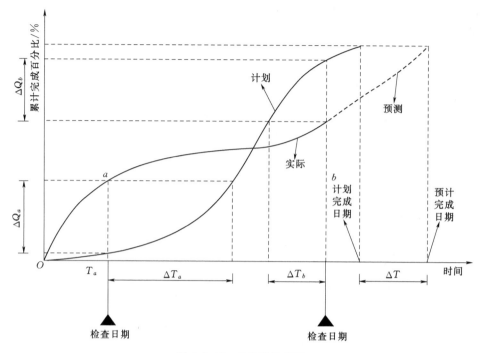

图 3.2.10 S 曲线比较图

果后期工程按原计划速度进行，则可做出后期工程计划如 S 曲线中虚线所示，从而可以确定工期拖延预测值 ΔT。

3. 香蕉曲线比较法

香蕉曲线是由两条 S 曲线组合而成的闭合曲线。由 S 曲线比较法可知，工程项目累计完成的任务量与计划时间的关系，可以用一条 S 曲线表示。对于一个工程项目的网络计划来说，如果以其中各项工作的最早开始时间安排进度而绘制 S 曲线，称为 ES 曲线；如果以其中各项工作的最迟开始时间安排进度而绘制 S 曲线，称为 LS 曲线。两条 S 曲线具有相同的起点和终点，因此，两条曲线是闭合的。在一般情况下，ES 曲线上的其余各点均落在 LS 曲线的相应点的左侧。由于该闭合曲线形似"香蕉"，故称为香蕉曲线。香蕉曲线比较图如图 3.2.11 所示。

4. 前锋线比较法

前锋线是指在原时标网络计划上，从检查时刻的时标点出发，用点划线依次将各项工作实际进展位置点连接而成的折线。前锋线比较法是通过绘制某检查时刻工程实际进度前锋线，进行工程实际进度与计划进度比较的方法。它主要适用于时标网络计划，通过实际进度前锋线与原进度计划中各工作箭线交点的位置来判断工作实际进度与计划进度的偏差，进而判定该偏

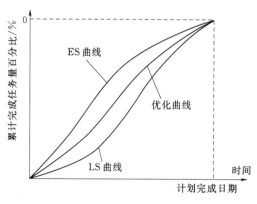

图 3.2.11 香蕉曲线比较图

差对后续工作及总工期影响程度。

比较步骤：绘制时标网络计划图（为清楚起见，可在时标网络计划图的上方和下方各设一时间坐标）；绘制实际进度前锋线；进行实际进度与计划进度的比较；预测进度偏差对后续工作及总工期的影响。可根据工作的自由时差和总时差预测该进度偏差对后续工作及项目总工期的影响。前锋线比较法既适用于工作实际进度与计划进度之间的局部比较，又可用来分析和预测工程项目整体进度状况。

3.2.4.3　施工进度的动态控制

施工进度计划由承包人编制完成后，应提交给监理工程师审查，待监理工程师审查确认并报发包人批准后即可付诸实施。承包人在执行施工进度计划的过程中，应接受监理工程师的监督与检查。监理工程师应定期向发包人报告工程进展状况。

1. 建设工程施工进度影响因素分析

监理工程师必须在施工进度计划实施之前对影响建设工程施工进度的因素进行分析，进而提出保证施工进度计划实施成功的措施，以实现对建设工程施工进度的主动控制。建设工程施工进度的影响因素有很多，归纳起来，主要有以下几个方面：

（1）工程建设相关单位的影响。影响建设工程施工进度的单位不只是承包人。事实上，只要是与工程建设有关的单位（如政府部门、发包人、设计单位、物资供应单位，及运输、通信、供电部门等），其工作进度的拖后必将对施工进度产生影响。因此，控制施工进度仅考虑承包人是不够的，必须充分发挥监理的作用，协调各相关单位之间的进度关系。而对于那些无法进行协调控制的进度关系，在进度计划的安排中应留有足够的机动时间。

（2）物资供应进度的影响。施工过程中需要的材料、构配件、机具和设备等如果不能按期运抵施工现场或者是运抵施工现场后发现其质量不符合有关标准的要求，都会对施工进度产生影响。因此，监理工程师应严格把关，采取有效的措施控制好物资供应进度。

（3）资金的影响。工程施工的顺利进行必须有足够的资金作保障。一般来说，资金的影响主要来自发包人，或者是由于没有及时给足工程预付款，或者是由于拖欠了工程进度款，这些都会影响到承包人流动资金的周转，进而殃及施工进度。监理工程师应根据发包人的资金供应能力，安排好施工进度计划，并督促发包人及时拨付工程预付款和工程进度款，以免因资金供应不足拖延进度，导致工期索赔。

（4）设计变更的影响。在施工过程中出现设计变更是难免的，或者是由于原设计有问题需要修改，或者是由于发包人提出了新的要求。监理工程师应加强图纸的审查，严格控制随意变更，特别应对发包人的变更要求进行制约。

（5）施工条件的影响。在施工过程中一旦遇到气候、水文、地质及周围环境等方面的不利因素，必然会影响到施工进度。此时，承包人应利用自身的技术组织能力予以克服。监理工程师应积极疏通关系，协助承包人解决那些自身不能解决的问题。

（6）承包人自身管理水平的影响。施工现场的情况千变万化，如果承包人的施工方案不当、计划不周、管理不善、解决问题不及时等，都会影响工程的施工进度。承包人应通过分析、总结吸取教训、及时改进。监理工程师应提供服务，协助承包人解决问题，以确保施工进度控制目标的实现。

正是由于上述因素的影响，才使得施工阶段的进度控制显得非常重要。在施工进度计划的实施过程中，监理工程师一旦掌握了工程的实际进展情况以及产生问题的原因之后，其影响是可以得到控制的。当然，上述某些影响因素，如自然灾害等是无法避免的，但在大多数情况下，其损失是可以通过有效的进度控制而得到弥补的。

2. 施工进度的动态检查

在建设工程施工过程中，监理工程师可以通过以下方式获得其实际进展情况：第一，定期地、经常地收集由承包人提交的有关进度报表资料。工程施工进度报表资料不仅是监理工程师实施进度控制的依据，同时也是其核对工程进度款的依据。在一般情况下，进度报表格式由监理机构提供给承包人，承包人按时填写完后提交给监理工程师核查。报表的内容根据施工对象及承包方式的不同而有所区别，但一般应包括工作的开始时间、完成时间、持续时间、逻辑关系、实物工程量和工作量，以及工作时差的利用情况等。承包人若能准确地填报进度报表，监理工程师就能从中了解到建设工程的实际进展情况。第二，由监理人员现场跟踪检查建设工程的实际进展情况。为了避免承包人超报已完工程量，监理人员有必要进行现场实地检查和监督。至于每隔多长时间检查一次，应视建设工程的类型、规模、监理范围及施工现场的条件等多方面的因素而定，可以每月或每半月检查一次，也可每旬或每周检查一次，如果在某一施工阶段出现不利情况时，甚至需要每天检查。除上述两种方式外，由监理工程师定期组织现场施工负责人召开现场会议，也是获得建设工程实际进展情况的一种方式。通过这种面对面的交谈，监理工程师可以从中了解到施工过程中的潜在问题，以便及时采取相应的措施加以预防。

3. 进度计划实施中的调整方法

在工程项目实施过程中，当通过实际进度与计划进度的比较，发现有进度偏差时，需要分析该偏差对后续工作及总工期的影响，从而采取相应的调整措施对原进度计划进行调整，以确保工期目标的顺利实现。进度偏差的大小及其所处的位置不同，对后续工作和总工期的影响程度是不同的，分析时需要利用网络计划中工作总时差和自由时差的概念进行判断。分析步骤如下：第一，分析出现进度偏差的工作是否为关键工作。如果出现进度偏差的工作位于关键线路上，即该工作为关键工作，则无论其偏差有多大，都将对后续工作和总工期产生影响，必须采取相应的调整措施；如果出现偏差的工作是非关键工作，则需要根据进度偏差值与总时差和自由时差的关系做进一步分析。第二，分析进度偏差是否超过总时差。如果工作的进度偏差大于该工作的总时差，则此进度偏差必将影响其后续工作和总工期，必须采取相应的调整措施；如果工作的进度偏差未超过该工作的总时差，则此进度偏差不影响总工期。至于对后续工作的影响程度，还需要根据偏差值与其自由时差的关系做进一步分析。第三，分析进度偏差是否超过自由时差。如果工作的进度偏差大于该工作的自由时差，则此进度偏差将会对其后续工作产生影响，此时应根据后续工作的限制条件确定调整方法；如果工作的进度偏差未超过该工作的自由时差，则此进度偏差不影响后续工作，因此，原进度计划可以不做调整。

3.2.4.4 施工进度计划检查与督促措施

1. 施工进度的监督、检查、记录

进度控制是一个动态过程，在施工过程中影响进度的因素很多。因此，监理机构应对

施工进度实施全过程的跟踪监督、检查。

（1）施工进度监督、检查的日常监理工作。现场监理人员每天应对承包人的施工活动安排，人员、材料、施工设备等进行监督、检查，促使承包人按照批准的施工方案、作业安排组织施工，检查实际完成进度情况，并填写施工进度现场记录。对比分析实际进度与计划进度的偏差，分析工作效率现状及其潜力，预测后期施工进展。特别是对关键路线，应重点做好进度的监督、检查、分析和预控。要求承包人做好现场施工记录，并按周、月提交相应的进度报告，特别是对于工期延误或可能的工期延误，应分析原因，提出解决对策，督促承包人按照合同规定的总工期目标和进度计划，合理安排施工强度，加强施工资源供应管理，做到按章作业、均衡施工、文明施工，尽量避免出现突击抢工、赶工局面。督促承包人建立施工进度管理体系，做好生产调度、施工进度安排与调整等各项工作，并加强质量、安全管理，切实做到"以质量促进度、以安全促进度"。通过对施工进度的跟踪检查，及早预见、发现并协调解决影响施工进度的干扰因素，尽量避免因承包人之间作业干扰、图纸供应延误、施工场地提供延误、设备供应延误等对施工进度的干扰与影响。

（2）施工进度的例会监督检查。结合现场监理例会（如周例会、月例会），要求承包人对上次例会以来的施工进度计划完成情况进行汇报，对进度延误说明原因。依据承包人的汇报和监理机构掌握的现场情况，对存在的问题进行分析，并要求承包人提出合理、可行的赶工措施方案，经监理机构同意后落实到后续阶段的进度计划中。

2. 项目关键路线管理及进度控制技术措施

在进度计划实施过程中，控制关键路线的进度是保证工程按期完成的关键。因此，监理机构应从施工方案、作业程序、资源投入、外部条件、工作效率等全方位，督促承包人加强关键路线的进度控制。

（1）加强监督、检查、预控管理。对每一标段的关键路线作业，监理机构应逐日、逐周、逐月检查施工准备、施工条件和工程进度计划的实施情况，及时发现问题，研究赶工措施，抓住有利赶工时机，及时纠正进度偏差。

（2）研究、建议采用新技术。当工程工期延误较严重时，采用新技术、新工艺，是加快施工进度的有效措施。对这一问题，监理机构应抓住时机，深入开展调查研究，仔细分析问题的严重性与对策。对于承包人原因造成的延误，应督促承包人及时提出相应措施方案；对于发包人原因造成的进度延误，监理机构应协助发包人研究、比较相应的措施方案，对由于采用新技术引起的承包人的成本增加，应尽快与发包人、承包人协商解决，避免这一问题长期悬而未决，影响承包人的工作积极性，造成工程进度的进一步延误。建设工程项目进度控制的技术措施涉及对实现进度目标有利的设计技术和施工技术的选用。不同的设计理念、设计技术路线、设计方案会对工程进度产生不同的影响，在设计工作的前期，特别是在设计方案评审和选用时，应对设计技术与工程进度的关系做分析比较。在工程进度受阻时，应分析是否存在设计技术的影响因素，为实现进度目标有无设计变更的可能性。施工方案对工程进度有直接的影响，在决策其选用时，不仅应分析技术的先进性和经济合理性，还应考虑其对进度的影响。在工程进度受阻时，应分析是否存在施工技术、施工方法和施工机械的影响。用工程网络计划的方法编制进度计划必须很严谨地分析和考

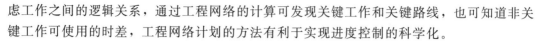

虑工作之间的逻辑关系，通过工程网络的计算可发现关键工作和关键路线，也可知道非关键工作可使用的时差，工程网络计划的方法有利于实现进度控制的科学化。

（3）逐月、逐季施工进度计划的审批及其资源核查。根据合同规定，承包人应按照监理机构要求的格式、详细程度、方式、时间，向监理机构逐月、逐季递交施工进度计划，以得到监理机构的同意。监理机构审批月、季施工进度计划的目的，是看其是否满足合同工期和总进度计划的要求。如果承包人计划完成的工程量或工程面貌满足不了合同工期和总进度计划的要求（包括防洪度汛、向后续承包人移交工作面、河床截流、下闸蓄水、工程竣工、机组试运行等），则应要求承包人采取措施，如增加计划完成工程量、加大施工强度、加强管理、改变施工工艺、增加设备等。同时，监理机构还应审批施工进度计划对施工质量和施工安全的保证程度。一般来说，监理机构在审批月、季进度计划中应注意以下几点：①应了解承包人上个计划期完成的工程量和形象面貌情况；②分析承包人所提供的施工进度计划（包括季、月）是否能满足合同工期和施工总进度计划的要求；③为完成计划所采取的措施是否得当，施工设备、人力能否满足要求，施工管理上有无问题；④核实承包人的材料供应计划与库存材料数量，分析是否满足施工进度计划的要求；⑤施工进度计划中所需的施工场地、通道是否能够保证；⑥施工图供应计划是否与进度计划协调；⑦工程设备供应计划是否与进度计划协调；⑧该承包人的施工进度计划与其他承包人的施工进度计划有无相互干扰；⑨为完成施工进度计划所采取的方案对施工质量、施工安全和环保有无影响；⑩计划内容、计划中采用的数据有无错漏之处。

3. 项目进度控制的经济措施

建设工程项目进度控制的经济措施涉及资金需求计划、资金供应的条件和经济激励措施等。为确保进度目标的实现，应编制与进度计划相适应的资源需求计划（资源进度计划），包括资金需求计划和其他资源（人力和物力资源）需求计划，以反映工程实施的各时段所需要的资源。通过资源需求的分析，可发现所编制的进度计划实现的可能性，若资源条件不具备，则应调整进度计划。资金需求计划也是工程融资的重要依据。资金供应条件包括可能的资金总供应量、资金来源（自有资金和外来资金）以及资金供应的时间。在工程预算中应考虑加快工程进度所需要的资金，其中包括为实现进度目标将要采取的经济激励措施所需要的费用。

4. 项目进度控制的组织措施

在监理机构现场设置专门的工作部门和符合进度控制岗位资格的专人负责进度控制工作。进度控制工作包含了大量的组织和协调工作，而会议是组织和协调的重要手段，应进行有关进度控制会议的制度：会议的类型；各类会议的主持人及参加单位和人员；各类会议的召开时间；各类会议文件的整理、分发和确认等。为实现进度目标，不但应进行进度控制，还应注意分析影响工程进度的风险，并在分析的基础上采取风险管理措施，以减少进度失控的风险量。常见的影响工程进度的风险有组织风险；管理风险；合同风险；资源（人力、物力和财力）风险；技术风险等。重视信息技术（包括相应的软件、局域网、互联网以及数据处理设备）在进度控制中的应用。虽然信息技术对进度控制而言只是一种管理手段，但它的应用有利于提高进度信息处理的效率，有利于提高进度信息的透明度，有利于促进进度信息的交流和项目各参与方的协同工作。

5. 协助发包人因合同对进度影响的管理

承发包模式的选择直接关系到工程实施的组织和协调。为了实现进度目标，应选择合理的合同结构，以避免过多的合同交界面而影响工程的进展。工程物资的采购模式对进度也有直接的影响，对此应做比较分析。

6. 防范重大自然灾害对工期的影响

在水利工程施工中，经常遇到超标准洪水、异常暴雨、台风等恶劣自然灾害的影响。因此，监理机构应根据当地的自然灾害情况，指示承包人提前做好防范预案，尽量做到早预测、早准备、有措施。一方面，应抓住有利时机加快施工进度；另一方面，为防范和规避自然灾害可能对工期的重大影响做好充分准备。当重大自然灾害来临，应在安全的情况下，做好事件影响过程，记录避让时间；重大自然灾害过后，应配合发包人做好影响损毁调查，开展必要的评估，报告提交发包人；重大自然灾害过后恢复建设，应重新修订阶段计划，发包人调整合同目标计划或总进度计划后，应督促承包人及时修订进度计划，根据初审情况组织专题会议审查调整计划，重新审查的进度计划是合同工期的部分。

3.2.4.5　合同工程进度控制成效评价方法

1. 与可研究阶段比较进行评价

对于合同工程（包含大坝、输引水系统）项目建设，是否满足可研阶段总进度计划，对比的内容包括关键线路及其变化，导截流节点完成情况，关键项目施工总工期与可行性研究计划工期对比，建基面验收时间、阶段验收或蓄水时间，主体工程完工时间，工程竣工时间。

2. 实际进度与合同工期比较评价

（1）关键线路时差检查。由于大中型工程施工历时长，工程施工项目众多，影响工程进度的因素复杂，因而控制关键线路施工进度是保证工程总进度目标实现的关键。监理机构通过分析关键线路施工项目和重要事件的进展，通过计算机软件检查关键线路时差，时刻关注关键线路总时差的变化情况，发现关键线路施工项目偏差较大时，及时指令承包人采取纠偏措施，保证关键线路施工项目按计划进展。

（2）工期分析。通过阶段计划检查，关键线路时差检查，发现工期滞后，需要对影响工期的因素进行分析。通过地质条件变化分析工效、分析专门处理净时间；通过资源投入分析日强度、周强度完成情况，并得出是否需要采取增加资源、或可接受延长的时间；通过开工、工程项目投用时间进行对比，得出计划与实际完成时间的对比，完成工期分析。提交的工期分析，监理机构应进行审核，重大节点偏差或合同工期延误审核成果，应报送发包人审查。经过审核确认的工期分析成果，可以成为合同费用索赔、工期罚款处理的依据。

（3）合同工期比较。合同工期比较，主要是主体工程完工时间与合同完工时间的比较。出现较大偏差、合同工期延误的，应按照合同约定条款进行处理遗留事项、商务问题。

3.2.5　施工进度延期管理

在建设工程施工过程中，其工期的延长分为工程延误和工程延期两种。虽然它们都是使工程拖期，但由于性质不同，因而发包人与承包人所承担的责任也就不同。如果是属于工程延误，则由此造成的一切损失由承包人承担。同时，发包人还有权对承包人施行误期违约罚款。而如果是属于工程延期，则承包人不仅有权要求延长工期，而且还有权向发包人提出赔偿费用的要求以弥补由此造成的额外损失。因此，是否将施工过程中工期的延长批准为工程延期，对发包人和承包人都十分重要。

3.2.5.1　施工暂停管理

1. 暂停施工的原因

（1）发包人原因暂停施工。发包人要求暂停施工；整个工程或部分工程的设计有重大改变，近期内提不出施工图；发包人在工程款支付方面遇到严重困难，或者按合同规定由发包人承担的工程设备供应、材料供应、场地提供等遇到严重困难。

（2）承包人原因暂停施工。承包人自身原因的暂停施工；承包人未经许可即进行主体工程施工时；承包人未按照批准的施工组织设计或工法施工，并且可能会出现工程质量问题或造成安全事故隐患时；承包人拒绝服从监理机构的管理，不执行监理机构的指示，从而将对工程质量、进度和投资控制产生严重影响时。

（3）现场其他事件原因暂停施工。工程继续施工将会对第三者或社会公共利益造成损害时；为了保证工程质量、安全所必要时；发生了必须暂时停止施工的紧急事件，如出现恶性现场施工条件、事故等（如隧洞塌方、地基沉陷等）；施工现场气候条件的限制，如严寒季节要停止浇筑混凝土，连绵多雨时不宜修筑土坝黏土心墙。这里说的施工现场气候条件的限制不同于恶劣的气候条件，它属于承包人的施工承包风险，发生的额外费用由承包人自己承担；不可抗力发生，如：出现特殊风险，如战争、内战、放射性污染、动乱等；特大自然灾害，如强烈地震、毁灭性水灾等；严重流行性传染病蔓延，威胁现场工人的生命安全。

2. 暂停施工的责任

（1）承包人的责任。发生下列暂停施工事件，属于承包人的责任：由于承包人违约引起的暂停施工；由于现场非异常恶劣气候条件引起的正常停工；为工程的合理施工和保证安全所必需的暂停施工；未得到监理机构许可的承包人擅自停工；其他由于承包人原因引起的暂停施工。上述事件引起的暂停施工，承包人不能提出增加费用和延长工期的要求。

（2）发包人的责任。发生下列暂停施工事件，属于发包人的责任：由于发包人违约引起的暂停施工；由于不可抗力的自然或社会因素引起的暂停施工；其他由于发包人原因引起的暂停施工。上述事件引起的暂停施工造成的工期延误，承包人有权提出工期索赔要求。

3. 暂停施工的处理程序

（1）暂停施工指示。监理机构认为有必要并征得发包人同意后（紧急事件可在签发指示后及时通知发包人），可向承包人发布暂停工程或部分工程施工的指示，承包人应按指示的要求立即暂停施工。不论由于何种原因引起的暂停施工，承包人应在暂停施工期间负责妥善保护工程和提供安全保障。由于发包人的责任发生暂停施工的情况时，若监理机构未及时下达暂停施工指示，承包人可向其提出暂停施工的书面请求，监理机构应在接到请

求后的 48h 内予以答复，若不按期答复，可视为承包人的请求已获同意。

（2）复工通知。工程暂停施工后，监理机构应与发包人和承包人协商采取有效措施积极消除停工因素的影响。当工程具备复工条件时，监理机构应立即向承包人发出复工通知，承包人收到复工通知后，应在监理机构指定的期限内复工。若承包人无故拖延和拒绝复工，由此增加的费用和工期延误责任由承包人承担。

（3）特殊情况处理。若监理机构在下达暂停施工指示后 56 天内仍未给予承包人复工通知，除了该项停工属于承包人责任的情况外，承包人可向监理机构提交书面通知，要求监理机构在收到书面通知后 28 天内准许已暂停施工的工程或其中一部分工程继续施工。若监理机构逾期不予批准，则承包人有权作出以下选择：当暂时停工仅影响合同部分工程时，按合同有关变更条款规定将此项停工工程视作可取消的工程，并通知监理机构；当暂时停工影响整个工程时，可视为发包人违约，应按合同有关发包人违约的规定办理。若发生由承包人责任引起的暂停施工时，承包人在收到监理机构暂停施工指示后 56 天内不积极采取措施复工而造成工期延误，则应视为承包人违约，可按合同有关承包人违约的规定办理。

3.2.5.2 施工进度延误

1. 施工进度延误简述

施工进度延误，即施工实际进度落后于施工进度计划。施工进度延误主要有两种情况：一种是由于施工过程中的某个或某些干扰事件的影响对个别施工活动造成影响，使得实际进度较计划进度落后，但不影响合同工期和进度里程碑目标；另一种是由于这些事件的影响，导致合同完工时间和进度里程碑延期。

2. 施工进度延误的分类

造成施工进度延误的原因是各式各样的，有时甚至是十分复杂的，如工程量改变、设计改变、新增工程项目、监理机构指示干扰或延误、发包人的干扰、承包人管理不善、不利的自然因素或其他意外事件等。但是，不管哪种施工进度延误，对工程施工实施在时间上、费用上都可能造成影响。因此，根据影响事件的不同对施工进度延误进行分类，区分哪些施工进度延误应由发包人承担，哪些施工进度延误应由承包人承担，以及区别界定延误补偿范围，对施工进度延误事件处理具有重要意义。在工程承包实践中，一般将施工进度延误产生的拖延工期分为可原谅的和不可原谅的两大类。对可原谅的拖延工期，根据是否应补偿承包人因延误事件引起的派生费用，进一步将可原谅的拖延工期分成两种：可原谅并应补偿的拖期，以及可原谅但不应补偿的拖期，现分别简述如下。

（1）可原谅的拖期。凡不是由于承包人一方的原因而引起的工程拖期，都属于可原谅的拖期。因此，发包人及监理机构应该给承包人延长施工时间，即满足其工期索赔的要求。

（2）可原谅并应给予补偿的拖期。这种拖期的原因，纯属发包人造成。如发包人没有按时提供进场道路、场地、测量控制网点，或应由发包人提供的设备和材料到货拖延等。在这些情况下，发包人不仅应满足承包人的工期索赔要求，并应支付承包人合理的经济索赔要求。

（3）可原谅但不给予补偿的拖期。这种拖期的原因，责任不在承包合同的任何一方，而纯属自然灾难，如：人力不可抗拒的天灾，流行性传染病等。一般规定，对这种拖期，发包人只给承包人延长工期，一般不予经济赔偿。但在一些合同中，将这类拖期原因命名为"特别风险"，并规定这种风险造成的损失，其费用由发包人和承包人双方分别承担。

（4）不可原谅的拖期。这是指完全由于承包人的原因而引起的工期延误，如：施工组织协调不好，人力不足，设备晚进场（指规定由承包人提供的设备），劳动生产率低，工程质量不符合施工规程的要求而造成返工等。出现不可原谅的拖期时，承包人非但没有工期索赔和经济索赔的权利，反而要向发包人赔偿"违约罚款"（有时称拖期罚款，即因竣工日期拖后的罚款）。有时，当发包人发现不可原谅的拖期时，可向承包人下达加快施工的命令，或决定终止合同。这时，加快施工或终止合同所造成的一切经济损失，均应由承包人负担。

3. 工期延误计算的重要性

工期延长对合同双方都会造成损失。发包人因工程不能及时交付使用，不能按计划实现投资目的，失去盈利机会。承包人因工期延长增加要支付现场工人工资、机械停置费用、工地管理费、其他附加费用支出，最终还可能支付合同规定的工期延长罚款。所以承包人进行工期索赔目的通常有两个：一是免去或推卸自己对已经产生的工期延长的合同责任，使自己不支付或尽可能少支付工期延长的罚款；二是进行因工期延长而造成的费用损失的索赔，或称为派生费用。这个索赔值通常比较大。对已经产生的工期延长，发包人通常采用两种解决办法：第一种方法是不采取加速措施，将合同工期顺延，工程施工仍按原定方案和计划实施。第二种方法是指示承包人采取加速施工措施，以全部或部分弥补已经损失的工期。如果工期延缓责任不由承包人造成，发包人已认可承包人的工期索赔，则承包人还可以提出因采取加速措施而增加的费用的索赔。

4. 工期延误计算的方法

工期延误计算的依据主要有：合同规定的完工时间；承包人呈报的经监理机构同意的施工进度计划；合同双方共同认可的对工期的修改文件，如认可信、会谈纪要、来往信件等；受干扰后实际工程进度记录，如施工日记、进度报告等；施工现场情况。干扰事件对工程工期影响的大小，直接影响着承包人在工期索赔中所能得到的利益补偿大小。无论发包人同意工期顺延还是采取加速施工措施来弥补已经损失的工期，都是以干扰事件对工程工期影响的大小为基础确定的。在此基础上，应区分承包人、发包人各承担的比例。在实际工作中，计算工期延长的方法有平衡点法、比例法、网络计划分析法等。网络计划分析法概念清晰，计算准确，应尽量采用。故下面只介绍网络计划分析法。

网络计划分析法的基本思路：在执行原网络计划的施工过程中，当发生了一个或一些干扰事件，使网络中的某个或某些工作受到干扰而延误和持续时间。将这些工作受干扰后的持续时间代入网络中，重新进行网络分析，得到一个新计划工期。新计划工期与原计划工期之差即为总工期的影响，即工期索赔值。通常如果受干扰的工作在关键路线上，则该工作的持续时间的延长值即为总工期的延长值。如果该工作在非关键路线上，其作业时间的延长对工程工期的影响决定于这一延长超过其总时差的幅度。应用网络计划分析法计算工期延长是一种科学的、合理的分析方法。在明确了干扰事件对各项工作作业时间的影响后，网络计划分析方法适用于各种干扰事件的索赔计算。

5. 施工进度延期的申请与审批

（1）申报工程延期的条件。由于以下原因导致工程拖期，承包人有权提出延长工期的申请，监理工程师应按合同规定，批准工程延期时间：监理工程师发出工程变更指令而导致工程量增加；合同所涉及的任何可能造成工程延期的原因，如延期交图、工程暂停、对合格工程的剥离检查及不利的外界条件等；异常恶劣的气候条件；由发包人造成的任何延误、干扰或障碍，如未及时提供施工场地、未及时付款等；除承包人自身以外的其他任何原因。

（2）工程延期的审批程序。当工程延期事件发生后，承包人应在合同规定的有效期内以书面形式通知监理工程师（即工程延期意向通知），以便于监理工程师尽早了解所发生的事件，及时作出减少延期损失的决定。随后，承包人应在合同规定的有效期内（或监理工程师可能同意的合理期限内）向监理工程师提交详细的申述报告（延期理由及依据）。监理工程师收到该报告后应及时进行调查核实，准确地确定出工程延期时间，并报告项目发包人。当延期事件具有持续性，承包人在合同规定的有效期内不能提交最终详细的申述报告时，应先向监理工程师提交阶段性的详情报告。监理工程师应在调查核实阶段性报告的基础上，尽快做出延长工期的临时决定，并报送发包人。临时决定的延期时间不宜太长，一般不超过最终批准的延期时间。待延期事件结束后，承包人应在合同规定的期限内向监理工程师提交最终报告。监理工程师应详细复查最终报告的全部内容，然后确定该延期事件所需要的延期时间，并报告发包人。如果遇到比较复杂的延期事件，监理工程师可以成立专门小组进行处理。对于一时难以做出结论的延期事件，即使不属于持续性的事件，也可以采用先做出临时延期的决定，然后再做出最后决定的办法。这样既可以保证有充足的时间处理延期事件，又可以避免由于处理不及时而造成的损失。监理工程师在做出临时工程延期批准或最终工程延期批准之前，均应与发包人和承包人进行协商。

（3）工程延期的审批原则。监理工程师在审批工程延期时应遵循下列原则：①监理工程师批准的工程延期必须符合合同条件。也就是说，确定导致工期拖延的原因确实属于承包人自身以外的，否则不能批准为工程延期。这是监理工程师审批工程延期的一条根本原则。②延期事件的工程部位，无论其是否处在施工进度计划的关键线路上，只有当所延长的时间超过其相应的总时差而影响到工期时，才能批准工程延期。如果延期事件发生在非关键线路上，且延长的时间并未超过总时差时，即使符合批准为工程延期的合同条件，也不能批准工程延期。应当说明，建设工程施工进度计划中的关键线路并非固定不变，它会随着工程的进展和情况的变化而转移。监理工程师应以承包人提交的、经监理机构审核后的施工进度计划（不断调整后）为依据来决定是否批准工程延期。③批准的工程延期必须符合实际情况。为此，承包人应对延期事件发生后的各类有关细节进行详细记载，并及时向监理工程师提交详细报告。与此同时，监理工程师也应对施工现场进行详细考察和分析，并做好有关记录，以便为合理确定工程延期时间提供可靠依据。

6. 施工进度延期的控制

发生工程延期事件，不仅影响工程的进展，而且会给发包人带来损失。因此，监理工程师应做好以下工作，以减少或避免工程延期事件的发生。

（1）选择合适的时机下达工程开工通知。监理工程师在下达工程开工通知之前，应充分考虑发包人的前期准备工作是否充分。特别是征地、拆迁问题是否已解决，设计图纸能否及时提供，以及付款方面有无问题等，以避免由于上述问题缺乏准备而造成工程延期。

（2）提醒发包人履行施工承包合同中所规定的职责。在施工过程中，监理工程师应经常提醒发包人履行自己的职责，提前做好施工场地及设计图纸的提供工作，并能及时支付工程进度款，以减少或避免由此而造成的工程延期。

（3）妥善处理工程延期事件。当延期事件发生以后，监理工程师应根据合同规定进行妥善处理。既要尽量减少工程延期时间及其损失，又要在详细调查研究的基础上合理批准工程延期时间。此外，发包人在施工过程中应尽量减少干预、多协调，以避免由于发包人的干扰和阻碍而导致延期事件的发生。

3.2.5.3 施工进度延期合同管理

1. 合同事实认定与协调

在施工进度检查、监督中，监理机构如果发现实际进度较计划进度拖延，一方面应分析这种偏差对工程后续进度及工程工期的影响，另一方面应分析造成进度拖延的原因。若工期拖延属于发包人责任或风险，则应在保留承包人工期索赔权利的情况下，经发包人同意，做出正确的处理：批准工程延期或发出加速施工指令，同时商定由此给承包人造成的费用补偿。若工期拖延属于承包人自己的责任或是由于风险造成的进度拖延，则监理机构可视拖延程度及其影响，发出相应的保障工期指令，要求承包人提高施工效率，必要时应调整其施工进度计划，直到监理机构满意为止。一般来说，在进度拖延责任属于承包人的情况下，如果承包人在合同规定的时间内，施工进度仍未有明显改观，则可以认为承包人违约，由此引起的工期延误和费用损失由承包人承担。需要强调的是，当进度拖延时，监理机构切记不能不区分责任，一味指责承包人施工进度太慢，要求加快进度。这样处理问题极易中伤承包人的积极性和合作精神，对工程进展是无益处的。事实上，若进度拖延是属于发包人责任或发包人风险造成的，即使监理机构没有主动明确这一点，承包人仍有权通过索赔得到利益补偿。

2. 合同专项管理

如果由于承包人自身的原因造成工期拖延，而承包人又未按照监理工程师的指令改变延期状态时，合同约定通常可以采用下列手段进行处理。

（1）拒绝签署付款凭证。当承包人的施工活动不能使监理工程师满意时，监理工程师有权拒绝承包人的支付申请。因此，当承包人的施工进度拖后且又不采取积极措施时，监理工程师可以采取拒绝签署付款凭证的手段来制约承包人。

（2）误期损失赔偿。拒绝签署付款凭证一般是监理工程师在施工过程中制约承包人延误工期的手段，而误期损失赔偿则是当承包人未能按合同规定的工期完成合同范围内的工作时对其的处罚。如果承包人未能按合同规定的工期和条件完成整个工程，则应向发包人支付投标书附件中规定的金额，作为该项违约的损失赔偿费。

（3）取消承包资格。如果承包人严重违反合同，又不采取补救措施，监理机构可对事实详细分析并提出建议，发包人为了保证合同工期有权取消承包人的承包资格。

第3章　项目施工资金控制

　　水利工程建设，涉及勘察规划、设计科研、征地移民、工程采购、枢纽建筑物和水库淹没处理工程及阶段。《水利工程建设程序管理暂行规定》（水建〔1998〕16号）、《水利基本建设投资计划管理暂行办法》（水规计〔2003〕344号）、《水利工程建设项目管理规定》2017年修正、《基本建设财务规则》（财政部令第81号）对水利工程基本建设投资决策、设计、发包、施工、竣工，以及筹资方式、资金价值、资金运用等进行专门规定。水利基本建设资金是指纳入国家基本建设投资计划，用于计划基本建设项目的资金，通过动态的、全过程的主动控制，合理地使用人力、物力、财力，取得较好的投资效益和社会效益。受发包人委托，水利工程项目施工监理机构承担工程施工合同管理和现场施工管理，其对工程项目施工资金控制的主要工作是工程施工合同费用管理、资金控制。

3.3.1　建设项目资金控制概述

3.3.1.1　建设工程投资

　　建设工程是国民经济发展的重要基础，由于建筑产品的特点（固定性、单件性等）和产品生产的技术经济特点（整体性、流动性等），导致建设工程项目投资具有以下特点：①建设工程投资数额巨大；②建设工程投资差异明显：包括各工程的用途、规模、设备等实物形态差异和工程所处的地区、时间以及施工组织设计等生产形态差异；③建设工程投资需单独计算：由于各个工程的用途、标准、当地条件、施工组织设计等差异，造成工程项目的不同，导致建设投资的单件性（依次涉及投资估算、概算、预算，经历合同价、结算价，直到最后确定竣工决算）；④建设工程投资确定依据复杂；⑤建设工程投资确定层次繁多。由于工程项目及其投资的单件性特点，确定建设投资时，首先需要通过层层分解，寻找到其中最基本的构成要素。然后依次计算分部工程、单位工程、单项工程等的投资。最后通过逐级汇总，形成建设工程项目投资；⑥建设工程投资需动态跟踪调整。由于工程的建设周期较长、不确定性因素较多，容易引发投资的波动。因此，在整个建设期间内，需要对建设投资（预算价、合同价）进行动态跟踪、调整，直至形成竣工决算。

　　工程造价是进行某项工程建设预计或实际发生的全部固定资产投资费用。它有两种含义：第一种含义是指建设项目的成本，与建设项目中的固定资产投资等量，但不同义。建设项目投资有明确的主体性和目标性，而工程造价表示建设项目所消耗资金的数量标准。第二种含义是指建设项目中承发包工程的承发包价格，即发包方与承包方签订的合同价。两种含义基本相同，只是后者多了"交易价格"的韵味。

　　1.世界银行和国际咨询工程师联合会（FIDIC）建设工程投资构成

　　1978年，世界银行联合会对项目的总建设成本（相当于我国的建设工程总投资）作了统一规定，其详细内容见表3.3.1。

表 3.3.1　　　　　　　　　　　　世界银行工程建设投资构成表

项目直接 建设成本		土地征购费
		场外设施费用，如道路、码头、桥梁、机场、输电线路等设施费用
		场地费用，指用于场地准备、厂区道路、铁路、围栏、场内设施等的建设费用
		工艺设备费，指主要设备、辅助设备及零配件的购置费用，包括海运包装费用、交货港离岸价，但不包括税金
		设备安装费，指设备供应商的技术服务费，本国劳务及工资费用，辅助材料、施工设备、消耗品和工具等费用，以及安装承包人的管理费和利润等
		管理系统费用，指与系统的材料及劳务相关的全部费用
		电气设备费、指主要设备、辅助设备及零配件的购置费用，包括海运包装费、交货离岸价，但不包括税金
		电气安装费，指设备供应商的监理费用，本国劳力与工资费用，辅助材料、电缆、管道和工具费用，以及营造承包人的管理费和利润
		仪器仪表费，指所有自动仪表、控制板、配线和辅助材料的费用以及供应商的监理费用、外国或本国劳务及工资费用、承包人的管理费和利润
		机械的绝缘和油漆费，指与机械及管道的绝缘和油漆相关的费用
		工艺建筑费，指原材料、劳务费以及与基础、建筑结构、屋顶、内外装修、公共设施有关的全部费用
		服务性建筑费，指原材料、劳务费以及基础、建筑结构、屋顶、内外装修、公共设施有关的全部费用
		工厂普通公共设施费，包括材料和劳务费以及与供水、燃料供应、通风、蒸汽、下水道、污物处理等公共设施有关的费用
		其他当地费用，指那些不能归类于以上任何一个项目，不能计入项目间接成本，但在建设期间又是必不可少的当地费用。如临时设备、临时公共设施及场地的维持费，营地设施及其管理，建筑保险和债券，杂项开支等费用
项目间接 建设成本	项目管理费	总部人员的薪金和福利费，以及用于初步和详细工程设计、采购、时间和成本控制、行政和其他一般管理的费用
		施工管理现场人员的薪金、福利费和用于施工现场监督、质量保证、现场采购、时间及成本控制、行政及其他施工管理机构的费用
		零星杂项费用，如返工、差旅、生活津贴、业务支出等
		各种酬金
	开工试车费	指工厂投料试车必需的劳务和材料费用（项目直接成本包括项目完工后的试车和空运转费用）
	发包人的 行政性费用	指发包人的项目管理人员费用及支出（其中某些费用必须排除在外，并在"估算基础"中详细说明）
	生产前费用	指前期研究、勘测、建矿、采矿等费用（其中一些费用必须排除在外，并在"估算基础"中详细说明）
	运费和保险费	指海运、国内运输、许可证及佣金、海洋保险、综合保险等费用
	地方税	指地方关税、地方税及对特殊项目征收的税金

应急费	未明确项目准备金	此项准备金用于在估算时不可能明确的潜在项目，包括那些在做成本估算时因为缺乏完整、准确和详细的资料而不能完全预见和不能注明的项目，并且这些项目是必须完成的，或它们的费用是必定要发生的，在每一个组成部分中均单独以一定的百分比确定，并作为估算的一个项目单独列出。此项准备金不是为了支付工作范围以外可能增加的项目，不是用以应付天灾、非正常经济情况及罢工等情况，也不是用来补偿估算的任何误差，而是用来支付那些几乎可以确定要发生的费用。因此，它是估算不可缺少的一个组成部分
	不可预见准备金	此项准备金（在未明确项目准备金之外）用于在估算达到了一定的完整性并符合技术标准的基础上，由于物质、社会和经济的变化，导致估算增加的情况。此种情况可能发生，也可能不发生。因此，不可预见准备金只是一种储备，可能不动用
建设成本上升费用		估算中使用的构成工资率、材料和设备价格基础的截止日期就是"估算日期"。必须对该日期或已知成本基础进行调整，以补偿直至工程结束时的未知价格增长

2. 水利水电工程建筑安装费用构成

根据《中华人民共和国水利部水利工程设计概（估）算编制规定》，水利水电工程费用由工程费、独立费用、预备费及建设期融资利息组成，见表3.3.2。

表 3.3.2 建设项目费用构成表

建设项目费用	工程费	建筑工程……
		安装工程……
		设备费（设备原价、运杂费、运输保险费、采保费）
	独立费用	建设管理费（项目建设管理费、工程监理费、联合试运转费）
		生产准备费（生产及管理单位提前进厂费、工器具及生产家具购置费、生产职工培训费、管理用具购置费及备品备件购置费）
		科研勘测设计费（工程勘察设计费、科学研究试验费）
		建设及施工场地征用费
		其他（定额管理费、质量监督费、保险费及其他税费）
	预备费	基本预备费
		价差预备费
	建设期融资利息	按公式（假定年中发生）计算

3. 投资控制的重点

投资控制应是全过程的控制、动态的控制，更应是有重点的控制，决策阶段虽然时间较短，但投资的影响程度却很大，在95%～100%；初步设计阶段对项目投资的影响程度达到75%～95%；技术设计阶段对项目投资的影响程度达到35%～75%；施工图设计准备阶段对项目投资的影响程度达到25%～30%；施工图设计阶段对项目投资的影响程度达到10%～25%；余下的施工发包阶段和施工阶段对项目投资的影响程度仅在10%以内。

3.3.1.2 建设项目资金控制与合同管理的其他工作

通过工程招标发包所签约的工程施工合同费用，是水利工程建设资金的重要构成。在工程施工阶段，工程监理受发包人委托所承担的通常是工程施工合同的资金控制。

1. 施工阶段是水利工程资金使用管理的重要阶段

因为施工阶段是资本转化的实质性阶段，大量的资金需要实际筹措并投入使用。监理工程师必须依照合同和国家的法律、法规和方针、政策，做好施工阶段资金管理工作。

2. 费用管理

工程项目建设过程中的工程项目招标、工程项目发包与合同商务谈判、工程项目开工条件审查，以及工程项目实施过程中的工程计量管理、工程费用支付管理、工程变更管理、支付价格管理、合同工期管理和合同索赔管理等都是资金控制、费用管理的重要内容。资金控制、费用管理是影响工程项目投资的重要因素，在施工过程中，监理工程师除了根据合同规定审核签署工程进度付款证书、预付款支付证书、完工付款证书和最终付款证书外，还要处理可能由于施工现场条件变化、市场条件变化、法规变更、恶劣气候影响、意外风险、合同变更、施工索赔等引起的额外费用支出。资金控制、费用管理是以工程施工合同文件为依据，涉及工程技术、工程经济、民事法律的，通过对合同费用控制和工程项目建设风险管理，以实现水利工程项目投资效益或工程承建效益最大化的基础工作。在做好项目投资或工程承建风险管理的同时，发包人或承包人的合同商务管理都是围绕着合同费用支付以及各方应承担的义务、责任和合同风险进行的。监理机构有时是协商裁判人的角色。

3. 合同支付资金管理

工程合同支付资金是在合同履行和合同工程项目实施过程中，发包人按照工程施工合同文件规定的程序、方法和标准支付给工程承建方的资金。合同支付资金由支付工程量和支付价格所决定。

3.3.1.3 建设项目资金控制规范职责

1. 建设阶段工作责任

（1）施工招标阶段：准备与发送招标文件，协助评审投标书，提出决标意见，协助发包人与承包人签订施工承包合同。

（2）施工阶段：按施工合同约定的工程量计算规则和支付条款，进行工程量的计算，签署工程付款凭证；建立月完成工程量和工作量统计表，对计划投资和实际投资进行对比分析，并制订投资控制目标调整措施；收集整理施工过程中的有关监理资料，掌握处理费用索赔的第一手资料。

（3）竣工验收阶段：审核承包人提出的完工工程量计算书、竣工验收申请单、竣工付款申请单和最终结清证书。

相关监理规范规定的工程施工监理资金控制职责主要在工程施工及竣工验收阶段。

2. 《水利工程施工监理规范》（SL 288—2014）规定的工作责任

第 3.3.4 条明确总监理工程师职责 "7 签发各类付款证书。8 签发变更、索赔和违约有关文件"；第 3.3.5 条明确监理工程师职责 "11 复核已完成工程量报表。12 核查付款申请单。13 提出变更、索赔及质量和安全事故处理方面的初步意见"。第 3.3.7 条明确监理员职责 "7 核实工程计量结果，检查和统计计日工情况"。第 3.2.2 条明确监理机构职责 "10 审核工程计量，签发各类付款证书。13 处理变更、索赔和违约等合同事宜"。第

6.4.1条明确"监理机构应审核承包人提交的资金流计划,并协助发包人编制合同工程付款计划"。第6.4.2条明确监理机构"应建立合同工程付款台账,对付款情况进行记录。根据工程实际进展情况,对合同工程付款情况进行分析,必要时提出合同工程付款计划调整建议"。第6.4.10条明确监理机构"应按合同约定审核质量保证金退还申请表,签发质量保证金退还证书";第6.4.12条明确价格调整监理的相关工作。第6.4.13条明确"工程付款涉及政府投资资金的,应按照国库集中支付等相关规定和合同约定办理"等相关内容。

3.3.2　资金控制管理

3.3.2.1　资金控制、费用管理的基本工作

监理机构对监理项目资金控制、费用管理是发包人工程投资控制中一项最重要的工作。与此同时,工程监理机构拥有的合同费用支付签证权限,也是监理机构进行施工安全、施工质量、工程进度目标控制的重要手段。监理机构依据工程施工合同与工程监理服务合同约定,对施工合同费用、工程造价进行有效控制。合同费用控制的监理工作一般包括以下5点:

(1)协助发包人编制资金控制目标和分年度付款计划,编制监理项目以及各合同项目的资金控制目标,各年度、季度和月份的合理付款计划,审查承包人提交的资金流计划。

(2)对工程计量进行审核,实现对工程量总量的控制和阶段性的控制;审核承包人上报的申请结算工程量及工程费用等,并签发支付凭证。

(3)审核工程实施过程中新增合同项目单价和合价,在合理的范围内参考类似项目的单价或合价,或参照施工合同文件中相关报价编制原则,提出新增合同项目单价和合价审核意见,并提供必要的依据。

(4)协助发包人与承包人就合适的单价或合价达成协议。

(5)对施工合同费用支付与已完工程量、工程形象进行综合分析,编制每月、季、年施工合同的工程量和投资统计报表报发包人。按工程进展情况和资金到位的可能情况,进行经常性的工程费用分析,必要时提出付款计划调整、修改和采取相应处理措施的意见报送发包人。

3.3.2.2　项目施工资金控制目标管理

设计预算或工程施工合同价应是监理资金控制、费用管理的目标。资金控制是动态的,并且要贯穿于项目的整个过程,包括资金控制主要环节:确定资金控制、费用管理目标;进行实际值与计划值的比较;发现并纠正偏差等。监理机构每月围绕目标开展的经常性的工作应包括:核查承包人投入的人力、物力、财力;统计各种各样的干扰,如恶劣天气、设计出图不及时等;比较投资目标的计划值与实际值,对项目进展情况进行评估;检查实际值与计划值,如果没有偏差,则项目继续进展,继续投入人力、物力和财力等。检查实际值与计划值,如果有偏差,则需要分析产生偏差的原因,采取控制措施。

3.3.3　资金控制、费用管理工作

在资金控制、费用管理过程中，监理机构、监理人员必须督促承包人提交资金计划，在此基础上通过各种手段分析、确认的资金使用计划，经发包人审查同意后，批复承包人的现金流。

3.3.3.1　项目费用目标的分解

费用管理目标的分解一般有三种方式，即按子项目划分的费用使用计划、按时间进度划分的费用使用计划和按费用构成划分的费用使用计划。

1. 按子项目划分的费用使用计划

大中型建设项目通常是由若干个单项工程构成的，而每个单项工程又包含了若干个单位工程，每个单位工程又都是由若干个分部、单元工程组成的，因此首先要把项目总费用分解到单项工程和单位工程。详细的费用使用计划表应包括以下项目：工程分项编码；工程内容；计量单位；工程数据；计划综合单价；本分项总价。

2. 按时间进度划分的费用使用计划

在项目划分表的基础上，结合承包人的投标报价、项目发包人支出项目的预算、施工进度计划等，将总费用目标按使用时间进行分解，确定分目标值，按进度计划的网络图来编制费用使用计划，并据此筹措费用，尽可能减少费用占用。在通常情况下，施工进度计划中的项目划分和投标书中工程量清单中的项目划分在某些项目的细度方面可能不一致，为便于费用使用计划的编制和使用，监理工程师在要求承包人提交进度计划时应预先给以约定，使进度计划中的项目划分和费用使用计划中的项目划分相互协调。编制费用使用计划时，应在项目考虑总预备费，也应在主要的单位工程中安排适当的不可预见费。如果在编制费用使用计划时，发现个别单位工程或工程量表中某项内容的工程量计算出入较大，根据招标时的工程量估算所作的投资预算偏差太大，应进行相应的调整。除对个别项目的预算支出作相应调整外，还应特别注明是"预计超出子项"，在项目的实施过程中尽可能地采取对策措施。

3. 按费用构成划分的费用使用计划

工程费用可以分为建筑工程费用、安装工程费用、设备费用等。纵向采用一种划分方法，横向则采用另一种划分方法。比如，可以将按子项目构成划分的费用使用计划和按投资构成划分的费用使用计划结合起来，横向可以按子项目分解，纵向可以按投资构成分解。这样就可以检查各单项工程和单位工程投资构成是否完整，有无重复计算或缺项，还有助于检查各项具体的投资支出的对象是否明确和落实，并且可以从数字上校核分解的结果有无错误。

3.3.3.2　费用管理清单编码

要编制费用使用计划，首先要进行项目分解。为了在施工过程中便于进行项目的计划费用和实际费用比较，故要求费用使用计划中的项目划分与招标文件中的项目划分一致，然后再分项列出由发包人直接支出的项目，构成费用使用计划项目划分表。就一个建设项目来说，工作项目的数量巨大。为了便于计划的使用和调整，要事先统一确定项目费用的

编码，用编制计算机软件进行管理。

1. 清单费用编码

（1）编码的唯一性。费用目标分解结构是一个树形层次结构，其中的每一个节点应当标识一个唯一的分项目。

（2）编码的同类性。结构编码确定了项目在结构中的唯一性，而作为项目工作分解结构中的分项目，其编码又要体现分项目的同类特征。

（3）便于查询、检索和汇总。各级编码要能够满足各类费用管理人员对于费用有关的各种信息的资料的查询、检索和汇总要求。同时也便于计算机存储和操作，发挥计算机在管理中的重大作用。

（4）反映特定项目的特点和需要。每一个工程建设项目，在功能、规模、项目构成和费用构成等方面存在着较大的区别。所以，项目的费用编码体系也要反映项目的特点和需要。

（5）与费用目标分解的原则和体系相一致。编码体系应该与费用目标分解相一致，也就是在范围上要包括所有的资金，在深度上要达到项目分解的最底层。

（6）确定项目工作分解结构中的同类项目并依次顺序编码；确定同类项目中那些应该有相同的项目编码，然后分层次对所有分项目进行编码；为了确定分项目在项目工作分解结构中的位置，每个分项目的编码采用"父项项目编码＋子项项目编码"的形式；为了描述项目的同类编码的特征，在分项目编码上加上同类项目码，即项目的编码为"项目码＋同类项目码"的形式。

（7）编码方法。即为在"3.1.2.4 工程项目划分"中的图 3.1.2 或表 3.1.2 对应的项目划分编码＋最后三位数为工程量清单项目名称顺序码。推荐方法：建筑工程项目工程量清单项目自 001 起顺序编制；安装工程项目工程量清单项目自 000 起顺序编制。例如某水利项目一般土方开挖项目 A 区开挖为 JPA0101001001；水泵设备安装为 JPS0103009000。

2. 费用管理信息系统计量功能

系统内工程项目录入需划分至单元工程，根据施工详图录入单元工程量。单位工程、分部工程由发包人与监理机构编制确定，分项工程和单元工程由承包人依据施工详图编制工程量计算书进行划分，发包人、监理机构审核确认。工程管理信息系统正常结算只允许结算施工详图工程量，对超出蓝图的工程量，需完善变更处理程序后方可结算。变更管控维度根据工程实际情况进行划分，可不局限于单个单元工程，如边坡以一个马道，洞室工程以 1km 洞长为单位进行变更处理。混凝土结构可结合施工部位，按照一定体积、长度分部位进行变更处理；金属结构、机电设备尽量以单体进行变更处理。混凝土工程结算可进行分步管控。混凝土工程通过 7 天强度测试，工序验评完成三检、开仓证等资料齐全，即可纳入结算环节，控制结算量为总量的 80%，待单元工程整体通过验收后再进行 20% 尾款结算；灌浆工程量以生产性试验量得出的耗灰量作为参照，以单元工程为单位进行总耗灰量控制。

3. 管理方式

各单位主要负责人是系统数据质量的第一责任人，要确保系统数据完整、规范、准确，特别是分公司管理权限的变更要及时录入，体现过程管理，不得在完工结算时打捆录入，全面提升数据质量。涉及费用管理信息系统功能的工程项目划分、变更控制维度、特殊工序结算分级管控等问题，应定期组织会议进行讨论，涉及重大事项，反馈至系统编译单位处理。关于费用控制预警，可以设定数据基准，对结算情况进行分级提醒和预警，过程中应根据情况及时调整管控策略。

3.3.3.3　项目施工监理资金控制、费用管理的措施

施工阶段需要投入大量的人力、物力、财力等，是工程项目建设费用消耗最多的时期，浪费资金的可能性比较大。监理机构应督促承包人精心地组织施工，挖掘各方面潜力，节约资源消耗；要有效地从组织、技术、经济、合同与信息管理方面采取措施。

1. 一般措施

（1）组织措施。明确项目组织结构，明确管理者的任务和职能分工。

（2）技术措施。设计变更进行技术经济比较，严格控制设计变更；继续寻找通过设计挖潜节约资金的可能性；审核承包人编制的施工组织设计，对主要施工方案进行技术经济分析。

（3）经济措施。编制资金使用计划，确定、分解资金控制、费用管理目标。对工程项目资金控制、费用管理目标进行风险分析，并制定防范性对策。进行工程计量。复核工程付款账单，签发付款证书。在施工过程中进行费用跟踪控制，定期进行费用实际支出值与计划目标值的比较；发现偏差，分析产生偏差的原因，采取纠偏措施。协商确定工程变更的价款。审核竣工结算。对工程施工过程中的费用支出做好分析与预测，经常或定期向建设单位提交项目资金控制、费用管理及其存在问题的报告。

2. 管理手段

落实资金控制、费用管理的人员、分工，编制详细的工作计划、工作流程图等。编制资金使用计划，确定、分解资金控制、费用管理目标、制订防范性对策；进行工程计量；审核、签发付款凭证；进行费用跟踪控制、发现并纠正投资偏差；协商确定工程变更价款，审核竣工结算；做好分析、预测等。进行技术经济比较、严格控制设计变更；通过设计挖潜，节约投资；审核承包人编制的施工组织设计、进行主要施工方案的技术经济分析等。做好工程施工记录，保存各种文件图纸，特别是注有实际施工变更情况的图纸，注意积累素材，为正确处理可能发生的索赔提供依据。参与合同问题协商、处理索赔事宜。见证补充协议过程，综合判定它对资金控制、费用管理的影响。

3.3.4　监理计量管理

3.3.4.1　工程量计量审查依据及原则

1. 审查依据

（1）工程施工承建合同及其他有效的合同组成文件。

（2）经监理机构签发的工程施工图纸、技术要求、设计变更通知及其他有效设计文件。

（3）国家及相关部门颁发施工技术规程、规范、技术标准中关于工程量计量的规定。

（4）经发包人或监理机构确认并有文字依据的有关工程量度量与量测图件等资料。

2. 计量原则

只有按有效设计文件要求和监理机构指示进行施工并完成、施工质量检验合格、按合同文件规定应计量支付的工程（工作）量才能得到计量。除合同文件或发包人另有规定外，承包人为工程项目施工所必须进行的施工试验、施工测量、质量检验，各项施工前准备，施工作业直至项目完工、维护、验收和缺陷责任期内为修补缺陷等所必须的各项工作，以及辅助设备设施与施工材料投入等，均不另行计量支付；合同支付计量以施工图纸明示的净值计量，施工过程中因承包人未按合同技术条款、设计文件、施工技术规范或监理机构指示施工，或采取不适当的方法施工而造成的超挖、超填工程量不予计量支付。承包人为支付计量进行的所有计量及测量成果都必须报经监理机构签认。总价项目支付在工程项目施工报验合格基础上，按照"形象进展、分批分次、计量支付、总价控制"的原则进行。对于涉及或可能对施工质量、施工安全、合同工期目标实现有较大影响的重要总价项目，要求承包人比照分部和单元工程划分规定完成工程项目划分并报监理机构批准。

3.3.4.2　工程量计量签证程序

（1）工程量计量以单元工程为基础，只有单元工程质量评定合格才进入计量程序。

（2）工程量计量由监理机构归口部门审核签认，实行现场监理人员与部门负责人"双签"审核制，涉及必须使用测量仪器计量的工程量，由归口部门会同测量部门审核签认。承包人向监理机构报送中间计量签证资料后，由归口部门对单元工程质量情况进行审核签认后，再由分管负责人或测量部门对工程量进行计算审核签认，监理机构现场机构分管负责人最终复核确认后盖章签认。计划合同管理部门对计量进行监督、指导。

（3）承包人申报计量资料包括单元工程支付计量签证单、必需的检验评定资料、测量资料、工程量计算过程资料等。

3.3.4.3　计量方法与计算

1. 计量方法

所有工程项目的工程量的计量计算方法均应符合合同技术条款的规定，本节主要介绍水利工程施工合同技术条款规定的水利工程工程量的计量计算方法。

（1）重量计量的计算。凡以重量计量的材料，应使用经国家计量部门检验合格的称量器，在规定的地点进行称量。钢材的计量应按施工图纸所示的净值计量。在水利工程中使用的钢材主要包括钢结构中使用的板、管、型材以及钢筋混凝土中使用的钢筋、钢丝等。钢筋应按监理机构批准的钢筋下料表，以直径和长度计算，不计入钢筋损耗和架设定位的附加钢筋量。应按施工图纸配置的钢筋，以监理机构签认的钢筋直径和长度换算成重量进行计量；承包人为施工需要增设的架立筋和在切割和弯制加工中损耗、搭接的钢筋重量均不予计量。预应力钢绞线、预应力钢筋和预应力钢丝的工程量，按锚固长度与工作长度之和计算重量。钢板和型钢钢材按制成件的成型净尺寸和使用钢材规格的标准单位重量计算其工程量，不计其下料损耗量和施工安装等所需的附加钢材用量。施工附加量均不单独计量，而应包含在有关钢筋、钢材和与预应力钢材等各自的单价中。

（2）面积计量的计算。结构面积的计算，应按施工图纸所示结构物尺寸线或监理机构指示在现场实际量测的结构物净尺寸进行计算。

（3）体积计量的计算。结构物体积计量的计算，应按施工图纸所示轮廓线内的实际工程量或按监理机构指示在现场量测的净尺寸线进行计算。大体积混凝土中所设体积小于 $0.1m^3$ 的空洞、排水管、预埋管和凹槽等工程量不予扣除，按施工图纸和指示要求对临时孔洞进行回填的工程量不重复计量。混凝土工程量的计量，应按监理机构签认的已完工程的净尺寸计算。土石方填筑工程量的计量，应按完工验收时实测的工程量进行最终计量。

（4）长度计量的计算。所有以延长米计量的结构物，除施工图纸另有规定，应按平行于结构物位置的纵向轴线或基础方向的长度计算。

（5）计量精度。计量精度由合同技术条款约定，计量所使用的"米"或"m"，应理解为"延米"（"延长米"），所有以延米计量的结构物，除非施工图纸另有规定，应按平行于结构物位置的纵向轴线或基础方向的长度计算。

2. 土石方开挖计量

（1）土石方明挖开始施工前，承包人应会同监理机构、发包人测量中按合同要求进行原始地形联合测量，并报监理机构和发包人测量中心签认。

（2）监理机构或发包人测量中心进行地形图和土、石分界线的审核和复测，承包人应及时派出代表和测量人员按要求进行量测，并按监理机构或发包人测量中心的要求提供测量成果资料。如果承包人未按指定时间和要求派出上述代表和测量人员，则由监理机构或发包人测量中心主持完成的量测成果被视为对该部分工程合同支付工程量的正确量测。

（3）土石方边坡及地下洞室开挖质量检验中的允许超挖评价标准，不作为允许增加的支付计量依据。除合同文件另有规定外，土石方开挖的合同支付工程量，应按施工图纸或监理机构依据合同文件所作出指示实施的，并经监理机构或发包人测量中心最终确认的已完工程项目或构筑物开挖线（或坡面线），以自然方（m^3）为单位按净值进行量测和计量。

（4）地下洞室的二次扩挖，按原设计开挖线和最终扩挖线之间的自然方计量。若上述两条开挖线之间的距离小于 $0.15m$，则按 $0.15m$ 计量。

（5）地下洞室开挖支付计量按整桩号进行。设计断面变化处，或应计量的地质超挖部位，可另行加桩量测。开挖方量计算应采用棱体法，不应采用算术平均断面法。

（6）鉴于水工隧洞洞室断面大、开挖层次多、完成单元工程质量检验历时较长，水工隧洞洞室开挖中间支付计量结合施工进展按照"中间支付、总量控制"的方法进行。

（7）除因地质原因所导致的超挖情况外，监理机构仅对开挖面是否符合设计图纸规定，包括是否存在欠挖，以及是否存在轴线偏离和高程错位等进行审核；并在审核合格后按设计图纸或监理机构指示的最终开挖线内以净值计量。

（8）承包人因施工需要变更施工图纸所示或监理机构指示的开挖线，应报送监理机构批准后方可实施。由此所导致的增加的开挖工程量不另外计量支付。

3. 锚喷支护与钢支撑计量

（1）锚杆（束）：承包人按不同支付价格分类和监理规定的格式申报计量，监理机构通过对申报计量锚杆的施工依据、锚杆规格和单元工程质量检验情况复核后，逐根（束）

计量确认并签证；

（2）喷护钢筋网：承包人按不同钢筋网分类和监理规定的格式申报喷护计量，监理机构通过对申报计量喷护钢筋网的施工依据、喷护钢筋网的规格和单元工程质量检验情况复核后，按设计图及监理确认的有效挂网面积进行计量；

（3）搭接、重叠、架空和安设不合格的钢筋网不予计量；

（4）喷射混凝土：承包人按喷射混凝土厚度分类和监理规定的格式申报计量，监理机构通过对申报计量喷射混凝土的施工依据、厚度和单元工程质量检验情况复核后，按设计厚度计量签证；

（5）钢支撑：承包人按钢支撑安装类型、规格和监理规定的格式申报计量，监理机构通过对申报计量钢支撑安装的施工依据、类型、规格和单元工程质量检验情况复核后，按报经监理机构批准的施工图确定的钢材型号、规格、有效尺寸进行计量。因加工或安装不合格的钢支撑及其安装构件不予计量。

4．预应力锚索计量

预应力锚索的计量，应按施工图纸所示和监理机构指示进行的各类规格的预应力锚索分类，以监理机构验收合格的锚索安装数量（根数）计量。锚索超注灌浆（超过钻孔体积120％部分）按监理机构验收确认的灌浆自动记录仪实际记录的直接用于灌浆的干水泥重量计量。

5．钢筋混凝土结构物计量

按混凝土结构物的不同支付价格分类计量。

按施工图纸所示或按监理机构指示实施的轮廓线内的实际工程量或按监理机构指示在现场量测的净尺寸线进行计量。混凝土结构物中所设体积单个小于 $0.1m^3$ 的孔洞、排水管、预埋管和凹槽等工程量不予扣除，按要求对临时孔洞进行回填的工程量不重复计量。

钢筋的计量按施工图纸所示的钢筋的直径和长度计算重量；钢板和型钢钢材按制成件的成型净尺寸和使用钢材规格的标准单位重量计算其工程量。

6．钻孔与水泥灌浆计量

固结灌浆孔、检查孔、排水孔、观测孔，均应按图纸所示并经监理机构质量检验合格后确认的有效钻孔进尺，以每延米（m）为单位计量。水泥灌浆应采用三参数大循环灌浆自动记录仪记录。水泥灌浆计量以单孔不同区间单位消耗量计量，管占、孔占不计量。

7．金属结构计量

按照设计图示尺寸以重量计算或按照定制计件，钢筋计量至千克（kg）。

3.3.4.4 计量签证管理

1．合同支付计量的申报

土石方明挖开始前，以及开挖至不同支付单价的土、石分类层面时，承包人应及时申报进行原始地形或计量剖面测量。承包人应随同施工进展，及时申报进行合同支付计量。合同支付计量可以在单元工程质量检验合格后按单元工程及时申报进行，也可以结合计量条件在若干单元工程质量检验合格后按分部工程相对集中申报进行。承包人合同支付计量

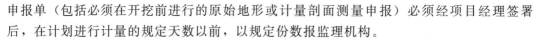

申报单（包括必须在开挖前进行的原始地形或计量剖面测量申报）必须经项目经理签署后，在计划进行计量的规定天数以前，以规定份数报监理机构。

2. 合同支付计量申报的审签

监理机构收到承包人递交的《合同支付计量申报单》后，在限期内完成审核，并在签署审核意见后退申报单位一份。审核意见包括："同意按期进行支付计量"，或"请按要求补充、调整后重新申报"，或"不符合支付计量申报条件，请暂缓申报"三种。对审签意见为"同意按期进行支付计量"的申报单，监理机构将按合同文件规定和申报要求，安排监理测量（或计量）工程师主持完成申报项目的支付计量。监理机构只对符合下述条件的工程量进合同支付计量：当月完成，或当月以前完成尚未进行支付计量的；工程施工合同规定必须进行支付计量的；有相应的开工指令、施工质量检验合格和合同支付计量申报等监理机构认证文件的。

3. 测量计量

承包人应按合同文件规定，在进行计量前，为合同支付计量的安全和顺利进行提供必需的量测设备、辅助设施。对土石方开挖工程计量，承包人还应做好桩号（或高程）标注、岩面清撬、计量面清理，以及洞室内的通风、照明等测量准备工作。

4. 承包人向监理机构递交的"支付报表"

"支付报表"工程量的填报说明必须包括下列内容：申请支付计量工程项目的单位工程名称，分部、单元工程名称及其编码；施工作业时段及设计文件文图号；申请支付计量工程项目施工中的质量事故、安全事故、停（返）工或违规警告记录，以及施工过程处理说明；监理机构签署的申请支付计量项目施工质量检验合格签证（表单号）；监理机构或发包人授权管理部门签认的单元工程支付计量确认签证（表单号）；必须进行施工地质测绘（或编录）工作的工程项目，还必须同时提供地质测绘（或编录）工作已经完成的认证记录；变更和奖罚的合同支付申报应附有效依据；发包人授权管理部门或监理机构要求的其他说明事项。

5. "支付报表"的审核

监理机构只对工程施工质量检验合格的工程量进行签证，并以合同文件工程量报价单（或总价项目分解表）分类、分项进行支付计量结算。监理机构收到承包人递交的《当期已施工完成应支付工程量月报表》后，在合同约定天数内完成审核，并在签署审核意见后返回申报单位规定份数。审核意见包括：第一方面，"同意申报支付"。监理机构将限时完成《当期已施工完成应支付工程量月报表》的审签并返回承包人，作为合同支付支持文件。第二方面，"请按要求补充、调整后重新申报"。如果承包人递交的《当期已施工完成应支付工程量月报表》及填报说明不符合合同文件规定，或不符合支付申报的一般程序要求，或因申报材料不完整而致使监理机构无法进行有效的审查，监理机构将提出"请按要求补充、调整后重新申报"审签意见，退回承包人。

6. 全部或部分申报量的情况不予计量

第一类，申报支付计量项目施工未全部完成，或未通过施工质量检验，或因严重违规违章作业行为导致可能存在待进一步查明与处理的缺陷；第二类，申报支付计量项目计量不准确；第三类，申报支付计量项目引用合同依据不当或支持文件不足以进行有效审核。

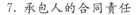

7. 承包人的合同责任

如果因为承包人的计量申报不符合合同有关计量与支付条款的规定，或报送资料不足以使监理机构进行有效的审核，由此引起合同支付计量审签的延误，由承包人承担合同责任。

8. 计量签证管理实例

以某水电站边坡开挖工程水泥灌浆工程量计量签证管理为例进行说明。

（1）实行计量仪器率定和现场校验制度。用于支付计量的灌浆仪器设备必须经过政府或政府授权部门的计量率定，并在使用前通过监理机构的现场校验。水泥灌浆过程中，现场监理机构应安排监理人员加强对灌浆计量仪器设备及灌浆压力、浆液浓度（或比重）、有效灌入量等进行检查。

（2）实行水泥消耗申报和台账管理制度。建立用于灌浆水泥的库存、进库、消耗量每日审签制度，进一步完善灌浆水泥消耗台账，以单元工程为基础，做好灌浆水泥使用量的统计和灌浆支付申报量的对比分析。

（3）实行灌浆作业记录每日申报制度。承包人应于约定时间向现场监理组/专业监理工程师报送灌浆日报。灌浆日报将作为灌浆单元工程支付工程量签证的支持资料。其申报内容应包括：分部位、分单元统计的灌浆参数，当日水泥进库、消耗、库存量，以及设备配置、灌浆设备完好情况等。现场监理组组长应于当日对申报资料进行逐项核实并签认。

（4）落实灌浆工程量签证授权制度。灌浆单元工程支付工程量签证中，监理机构质量认证监理组/专业监理工程师审签，支付工程量计量认证由监理机构现场机构分管负责人复审进行。对于灌浆单耗较大的单元（合同文件约定指标）应采取背书或加注方式填写计量说明，内容包括产生灌浆量大的主要原因及已采取的措施。

（5）实行灌浆工程量定期清理制度。水泥灌浆施工期，各项目管理部门应每月对锚索灌浆、固结灌浆、观测孔灌浆等所有水泥灌浆工程量进行清理，并按监理机构现场机构统一规定的格式和填报要求，于每月26日前将清理结果提交监理机构现场机构分管部门或分管负责人审查。

3.3.4.5 竣工图编制与竣工工程量管理

1. 竣工图编制

竣工图是对工程项目承包人合同义务履行评价的基础文件。工程施工合同规定，承包人必须依据设计文件和监理机构指示施工。竣工图应是承包人按施工图纸和监理机构指示正确地履行其合同义务的体现。竣工图是工程后期运行、管理、维护和评价的重要依据。工程在运行期往往需要查阅竣工图等资料以了解工程施工情况，分析解决问题的途径。特别是工程改建、扩建时，需要查阅竣工图以了解工程结构、布置、实际施工情况等资料。

竣工图应真实反映实际施工情况。按设计文件施工的、按监理机构指示的、由于地质原因导致的、或为施工需要所进行的，以及施工质量事故、施工质量缺陷处理的最终结果等各种施工情况均应真实地反映在竣工图上。在洞室开挖竣工图中，由于地质原因或施工原因导致的超挖，由于施工需要而开挖的回车道、施工支洞、通风洞，以及施工失误导致的开挖或偏离处理或塌方处理等，均应在竣工图上真实并准确地反映。竣工图除应反映涉及技术要求外，还应标注主要工程项目及其设计工程量、实际完成工程量、支付结算量。按图施工没有变动的，或仅有一般性设计变更、材料代用等，没有发生结构形式、工艺、平面布置、项目等重大改变和图面变更面积不超过 25％的，可以采用原施工图修改后作为竣工图。开挖施工必须标明实际开挖线。图纸中变更部分应注明修改依据，并采用双横线在图上杠改，双横线应是以直尺画成的两条紧凑的平行线。原图必须是新图，并在图标附近的空白处用红色印泥加盖并正确填写"竣工图"章，以便识别。施工中有重大变更或图面更改面积超过 25％时，应重新绘制竣工图。竣工图应按原图大小绘制，图号与原施工图号一致并在后加"竣"字。如一张施工图对应多张竣工图，应在原施工图号后加附号形成竣工图号，如原施工图号为 100，扩展的竣工图附号为 100－1 竣，100－2 竣等。重要工程项目中的主体或永久工程项目的竣工图的保存期为永久。竣工图应有 2 套以上，以利分开两地归档保存。

　　2. 竣工工程量及相互关系

　　(1) 竣工工程量。

　　1) 合同工程量是指招标文件中，招标人依据招标设计成果提供投标人报价的以工程（工作）项目划分的工程量。它的特点：合同工程量是投标人进行投标与报价的依据，但不作为施工实施与支付计量结算依据。由于投标人是依据合同工程量，并在合理地考虑合同风险后作出报价的，因此，在合同工程实施过程中，合同工程量又应是评价承包人履约能力、支付价格审查与调整、控制性施工进度计划编制与调整、合同节点目标与工期评价的基础与参照。

　　2) 设计工程量是指合同工程实施直至工程完工过程中，通过发包人提供（通常，不包括应由承包人承担设计的工程项目）的施工图纸、设计变更、设计技术要求等设计文件最终确定的，以工程（工作）项目划分的工程量。它的特点：承包人必须按《合同技术条款》及设计文件确定的标准，完成工程项目及相应工程量的实施。设计工程量是合同支付计量的基本依据。

　　3) 实际完成工程量是指合同工程实施直至工程完工过程中，承包人为履行其合同义务所完成的，按合同工程量清单和设计文件要求确定的工程（工作）项目划分的工程量。它的特点：实际完成工程量取决于承包人的施工工艺、施工程序、施工组织与管理水平。实际完成工程（工作）项目以合同工程量清单为依据，同时又可能通过设计文件以及发包人、工程监理机构指示进行调整。

　　4) 支付结算工程量是指合同工程实施直至工程完工过程中，按工程施工合同文件规定应向承包人计量支付的工程量。它的特点：支付结算工程（工作）项目必须符合合同文件规定。支付结算工程量应采用合同规定的计量程序、方法，并在规定的地点进行。支付计量执行"净值计量"原则。承包人为工程实施所进行的一切工作都以不同方式获得了发包人的计量支付。因承包人的合同责任与合同风险所导致的工程（工作）量不予另行计量支付。

　　(2) 竣工工程量之间的关系。"实际完成工程量"为设计工程量、按合同规定应另行计量支付的工程（工作）量、因施工原因或施工需要导致增加的工程（工作）量之和。

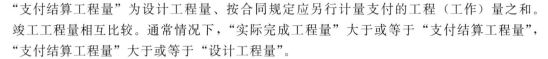

"支付结算工程量"为设计工程量、按合同规定应另行计量支付的工程（工作）量之和。竣工工程量相互比较。通常情况下，"实际完成工程量"大于或等于"支付结算工程量"，"支付结算工程量"大于或等于"设计工程量"。

3.3.4.6　特殊情况下的计量

1. 按工程价值形成过程或因素计量

工程量的测量和计算，一般指工程量表中列明的永久工程实物量的计量。但费用控制实施过程中，有时需要对工程价值的形成过程或因素进行计量以决定支付。如承包人为应付意外事件所进行的工作，以及按监理机构指令进行的计日工作等。工程价值形成因素主要有：人工消耗（工日数）；机械台（时）班消耗；材料消耗；时间消耗；其他有关消耗。根据现场实际且符合合同要求的消耗量，据实进行价款的结算。这类计量监理机构一定要做好同期的记录，并且要及时进行认证形成书面文件资料，做到日清周结月汇总。切勿拖延签字认证。监理机构对这类的计量资料要存档，以备核查。

2. 赔（补）偿计量

费用控制中遇到较多的赔（补）偿计量是对承包人提出的索赔的计量。赔（补）偿计量中主要是价值因素的计量，包括有形资源（人工、机械、材料）损失计量和无形资源（时间、效率，空间）损失计量。其中有形资源损失较易计量，监理机构可根据对专项工作连续监测和记录（如监理人员日志、承包人的同期记录等）来计量；时间、空间损失情况较为复杂；承包人的效率损失则可以用双方同意的"效率降低系数"（意外情况下使正常效率降低的程度）来计量。赔（补）偿计量中直接损失较易计算，而间接损失则需要协商，就损失项目内容及其数量协商达成一致的计量结果。发包人认定承包人违约而要求向承包人索取的赔偿的计量方法类同。过程中如已遇见后续可能会发生赔（补）偿的时间，应在发生事实当日形成现场事实确认单，如实记录当日影响事件的描述、影响部位及资源情况，并由当班承包人和监理机构签字确认，便于后续赔（补）偿事宜的处理。

3. 区分责任为前提的计量

有些情况的计量是先区分责任，然后对非承包人原因造成的损失部分需要进行计量，而对承包人自身原因造成的费用增加不予计量。总之，特殊情况下的计量，与对永久工程的实物量计量不同，常常需要将某些难以量化的因素加以分析、论证，适当反映为某种可量化的计量结果（货币金额、工期日数），通过支付方式给予损失方某种补偿或赔偿。监理机构的协调以及合同双方的充分协商是解决此类计量必要的方式。

3.3.5　费用支付的管理

工程款的支付是合同双方实现各自目的的最后一个环节，发包人是否能得到一个合格的工程，承包人的工作质量和工程质量是否达到合同规定，工程价款支付关系到施工合同双方的利益，监理机构必须而且只能按合同的规定进行工程价款的支付。

3.3.5.1　工程款支付条件

支付控制是监理机构投资控制的重要环节。监理机构既要熟悉合同中关于计量支付的规定，又要具有严谨、廉洁、公正的工作作风。按照施工合同条件的规定，工程支付必须符合以下条件。

1. 质量合格的工程项目

工程质量达到合同规定的标准，工程项目才予以计量，这是工程支付的必备条件。监理机构只对质量合格的工程项目予以支付，对于不合格的项目，要求承包人修复、返工，直到达到合同规定标准后，才予以计量支付，且对承包人原因造成的修复返工费用由承包人自己承担。

2. 变更项目各项手续完善

根据施工合同条件规定，承包人没有得到监理机构的变更指示，不得对工程进行任何变更。因此，未经发包人或发包人授权的监理机构批准实施的任何工程变更，不管其必要性和合理性如何，在必要的合同手续没有完善前一律不予支付。

3. 符合合同文件的规定

工程的任何一项支付，都必须符合合同文件的规定，这既是为了维护发包人的利益，又是监理机构投资控制的权限所在。监理机构只有在发包人的授权范围内，在合同约定的暂定金额范围内支付计日工和意外事件，超出发包人的授权和合同规定的暂定金额的数目时，应重新得到发包人的授权和批准。凡不符合合同规定的条件的任何款项均不得支付。

4. 月支付款应大于合同规定的最低支付限额

为减少支付环节的财务费用，鼓励承包人加快施工进度，在有些工程的施工合同条件中规定，承包人每月（或每次）应得到的支付款额（已扣除了保留金和其他应扣款后的款额后）等于或大于合同规定的阶段证书的最低限额时才予以支付。当月不予支付的金额将按月结转，直到批准的付款金额达到或超过最低支付限额时，才予以支付。

3.3.5.2　工程款的支付内容

1. 工程预付款的支付与扣还

在发包人与承包人签订施工合同后，为做好施工准备，承包人需要大量的资金投入。由于工程项目一般投资巨大，承包人往往难以承受。发包人为了使工程顺利进展，除了做好施工现场准备外，以预付款的形式借给承包人一部分资金，主要供承包人做好施工准备并用于工程施工初期各项费用的支出。例如用于临时工程的建设、材料订购以及工程设备购置或租用等。帮助承包人解决资金周转困难问题。所以，工程预付款是在项目施工合同签订后由发包人按照合同约定，在正式开工前预先支付给承包人的一笔款项。预付款的这种支付性质决定了它是无息的，但要有借有还。

（1）工程预付款数额的确定。工程预付款的额度一般为合同价的 15% 左右。具体事宜由发包人与承包人在项目施工合同中约定。如水利部颁布的水利工程土建施工合同条件规定工程预付款的总金额应不低于合同价格的 10%。发包人提供的预付款数额越大，对承包人的前期资金压力越小。

（2）工程预付款的支付条件。一是发包人与承包人之间的协议书已签订并生效；二是承包人根据合同条款，在收到中标通知书后 28 天内已向发包人提供了履约担保；三是承包人根据合同的格式与要求已提交了预付款保函（数额等同于工程预付款）。

（3）工程预付款的支付。一般情况下在满足以上条件之后，承包人向监理机构提出预付款申请，监理机构按合同规定进行审核，满足合同规定的预付款支付条件的，监理机构应向发包人发出工程预付款支付证书；而发包人应在收到工程预付款支付证书后向承包人支付工程预付款。水利部颁布的"水利工程土建施工合同条件"规定工程预付款分两次支付。第一次支付金额应不低于预付款总金额的 40%，一般取 50%；在承包人提交预付款保函后支付，第二次支付需待承包人主要设备进入工地后，其完成的工作和进场的设备的估算价值已达到预付款金额时支付。合同专用条款约定了预付款支付条件的，执行其规定。

（4）工程预付款的扣还。开工以后，支付的工程预付款要从承包人取得的工程进度款中陆续扣还，扣还的办法应在合同条款中明确。一般方式为从已发生的支付总额超出合同价的某一百分比之后的下一个临时支付证书开始扣还。一般扣还的方式为：按阶段付款累计支付额或月支付额（不包括保留金）的一定比例随月支付陆续扣还，并保证到合同期满前的某一时间（一般为合同期满前 3 个月）之前全部扣完。水利部颁布的《水利水电土建工程施工合同条件》（示范文本 GF—2017—0208）规定按完成的工程量的一定比例，计算累计扣回工程预付款的金额。

$$R = \frac{A}{(F_2 - F_1)S}(C - F_1 S)$$

式中　R——累计扣回工程预付款金额；$0 \leqslant R \leqslant A$，某月计算的 R 应减去上月的累积扣款额度 R 上，才为当月应扣的工程预付款；

　　　A——工程预付款总金额；

　　　S——合同价；

　　　C——合同累计完成金额；

　　　F_1——合同规定的开始扣工程预付款时合同累计完成金额达到合同价格的比例，一般为 20%；

　　　F_2——合同规定的工程预付款全部扣完时合同累计完成金额达到合同价格的比例，一般为 90%。

预付款的支付与扣还方式应在合同中明确地规定下来。如果在合同实施中发生了整个工程移交证书颁发时工程预付款仍未偿清、中途中止合同等情况时，未偿清的工程预付款余额应全部、一次退还给发包人。某工程项目合同价 1000 万元，工程预付款为合同价的 10%，工程开工前由发包人一次付清。工程预付款扣回采用公式为

$$R = \frac{A}{(F_2 - F_1)S}(C - F_1 S)$$

并规定当累计完成工程款金额达到合同价格的 20% 时开始扣工程预付款，当累计完成工程款金额达到合同价格的 90% 时扣完。工程进度款按月支付。工程开工第一个月完成工程款金额 150 万元，第二个月完成工程款金额 200 万元，第三个月完成工程款金额 200 万元，则这三个月月支付中应扣工程预付款分别为

1）计算合同规定的开始扣工程预付款时合同累计完成金额（计算工程预付款起扣点）

$$F_1 S = 0.2 \times 1000 = 200(万元)$$

即当累计完成工程款金额 200 万元时开始扣工程预付款。

2）计算合同规定的工程预付款全部扣完时合同累计完成的金额：

$$F_2S=0.9\times1000=900（万元）$$

第一个月完成工程款金额 150 万元<200 万元，本月不扣工程预付款。

第二个月累计完成工程款金额 150＋200＝350（万元）＞200 万元，本月应累计扣工程预付款为

$$R=\frac{A}{(F_2-F_1)S}(C-FS_1)=\frac{1000\times10\%}{(0.9-0.2)\times1000}\times(350-200)=21.43（万元）$$

本月应扣工程预付款为 21.43 万元。

第三个月累计完成工程款金额 150＋200＋200＝550 万元，本月应累计扣工程预付款为

$$R=\frac{A}{(F_2-F_1)S}(C-FS_1)=\frac{1000\times10\%}{(0.9-0.2)\times1000}\times(550-200)=49.98（万元）$$

本月应扣工程预付款为：49.98－21.43＝28.55（万元）

2. 材料预付款的支付与扣还

材料预付款主要用于帮助承包人在施工初期购进成为永久工程组成部分的主要材料或设施的款项。材料预付款金额一般以材料发票上费用的 75%～90% 为限，以计入进度付款凭证的方式支付，也可预先一次支付。一般来说，材料预付款不需承包人提供材料预付款保函，但须规定，承包人的进场材料必须报监理机构检验且符合合同规定，已在施工现场的材料，其所有权属于发包人，不经监理机构同意，不得擅自运出施工现场。同时支付了材料预付款，并不意味对此材料和设备的最后批准，如果验收后或在使用过程中发现材料或设备不符合规范和合同规定，监理机构仍然有权否决这些不合格的材料和设备。

（1）材料预付款的支付条件。材料的质量和储存条件均符合有关规范和合同要求；材料已到达工地，并经承包人和监理机构共同验点入库；承包人按监理机构的要求提交了材料的订货单、收据或价格证明文件，材料质量合格的证明文件或检验报告。

（2）材料预付款的扣回。材料预付款也是发包人以无息贷款形式，在月支付工程款的同时，专供给承包人的一笔用以购置材料与设备的价款。材料到达工地并满足上述条件后，承包人可向监理机构提交材料预付款支付申请单，要求支付。监理机构审核后，按合同规定的支付比例在月支付款中支付。发包人在支付后按合同规定的时间内以平均的方式在月支付中陆续扣回。水利部颁布的合同条件规定，材料预付款从付款月后的 6 个月内，在每月支付款中平均扣回。

3. 保留金的扣留与退还

保留金也叫滞留金或滞付金，按国际惯例，为了确保在施工过程中工程的一些缺陷能得到及时的修补，承包人违约造成的损失能获得及时赔偿，发包人有权在月支付中按工程款的某一百分数扣留一笔款项，这就是保留金。保留金是发包人持有的一种对施工合同的

担保。它是为了促使承包人抓紧工程收尾工作，尽快完成合同任务，确保在工程竣工移交后，在缺陷责任期内承包人仍能履行修补缺陷的义务，且不会因承包人的轻微违约而动用履约担保，对承包人的资信是一种保护。施工合同一般规定，发包人应从承包人有权得到的阶段支付款额中扣留一定比例（一般为应支付价款的 5%～10%）的金额，直到该项金额达到合同规定的保留金最高限额（一般为合同总价的 5%）为止。住房城乡建设部财政部《关于印发建设工程质量保证金管理办法的通知》（建质〔2017〕138 号）规定保证金总预留比例不得高于工程价款结算总额的 3%。随着工程项目的竣工和保修期满，发包人应退还依据合同规定扣留的保证金，一般分两次退还。通常方式为：第一，当整个工程完工验收并颁发移交证书时，监理机构开具支付证书将所扣保留金余额的 1/2 支付给承包人。如果是颁发部分工程的移交证书，监理机构则应开具证书将与该部分永久工程价值相应的保留金余额的一半付给承包人。第二，剩余的保留金在全部工程保修期满后退还给承包人。水利部颁布的水利水电土建施工合同条件规定，对一次完工验收的工程，在签发本合同工程移交证书后 14 天内，发包人应将该合同所扣的保留金余额（施工工程中可能已动用了部分保留金）的 50% 退还给承包人；在保修期满后 14 天内，将剩余的保留金退还给承包人。对多次完工验收的工程，在签发各个单位工程移交证书后，发包人应将该单位工程相应的保留金余额的 50% 退还承包人；其余部分则在全部工程保修期满后退还承包人。这里注意一个合同项目只有一个保修责任的终止，无论有几次完工验收，以最后一个完工验收的单位工程满足合同规定的保修期限的时间，作为合同的保修期限。第三，需要注意的是监理机构在颁发了缺陷责任证书后，若仍发现有工程缺陷应由承包人维修，剩余的保留金仍可暂不退还。

4. 工程进度付款

工程进度付款是按照工程施工进度分阶段地对承包人支付的一种付款方式，如月结算、分阶段结算或发包人、承包人在合同中约定的其他方式。在水利水电工程施工承包合同中，一般规定按月支付。按月结算是在上月结算的基础上，根据当月的合同履行情况进行的结算。这种支付方式公平合理、风险小、便于操作和控制。

（1）月支付程序。一般来说，工程施工月支付可按如下程序进行：承包人每月月初向监理机构递交上月施工进度报告，报告中主要包括如下材料；工程施工形象进度描述；两份上月所完成的工程量分项清单及其相应附件和支持性材料；一份合同工程量清单中其他表列项目的支付申请（如计日工）；进场永久工程设备清单、证明文件；进场材料清单、证明文件；按合同规定有权得到的其他金额的证明。监理机构对承包人递交的进度报告进行审核，然后将审核后的材料返回承包人。承包人根据监理机构审核后的工程量和其他项目，计算应支付的费用，并向监理机构正式递交进度支付申请。监理机构收到支付申请后，组织有关方面复核、确认后，签署中期付款凭证，报请发包人批准。水利水电工程施工合同条件规定，监理机构在收到月进度付款申请单后的 14 天内完成核查，并向发包人出具月进度付款证书，发包人在核实监理机构提交的中期付款凭证后，在规定时间内由发包人的财务部门通过银行办理支付。水利水电工程施工合同条件规定，发包人支付时间不应超过监理机构收到月进度付款申请单后 28 天。

月支付凭证的形式见表 3.3.3。

表 3.3.3   **××工程月支付凭证**

工程或费用名称		本期前累计完成额/元	本期申请金额/元	本期末累计完成额/元	备注
应支付金额	合同单价项目				
	合同合价项目				
	合同新增项目				
	计日工项目				
	索赔项目				
	材料预付款				
	价格调整				
	发包人迟付款利息				
	其他				
应支付金额合计					
应扣除金额	工程预付款				
	材料预付款				
	保留金				
	违约赔偿				
	其他				
应扣除金额合计					

月总支付金额＝应支付金额合计－应扣除金额合计

（2）月支付的控制。阶段付款的费用控制是合同管理中投资控制的基础。总费用是一次次的阶段付款累计而成的，因此，对每次阶段付款，监理机构都应认真审查、核定、分析，严格把关，尤其应加强下列环节的工作，以便准确判断开具或不开具支付证书：对月报表中所开列的永久工程的价值，必须以质量检验的结果和计量结果为依据，签认的应该是经监理机构认可的合格工程及其计量数量。必须以预定的进度要求为依据。一般以扣除保留金的金额及其他本期应扣款额后的总额大于合同中规定的最小支付金额为依据，小于这个金额监理机构不开具本期支付证书。承包人运进现场的用于永久工程的材料必须是合格的：有材料出厂（场）证明，有工地抽检试验证明，有经监理人员检验认可的证明。不合格材料不但得不到材料预付款支付，不准使用，而且必须尽快运出现场。如果承包人到时不能将不合格的材料运出，监理机构可雇人将其运出，一切费用由该承包人承担。未经监理机构事先批准的计日工，不给予承包人支付。把好价格调整和索赔关。

5. 完工支付

关于完工和竣工的含义在现行的验收规范和合同范本中并没有统一，根据目前水利部有关的验收规范和合同范本对完工和竣工的表述，完工验收一般是对某一个合同内容进行的复核、检查，由发包人或发包人委托监理机构组织进行，包括规范规定的单元工程完工验收，分部工程完工验收，单位工程完工验收，和合同项目的完工验收。竣工验收一般是对一个项目的各个内容进行的复核、检查，由规范规定的验收主持机构组织进行，包括各类项目实施过程中的阶段验收（截流、水库蓄水、机组运行），单位工程投入使用验收、竣工验收，这类验收在验收规范中规定，是项目投入运行的标志，特别是竣工验收，是任何一个项目必须经过的一个阶段，国家强制性条款规定，没有经过竣工验收的项目，或竣工验收不合格的项目不准投入运行、交付使用。此外合同项目的结算要经过审计，在竣工验收时要完成项目的竣工决算，并完成竣工决算审计。因此，合同项目的完工支付与项目的竣工结算也要有机的结合，特别是一个项目有多个合同标段时，更应该注意各个合同完成与竣工验收的时间协调。仅从合同管理角度讨论完工支付：在永久工程完工、验收、移交后，监理机构应开具完工支付证书，在发包人与承包人之间进行完工结算。完工支付证书是对发包人以前支付过的所有款额以及承包人按合同有权得到的款额的确认，指出发包人还应支付给承包人或承包人还应支付给发包人的余额，具有结算的性质。因此，完工支付也叫合同项目的竣工结算，简称竣工结算，这里对一个项目只有一个合同来说，完工结算和竣工结算是一样的。但对于一个项目有多个合同时，完工结算和实际的竣工结算是有区别的。完工支付证书与中期付款证书不同。中期付款证书是以监理审核结果为准的，可以将承包人申请的不合理款项删掉，可以对前一个阶段付款进行修正，也可以将认为质量修复满意了的项目加在下一个阶段付款证书中。中期付款证书的支付项目与支付金额，按合同规定以及视监理机构满意或不满意审核认定。而完工支付证书的结算性质决定了监理机构已无后续证书可以修正，因此，必须与承包人在其提出的合同项目竣工报告草稿的基础上协商并达成一致的意见。完工支付证书必须以所有阶段付款证书为基础，但又必须处理好各种有争议的款项。在支付证书中不再出现未经解决的有争议的款项。完工支付证书是对监理机构费用控制工作的全面总结，要全面清理和准确审核工程全过程发生的实际费用，工作量是较大的。

（1）完工支付的内容。完工支付的内容包括：确认按照合同规定应支付给承包人的款额和应扣款项。确认发包人以前支付的所有款额。确认发包人还应支付给承包人或者承包人还应支付给发包人的余额，双方以此余额相互找清。

（2）完工支付的程序。首先，承包人提交完工付款申请单。在合同工程移交证书颁发后的规定时间内，承包人应提交完工付款申请单，申请办理完工结算。该申请单应附有按监理机构批准的格式编写的证明文件，详细地说明以下内容：到移交证书注明的完工日期止，根据合同所累计完成的全部工程价款金额；承包人认为根据合同应支付的追加金额和其他金额。竣工报表是完工支付申请的必要支持性材料，承包人必须按有关满足审计要求的格式提交，各项工程量的计算应附有计算简图和结算公式，支付工程量和支付的价款应附有合同依据。水利部颁布的土建工程施工合同条件规定，提交完工付款申请后，承包人在移交证书颁发前的索赔权利就终止了。其次，监理机构复核并开具付款证书。监理机构在收到承包人提交的完工付款申请单后的规定时间（如水利部颁布的土建工程施工合同条件规定为28天）内，完成复核。应对全部支付项目进行复核，防止漏项和重复；对所有工程数量与费用计算进行复核，对所有有争议的项目与计算进一步检验与取证，并与合同双方进一步协商，确定最终处理办法。在此工作基础上，监理机构在完工付款申请单上签字并出具完工付款证书报送发包人审批。再次，发包人支付。发包人应在收到监理机构的完工付款证书后的规定时间（如水利部颁布的土建工程施工合同条件规定为42天）内，

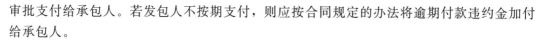

审批支付给承包人。若发包人不按期支付，则应按合同规定的办法将逾期付款违约金加付给承包人。

6.最终结算（最终支付）

在保修期（缺陷责任期）终止后，并且发包人或监理机构颁发了保修责任终止证书，施工合同双方可进行工程的最终结算。

（1）最终付款申请报表草案与最终付款申请报表。第一步，承包人提交最终付款申请报表草案。在发包人或监理机构颁发了保修责任终止证书后的规定时间（如水利部颁布的土建工程施工合同条件规定为 28 天）内，承包人应向监理机构提交一份最终付款申请报表草案，供监理机构审核。该报表应按规定格式详细说明以下内容：根据合同所完成的全部工程价款金额；根据合同应该支付给承包人的追加金额；承包人认为应付给他的其他金额，第二步，监理机构与承包人意见达成一致。监理机构就承包人提交的该草案中的不能同意或不能证实的任何部分，要求承包人补充资料，进行修改，并与合同双方协商，以使双方意见达成一致。在与合同双方协调的过程中，监理机构要以科学、公正、合法的原则审核所有项目的工程量和价款，所有价款的支付必须有依据、支持性证明材料齐全。第三步，承包人编制并提交最终付款申请报表。在合同双方协商一致的基础上，承包人编制并向监理机构提交双方同意的最终付款申请报表。水利部颁布的水利土建工程施工合同条件规定在承包人提交了最终支付申请后，在保修期内的索赔权利即告终止。

（2）承包人向发包人提交书面清单。在提交最终付款申请报表的同时，承包人应给发包人一份书面结算清单，并将一份副本交监理机构，进一步证实最终付款申请报表中的总额，相当于全部的和最后确定应付给他（由合同引起的以及与合同有关）的所有金额。在书面结算清单生效后，承包人的合同义务即告解除。结算清单生效的前提是：第一，最终支付证书中的款项得到了支付。第二，履约保函已被退还。第三，监理机构签发最终支付证书。监理机构在收到承包人提交的最终付款申请单和承包人给发包人的书面结算清单副本的规定时间（如水利部颁布的土建工程施工合同条件规定为 14 天）内，出具最终付款证书报送发包人审批。第三发包人最终支付，监理机构开具的最终支付证书送交发包人后的规定时间（如水利部颁布的土建工程施工合同条件规定为 42 天）内，发包人应按合同规定的最终支付的款项付款给承包人，发包人的合同责任即告终止。承包人在收到最终付款后，承包人的合同目的也已实行，施工合同即告终止。

7.备用金

（1）备用金的使用。在招投标期间，对于没有足够资料可以准确估价的项目和意外事件，可以采取备用金的形式在工程量表中列出，可以分列为计日工和意外事件两项，也可以合并在一起。一般情况下发包人在招标时将备用金的数额列入工程量清单中。如果发包人不确定其数额，而让投标人报价，则承包人在投标时，往往为中标而压低其备用金部分报价以降低其总价；而当实际发生需要动用备用金的情况或事件时，其实际发生的费用仍需由发包人支付。因此备用金要么由发包人在合同项目招标的工程量清单中列入，要么在工程量清单中列出备用金为合同项目投标报价的一定比例，使投标人知道合同中有一笔费用，可以在发生合同工作之外的事件时，对所做的工作给予适当的补偿，以减少合同中风险报价的比例，节省工程投资。备用金额由监理机构按照合同规定，并经发包人或发包人委托监理机构审批，在指定的项目或工作中动用。在实际工程中，可能全部或部分地使用，或根本不予动用。备用金的动用，应遵守以下两点：第一点，备用金的使用，必须依据合同规定得到发包人或监理机构的事先许可，并应按照监理机构的指示，进行备用金项目的工作。没有发包人或监理机构的事先批准，承包人不能进行备用金项目的任何工作。对承包人未经批准而进行的任何备用金项目的工作，则不予支付工程款项。第二点，经发包人或监理机构批准后，按照监理机构的意见，承包人所完成的备用金项目工作的费用，一般按照实际发生的费用，加上合同中规定的费率支付。因此，承包人应按监理机构的要求，提交有关备用金项目各类开支的全部报价单、发票、凭单、账目及有关实际施工的原始数据资料，监理机构将根据上述资料，按照合同的规定，确认支付金额。总之，如果监理机构认为需要增加一笔备用金时，必须事先得到发包人的同意。

（2）计日工支付。计日工亦称"点工"或"散工"，是指在合同实施的过程中，某些零星的工作在工程量清单（包括单价项目和总价项目）中没有包括，监理机构认为这些工作对工程的某些变动有必要，或认为按计日工作制更适宜于承包人开展工作，从而以数量或时间的消耗为基础进行计量与支付的工作。选用计日工作制的工程项目，常常是在合同规定项目之外的、随时可能发生的、不可预见的工作，并大多属于工程中的辅助性工作，或者说是零星工作。例如，施工中发现了具有考古价值的文物、化石等需要开挖；发现了难以预见的地下障碍等。在招标文件中，包含有一套零星的计日工表，表中标明了工程设备类型、材料、人工、施工机械设备等预估项目；有的招标文件还给出了这些设备、材料、人工和机械设备的暂估数量，或称名义工程量。投标人对这个表的单价进行填报；有名义工程量的还要计算合价和总价。计日工实质上也属于备用金的性质，作为一笔预备费，其总价的支付也包含在备用金之内。这笔费用的支付与否，同备用金。对于计日工的支付，一般应符合以下规定：以计日工的形式进行的任何工作，必须有监理机构的指令，没有监理机构的批准，承包人不能以计日工的形式进行任何工作。经监理机构批准以计日工的形式进行的工作，承包人在施工过程中，每天应向监理机构提交参加该项计日工工作的人员姓名、职业、级别、工作时间和有关的材料、设备清单和使用的消耗量及耗时，同时每月向监理机构提交一份关于记载计日工工作所用的劳力、材料、设备价格和数量以及时间消耗的报表。否则承包人无权要求计日工的付款。

3.3.5.3　工程款的支付程序

1. 工程施工合同费用支付

工程施工合同费用支付的程序为：承包人提出结算申请→监理机构审核完工工程量及完工结算价款（含合同相关费用）→发包人项目执行部门审核完工工程量→发包人合同管理部门审核完工结算费用→发包人内部办理完工结算价款审批→召开完工结算会议，承包人、监理、发包人三方确认最终结算价款→办理最终结算付款审批程序。在结算审核过程中，对于监理、发包人相关审核环节，承包人有义务对所提出的疑问进行必要的解释和补充相关资料，在下一环节认为上一环节审核有重大偏差时可以退回上一环节重新审核。

（1）计量支付：由监理机构按照过程现场签认、内部复核方式确认工程量，满足合同要求签证计量并由发包人工程管理部门复核确认。其中，灌浆工程量的审核首先由承包人在各灌浆单元验评完成以后，申报"中间计量签证单"到监理机构，由项目施工监理负责人进行复核签证，最后经由总监理工程师最终审定签证后给予计量支付。不符合工程施工合同文件要求、或未经工程质量检验合格、或未按设计要求完成的工程与工作，均不予计量；因承包人责任与风险，或因为承包人施工自身需要而另外发生的工程量不予计量。

（2）预付款及中间支付：合同约定的预付款，在满足支付条件时，由监理机构审核、发包人工程管理部门、合同部门审查支付。

（3）变更费用支付：监理机构对工程变更事实及变更报价据实审核后，报经发包人工程管理部门、合同部门审核。工程变更的支付方式与价格确定后，随工程变更实施列入月工程款支付。

2. 货物采购及咨询服务合同支付

货物采购单位、或咨询服务业单位提出合同结算申请（含合同执行总结报告）→发包人项目执行部门审核合同工作量，出具合同执行情况评价报告→发包人合同管理部门合同结算价款，开具合同结算审批单进行会审和审批→根据合同结算审批单审批结果，发包人合同管理部门开具合同结算支付单→合同财务部门按照支付程序审核，并办理结算付款。

3. 完工结算

实物验收与移交。由项目管理部门组织，对合同项下完成的工程项目或工作内容进行现场实物验收，验收过程，对完成的合同内项目、变更项目的完成情况及存在的遗留问题或缺陷进行详细、全面记录。实物验收与移交时要形成验收纪要，作为结算和移交的依据。竣工资料移交。承包人按合同及相关规定的要求完成竣工资料的整编，经监理和项目管理部门审核合格后，将资料（合同结算资料除外）移交管理局档案管理部门，竣工资料移交后，形成经档案管理部门确认的资料移交清单。合同结算资料在办理完合同结算后移交。合同费用结算：对合同项下完成的工程项目、工程量以及变更项目价格、争议项目了结、合同支付情况、发包人供应的材料和提供设备扣款情况、合同约定的奖励或罚款等进行全面清理和认定。核实和确认合同最终工程量、工期、最终合同总价款以及剩余尾款。召开清算会议，形成结算纪要或签订了结协议。最后一次合同价款支付：合同最后一次价款支付与合同清算分开进行，合同清算确定最终合同总价款后，根据对账结果计算出合同结算尾款，此数据即为合同最后一次价款支付额度，在完成包括合同结算、清算纪要或结算协议在内的竣工档案资料全部移交后，按照进度付款程序依据清算纪要办理最后一次合同价款支付。根据合同约定程序及时间，签证履约保函退还、质保金返还等。

3.3.5.4 工程款结算支付的管理

工程施工、货物采购、咨询服务等合同费用结算依据工程施工合同及发包人制定的《工程合同结算管理办法》规定进行，执行合同结算管理程序、保障资金安全。监理机构可设置分管负责人＋造价工程师落实合同费用控制工作，实物量与工程质量审查签证落实归口管理方式及专业工程师负责制。由总监理工程师或分管负责指导合同处理业务人员熟悉工程施工合同费用管理，落实合同费用支付的日常工作。在监理机构内部组织落实施工费用支付条件交底；在发包人授权范围的费用按照程序进行支付审查，重大变更费用由发包人审查决定。工程款结算支付是对合同文件所确定的工作内容依据合同文件的规定进行清算，从合同文件所规定的工作内容是否按约定完全履行，可分为完全履行的合同结算，和不完全履行的合同结算。

1. 完全履行的合同结算

完全履行的合同结算主要是对工程量清单项目的结算、变更项目的结算和索赔项目的结算。

（1）工程量清单项目的结算。工程量清单项目的结算要依据合同工程量清单各个项目的合同规定，工作范围、单价还是总价，计量计价原则、方法、具体的计价工作内容等，分部进行计算。单价项目价款用支付工程量乘单价；总价项目按合同规定结算。在单价项目的计算中要附有必要的支持性材料，包括每个部位的计算简图、计算公式、计算式，合同规定的支付工程量的规定。总价项目一般按合同清单量支付。

（2）变更项目的结算。合同变更项目的结算与工程量清单项目的结算类似，需要注意的变更项目的单价必须经合同双方签字认可后，才可以进入结算，过程中的临时单价是不能作为结算单价的。所有变更项目的结算必须附支持性材料，包括变更批复文件、变更指令、变更单价、变更工程量的计量规则、设计签章的图纸和文件、合同双方关于变更项目的补充协议。对变更项目的结算文件可单独装订成册。

（3）索赔项目的结算。索赔项目（工作）的结算按最后合同双方对索赔事件的最终一致性意见进行汇总。注意与工程量清单项目和变更项目的计量范围的界定，诸如有些索赔是变更项目引起的，在变更项目中支付工程量已确定，单价按合同规定的单价结算；承包人对该变更项目的单价提出索赔，并经协商最后确定单价进行调整，在索赔计算时要注意，如变更项目已按支付工程量和合同规定的单价结算，索赔计算只计算增加或减少的那部分单价所引起的费用。也可以将变更和索赔统一考虑在索赔项目中结算或在变更项目中结算。

2. 不完全履行的合同结算

合同因非正常结束进行的结算包括合同一方违约引起的合同解除后结算和不可抗力发生引起的合同解除后结算。

（1）合同解除后的结算。解除合同是指在履行合同过程中，由于某些原因而使继续履行合同成为不合适或不可能，从而终止合同的履行。对施工承包合同，有三种情况下的解除合同：承包人违约，发包人违约和不可抗力引起的解除合同。

（2）承包人违约引起解除合同后的结算。因承包人违约造成施工合同解除的，监理机构应就合同解除前承包人应得到但未支付的下列工程价款和费用签发付款证书，但应扣除根据施工合同约定应由承包人承担的违约费用：已实施的永久工程合同金额；工程量清单中列有的、已实施的临时工程合同金额和计日工金额；为合同项目施工合理采购、制备的材料、构配件、工程设备的费用；承包人依据有关规定、约定应得到的其他费用与违约费用之差。

（3）发包人违约引起解除合同后的结算。因发包人违约造成施工合同解除的，监理机构应就合同解除前承包人所应得到但未支付的下列工程价款和费用签发付款证书：已实施的永久工程合同金额；工程量清单中列有的、已实施的临时工程合同金额和计日工金额；为合同项目施工合理采购、制备的材料、构配件、工程设备的费用；承包人的退场费用；由于解除施工合同给承包人造成的直接损失；承包人依据有关规定、约定应得到的其他费用。

（4）不可抗力引起解除合同后的结算。在履行合同过程中，发生不可抗力事件使一方或双方无法继续履行合同时，可解除合同。因不可抗力致使施工合同解除的，监理机构应根据施工合同约定，就承包人应得到但未支付的下列工程价款和费用签发付款证书：已实施的永久工程合同金额；工程量清单中列有的，已实施的临时工程合同金额和计日工金额；为合同项目施工合理采购、制备的材料、构配件、工程设备的费用；承包人依据有关规定、约定应得到的其他费用。

3.3.5.5　合同价调整（调差）与计算

在施工承包中，合同价的调整是合同管理的重要课题。它涉及合同双方的经济利益，不正确处理，就会引起合同争端，会给项目实施带来严重的困难。

1. 引起合同价调整的原因

合同价的变化是工程变更、工期调整等一系列变化的反映，因此是一个比较复杂的问题。引起合同价变化的主要原因，有以下几个方面。

（1）工程变更。工程变更引起的合同价调整可分两个方面：第一方面，工程量变化，在土建工程承包施工中，工程量的变化引起合同价的调整，是最为普遍的现象。每一项大中型土建工程，在长达数年的施工中，难免发生工程量的增减，当这一数额超过规定限额时，必然引起合同价的调整。工程量的变化一般是由工程变更引起的。此外，由于招标文件中工程量清单所列的工程量是依据设计的深度按图纸计算的，相对于实际工程量来说是一个近似值，在施工过程中经过实测，实际工程量会发生相当大的变化，即使按照工程量清单所列的单价结算，实际合同价与投标合同价之间也会有相当大的变化。第二方面，新增项目。水利水电工程施工条件复杂、项目繁多，加之工期长，自然条件复杂，随着施工的进展，工程变更是经常发生的。这样就出现了招标文件规定的工作范围以外的工作项目，这类项目叫新增项目。这些新增项目的实施经常会引起合同价的调整。这类调整首先是按工程变更项目的单价确定原则处理，在总价有大的改变时按上述方式调整。

（2）不利的自然条件（现场条件的变化）。施工过程中发现不利的自然条件或外界障碍时，使现场施工条件较招标文件中所描述的更为困难和恶劣，往往引起工期调整和工程量变化，在多数情况下引起施工单价调整，都会使原合同价发生变化。

（3）工期调整。工期调整改变了原定的施工进度计划，无论是工期延长或加速施工，都会带来施工费用的变化。

根据土建工程承包施工的经验，工期调整往往是施工期的延长，而工期延长不仅导致施工费用的增加，而且经常需调整单价或总价。在非承包人原因引起工期延长且发包人又要求按期完工时，承包人只有加速施工，加速施工势必造成费用增加，承包人就会提出加速施工的费用补偿报告。监理机构要依据合同规定、原定的施工方案、加速施工的实际施工方案，按修正总费用法，分析增加的费用，确定价格调整的方案，在合同授权范围内，与合同双方协商解决。

（4）物价波动。工程所在国的物价波动是经济社会发展的一种普遍的现象。物价上涨引起物资、建筑材料及人工劳务价格的增长，往往使工程成本大量增加。

（5）后续立法变更。水利水电土建工程施工合同条件规定，在投标截止日以前的28天后，如果国家的法律、法规或国务院有关部门的规章和工程所在地的省、自治区、直辖市的地方性法规和规章发生变更，导致承包人在实施合同期间所需的工程费用增加时，承包人有权得到补偿。这条规定使承包人免除了由于法律、法规频繁变更带来的经济损失。即从招标文件规定的投递标书截止日期以前的第 28 天开始，直至工程项目建成的这一时段以内，凡是后续立法变化带给承包人的计划外开支，都应得到补偿。

（6）发包人风险及特殊风险。在发生发包人风险或特殊风险时，由此给承包人造成的经济损失应予补偿，监理机构应按合同规定的风险分配原则，对非承包人的风险造成的施工成本的增加，应与合同双方协商，对合同外的额外成本通过追加合同价格来给承包人合理补偿。

2. 物价变化引起的合同价的调整

建设项目的建设周期一般都比较长，在此期间，根据市场经济的特点，在项目招标时应该认真考虑物价上涨风险的承担问题，并且将物价上涨的风险，写入合同文件中。要公正合理地处理好物价上涨的风险问题，必须认真掌握影响价格变化的主要因素，以便在工程招标时，能够正确评价承包人的投标报价，以及在工程结算时，能够严格、合理地控制费用的结算。

（1）通常引起价格变化的主要因素有以下几方面：第一，由于人工劳务费用和材料设备费用的上涨，引起价格的变化。第二，由于动力、燃料费用等的价格上涨，引起价格的变化。第三，由于国家或省、自治区、直辖市政策、法令的改变，引起工程费用的上涨。第四，由于外币汇率的变化引起价格的变化。第五，由于运输费的价格变化引起施工费用变化。一般情况下，施工期限在一年左右的建设项目，以及实行总价合同的建设项目，通常都不考虑价格调整的问题，也就是说劳务、设备及材料等的价格以签订合同时的单价和总价为准，物价上涨的风险全部由承包人来承担。因此，承包人在投标报价时，应根据现实情况和自己的经验，把物价上涨因素考虑进去。施工期限超过一年的建设项目，在合同中要明确物价波动后合同价格调整的方式和方法，使投标人知道因物价波动不会使其承担大的风险，从而合理的规避物价波动的风险，降低投标报价。物价波动对合同价格调整常采用两种方法，即调价公式法和文件凭据法。调价公式法适用于社会经济信息健全，物价波动时有专业的机构发布物价波动的信息记录，包括材料、劳务、设备等。对没有物价信息记录或一些突发事件造成的物价波动，诸如立法的变更，只有采用文件凭据法进行调整了。

（2）调价公式法。关于调价公式的基本形式。调价公式法的基础是采用物价指数来调整合同价格，其最简单的原理就是使合同价的增加比例，和施工成本指数增加的比例相同。通常在调价公式中选用一些主要变化因素，来代替合同价的各个部分，用完成工作时的指数值除以编标时候的指数值而得的比例，代表合同价超过投标价的比例。

世界银行推荐的调价基本公式为

$$P = P_0 \frac{I}{I_0}$$

式中　　P——调整的价格；

　　　P_0——按接受投标时的价格标准要付给承包人的标价（即合同支付价格）；

　　　I——成本或价格的现行物价指数；

I_0——编标（或投标）时的物价指数。

为了反映出建设项目的合同价中，有些费用是相对比较稳定、变化不大的，也就是说不存在太大的风险，如合同价中的利润和总部管理费等，这些费用不应参加调价。为此，世界银行项目在调价公式中，引入非调整因子，以保持这一部分合同价不变，通常这部分比例为 $10\%\sim20\%$。具体方法是在调价公式中增加一个只有加权系数而没有调价指数的子项来表示。另外，为了反映出建设项目中，各项费用分别占合同价的比例，需要确定各项相应工程内容的权重系数，以及这些工程内容各自的物价指数，世界银行项目给出非调整因子——多指数调价公式。公式中以 MLE 分别代表所使用的材料、劳动力和设备的物价指数，其公式为

$$P = P_0\left(a + \sum_{i=1}^{n} b_i \frac{MLE_i}{MLE_{i0}}\right)$$

式中　P——调整后的价格；

P_0——按接受投标时的价格标准要付给承包人的标价（即合同支付价格）；

MLE_i——建设项目的材料或劳动力或设备现行物价指数；

MLE_{i0}——建设项目编标（或投标）时的材料或劳动力或设备物价指数；

n——合同中需要进行调整材料、劳动力、设备的个数，也称可变因子的个数；

b_i——合同中第 i 个调整因子（可变因子）的权重系数；

a——合同中不需要调整的（非调整因子）权重系数，为 $10\%\sim20\%$。

上述公式中各项因素的加权系数常常在招标文件中固定下来，不论谁中标均不再变化，且 $a + \sum_{i=1}^{n} b_i = 1.00$ 衡成立。

我国水利水电工程施工合同条件规定的调价公式为

$$\Delta P = P_0\left(A + \sum B_n \frac{F_{tn}}{F_{0n}} - 1\right)$$

式中　ΔP——需调整的价格差额；

P_0——应支付的原合同价价格；

A——定值权重（固定系数）；

B_n——各可调因子的变值权重；

F_{tn}——各可调因子的现行价格指数；

F_{0n}——各可调因子的基本价格指数。

某工程项目合同规定，因人工、材料等价格波动影响合同价时，采用公式

$$\Delta P = P_0\left(A + \sum B_n \frac{F_{tn}}{F_{0n}} - 1\right)$$

规定定值权重 $A=0.2$ 可调值因子有人工费、钢材和水泥，其变值权重分别为 0.4、0.3 和 0.1。各可调值因子的基本价格指数是：人工费 100，钢材 150，水泥 120。工程进展到某月结算时，该月完成合同金额 100 万元，无其他应扣或应支付款额，各可调值因子的现行价格指数是：人工费 120，钢材 165，水泥 150，则按合同规定该月应调整的价格差额是

$$\Delta P = 100 \times \left(0.2 + 0.40 \times \frac{120}{100} + 0.30 \times \frac{165}{150} + 0.10 \times \frac{150}{120} - 1 \right) = 13.5 (万元)$$

关于调价公式法调价的基本工作程序。调价公式法价格调整的计算工作比较复杂，其程序是：①确定计算物价指数的品种。一般地说，品种不宜太多，只确立那些对项目投资影响较大的因素，如设备、水泥、钢材、木材和工资等，这样便于计算。②要明确以下两个问题：一是合同价格条款中，应写明经双方商定的调整因素，在签订合同时要写明考核几种物价波动到何种程度才进行调整，一般都为±10％。也有的合同规定，在应调金额不超过合同原始价5％时，由承包人自己承担；在5％～20％之间时承包人负担10％，发包人（发包人）负担90％；超过20％时，则必须另签附加条款。二是考核的地点和时点；地点一般指工程所在地，或指定的某地市场价格；时点指的是某月某日的市场价格。这里要确定两个时点价格，即签订合同时某个时点的市场价格（基础价格）和每次支付前的一定时间（通常是支付前10天或若干天）的时点价格。三是确定每个可调品种的系数和固定系数，可调品种的系数要根据该品种价格对总造价的影响程度而定。各品种系数之和加上固定系数必须等于1。在实行国际性招标的大型合同中，监理机构应负责按下述步骤编制调价公式：分析施工中必需的投入，并决定选用一个公式，还是选用几个公式→估计各项投入占工程总成本的相对比重，以及国内投入和国外投入的分配，并决定对国内成本与国外成本是否分别采用单独的公式→选择能代表主要投入的物价指数→确定合同价中固定部分和不同投入因素的物价指数的变化范围→规定公式的应用范围和用法→如有必要，规定外汇汇率的调整。

3. 调价其他因素

在水利水电工程实施中，价格调整涉及的范围很广，包括下列各方面。

（1）材料。水利水电工程建设中使用的材料除钢材、木材、水泥、油料、水工材料、粉煤灰等大宗材料以外，还有更多种类的建筑材料、电工器材；每种材料又有不同的品种和规格，其种类可多逾千种。

（2）劳务。包括不同工种、不同等级的劳务费用。

（3）税及费。需要交纳的税款包括关税、增值税、地方附加税、企业所得税、个人所得税、个人收入调节税、车辆牌照税、印花税等；费用有海关检验费、进口手续费、口岸管理费、车辆购置附加费、注册登记费，养路费等；运输费，包括海运、空运、公路、铁路、内河航运的运费及各种附加费用。

（4）通信和邮政费，包括国内外邮政及电信费用，如电话、电报、传真、函件、包裹、网络通信等。

（5）施工用电。

（6）其他还有医疗费、零配件、杂项开支等。

以上涉及的各方面费用在施工期间价格都可能发生变化，在市场经济的条件下，对合同价格采用固定价格，涨价风险都由承包人承担显然是不合理的，也是不可行的。但是如果采用文件证据法，对施工中所有发生的费用都允许调价，也是不合理的，并且也是不可行的。因为价格涉及范围太广，仅上千种不同品种和规格的材料要一笔一笔核实价差和数量，其管理的工作量已是非常繁重，往往使管理单位不堪重负，直接影响对现场施工的管

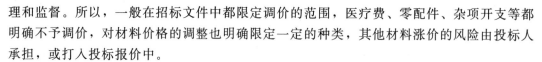

理和监督。所以，一般在招标文件中都限定调价的范围，医疗费、零配件、杂项开支等都明确不予调价，对材料价格的调整也明确限定一定的种类，其他材料涨价的风险由投标人承担，或打入投标报价中。

3.3.5.6　合同项目结算

合同项目结算是对合同文件所确定的工作内容依据合同文件的规定进行清算，从合同文件所规定的工作内容是否按约定完全履行，可分为完全履行的合同结算和不完全履行的合同结算。

1. 完全履行的合同结算

完全履行的合同结算主要是对工程量清单项目的结算、变更项目的结算和索赔项目的结算。

（1）工程量清单项目的结算。工程量清单项目的结算要依据合同工程量清单各个项目的合同规定，工作范围、单价还是总价，计量计价原则、方法、具体的计价工作内容等，分项分部进行计算。单价项目价款用支付工程量乘单价；总价项目按合同规定结算。在单价项目的计算中要附有必要的支持性材料，包括每个部位的计算简图、计算公式、计算式，合同规定的支付工程量的规定。总价项目一般按合同清单量支付。

（2）变更项目的结算。合同变更项目的结算与工程量清单项目的结算类似，需要注意的变更项目的单价必须经合同双方签字认可后，才可以进入结算，过程中的临时单价是不能作为结算单价的。所有变更项目的结算必须附支持性材料，包括变更批复文件、变更指令、变更单价、变更工程量的计量规则、设计签章的图纸和文件、合同双方关于变更项目的补充协议。对变更项目的结算文件可单独装订成册。

（3）索赔项目的结算。索赔项目（工作）的结算按最后合同双方对索赔事件的最终一致性意见进行汇总。注意与工程量清单项目和变更项目的计量范围的界定，诸如有些索赔是变更项目引起的，在变更项目中支付工程量已确定，单价按合同规定的单价结算；承包人对该变更项目的单价提出索赔，并经协商最后确定单价进行调整，在索赔计算时要注意，如变更项目已按支付工程量和合同规定的单价结算，索赔计算只计算增加或减少的那部分单价所引起的费用就可以。也可以将变更和索赔统一考虑在索赔项目中结算或在变更项目中结算。

2. 不完全履行的合同结算

合同因非正常结束进行的结算包括合同一方违约引起的合同解除后结算和不可抗力发生引起的合同解除后结算。

（1）合同解除后的结算。解除合同是指在履行合同过程中，由于某些原因而使继续履行合同成为不合适或不可能，从而终止合同的履行。

对施工承包合同，有三种情况下的解除合同：承包人违约，发包人违约和不可抗力引起的解除合同。

1）承包人违约引起解除合同后的结算，因承包人违约造成施工合同解除的，监理机构应就合同解除前承包人应得到但未支付的下列工程价款和费用签发付款证书，但应扣除根据施工合同约定应由承包人承担的违约费用：已实施的永久工程合同金额；工程量清单中列有的、已实施的临时工程合同金额和计日工金额；为合同项目施工合理采购、制备的材料、构配件、工程设备的费用；承包人依据有关规定、约定应得到的其他费用与违约费用之差。

2）发包人违约引起解除合同后的结算，因发包人违约造成施工合同解除的，监理机构应就合同解除前承包人所应得到但未支付的下列工程价款和费用签发付款证书：已实施的永久工程合同金额；工程量清单中列有的，已实施的临时工程合同金额和计日工金额；为合同项目施工合理采购、制备的材料、构配件、工程设备的费用；承包人的退场费用；由于解除施工合同给承包人造成的直接损失；承包人依据有关规定、约定应得到的其他费用。

（2）不可抗力引起解除合同后的结算。在履行合同过程中，发生不可抗力事件使一方或双方无法继续履行合同时，可解除合同。因不可抗力致使施工合同解除的，监理机构应根据施工合同约定，就承包人应得到但未支付的下列工程价款和费用签发付款证书：已实施的永久工程合同金额；工程量清单中列有的，已实施的临时工程合同金额和计日工金额；为合同项目施工合理采购、制备的材料、构配件、工程设备的费用；承包人依据有关规定、约定应得到的其他费用。

3.3.5.7　投资偏差分析

在确定了投资控制目标之后，为了有效地进行投资控制，监理机构就必须定期地进行投资计划值与实际值的比较，当发现实际值偏离计划值时，应分析产生偏差的原因，采取适当的纠偏措施，以使投资超额量尽可能小。

1. 投资偏差的概念

在投资控制中，把投资的实际值与计划值的差值叫作投资偏差，即

$$投资偏差＝已完工程实际投资－已完工程计划投资$$

投资偏差为正，表示投资超支，投资偏差为负，表示投资节约。但是，必须特别指出，进度偏差对投资偏差分析的结果有重要影响，如果不加考虑就不能正确反映投资偏差的实际情况。比如，某一阶段的投资超支，可能是由于进度超前导致的，所以必须引入进度偏差的概念。

$$进度偏差＝已完工程实际时间－已完工程计划时间$$

为了与投资偏差联系起来，进度偏差也可表示为

$$进度偏差＝工程计划投资－已完工程计划投资$$

工程计划投资，是指根据进度计划安排在某一确定时间内所应完成的工程内容的计划投资。

$$工程计划投资＝计划工程量×计划单价$$
$$已完工程计划投资＝已完工程量×计划单价$$

进度偏差为正值，表示工期拖延；进度偏差为负值，表示工期提前。

但是用上述公式来表示进度偏差，其思路是可以接受的，但表达并不十分严格。在实际应用时，为了便于工期调整，还需将用投资差额表示的进度偏差转换为所需要的时间。另外，在进行投资偏差分析时，还要考虑以下几组投资偏差参数。

（1）局部偏差和累计偏差。所谓局部偏差，有两层含义：一是对于整个项目而言，指各单项工程、单位工程及分部工程的投资偏差；二是对于整个项目已经实施的时间而言，

是指每一控制周期所发生的投资偏差。累计偏差是一个动态的概念，其数值总是与具体的时间联系在一起，第一个累计偏差在数值上等于局部偏差，最终的累计偏差就是整个项目的投资偏差。局部偏差的引入，可使项目投资管理人员清楚地了解偏差发生的时间、所在的单项工程，这有利于分析其发生的原因。而累计偏差所涉及的工程内容较多、范围较大，且原因也较复杂，因而累计偏差分析必须以局部偏差分析为基础。累计偏差分析是建立在对局部偏差进行综合分析的基础上，所以其结果更能显示出代表性和规律性，对投资控制工作具有指导作用。

（2）绝对偏差和相对偏差。绝对偏差是指投资实际值与计划值比较所得到的差额，绝对偏差的结果很直观，有助于投资管理人员了解项目投资出现偏差的绝对数额，并依此采取一定措施，制定或调整投资支付计划和资金筹措计划。但是，绝对偏差有其不容忽视的局限性。如同样是 1 万元的投资偏差，对于总投资 10 万元的项目和总投资 1000 万元的项目而言，其影响显然是不同的。

2. 投资偏差的分析方法

投资偏差分析可以采用不同的方法，常用的方法有横道图法、表格法和投资曲线法。这里主要介绍投资曲线法（赢值法）。投资曲线法是用投资累计曲线来进行投资偏差分析的一种方法，如图 3.3.1 所示。其中曲线 a 代表投资实际值，曲线 p 代表投资计划值，两条曲线之间的竖向距离表示投资偏差。投资实际值曲线在投资计划值曲线上方，表明实际投资已超过计划投资，在某一时刻的差值就是增加的投资数额；反之就是节约的投资数额。用投资曲线来进行投资偏差分析的步骤：先绘制工程计划投资（计划工程量×计划单价）曲线图 p；再在工程计划投资曲线图上，绘制已完工程实际投资（已完工程量×实际单价）曲线 a 和已完工程计划投资（已完工程量×计划单价）曲线 p。利用投资曲线分析投资偏差和进度偏差。

分析方法如图 3.3.2 所示。随着项目计划的实施，在加强施工监督和必要的施工检测的同时，收集和掌握实施中各种现场实际信息，经整理统计，就可在绘有计划控制曲线的进度与费用控制图上，对应绘制实际进度与费用支出曲线，如图 3.3.2 所示。根据计划完成的各项作业的计划费用支出（计划工作量乘以计划单价），绘制计划费用曲线 p。其次

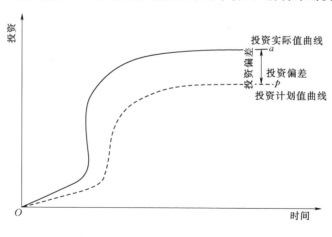

图 3.3.1　投资偏差曲线图

根据实际完成或部分完成的各项作业的原计划费用支出（完成工作量乘以计划单价），绘制已完工和部分完工作业的计划费用曲线 b。再次根据实际完成或部分完成的各项作业的实际费用支出（完成工作量乘以实际单价），绘制已完工和部分完工作业的实际支出费用曲线 a。

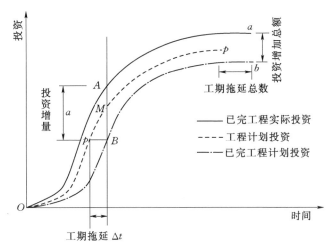

图 3.3.2　进行投资偏差和进度偏差分析的三条投资曲线

从图 3.3.2 上进行对比分析可以看出，随着工程的开展，a、b 曲线不断延伸。如果 b、p、a 三条曲线彼此接近或重合，则说明工程按计划进行。实际上，这三条曲线通常是会发生偏离的。当工程进展到某一时刻时，a、p 两曲线发生了纵向偏离，其差值说明该项工程实际已超支。b、p 两曲线的横向偏离说明实际完成计划工作量的时间比计划推迟了。需要指出的是，这种推迟并不一定说明工程拖期。如果是横道图，要查出这种推迟是否会影响总工期，是比较麻烦的。若采用网络计划技术，只要检查出关键作业按计划进行，或者非关键作业未超越允许的浮动时间，则说明这种推迟不会影响总工期。如果检查结果说明工程进度与费用已偏离计划，就应分析并找出产生费用超支和工程拖期的原因。

3. 偏差原因分析

偏差分析的一个重要目的就是要找出引起偏差的原因，从而采取有针对性的措施进行纠偏，以实现投资的动态控制。一般情况，产生投资偏差的原因有以下几种：

（1）物价上涨。包括人工、材料、设备涨价和利率、汇率变化等。

（2）设计原因。包括设计错误、设计漏项、设计标准变化等。

（3）发包人原因。包括增加项目内容、未及时提供施工场地、组织管理不当、投资规划不当等。

（4）施工原因。包括施工方案不当、赶进度、工期拖延等。

（5）客观原因。包括社会因素、自然因素、地质条件、法规变化等。

4. 提出对未完工程进度与费用的改进措施

如果检查结果说明工程进度与费用已偏离计划，就应分析并找出产生费用超支和工程拖期的原因。查清了造成工程拖期和费用超支的原因，就要对已开工的未完作业和未开工

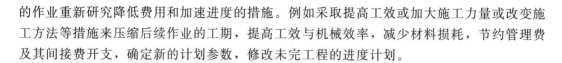

的作业重新研究降低费用和加速进度的措施。例如采取提高工效或加大施工力量或改变施工方法等措施来压缩后续作业的工期，提高工效与机械效率，减少材料损耗，节约管理费及其间接费开支，确定新的计划参数，修改未完工程的进度计划。

3.3.6　项目统供物资核销

工程施工合同明确了物资核销的内容，在严格统供物资计划、领用、储存使用管理的基础上，按照合同规定的流程，工程建设过程开展月度核销、季度及年度核销，在工程完工验收后，落实竣工核销规定的工作内容。监理范围的工程施工合同明确：无物资核销结论，不安排进行完工结算及重大合同条件变化的合同问题了结。监理机构由专人对物资进场检验核查，对口发包人、承包人的统供材料核销管理部门，按照规定的内容开展核销管理。

3.3.6.1　核销管理

在统供材料使用部位明确、完成工程量清楚的情况下，确定已完工结算工程量材料应耗量、确定采用的单耗值计算材料使用量，对比材料领用量、库存量，进行核销分析：在报表中对发包人实际供应量、实际消耗量、应耗量三者的具体使用情况进行说明和分析。核销结论：月度核销不做超欠耗结论。季度核销、年度核销及竣工核销要有明确的超欠耗结论，核销结论必须对工程施工超、欠耗情况进行定性分析。分析发包人供应量与预控总量、实耗量与可核销量之间的差异，实耗量超过或少于可核销量的部分需要详细说明，如果核销结论出现欠耗，工程技术部门组织相关方面查明原因：是否有擅自自购、降低质量标准、工程量统计偏大或工艺水平提高等；超耗部分是否有损失浪费、挪用串项、物资外流、工程备料、基建统计或结算滞后等。根据原因提出专门分析报告或意见，供发包人物资部门分析决策。监理机构对承包人报送的核销报表审核过程，根据需要召开监理机构人员、承包人项目部人员及发包人代表等参加的专题核销分析会。

3.3.6.2　核销价差处理

（1）按合同固定价（材料预算原价）进行扣款的核销价差处理方式：在月度、阶段性核销后，对超耗量按发包人实际采购价与合同固定单价的差额进行扣差。该价差在发包人出具核销价差处理通知后，由监理机构在当期支付报表中扣除，竣工核销时确定竣工核销扣差总额，并对阶段性扣差额进行相应调整。

（2）按发包人实际采购价进行扣款的核销价差处理和执行方式有价差补差，全价补差和补税金三种。

1）价差补差：对于发包人供应物资，发包人按采购价进行月度扣款，工程合同文件规定按发包人提供的固定价计入材料预算原价，此种方式在核销后补偿价差（扣款单价与合同固定价之差），由监理机构在当期支付报表中增加付款金额。

2）全价补差：对于发包人供应物资，发包人按采购价进行月度扣款，工程合同文件规定相关工程合同单价不含发包人统供材料费，此种方式在核销后按扣款单价进行全价补差。月度核销时的核销价差处理纳入当月度工程结算。季度及年度核销时发包人出具结论后由监理在近期支付签证中执行。竣工核销确定最终的价差处理结论，作为竣工结算的必要依据。核销过程中发包人采购（扣款）价格的计算为月度核销按照上月扣款单价计算，季度、年度及竣工核销，按照核销时段内的供应量及实际采购价加权平均计算。

3）补税金：按合同规定，对核销价差补差部分的税金进行补税。竣工核销时核查供应总量及各月度扣款金额、核销应补差总额以及核销已补差总额等，校正核对后给出差额最终数据。

3.3.6.3　归口管理与监理工程核销情况

由于工程缺陷处理、管理不善以及浪费等引起的超耗部分材料，一律按超耗情况处理，按发包人实际采购成本加计 2.5% 的管理费用，并在当期工程进度款中予以扣除。对违反规定挪用、串项、擅自自购发包人统供物资、物资外流等，不予核销补差，并按照合同违约条款进行处理。从工程建设过程控制情况，结合工程量清理、价格分析情况，工程一般会出现超耗情况，但超耗数据应在合理范围。但若投入工程实体的材料（如钢筋、水泥、砂石骨料等）出现欠耗，就需重新核实工程量，或检查工程施工质量。按照程序管理规定，物资核销已完的工程项目跟进竣工结算程序工作。

第4篇

建设工程项目合同管理

第1章 合同的产生、签订与终止

4.1.1 合同法基本规定

4.1.1.1 合同法的产生与修订过程

合同法是民法的重要组成部分，是市场经济的基本法律制度。合同一词有广义和狭义之分，广义的合同，泛指一切确立权利义务关系的协议，狭义的合同则仅指民法上的合同，又称民事合同，我们这里所讲的就是指民法上的合同，《中华人民共和国民法典》规定："合同是民事主体之间设立、变更、终止民事法律关系的协议。"按照该条规定，凡民事主体之间设立、变更、终止民事法律关系的协议都是合同。合同是一种协议，但合同不同于协议书，协议书可能只是一种意向书，并不涉及双方的具体权利义务。党的十一届三中全会以来，我国先后制定了《中华人民共和国经济合同法》《中华人民共和国涉外经济合同法》和《中华人民共和国技术合同法》，这三部合同法在我国社会主义现代化建设中，对保护合同当事人的合法权益，维护社会经济秩序，促进我国经济、技术以及涉外经济贸易的稳步发展，保障社会主义现代化建设事业的顺利发展，发挥了重要作用。随着我国改革开放的不断深入和扩大，经济贸易的不断发展，市场经济的需要，这三部合同法的一些规定不能完全适应新的社会经济情况，需要制定一部统一的、较为完备的合同法，对有关合同的共性问题做出统一规定。为此，我国制定并颁发了《中华人民共和国合同法》。该法自 1999 年 10 月 1 日起施行，《中华人民共和国经济合同法》《中华人民共和国涉外经济合同法》《中华人民共和国技术合同法》同时废止。2020 年 5 月 28 日，十三届全国人大第三次会议表决通过了《中华人民共和国民法典》简称《民法典》，自 2021 年 1 月 1 日起施行。《中华人民共和国婚姻法》《中华人民共和国继承法》《中华人民共和国民法通则》《中华人民共和国收养法》《中华人民共和国担保法》《中华人民共和国合同法》《中华人民共和国物权法》《中华人民共和国侵权责任法》《中华人民共和国民法总则》同时废止。

4.1.1.2 合同形式

合同形式是合同当事人意思表达一致的外在表现形式。《民法典》规定，合同形式可分为口头形式、书面形式和其他形式。口头形式是指当事人面对面地谈话或者以通信设备如电话交谈达成协议；书面形式是指合同书、信件、电报、电传、传真等可以有形地表现所载内容的形式。以电子数据交换、电子邮件等方式能够有形地表现所载内容的形式，并可以随时调取查用的数据电文，也视为书面形式。除了书面形式和口头形式外，合同还可以其他形式成立，我们可以根据当事人的行为或者特定情形推定合同的成立，或者也可以称之为默示合同，此类合同是指当事人未用语言明确表示成立，而是根据当事人的行为推定合同成立，如租赁房屋的合同，在租赁房屋的合同期满后，出租人未提出让承租人退租，承租人也未表示退房而是继续交房租，出租人仍然接受租金。根据双方当事人的行为，可以推定租赁合同继续有效。如果以合同形式的产生依据划分，合同形式则可分为法定形式和约定形式。合同的法定形式是指法律直接规定合同应当采取的形式，比如《民法典》规定建设工程合同应当采用书面形式，合同当事人不能对合同形式加以选择。合同约定形式是指法律没有对合同形式作出要求，当事人可以约定合同采用的形式。

4.1.1.3　合同内容

《民法典》规定了合同一般应当包括的条款，但具备这些条款不是合同成立的必要条件。建设工程合同也应当包括这些内容，但由于建设工程合同比较复杂，合同中的内容并不全部在狭义的合同文本中，有些内容可能反应在工程量清单中，有些内容可能反应在技术标准和要求中。《民法典》规定的合同内容包括：当事人的名称或者姓名和住所；标的；数量；质量；价款或者报酬；履行期限、地点和方式；违约责任；解决争议的方法。

4.1.2　合同签订

合同当事人订立合同采用要约、承诺方式。建设工程合同的订立同样需要通过要约、承诺，比如我国的招标投标制即为合同订立要约、承诺两个阶段，投标人参加投标即为要约，招标人发出中标通知书即为承诺。

4.1.2.1　要约

要约是希望和他人订立合同的意思。要约在商业活动和对外贸易中又称为报价、发价或发盘，发出要约的当事人称为要约人，而要约所指向的对方当事人则称为受要约人，一项要约要取得法律效力，必须具有相应的法律特征。

（1）要约的内容具体确定。要约的内容必须包括足以决定合同内容的主要条款，因为要约当事人双方就合同主要条款协商一致，合同才能成立。因此，要约既然是订立合同的提议，就需要包括能够足以决定合同主要条款的内容。

（2）要约是指一方当事人以缔结合同为目的，向对方当事人所作的意思表示，即要约必须具有缔结合同的目的。当事人发出要约，是为了与对方订立合同，要约人要在其意思表示中将这一意愿表示出来，凡不以订立合同为目的的意思表示，不构成要约。要约人发出要约，一般可以分为两种：一种是口头形式，即要约人以直接对话或者电话等方式向对方提出要约，这种形式主要用于即时清结的合同。另一种是书面形式，即要约人采用交换信函、电报、电传和传真等文字形式向对方提出要约。

（3）要约与要约邀请的区别：要约邀请是希望他人向自己发出要约的意思。要约是以订立合同为目的具有法律意义的意思，一经发出就产生一定的法律效果。而要约邀请的目的是让对方对自己发出要约，是订立合同的一种预备行为，在性质上是一种事实行为，并不产生任何法律效果，即使对方邀请，对自己发出了要约，自己也没有承诺的义务。因此，要约邀请本身不具有法律意义。在实际生活中，寄送的价目表、拍卖公告、招标公告、招股说明书、商业广告等都为要约邀请。但应注意，商业广告的内容符合要约规定的，应视为要约，比如悬赏广告等。要约与要约邀请的区别在于：①要约是当事人自己发出的愿意订立合同的意思表示，而要约邀请则是当事人希望对方当事人向自己发出订立合同的意思表示的一种意思表示；②要约一经发出，邀请方可以不受自己的要约邀请的约束，即受要约邀请而发出要约的一方当事人，不能要求邀请方必须接受要约。

（4）要约的生效。要约到达受要约人时生效。要约生效的时间依据要约的形式不同而不同，口头要约一般在向受要约人了解时发生法律效力，非口头要约一般自要约送达受要约人时发生法律效力。《民法典》规定：采用数据电文形式订立合同，收件人指定特定系统接收数据电文的，该数据电文进入该特定系统的时间，视为到达时间。未指定特定系统的，该数据电文进入收件人的任何系统的首次时间，视为到达时间。

（5）要约的撤回。《民法典》规定，要约可以撤回。要约撤回是指在要约生效前，要约人使其不发生法律效力的意思表达。要约一旦送达受要约人或被受要约人了解，即发生法律效力。所以，撤回要约的通知应当在要约到达受要约人之前或者要约同时到达受要约人时。因此，要约的撤回只发生在书面形式的要约，而且，撤回通知一般应采取比要约更迅速的通知方式。

（6）要约的撤销。要约的撤销是指在要约生效后，要约人使其丧失法律效力的意思。撤销包括全部内容的撤销，也包括部分内容的变更。《民法典》规定，要约可以撤销，撤销要约的通知应当在受要约人发出承诺通知之前到达要约人，但有下列情形之一的，要约不得撤销：①要约人确定了承诺期限或者以其他形式明示要约不可撤销；②受要约人有理由认为要约是不可撤销的，并已经为履行合同做了准备工作。

（7）要约的失效。要约失效，即要约丧失其法律效力。要约失效后，要约人不再受其约束，受要约人也终止了承诺的权利。要约失效后，合同即失去了成立的基础，受要约人即使承诺，也不能成立合同。《民法典》规定，有下列四种情形之一的为要约失效：①拒绝要约的通知到达要约人；②要约人依法撤销要约；③承诺期限届满，受要约人未做出承诺；④受要约人对要约的内容做出实质性变更。注意，以下几种情况构成新要约：当受要约人已拒绝，但又在要约有效期内同意的；承诺期限届满后，受要约人又表示接受的；受要约人对要约的内容做出实质性变更的。

4.1.2.2 承诺

1. 承诺的法律特征

承诺是受要约人同意要约的意思。承诺一经做出，并送达要约人，合同即告成立，要约人有义务接受承诺人的承诺，不得拒绝。一项承诺，必须具备下列法律特征，才能产生合同成立的法律后果：①承诺必须是受要约人做出；②承诺必须向要约人做出；③承诺的内容应当和要约的内容一致；④承诺应在要约有效期内做出。

2. 承诺的方式

《民法典》规定，承诺应当以通知的方式做出，但根据交易习惯或者要约表明或以通过行为做出承诺的除外。承诺的形式，受要约人以何种方式发出承诺，一般应当与要约的形式一致，当要约是口头形式时，要约人也应当用口头形式做出承诺。当要约是书面形式时，受要约人也应当用书面形式做出承诺。当然，要约人也可以在要约中规定受要约人必须采用何种形式做出承诺，在这种情况下，受要约人必须按照要约中规定的形式做出承诺。

3. 承诺的期限

承诺应当在要约确定的期限内到达要约人，要约没有确定承诺期限的，承诺应当依照下列规定到达。

（1）要约以对话方式做出的，应当即时做出承诺，但当事人另有约定的除外。

（2）要约以非对话方式做出的，承诺应当在合理期限内到达。

要约以信件或者电报做出的，承诺期限自信件载明的日期或者电报交发之日开始计算。信件未载明日期的，自投寄该信件的邮戳日期开始计算。要约以电话、传真等快速通信方式做出的，承诺期限自要约到达受要约人时开始计算。受要约人超过承诺期限发出承诺的，除要约人及时通知受要约人该承诺有效的以外，为新要约。受要约人在承诺期限内发出承诺，按照通常情形能及时到达要约人，但因其他原因承诺到达要约人时超过承诺期限的，除要约人及时通知受要约人因承诺超过期限不能接受该承诺的以外，该承诺有效。

4. 承诺生效时间

承诺生效时，合同成立，当事人之间产生合同权利和义务。因此，承诺的生效时间至关重要。《民法典》规定，承诺通知到达要约人时生效。承诺不需要通知的，根据交易习惯或者要约的要求做出承诺的行为时生效。采用数据电文形式订立合同，收件人指定特定系统接收数据电文的，该数据电文进入特定系统的时间，被视为承诺到达时间。未指定特定系统的，该数据电文进入收件人的任何系统的首次时间，被视为承诺到达时间。

5. 承诺的撤回

撤回承诺是阻止承诺发生法律效力的一种意思。《民法典》规定，承诺可以撤回。由于承诺通知一经收到，合同即告成立。因此，撤回承诺的通知应当在承诺通知到达要约人之前或者与承诺同时到达要约人。

6. 承诺时变更要约内容

承诺的内容应当与要约的内容一致。当受要约人对要约的内容做出实质性变更的，为新要约。有关合同标的、数量、质量、价款或者报酬、履行期限、履行地点和方式、违约责任和解决争议方法等的变更，是对要约内容的实质性变更。承诺对要约的内容做出非实质性变更的，除要约人及时表达反对或者要约表明承诺不得对要约的内容做出任何变更的以外，该承诺有效，合同的内容以承诺的内容为准。

7. 合同成立

合同成立是指合同当事人对合同的标的、数量等内容协商一致。如果法律法规、当事人对合同的形式、程序没有特殊的要求，则承诺生效时合同成立。合同当事人采用合同书形式订立合同的，自双方当事人签字或者盖章时合同成立。建设工程合同签订过程中，有合法授权代表的一方代表签字确认的内容也可以作为合同的内容。

4.1.3　合同履行

合同的履行，是指合同生效后，双方当事人按照约定全面履行自己的义务，从而使双方当事人的合同目的得以实现的行为。履行合同才是实现订立合同的目的，关系到当事人的利益。合同的履行是《民法典》效力的主要内容和集中体现，双方当事人正确履行合同的结果，是使双方的权利得以实现，合同关系归于消灭。

（1）合同履行的原则，是指合同当事人双方在履行合同义务时应遵循的原则。合同履行原则既包括合同的基本原则，也包括合同履行的特有原则。《民法典》的基本原则是指导整个《民法典》规范和合同行为的准则，它既是指导当事人订立合同的准则，也是指导当事人履行合同的准则。合同履行的特有原则是属于合同履行的原则，它是适用于合同行为履行阶段。这些原则包括：实际履行原则、全面履行原则、诚实信用原则。

1）实际履行原则，是要求合同当事人按照合同的标的履行，不能任意用其他标的代替合同的标的履行的原则。实际履行原则体现在两个方面，一是合同当事人必须按照合同的标的履行，合同规定的标的是什么，就得履行什么，不得任意以违约金或按损害赔偿金等标的代替合同规定的标的履行。二是合同当事人一方不按照合同的标的履行时，应承担实际履行的责任，另一方当事人有权要求其实际履行。

2）全面履行原则，又称适当履行原则或正确履行原则。《民法典》第五百零九条第一款规定："当事人应当按照约定全面履行自己的义务"。全面履行原则是指合同当事人必须按照合同规定的条款全面履行各自的义务。具体讲就是必须按合同规定的数量、品种、质量、交货地点、期限交付物品，并及时支付相应价款。这一原则的意义在于约束当事人信守诺言，讲究信用，全面按合同的规定履行权利义务，以保证当事人双方的合同利益。

3）合同当事人还应当遵循诚实信用原则，根据合同的性质、目的和交易习惯履行通知、协助、保密等合同的附随义务。合同的附随义务是指合同中虽未明确规定，但依照合同性质、目的或者交易习惯，当事人应履行的义务。附随义务是与合同的主义务相对应的，合同的附随义务主要是根据《民法典》的诚实信用原则产生的。没有约定或者约定不明确的合同履行，合同依法订立后，当事人应当按照约定全面履行自己的义务，当事人应当遵循诚实信用原则，根据合同的性质、目的和交易习惯履行通知、协助、保密等义务。因而，一项合同不可能事无巨细，面面俱到，而且即使合同成立后，也会因情况发生变化而需要对合同的内容做出调整。因此，合同成立后，当事人可以就合同中没有规定的内容订立补充协议，作为合同的组成部分，与合同具有同等的法律效力。为此，对有缺陷的合同，《民法典》做出了具体的规定，"合同生效后，当事人就质量、价款或者报酬、履行地点等内容没有约定或者约定不明确的，可以协议补充，不能达成补充协议的，按照合同有关条款或者交易习惯确定"。如果当事人不能达成一致意见，也不能确定合同的内容，应按法律的规定履行。

（2）《民法典》第五百一十一条规定，当事人就有关合同内容约定不明确，依照《民法典》第五百一十条的规定仍不能确定的，适用下列规定：第一质量要求不明确的，按照国家标准、行业标准履行，没有国家标准、行业标准的，按照通常标准或者符合合同目的的特定标准履行；第二价款或者报酬不明确的，按照订立合同时履行地的市场价格履行，依法应当执行政府定价或者政府指导价的，按照规定履行；第三履行地点不明确，给付货币的，在接受货币一方所在地履行，交付不动产的，在不动产所在地履行，其他标的，在履行义务方所在地履行；第四履行期限不明确的，债务人可以随时履行，债权人也可以随时要求履行，但应当给对方必要的准备时间；第五履行方式不明确的，按照有利于实现合同目的的方式履行；第六履行费用的负担不明确的，由履行义务一方负担。《民法典》第五百一十三条规定：执行政府定价或者政府指导价的，在合同约定的交付期限内政府价格调整时，按照交付时的价格计价。逾期交付标的物的，遇价格上涨时，按照原价格执行，价格下降时，按照新价格执行。逾期提取标的物或者逾期付款的，遇价格上涨时，按照新价格执行，价格下降时，按照原价格执行。

4.1.4　无效合同与可变更、可撤销、可转让合同

4.1.4.1　无效合同

合同的无效是指合同严重欠缺有效要件，不发生法律效力，也就是法律不允许按当事人同意的内容对合同赋予法律效果，即为合同无效。《民法典》第五百零六条规定：有下列情形之一的，免责条款无效：第一造成对方人身损害的；第二因故意或者重大过失造成对方财产损失的。《民法典》第五百零五条规定：当事人超越经营范围订立的合同的效力，应当依照本法第一编第六章第三节和本编的有关规定确定，不得仅以超越经营范围确定合同无效。

4.1.4.2　可变更、可撤销合同

合同的撤销是指因意思表示不真实，通过撤销权人行使撤销权，使已经生效的合同归于消灭。合同的撤销必须具备法律规定的条件，不具备法定的条件，当事人任何一方都不能随便撤销合同，否则要承担法律责任。当合同具备法定的条件，当事人所拥有的权利就是合同的撤销权。合同的撤销是一种法律行为，而合同的撤销权是合同当事人的法定权利。在以下情况下，当事人一方可请求人民法院或者仲裁机构变更或者撤销合同：第一合同是因重大误解而订立的；第二合同的订立显失公平；第三一方以欺诈、胁迫的手段或者乘人之危，使对方在违背真实意思的情况下订立合同。当然，当事人请求变更的，人民法院或者仲裁机构不得撤销。当具有撤销权的当事人自知道或者应当知道撤销事由之日起一年内没有行使撤销权，或者具有撤销权的当事人知道撤销事由后明确表示或者以自己的行为放弃撤销权，此时撤销权消灭。

4.1.4.3　合同转让

合同转让是指合同当事人一方依法将其合同的权利和（或）义务全部或部分地转让给第三人。合同转让包括合同权利转让、合同义务的转让、合同权利和义务的一并转让。合同转让的主要特征是：一是合同的转让以有效合同的存在为前提；二是合同的转让是合同主体改变；三是合同的转让不改变原合同的权利义务内容；四是合同的转让既涉及转让人（合同一方当事人）与受让人（第三人）的关系，也涉及原合同双方当事人的关系。合同的转让需要具备以下条件：一是必须有有效成立的合同存在；二是必须有转让人（合同当事人）与受让人（第三人）协商一致的转让行为；三是必须经债权人同意或通知债务人；四是合同权利的转让必须是转让依法能够转让的权利；五是合同转让必须依法办理审

批登记手续。

1. 合同权利的转让

合同权利转让，是指合同债权人通过协议将其债权全部或部分地转让给第三人。合同权利转让具有以下特点。

（1）合同权利转让的主体是债权人与第三人。

（2）合同权利转让的标的是合同债权。

（3）合同权利转让的效力是第三人成为合同当事人，享受合同债权，合同权利的转让可以是全部合同权利的转让，也可以是部分合同权利的转让。

（4）不得转让合同权利包括：根据合同的性质不得转让的合同权利；按照当事人的约定不得转让的合同权利；依照法律规定不得转让的合同权利。

债权人转让权利的，应当通知债务人。未经通知，该转让对债务人不发生效力。债权人转让权利的通知不得撤销，但经受让人同意的除外。债权人转让权利的，受让人取得与债权有关的从权利，但该从权利专属于债权人自身的除外。债务人接到债权转让通知后，债务人对让与人的抗辩，可以向受让人主张。

2. 合同义务的转让

合同义务转让，又称合同义务的转移，是指债务人将合同的义务全部或者部分转移给第三人。债务人将合同的义务全部或者部分转移给第三人的，应当经债权人同意。合同义务转让也是合同内容不变而合同主体的变更。合同义务转让可分为全部转让和部分转让。全部转让是指第三人受让债务人的全部债务，第三人取代债务人的地位而成为合同的债务人。部分转让是指第三人受让债务人的部分债务，原债务人仍然承担债务，但其中的部分债务已转让给第三人即新债务人。合同义务转让的特殊效力：一是债务人的抗辩权随债务的转让而转让；二是从债务随主债务的转让而转让。从债务随主债务的转让而转让是从随主原则的一种体现。

3. 合同权利义务的一并转让

合同权利义务的一并转让，是指合同当事人一方将其权利义务一并转移给第三人，而第三人一并接受其转让的权利义务。合同权利义务的一并转让既可以根据当事人之间的合同而发生，又可以根据法律规定而发生。协议性的合同权利义务一并转让是通过合同一方与第三人达成协议的方式进行的转让。此种协议需要经过合同对方的同意，即仅转让方与第三人的转让协议还不能生效，还必须由合同相对人同意的意思表示作为补充。转让生效后，受让人一并地受让转让人的地位。法定的权利义务一并转让。《民法典》规定："当事人订立合同后合并的，由合并后的法人或者其他组织行使合同权利，履行合同义务。当事人订立合同后分立的，除债权人和债务人另有约定的以外，由分立的法人或者其他组织对合同的权利和义务享有连带债权，承担连带责任"。本条是关于当事人合并和分立后的权利义务一并继受的规定，可以简称为法定的一并转让。

4.1.5　合同终止

合同终止即合同权利义务的终止，指合同当事人之间根据合同确定的权利义务在客观上不再存在，合同不再对合同双方具有约束力。合同终止是合同关系的消灭，不可能再恢复。《民法典》第五百五十七条规定，有下列情形之一的，合同的权利义务终止：第一债务已经履行；第二债务相互抵消；第三债务人依法将标的物提存；第四债权人免除债务；第五债权债务同归于一人；第六法律规定或者当事人约定终止的其他情形。同时《民法典》第五百五十八条规定，债权债务终止后，当事人应当遵循诚信等原则，根据交易习惯履行通知、协助、保密、旧物回收等义务。

第2章　建设工程项目招标投标管理

4.2.1　建设工程招标范围和规模

4.2.1.1　建设工程招标范围

依据 2018 年 6 月 1 日起实施的《必须招标的工程项目规定》（国家发展改革委令第 16 号）及 2018 年 6 月 6 日实施的《必须招标的基础设施和公用事业项目范围规定》项目必须进行招标。

4.2.1.2　建设工程招标范围

1. 全部或者部分使用国有资金投资或者国家融资的项目

（1）使用预算资金 200 万元人民币以上，并且该资金占投资额 10％以上的项目。

（2）使用国有企业事业单位资金，并且该资金占控股或者主导地位的项目。

2. 使用国际组织或者外国政府贷款、援助资金的项目

（1）使用世界银行、亚洲开发银行等国际组织贷款、援助资金的项目。

（2）使用外国政府及其机构贷款、援助资金的项目。

3. 其他基础设施项目

（1）煤炭、石油、天然气、电力、新能源等能源基础设施项目。

（2）铁路、公路、管道、水运，以及公共航空和 A1 级通用机场等交通运输基础设施项目。

（3）电信枢纽、通信信息网络等通信基础设施项目。

（4）防洪、灌溉、排涝、引（供）水等水利基础设施项目。

（5）城市轨道交通等城建项目。

4. 服务类项目

（1）施工单项合同估算价在 400 万元人民币以上。

（2）重要设备、材料等货物的采购，单项合同估价在 200 万元人民币以上。

（3）勘察、设计、监理等服务的采购，单项合同估算价的 100 万元人民币以上。

同一项目中可以合并进行的勘察、设计、施工、监理以及与工程建设有关的重要设备、材料等的采购，合同估价合计达到前款规定标准的，必须招标。

4.2.2　工程项目招标方式

招标分为公开招标和邀请招标。公开招标是指招标人以招标公告的方式邀请不特定的法人或者其他组织投标。邀请招标是指招标人以投标邀请书的方式邀请特定的法人或者其他组织投标。其中，对于必须招标的项目，《招标投标法实施条例》规定"国有资金占控股或者主导地位的依法必须进行招标的项目，应当公开招标。"但有下列情况之一的，可以邀请招标：①技术复杂、有特殊要求或者受自然环境限制，只有少量潜在投标人可供选择；②采用公开招标方式的费用占项目合同金额的比例过大。

4.2.3　工程项目评标标准和方法

评标委员会应当按照招标文件确定的评标标准和方法，对投标文件进行评审和比较。设有标底的，应当参照标底。评标标准和方法一般分为两种，一种是综合评估法，一种是经评审的最低价法。

4.2.4　工程项目招标程序

工程项目招标程序：向行政监督部门提交招标备案→编制招标文件→发布招标信息（招标公告或投标邀请书）→发售招标文件→招标文件答疑、澄清、发布栏标价（若有）→成立评标委员会，并在中标结果确定前保密→公开开标→评标委员会评标，出具评标报告→发布中标候选人公示→招标人依据评标报告确定中标人→发布中标人公示→向中标人发出中标通知书→向行政监督部门提交招标情况报告→进行合同谈判，并与中标人订立书面合同。

4.2.5　工程项目招标投标管理规定

4.2.5.1　行政监督管理规定

县级以上水行政主管部门或流域机构是水利工程建设项目招标投标活动的行政监督部门。中央项目由水利部或流域机构按项目管理权限实施行政监督。地方项目由项目水行政主管部门实施行政监督。按照管辖权限上级水行政主管部门可以指导下级水行政主管部门的有关行政监督工作。流域机构可以指导本流域内地方水行政主管部门的有关行政监督工作。与水利工程建设项目招标投标活动有关的单位和个人必须自觉接受行政监督部门的行政监督。水利工程建设项目招标投标活动的行政监督一般采取事前报告、事中监督和事后备案的方式进行。行政监督的主要内容是：对招标准备工作的监督；对资格审查；对开标的监督；对评标的监督；对定标的监督。

4.2.5.2　水利建设项目招标应具备的条件

水利建设项目招标应具备的条件：初步设计已经批准；建设资金来源已落实，年度投资计划已经安排；监理单位已确定；具有能满足招标要求的设计文件，已与设计单位签订适应施工进度要求的图纸交付合同或协议；有关建设项目永久征地、临时征地和移民搬迁的实施、安置工作已经落实或已有明确安排。

4.2.5.3 招标文件应包含的内容

编制依法必须进行招标的项目资格预审文件和招标文件，应当使用国务院发展改革部门会同有关行政监督部门制定的标准文本。一般应包括以下内容：招标公告（或投标邀请书）；投标人须知（包括前附表、正文）；评标标准和方法；合同条款及格式；工程量清单（施工招标）、监理报酬清单（监理招标）、勘察设计费用清单（勘察设计招标）；招标图纸；技术标准和要求；投标文件格式；其他。

4.2.5.4 水利建设项目标段划分

招标人对招标项目划分标段，应遵守招标投标法有关规定，不得利用划分标段限制或排斥潜在投标人。依法必须进行招标的项目，招标人不得利用划分标段规避招标。《招标投标法实施条例》所指的标段划分，是招标人在充分考虑合同规模、技术标准规格分类要求、潜在投标人状况，以及合同履行期限等因素的基础上，将一项工程、服务，或者一个批次的货物分为若干个合同进行招标的行为。标段划分既要满足招标项目技术经济和管理的客观需要，又要遵守《招标投标法》等相关法律法规的规定。

4.2.5.5 施工合同承包人的资质

为保证建设工程的顺利进行，要严格审查施工队伍的资质证明。作为承包人的施工队伍必须具有以下证件：①企业法人营业执照。企业法人营业执照是一个承包人有无资格施工的证明。企业法人营业执照可以反映出施工队伍的基本概况，如资金、人员、施工技术及施工设施、开业年限等。没有企业法人营业执照绝不能签订合同。②安全生产合格证。安全生产是保证建筑工程顺利施工的一个重要因素。每个承包人都应设一个专门机构或派专人负责安全问题。③企业资质等级证书。住房和城乡建设部和国务院各有关主管部门，分别制定了通用工业与民用建筑、冶金建设、有色金属工业建设等各类施工企业的资质等级标准。这些施工企业资质等级标准，都是按施工企业完成工程任务的能力和经历、主要管理人员素质、有职称的业务技术人员占企业平均人数的比率和资金等方面的不同情况确定的，并依此确定各等级施工企业的营业范围，即承包工程范围。承包人不得越级承包，如果越级承包工程，则所签合同无效。外地建筑企业进驻当地施工，应根据当地政府的有关规定办理必要的手续。

第3章 建设工程合同及相关规定

4.3.1 建设工程合同简介

建设工程合同，又称建设工程承包合同，是指承包人进行工程建设，发包人支付价款的合同，包括勘察、设计、施工合同。建设工程合同的标的是基本建设工程。基本建设工程具有建设周期长、质量要求高的特点。这就要求承包人必须具有相当高的建设能力，要求发包人与参与建设方之间的权利、义务和责任明确、相互密切配合。而建设工程合同又是明确各方当事人的权利、义务和责任，以保证完成基本建设任务的法律形式。因此，建设工程合同在我国的经济建设和社会发展中有着十分重要的地位和作用。

4.3.2   建设工程合同的法律特征

4.3.2.1   建设工程合同的主体必须是法人或其他组织

建设工程合同在主体上有不同于承揽合同主体的特点。承揽合同对主体没有限制，可以是公民个人，也可以是法人或其他组织。而建设工程合同的主体是有限制的，建设工程合同的承包人必须是法人或其他经济组织，公民个人不得作为合同的承包人。发包人只能是经过批准建设工程的法人，承包人也只能是具有从事勘察、设计、施工任务资格的法人。作为发包人必须持有已经批准的基建计划，工程设计文件，技术资料、已落实资金及做好基建应有的场地、交通、水电等准备工作。作为承包人必须持有效的相应的资质证书和营业执照。建筑工程承包合同的标的是工程项目，当事人之间权利义务关系复杂，工程进度和质量又十分重要。因此，合同主体双方在履行合同过程中必须密切配合，通力协作。

4.3.2.2   合同的标的仅限于基本建设工程

建设工程合同的标的只能是属于基本建设的工程而不能是其他的事物，这也是建设工程合同与承揽合同不同的主要所在。为完成不能构成基本建设的一般工程的建设项目而订立的合同，不属于工程建设合同，而应属于承揽合同。例如，个人为建造个人住房而与其他公民或建筑队订立的合同，就为承揽合同，而不属于工程建设合同。

4.3.2.3   建设工程合同具有一定的计划性和程序性

在市场经济条件下，建设工程合同已有相当一部分不再是计划合同。但是，基本建设项目的投资渠道多样化，并不能完全改变基本建设的计划性，国家仍然需要对基建项目实行计划控制。所以，建设工程合同仍应受国家计划的约束。对于计划外的工程项目，当事人不得签订工程建设合同；对于国家的重大项目工程建设合同，更应当根据国家规定的程序和国家批准的投资计划和计划任务书签订。由于基本建设工程建设周期长、质量要求高、涉及的方面广，各阶段的工作之间有一定的严密程序，因此，建设工程合同也就具有程序性的特点。国家对建设工程计划任务书、建设地点的选择、设计文件、建设准备、计划安排、施工生产准备、竣工验收、交付生产方面都有具体规定，双方当事人必须按规定的程序办事。例如，未经立项，没有计划任务书，则不能进行签订勘察设计合同的工作；没有完成勘察设计工作，也不能签订建筑施工合同。

4.3.2.4   在签订和履行合同中接受国家多种形式的监督管理

建设工程合同因涉及基本建设规划，其标的物为不动产的工程，承包人所完成的工作成果不仅具有不可移动性，而且须长期存在和发挥效用，事关国计民生，因此，国家要实行严格的监督和管理。对于承揽合同，国家一般不予以特殊的监督和管理，而建设工程合同则是在国家多种形式的监督管理下实施的。国家除通过有关审批机构按照基本建设程序的规定监督建设工程承包合同的签订外，在合同开始履行到终止的过程中，国家通过银行信贷和结算的方式进行监督，主管部门通过参与竣工验收进行监督，通过这些监督促进建

设工程承包合同的履行。

4.3.2.5　建设工程合同的形式有严格的要求

《民法典》第七百八十九条规定："建设工程合同应当采用书面形式"。这是国家对基本建设工程进行监督管理的需要，也是由建设工程合同履行的特点所决定的。不采用书面形式的建设工程合同不能有效成立。书面形式一般由双方当事人就合同经过协商一致而写成的书面协议，就主要条款协商一致后，由法定代表人或其授权的经办人签名，再加盖单位公章或合同专用章。由于建设工程合同对国家或局部地区或部门的基本建设影响重大，涉及的资金巨大，因此，《民法典》规定建设工程合同应当采用书面形式。

4.3.2.6　建设工程合同类型

计价与合同形式紧密联系，可根据项目特点、投资金额、复杂程度、设计深度等选择不同的合同形式或计价方式。我省水利工程项目采用的合同形式大致分为以下几种，固定总价合同、可调总价合同（总价合同）、固定单价合同等。

1. 固定总价合同

固定总价合同是指在约定的风险范围内价款不再调整的合同，即合同约定风险范围内价格固定不变。最高人民法院关于审理建设工程施工合同纠纷案件适用法律问题的解释规定"当事人约定按照固定价结算工程价款，一方当事人请求对建设工程造价进行鉴定的，不予支持"。固定总价合同对合同双方风险较大，适用于合同工期较短且工程合同总价较低的工程。

2. 可调总价合同（总价合同）

可调总价合同有些简称为总价合同，即没有"可调"二字。与固定总价合同比较，其价格可调。依据合同约定的价格调整条款，可在工程结算时对合同总价进行调整。合同双方签订合同时依据《民法典》"公平"原则，合理确定各自承担的风险。风险的确定可参考《房屋建筑和市政基础设施项目工程总承包管理办法》中的风险划分。

3. 固定单价合同

固定单价合同是指合同双方在合同中约定综合单价包括的风险范围和风险费用的计算方法，在约定的风险范围内综合单价不再调整，即单价固定不变。这种合同形式都比较常见，常用于单独发包的水利工程施工项目。

4.3.2.7　施工合同的示范文本

FIDIC《土木工程施工合同条件》（第4版1988年订正版）正式条文共分27节、72条、194款。其中涉及工程师职责或权限的部分分别占25节、56条、122款。它对工程师的职责、权限，以及对于合同目标控制和合同管理工作中应履行的义务做出了详尽的规定。其中涉及监理企业（监理人）职责或权限的部分有24节、79条、136款。对监理人的职责、权限，以及对于合同目标控制和合同管理工作中应履行的义务做出了详尽的规定。《建设项目工程总承包合同示范文本（试行）》（GF—2011—0216）通用条款共20条，其中包括核心条款8条：第1条一般规定，第4条进度计划、延误和暂停，第5条技术与设计，第6条工程物资，第7条施工，第8条竣工验收，第9条工程接收和第10条竣工后试验等，用以确保实施阶段建设项目功能、规模、标准和工期要求得以实现。其他包括保障条款、不可抗力条款、干系人条款等。它对总承包企业（总承包人）的合同责任、合同目标管理工作中应履行的义务做出了详尽的规定。

4.3.2.8　建设工程的总承包、转包与分包的相关规定

1. 建设工程的总承包

《民法典》第七百九十一条规定："发包人可以与总承包人订立建设工程合同，也可以分别与勘察人、设计人、施工人订立勘察、设计、施工承包合同。"对于发包人来讲，也就是鼓励发包人将整体工程一并发包。一是鼓励采用将建设工程的勘察、设计、施工、设备采购一并发包给一个总承包人；二是将建设工程的勘察、设计、施工、设备采购四部分分开发包给几个具有相应资质条件的总承包人。采用以上两种发包方式，发包工程既节约投资，强化现场管理，提高工程质量，又可以在一旦出现事故责任时，很容易找到责任人。

2. 禁止建设工程转包

转包，是指建设工程的承包人将其承包的建设工程倒手转让给他人，使他人实际上成为该建设工程新的承包人的行为。《民法典》规定："承包人不得将其承包的全部建设工程转包给第三人或者将其承包的全部建设工程肢解以后以分包的名义分别转包给第三人。"转包行为有较大的危害性。一些单位将其承包的工程压价倒手转包给他人，从中牟取不正当利益，形成"层层转包，层层扒皮"的现象，最后实际用于工程建设的费用大为减少，导致严重偷工减料；一些建设工程转包后落入不具有相应资质条件的包工队手中，留下严重的工程质量隐患，甚至造成重大质量事故。从法律的角度讲，承包人擅自将其承包的工程转包，违反了法律的规定，破坏了合同关系的稳定性和严肃性。从合同法律关系上说，转包行为属于合同主体变更的行为，转包后，建设工程承包合同的承包人由原承包人变更为接受转包的新承包人，原承包人对合同的履行不再承担责任。承包人将承包的工程转包给他人，擅自变更合同的主体的行为，违背了发包人的意志，损害了发包人的利益，是法律所不允许的。承包人不得将其承包的全部工程转包给第三人。未经发包人同意，承包人不得转移合同中的全部或部分义务，也不得转让合同中的全部或部分权利，下述情况除外：第一承包人的开户银行代替承包人收取合同规定的款额；第二在保险人已清偿了承包人的损失或免除了承包人的责任的情况下，承包人将其从任何其他责任方处获得补偿的权利转让给承包人的保险人。

3. 建设工程的分包

建设工程的分包，是指对建设工程实行总承包的承包人，将其总承包的工程项目的某一部分或几部分，再发包给其他的承包人，与其签订总承包项目下的分包合同，此时，总承包合同的承包人即成为分包合同的发包人。《民法典》规定："总承包人或者勘察、设计、施工承包人经发包人同意，可以将自己承包的部分工作交由第三人完成。第三人就其完成的工作成果与总承包人或者勘察、设计、施工承包人向发包人承担连带责任。"依据法律的规定，承包人必须经发包人同意，才可以将自己承包的部分工作交由第三人完成。而且，分包人（第三人）应就其完成的工作成果与总承包人或者勘察、设计、施工承包人向发包人承担连带责任。《民法典》还明确规定："禁止承包人将工程分包给不具备相应资质条件的单位。禁止分包单位将其承包的工程再分包。建设工程主体结构的施工必须由承包人自行完成。"这就明确了三个方面：一是承包人将分包工程必须分包给具有相应资质的分包人；二是分包人不得将其承包的工程再分包；三是建设工程主体结构的施工必须由

承包人自己完成。

4.3.3　施工合同的主要内容

4.3.3.1　施工合同的形式

施工合同是发包人与承包人就完成具体工程建设项目的土建施工、设备安装、设备调试、工程保修等工作内容，明确合同双方权利义务关系的协议。施工合同是建设工程合同的一种，它与其他建设工程施工合同一样是双务有偿合同。施工合同的主体是发包人和承包人。发包人是建设单位、项目法人、发包人，承包人是具有法人资格的承包人、承建单位、承包人，如各类建筑工程公司、建筑安装公司等。施工合同应当采取书面形式。双方协商同意的有关修改承包合同的设计变更文件、洽谈记录，会议纪要以及资料，图表等，也是承包合同的组成部分。列入国家计划内的重点建筑安装工程，必须按照国家规定的基本建设程序和国家批准的投资计划签订合同，如果双方不能达成一致意见，由双方上级主管部门处理。签订施工合同必须遵守国家法律、法规，并具备以下基本条件：承包工程的初步设计和总概算已经批准；承包工程的投资已列入国家计划；当事人双方均具有法人资格；当事人双方均有履行合同的能力。施工合同的主要条款就是合同的主要内容，即合同双方当事人在合同中予以明确的各项要求、条件和规定，它是合同当事人全面履行合同的依据。施工合同的主要条款，是施工合同的核心部分，它是明确施工合同当事人基本权利和义务，使施工合同得以成立的不可缺少的内容，因此，施工合同的主要条款对施工合同的成立起决定性作用。《民法典》第七百九十五条规定："施工合同主要内容包括工程范围、建设工期、中间交工工程的开工和竣工时间、工程质量、工程造价、技术资料交付时间、材料和设备供应责任、拨款和结算、竣工验收、质量保修范围和质量保证期、相互协作等条款。"

4.3.3.2　施工合同工程范围

施工合同工程范围是指在施工合同数量方面的要求。数量是指标的计量，是以数字和计量单位来衡量标的尺度。没有数量就无法确定双方当事人的权利义务的大小，而使双方权利义务处于不确定的状态，因此，必须在施工合同中明确规定标的数量。一项工程，只有明确其建筑范围、规模、安装的内容，才能进行建筑安装。施工合同中要明确规定建筑安装范围的多少，不仅要明确数字，还要明确计量单位。

4.3.3.3　合同工期、中间交工工程的开工和竣工时间

合同工期、中间交工工程的开工和竣工时间是对工程进度和期限的要求。合同工期是承包人完成工程项目的时间界限，是确定施工合同是否按时履行或迟延履行的客观标准，承包人必须按合同规定的工程履行期限，按时按质按量完成任务，期限届满而不能履行合同，除依法可以免责外，要承担由此产生的违约责任。工程进度是施工工程的进展情况，反映固定资产投资活动进度和检查计划完成情况的重要指标。一般以形象进度来表示单位工程的进度；用文字或实物量完成的百分比说明、表示或综合反映单项工程进度。从开工日期到竣工日期，实际上也就是施工合同的履行期限。每项工程都有严格的时间要求，这关系到国家的计划和总体规划布局，因此，施工合同中务必明确建设工期，双方当事人应严格遵

守。工程竣工验收通过，承包人送交竣工验收报告的日期为实际竣工日期。工程按发包人要求修改后通过竣工验收的，实际竣工日期为承包人修改后提请发包人验收的日期。

4.3.3.4 工程质量、质量保修范围以及质量保证期

建筑安装工程对质量的要求特别严格，不仅是因为工程造价高，对国民经济发展影响大，更重要的是它关系到人民群众的生命和财产的安全，因此，承包人不仅在建筑安装过程中要把工程质量关，还要在工程交付后，在一定的期限内负责保修。工程质量是指建筑安装工程满足社会生产和生活一定需要的自然属性或技术特征。一般说，有坚固耐久、经济适用、美观等特性，工程质量就是这些属性的综合反映，它是表明施工企业管理水平的重要标志。在工程交付后，承包人要在一定的期限内负责保修。承包人的保修责任是有条件的，这些条件有：一是指在一定的期限内保修，超过保修期限，工程出现质量问题，承包人不负责修理；二是只有在规定的条件下出现的特定的质量问题，承包人才负责保修，由于发包人或使用工程者的过错造成的损坏，承包人不负责保修。在符合条件的保修期间，承包人对工程的修缮应是无偿的。

4.3.3.5 技术资料交付时间

技术资料交付时间是针对发包人履行的义务而言的。设计文件指发包人向承包人提供建筑安装工作所需的有关基础资料。为了保证承包人如期开工，保证工程按期按质按量完成，发包人应在施工合同规定的日期之前将有关文件、资料交给承包人。如果由于发包人拖延提供有关文件、资料致使工程未能保质保量按期完工，承包人不承担责任，并可以追究发包人的违约责任。当然，发包人除对提供的文件、资料要迅速及时外，还要对提供的设计文件和有关资料的数量和可靠性负责。

4.3.3.6 材料和设备的供应责任

材料和有关设备是进行建筑安装工程的物质条件，及时提供材料和设备是建筑安装工程顺利进行所必不可少的必要条件，因此，施工合同应对材料和设备的供应和进场期限做出明确规定。强调材料和设备的供应期限，是在保证材料和设备的数量和质量的前提下而言的，只有既及时地提供材料和设备，又保证这些材料和设备的数量和质量，才是根本的宗旨。

4.3.3.7 合同拨款与结算

拨款与结算包括支付工程预付款、材料预付款以及在施工合同履行过程中按时拨付月进度款、完工付款和最终付款（结算）。在施工合同中均应明确这些款项如何支付及何时支付，以确保当事人的权利义务的实现。

4.3.3.8 合同工程竣工验收

竣工验收的程序一般由承包人在规定的时间内向发包人提交交工验收通知书，发包人在规定的期限内进行验收，经检验合格，双方签订交工验收证书。竣工验收应由包括合同当事人及主管部门组成的验收委员会进行。验收的依据是国家颁发的施工验收规范和质量检验标准及合同的规定。

4.3.3.9 合同双方相互协作的事项

建筑安装工程的进程控制和质量控制十分重要，施工合同当事人权利义务又较复杂，为保证建筑安装工作的顺利进行，发包人和承包人需在履行合同的过程中始终密切配合，

通力协作。只有双方全面履行合同的义务，才能实现订立合同的根本目的。因此，在施工合同的履行过程中，当事人相互协作是必不可少的，双方可就其他需要协作的事项在施工合同中做出规定。

4.3.3.10　合同当事人双方的义务和责任

1. 发包人的一般义务和责任

（1）遵守法律、法规和规章：发包人应在其实施施工合同的全部工作中，遵守与合同有关的法律、法规和规章，并应承担其由于自身违反合同有关的法律、法规和规章的责任。

（2）发布开工通知：发包人应委托监理人按合同规定的日期前向承包人发布开工通知。

（3）安排监理人及时进点实施监理：发包人应在开工通知发出前安排监理人及时进入工地开展监理工作。

（4）提供施工用地：发包人应按专用合同条款规定的承包人用地范围和期限，办清施工用地范围内的征地和移民，按时向承包人提供施工用地。

（5）提供部分施工准备工程：发包人应按合同规定，完成由发包人承担的施工准备工程，并按合同规定的期限提供给承包人使用。

（6）提供测量基准：发包人应按合同有关条款和《技术条款》的有关规定，委托监理人向承包人提供现场测量基准点、基准线和水准点及其有关资料。

（7）办理保险：发包人应按合同规定负责办理由发包人投保的保险。

（8）提供已有的水文和地质勘探资料：发包人应向承包人提供已有的与本合同工程有关的水文和地质勘探资料，但只对列入合同文件的水文和地质勘探资料负责，不对承包人使用上述资料所作的分析、判断和推论负责。

（9）及时提供图纸：发包人应委托监理人在合同规定的期限内向承包人提供应由发包人负责提供的图纸。

（10）支付合同价款：发包人应按合同规定的期限向承包人支付合同价款。

（11）统一管理工程的文明施工：发包人应按国家有关规定负责统一管理本工程的文明施工，为承包人实现文明施工目标创造必要的条件。

（12）治安保卫和施工安全：发包人应按法律及合同的有关规定履行其治安保卫和施工安全职责。

（13）环境保护：发包人应按环境保护的法律、法规和规章的有关规定统一筹划本工程的环境保护工作，负责审查承包人按合同规定所采取的环境保护措施，并监督其实施。

（14）组织工程验收：发包人应按合同的规定主持和组织工程的完工验收。

（15）其他一般义务和责任：发包人应承担专用合同条款中规定的其他一般义务和责任。

2. 承包人的一般义务和责任

（1）遵守法律、法规和规章：承包人应在其负责的各项工作中遵守与合同工程有关的法律、法规和规章，并保证发包人免于承担由于承包人违反上述法律、法规和规章的任何责任。

（2）提交履约担保证件：承包人应按合同的规定向发包人提交履约担保证件。

（3）及时进点施工：承包人应在接到开工通知后及时调遣人员和调配施工设备、材料进入工地，按施工总进度要求完成施工准备工作。

（4）执行监理人的指示，按时完成各项承包工作：承包人应认真执行监理人发出的与合同有关的任何指示，按合同规定的内容和时间完成全部承包工作。除合同另有规定外，承包人应提供为完成本合同工作所需的劳务、材料、施工设备、工程设备和其他物品。

（5）提交施工组织设计、施工措施计划和部分施工图纸：承包人应按合同规定的内容和时间要求，编制施工组织设计、施工措施计划和由承包人负责的施工图纸，报送监理人审批，并对现场作业和施工方法的完备性和可靠性负全部责任。

（6）办理保险：承包人应按合同规定负责办理由承包人投保的保险。

（7）文明施工：承包人应按国家有关规定文明施工，并应在施工组织设计中提出施工全过程的文明施工措施计划。

（8）保证工程质量：承包人应严格按施工图纸和《技术条款》中规定的质量要求完成各项工作。

（9）保证工程施工和人员的安全：承包人应按合同的有关规定认真采取施工安全措施，确保工程和由其管辖的人员、材料、设施和设备的安全，并应采取有效措施防止工地附近建筑物和居民的生命财产遭受损害。

（10）环境保护：承包人应遵守环境保护的法律、法规和规章，并应按合同的规定采取必要的措施保护工地及其附近的环境，免受因其施工引起的污染、噪声和其他因素所造成的环境破坏和人员伤害及财产损失。

（11）避免施工对公众利益的损害：承包人在进行本合同规定的各项工作时，应保障发包人和其他人的财产和利益以及使用公用道路、水源和公共设施的权利免受损害。

（12）为其他人提供方便：承包人应按监理人的指示为其他人在本工地或附近实施与本工程有关的其他各项工作提供必要的条件。除合同另有规定外，有关提供条件的内容和费用应在监理人的协调下另行签订协议。若达不成协议，则由监理人做出决定，有关各方遵照执行。

（13）工程维护和保修：工程未移交发包人前，承包人应负责照管和维护，移交后承包人应承担保修期内的缺陷修复工作。若工程移交证书颁发时尚有部分未完工程需在保修期内继续完成，则承包人还应负责该未完工程的照管和维护工作，直至完工后移交给发包人为止。

（14）完工清场和撤离：承包人应在合同规定的期限内完成工地清理并按期撤退其人员、施工设备和剩余材料。

（15）其他一般义务和责任：承包人应承担专用合同条款中规定的其他一般义务和责任。

4.3.4　监理合同主要形式和内容

4.3.4.1　监理合同的主要形式

国家发展改革委、水利部等九部委于 2017 年联合颁布了《中华人民共和国标准监理

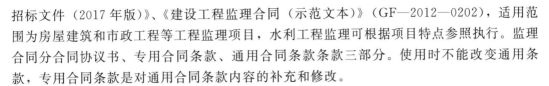

招标文件（2017 年版）》、《建设工程监理合同（示范文本）》（GF—2012—0202），适用范围为房屋建筑和市政工程等工程监理项目，水利工程监理可根据项目特点参照执行。监理合同分合同协议书、专用合同条款、通用合同条款条款三部分。使用时不能改变通用条款，专用合同条款是对通用合同条款内容的补充和修改。

4.3.4.2   监理合同的主要内容

水利工程施工监理合同的主要内容为监理合同通用合同条款和专用合同条款，其内容部分引用如下：

第一部分通用合同条款

词语涵义及适用语言

第一条：下列名词和用语，除上下文另有规定外，具有本条所赋予的涵义：

第二条："委托人"指承担工程建设项目直接建设管理责任，委托监理业务的法人或其合法继承人。

第三条："监理人"指受委托人委托，提供监理服务的法人或其合法继承人。

第四条："承包人"指与委托人（发包人）签订了施工合同，承担工程施工的法人或其合法继承人。

第五条："监理机构"指监理人派驻工程现场直接监理业务的组织，由总监理工程师、监理工程师和监理员及其他人员组成。

第六条："监理项目"是指委托人委托监理人实施建设监理的工程建设项目。

第七条："服务"是指监理人根据监理合同约定所承担的各项工作，包括正常服务和附加服务。

第八条："正常服务"指监理人按照合同约定的监理范围、内容和期限所提供的服务。

第九条："附加服务"指监理人为委托人提供正常服务以外的服务。

第十条："服务酬金"指本合同中监理人完成"正常服务""附加服务"应得到的正常服务酬金和附加服务酬金。

第十一条："天"指日历天。

第十二条："现场"指监理项目实施的场所。

第十三条：本合同适用的语言文字为汉语文字。

监理依据

第十四条：监理的依据是有关工程建设的法律、法规、规章和规范性文件；工程建设强制性条文、有关技术标准；经批准的工程建设项目设计文件及其相关文件；监理合同、施工合同等合同文件。具体内容在专用合同条款中约定。

通知和联系

第十五条：委托人应指定一名联系人，负责与监理机构联系。更换联系人时，应提前通知监理人。

第十六条：在监理合同实施过程中，双方的联系均应以书面函件为准。在不做出紧急处理即可能导致安全、质量事故的情况下，可先以口头形式通知，并在 48 小时内补做书面通知。

第十七条：委托人对委托监理范围内工程项目实施的意见和决策，应通过监理机构下达，法律、法规另有规定的除外。

委托人的权利

第十八条：委托人享有如下权利：

（1）对监理工作进行监督、检查，并提出撤换不能胜任监理工作人员的建议或要求。

（2）对工程建设中质量、安全、投资、进度方面的重大问题的决策权。

（3）核定监理人签发的工程计量、付款凭证。

（4）要求监理人提交监理月报、监理专题报告、监理工作报告和监理工作总结报告。

（5）当监理人发生本合同专用条款约定的违约情形时，有权解除本合同。

监理人的权利

第十九条：委托人赋予监理人如下权利：

（1）审查承包人拟选择的分包项目和分包人，报委托人批准；

（2）审查承包人提交的施工组织设计、安全技术措施及专项施工方案等各类文件；

（3）核查并签发施工图纸；

（4）签发合同项目开工令、暂停施工指示，但应事先征得委托人同意；签发进场通知、复工通知；

（5）审核和签发工程计量、付款凭证；

（6）核查承包人现场工作人员数量及相应岗位资格，有权要求承包人撤换不称职的现场工作人员；

（7）发现承包人使用的施工设备影响工程质量或进度时，有权要求承包人增加或更换施工设备；

（8）当委托人发生本合同专用条款约定的违约情形时，有权解除本合同；

（9）专用条款约定的其他权利。

委托人的义务

第二十条：工程建设外部环境的协调工作。

第二十一条：按专用合同条款约定的时间、数量、方式，免费向监理机构提供开展监理服务的有关本工程建设的资料。

第二十二条：在专用合同条款约定的时间内，就监理机构书面提交并要求作出决定的问题作出书面决定，并及时送达监理机构。超过约定时间，监理机构未收到委托人的书面决定，且委托人未说明理由，监理机构可认为委托人对其提出的事宜已无不同意见，无须再作确认。

第二十三条：与承包人签订的施工合同中明确其赋予监理人的权限，并在工程开工前将监理单位、总监理工程师通知承包人。

第二十四条：提供监理人员在现场的工作和生活条件，具体内容在专用合同条款中明确。如果不能提供上述条件的，应按实际发生费用给予监理人补偿。

第二十五条：按本合同约定及时、足额支付监理服务酬金。

第二十六条：为监理机构指定具有检验、试验资质的机构并承担检验、试验相关费用。

第二十七条：维护监理机构工作的独立性，不干涉监理机构正常开展监理业务，不擅自作出有悖于监理机构在合同授权范围内所作出的指示和决定；未经监理机构签字确认，

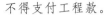

不得支付工程款。

第二十八条：为监理人员投保人身意外伤害险和第三者责任险。如要求监理人自己投保，则应同意监理人将投保的费用计入报价中。

第二十九条：将投保工程险的保险合同提供给监理人作为工程合同管理的一部分。

第三十条：未经监理人同意，不得将监理人用于本工程监理服务的任何文件直接或间接用于其他工程建设之中。

监理人的义务

第三十一条：本着"守法、诚信、公正、科学"的原则，按专用合同条款约定的监理服务内容为委托人提供优质服务。

第三十二条：在专用合同条款约定的时间内组建监理机构，并进驻现场。及时将监理规划、监理机构及其主要人员名单提交委托人，将监理机构及其人员名单、监理工程师和监理员的授权范围通知承包人；实施期间有变化的，应及时通知承包人。更换总监理工程师和其他主要监理人员应征得委托人同意。

第三十三条：发现设计文件不符合有关规定或合同约定时，应向委托人报告。

第三十四条：核验建筑材料、建筑构配件和设备质量，检查、检验并确认工程的施工质量；检查施工安全生产情况。发现存在质量、安全事故隐患，或发生质量、安全事故，应按有关规定及时采取相应的监理措施。

第三十五条：监督、检查工程施工进度。

第三十六条：按照委托人签订的工程保险合同，做好施工现场工程保险合同的管理。协助委托人向保险公司及时提供一切必要的材料和证据。

第三十七条：协调施工合同各方之间的关系。

第三十八条：按照施工作业程序，采取旁站、巡视、跟踪检测和平行检测等方法实施监理。需要旁站的重要部位和关键工序在专用合同条款中约定。

第三十九条：及时做好工程施工过程各种监理信息的收集、整理和归档，并保证现场记录、试验、检验、检查等资料的完整和真实。

第四十条：编制《监理日志》，并向委托人提交监理月报、监理专题报告、监理工作报告和监理工作总结报告。

第四十一条：按有关规定参加工程验收，做好相关配合工作。委托人委托监理人主持的分部工程验收由专用合同条款约定。

第四十二条：妥善做好委托人所提供的工程建设文件资料的保存、回收及保密工作。在本合同期限内或专用合同条款约定的合同终止后的一定期限内，未征得委托人同意，不得公开涉及委托人的专利、专有技术或其他需要保密的资料，不得泄露与本合同业务有关的技术、商务等秘密。

监理服务酬金

第四十三条：监理正常服务酬金的支付时间和支付方式在专用合同条款中约定。

第四十四条：除不可抗力外，有下列情形之一且由此引起监理工作量增加或服务期限延长，均应视为监理机构的附加服务，监理人应得到监理附加服务酬金。

（1）由于委托人、第三方责任、设计变更及不良地质条件等非监理人原因致使正常的监理服务受到阻碍或延误；

（2）在本合同履行过程中，委托人要求监理机构完成监理合同约定范围和内容以外的服务；

（3）由于非监理人原因暂停或终止监理业务时，其善后工作或恢复执行监理业务的工作。

监理人完成附加服务应得到的酬金，按专用合同条款约定的方法或监理补充协议支付监理服务酬金。

第四十五条：国家有关法律、法规、规章和监理酬金标准发生变化时，应按有关规定调整监理服务酬金。

第四十六条：委托人对监理人申请支付的监理酬金项目及金额有异议时，应当在收到监理人支付申请书后7天内向监理人发出异议通知，由双方协商解决。7天内未发出异议通知，则按通用合同条款第32条、第33条、第34条的约定支付。

合同变更与终止

第四十七条：因工程建设计划调整、较大的工程设计变更、不良地质条件等非监理人原因致使本合同约定的服务范围、内容和服务形式发生较大变化时，双方对监理服务酬金计取、监理服务期限等有关合同条款应当充分协商，签订监理补充协议。

第四十八条：当发生法律或本合同约定的解除合同的情形时，有权解除合同的一方要求解除合同的，应书面通知对方；若通知送达后28天内未收到对方的答复，可发出终止监理合同的通知，本合同即行终止。因解除合同遭受损失的，除依法可以免除责任的外，应由责任方赔偿损失。

第四十九条：在监理服务期内，由于国家政策致使工程建设计划重大调整，或不可抗力致使合同不能履行时，双方协商解决因合同终止产生的遗留问题。

第五十条：本合同在监理期限届满并结清监理服务酬金后即终止。

违约责任

第五十一条：委托人未履行合同条款第十条、第十一条、第十三条、第十四条、第十五条、第十六条、第十七条、第十九条约定的义务和责任，除按专用合同条款约定向监理人支付违约金外，还应继续履行合同约定的义务和责任。

第五十二条：委托人未按合同条款第三十二条、第三十三条、第三十四条约定支付监理服务酬金，除按专用合同条款约定向监理人支付逾期付款违约金外，还应继续履行合同约定的支付义务。

第五十三条：监理人未履行合同条款第二十一条、第二十三条、第二十四条、第二十五条、第二十六条、第二十八条、第二十九条、第三十条、第三十一条约定的义务和责任，除按专用合同条款约定向委托人支付违约金外，还应继续履行合同约定的义务和责任。

争议的解决

第五十四条：本合同发生争议，由当事人双方协商解决；也可由工程项目主管部门或合同争议调解机构调解；协商或调解未果时，经当事人双方同意可由仲裁机构仲裁；或向人民法院起诉。争议调解机构、仲裁机构在专用合同条款中约定。

第五十五条：在争议协商、调解、仲裁或起诉过程中，双方仍应继续履行本合同约定的责任和义务。

其他

第五十六条：委托人可以对监理人提出并落实的合理化建议给予奖励。奖励办法在专用合同条款中约定。

第4章　建设工程项目合同违约责任

4.4.1　违约责任

4.4.1.1　违约责任的概念及其法律特征

违约责任是指合同当事人一方不履行合同义务或其履行不符合合同约定时，对另一方当事人应承担民事责任。《民法典》第五百七十七条规定："当事人一方不履行合同义务或者履行合同义务不符合约定的，应当承担继续履行、采取补救措施或者赔偿损失等违约责任"。违约责任具有以下几个法律特征：

（1）违约责任是当事人一方不履行合同债务或其履行不符合合同约定或法律规定时所产生的民事责任。

（2）违约责任原则上是不履行合同债务或其履行不符合约定或法律规定的一方当事人向另一方当事人承担的民事责任。

（3）违约责任可以由当事人在法律允许的范围内约定。

（4）违约责任是财产责任。

4.4.1.2　构成违约责任应具备的条件

（1）违约一方当事人必须有不履行合同义务或者履行合同义务不符合约定的行为，都是构成违约责任的客观要件。

（2）违约一方当事人主观上有过错，这也是违约责任的主观要件。

（3）违约一方当事人的违约行为造成了损害事实。

（4）违约行为和损害结果之间存在着因果关系。

4.4.1.3　违约行为

《民法典》第五百七十七条规定，违约行为是指当事人一方不履行合同义务或者履行合同义务不符合约定条件的行为。简言之，违约行为是指违反合同的行为，在理论上常常被界定为合同当事人一方违反合同债务的行为。违约行为具有下列特点：

（1）违约行为的主体是合同当事人。合同是当事人之间的法律关系，即合同具有相对性，违反合同的行为只能是合同当事人的行为。

（2）违约行为是一种客观的违反合同的行为。违约行为是不履行合同义务或者履行合同义务不符合约定的行为，以其行为是否在客观上与约定的行为或者合同义务相符合作为判断标准，而不管行为人的主观状态如何。

（3）违约行为侵害的客体是合同对方的债权。合同设定的是一种债权，债权是债权人对债务人的请求权。因违约行为的发生，债权人的债权就无法实现，从而侵害了其债权。

4.4.1.4 违约行为的类型

违约行为包括以下几种基本形式：先期违约，不履行，迟延履行，不适当履行，其他不完全履行行为，承担违约责任。

违约责任形式是指以什么方式承担违约责任。《民法典》规定："当事人一方不履行合同义务或者履行合同义务不符合约定条件的，另一方有权要求履行或者采取补救措施，并有权要求赔偿损失"。《民法典》第一百零七条规定："当事人一方不履行合同义务或者履行合同义务不符合约定条件的，应当承担继续履行、采取补救措施或者赔偿损失等违约责任"。

4.4.2 续约

根据我国的法律规定来看，承担违约责任有三种基本形式，即继续履行、采取补救措施、赔偿损失。

4.4.2.1 继续履行

继续履行是指合同当事人一方不履行合同义务或者履行合同义务不符合约定条件时，对方当事人为维护自身利益并实现其合同目的，要求违约方继续按照合同的约定履行义务。请求违约方履行和继续履行是承担违约责任的基本方式之一。继续履行具有下列特征：

（1）违约方继续履行是承担违约责任形式之一。

（2）请求违约方履行的内容是强制违约方交付按照约定本应交付的标的。

（3）继续履行是实际履行原则的补充或者延伸。

构成继续履行应具备以下条件：①必须有违约行为；②必须有受害人请求违约方继续履行合同债务行为；③必须是违约方能够继续履行合同。如违约方不能履行，或因不可归责于当事人双方的原因致使合同履行实在困难，如果实际履行则显失公平的，不能采用强制实际履行。强制履行不违背合同本身的性质和法律。

如在一方违反基于人身依赖关系产生的合同和提供个人服务的合同情况下，不得实行强制履行。《民法典》规定当事人一方不履行非金钱债务或者履行非金钱债务不符合约定的，对方可以请求履行，但有下列情形之一的除外：第一，法律上或者事实上不能履行；第二，债务的标的不适于强制履行或者强制履行费用过高；第三，债权人在合理期限内未请求履行。非金钱债务是金钱债务以外的以物或者行为为给付标的的债务。当事人一方不履行非金钱债务或者履行非金钱债务不符合约定的，受害人可以请求违约方继续履行。但是非金钱债务不同于金钱债务，一方违约后，由于法律上的或者事实上的原因，在有些情况下不必要或者不可能再继续履行，此时就不能再请求继续履行。

4.4.2.2 采取补救措施

从广义上讲，继续履行、赔偿损失等违约责任都属于补救措施，或者说都是对违约行为的补救。我国《民法典》第五百七十七条，将"继续履行"、"采取补救措施"和"赔偿损失"并列规定为三种基本的违约责任形式。这种表述方法表明，在我国的违约责任形式中，补救措施是一种单独的违约责任形式，有其不同于其他违约责任形式的专门的或者特殊的含义，不是违约责任的概念称或者泛称。补救措施是指除继续履行、支付违约金、赔

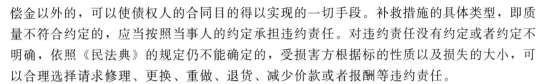

偿金以外的，可以使债权人的合同目的得以实现的一切手段。补救措施的具体类型，即质量不符合约定的，应当按照当事人的约定承担违约责任。对违约责任没有约定或者约定不明确，依照《民法典》的规定仍不能确定的，受损害方根据标的性质以及损失的大小，可以合理选择请求修理、更换、重做、退货、减少价款或者报酬等违约责任。

4.4.2.3　赔偿损失

在《民法典》上，赔偿损失又称为损失赔偿、损害赔偿，是指违约方以支付金钱的方式弥补受害方因违约方的违约行为所减少的财产或者所丧失的利益。分而言之，赔偿就是以金钱方式弥补损失，而损失则是财产的减少或者利益的丧失。合同依法成立后，债务人必须按照合同的约定全面地、适当地完成其合同义务，以使债权人的合同债权得到完全实现。合同的履行是依法成立的合同所必然发生的法律效果，当事人一方不履行合同或者履行合同义务不符合约定的，应承担不履行或不适当履行合同的责任，对方有权要求其履行或采取补救措施，违约一方在履行义务或采取补救措施后，对方还有其他损失的，违约方还应当进行赔偿。《民法典》第五百八十三条规定："当事人一方不履行合同义务或者履行合同义务不符合约定的，在履行义务或者采取补救措施后，对方还有其他损失的，应当赔偿损失。"

赔偿损失具有下列特征：

（1）赔偿损失是最基本、最重要的违约形式。损害赔偿是由合同债务未得到履行而产生的法律责任，任何其他责任形式原则上都可以转化为损害赔偿。

（2）赔偿损失是以支付金钱的方式弥补损失。损失是以金钱计算并支付的，任何损失一般都可以转化为金钱，以金钱赔偿是最便利的一种违约责任承担方式。

（3）赔偿损失是指由违约方赔偿受害方因违约所产生的损失，与违约行为无关的损失不存在损害赔偿，而且，赔偿损失是违约方向受损害方承担的违约责任。

（4）损失的赔偿范围或者数额允许当事人进行约定，当事人既可以约定违约金，又可以约定损害赔偿的计算方法。当事人的约定具有优先效力。

当事人一方不履行合同义务或者履行合同义务不符合约定，给对方造成损失的，损失赔偿额应当相当于因违约所造成的损失，包括合同履行后可以获得的利益，但不得超过违反合同一方订立合同时预见到或者应当预见到的因违反合同可能造成的损失。也就是说，赔偿损失的确定方式主要有：按照法律确定损失赔偿范围，约定损失赔偿额的计算方法，约定违约金，约定定金等。同时应注意：当事人一方违约后，对方应当采取适当措施防止损失的扩大；没有采取适当措施致使损失扩大的，不得就扩大的损失要求赔偿。当事人因防止损失扩大而支出的合理费用，由违约方承担。

4.4.3　承担违约责任的其他规定

4.4.3.1　因不可抗力不能履行合同的责任问题

不可抗力是指人们不能预见、不能避免、不能克服的客观情况。不可抗力作为人力所不可抗拒的力量，它包括自然现象和社会现象两种。自然现象包括地震、台风、洪水、海啸等。社会现象包括战争、海盗、罢工等。因不可抗力不能履行合同的，根据不可抗力的影响，部分或者全部免除责任，但法律另有规定的除外。当事人迟延履行后发生不可抗力的，不能免除责任。当事人一方因不可抗力不能履行合同的，应当及时通知对方，以减轻可能给对方造成的损失，并应当在合理期限内提供证明。

4.4.3.2　当事人双方都违反合同的责任问题

合同当事人双方违约是指，合同的双方当事人都有违约行为。《民法典》第五百九十二条规定：“当事人双方都违反合同的，应当各自承担相应责任。”

4.4.3.3　第三人原因的违约责任的问题

第三人原因的违约责任，是指合同的一方当事人与第三人有特定的关系，由于第三人的原因，使一方当事人未能按照合同的约定履行债务时，应当承担的责任。《民法典》第五百九十三条明确规定：“当事人一方因第三人的原因造成违约的，应当向对方承担违约责任。当事人一方和第三人之间的纠纷，依照法律规定或者按照约定解决。”第三人原因违约责任的构成要件为：一是合同的一方的违约是第三人的原因造成的；二是合同的一方构成违约。

4.4.3.4　加害给付责任问题

因当事人一方的违约行为，侵害对方人身权益、财产权益的，受损害方有权选择依照《民法典》要求其承担违约责任或者依照其他法律要求其承担侵权责任。加害给付是指因债务人的履行行为造成债权人的履行利益以外的权利损害的情况。加害给付责任是就因为债务人的加害给付，对债权人承担的赔偿责任。

4.4.4　合同争议的解决

合同争议的解决方法有：和解、调解、仲裁或诉讼。当事人可以在合同中约定，合同在履行中发生争议时解决的方法，是通过仲裁还是通过法院审判解决，应当在合同中明确规定，一旦发生争议，便于按照约定向仲裁机关申请仲裁或者向人民法院提起诉讼。

第 5 章　建设工程项目合同管理过程

4.5.1　承包人的人员、材料及设备管理

4.5.1.1　承包人人员管理

1. 承包人人员自行管理

合同项目开工之前，承包人应向监理人呈报现场组织机构，承包人应填写《现场组织机构及主要人员报审表》，并应附有组织机构图、部门职责、主要管理人员、技术人员清单及分工、人员资格证书和岗位证书，同时提交项目负责人、专职安全员的安全生产考核合格证及承包人资质证书等复印件。分部工程开工前，承包人应向监理人呈报现场特种作

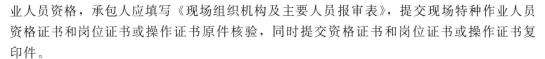

业人员资格，承包人应填写《现场组织机构及主要人员报审表》，提交现场特种作业人员资格证书和岗位证书或操作证书原件核验，同时提交资格证书和岗位证书或操作证书复印件。

　　2. 监理人对承包人人员管理的职责和权力

　　监理机构在总监理工程师组织下对现场组织机构进行审核，根据投标文件承诺的人员配置，进行现场人证核对，并对其有关证件的有效性和完整性进行核查，并签署审核意见。对不满足投标文件承诺的人员配置审核不予通过。监理机构应检查承包人的现场组织机构、主要管理人员、技术人员及特殊作业人员是否符合要求，对无证上岗、不称职或违章、违规人员，要求承包人暂停或禁止其在本工程中工作。技术岗位、特殊工种的工人必须持有通过国家和有关部门统一考试或考核的资格证明，经监理机构审核合格者才能上岗。如爆破工、电工、焊工等工种均要求持证上岗。如现场主要管理人员、技术人员因特殊原因不能到岗履行职责，承包人须及时向监理机构提交书面的人员变更申请，并应附有拟变更人员的职称证书、资格证书和岗位证书，同时提交不能到岗履行职责人员的原因说明及相关证明材料。监理机构依据承包人提交的有关证件和资料审核评定变更人员是否能胜任该岗位工作，对不能胜任者，变更审核不予通过，监理机构对未经批准人员的岗位不予认可，对不具备上岗资格的人员完成的工作不予认可。

4.5.1.2　材料管理

　　1. 承包人材料的检查检验

　　承包人根据施工进度计划，采购原材料、中间产品等，其规格性能应符合设计要求，应有出厂合格证，在监理的见证下取样送检，检验合格后填报《原材料/中间产品进场报验单》。并附检测报告，报监理机构审批。

　　2. 监理人对承包人的材料管理

　　监理工程师对承包人报送的《原材料/中间产品进场报验单》进行审查，对材料外观质量、出厂合格证、产品质量证书进行检查。并按相关规范要求，见证取样送检，检验合格后方可使用。同时在承包人自检基础上，按《水利工程施工监理规范》（SL 288—2014）规定的比例独立进行检查或检测；进场的原材料、中间产品不同批次均需在监理的见证下取样送检；监理工程师对承包人报送的《施工设备进场报验单》进行审查，所有进场的施工机具设备类型、型号、性能、数量、状态及设备能力等应与投标文件一致。如有差异，可依据有关资料重新评定是否满足施工要求，否则，要求承包人替换或增加数量。

　　3. 不合格的工程材料和工程设备的处理

　　经监理工程师审查不合格的原材料、中间产品，不允许使用到工程中。不合格的设备不允许使用。对不合格的原材料、中间产品和工程设备在监理人的见证下，运离施工现场，并附影像资料记录。

4.5.1.3　设备管理

　　承包人按施工进度计划中设备进场计划，组织首批施工机具设备进场，并填报《施工设备进场报验单》，并应附进场施工设备照片、进场施工设备生产许可证、进场施工设备产品合格证（特种设备应提供安全检定证书）、操作人员资格证书等。新设备应附出厂合格证，旧设备应有使用和维修记录及设备鉴定机构出具的维修合格证。首批进场的施工机具、设备必须满足工程正常开工的要求。对于施工过程中陆续进场的施工机具、设备，也必须满足进度要求。

4.5.2　分包管理

承包人不得将其承包的工程分解后分包出去。主体工程不允许分包。除合同另有规定外，未经监理人同意，承包人不得把工程的任何部分分包出去。经监理人同意的分包工程不允许分包人再分包出去。承包人应对其分包出去的工程以及分包人的任何工作和行为负全部责任。即使是监理人同意的部分分包工作，亦不能免除承包人按合同规定应负的责任。分包人应就其完成的工作成果向发包人承担连带责任。监理人认为有必要时，承包人应向监理人提交分包合同副本。除合同另有规定外，下列事项不要求承包人征得监理人同意：①按第 1.1.2 款的规定提供劳务；②采购符合合同规定标准的材料；③合同中已明确了分包人的工程分包。如果出现发包人指定分包人的情形，在合同中也应做出相应的约定。发包人指定分包人的情形：

（1）发包人根据工程特殊情况欲指定分包人时，应在专用合同条款中写明分包工作内容和指定分包人的资质情况。承包人可自行决定同意或拒绝发包人指定的分包人。若承包人在投标时接受了发包人指定的分包人，则该指定分包人应与承包人的其他分包人一样被视为承包人雇用的分包人，由承包人与其签订分包合同，并对其工作和行为负全部责任。

（2）在合同实施过程中，若发包人需要指定分包人时，应征得承包人的同意，此时发包人应负责协调承包人与分包人之间签订分包合同。发包人应保证承包人不会因此项分包而增加额外费用；承包人则应负责该分包工作的管理和协调，并向指定分包人计取管理费；指定分包人应接受承包人的统一安排和监督。由于指定分包人造成的与其分包工作有关而又属承包人的安排和监督责任所无法控制的索赔、诉讼和损失赔偿均应由指定分包人直接对发包人负责，发包人也应直接向指定分包人追索，承包人不会对此承担责任。监理工程师审查工程施工分包的工作内容包括两部分，一是审查工程分包人是否具备分包工程的资格，二是审核拟分包的工程是否允许分包或分包工程数量的额度是否超过招标文件的规定。审查工程施工分包是项目监理机构的一项常规性管理工作，而且是施工准备阶段前期的一项常规管理工作。工程持续施工过程中，承包人也可能提交分包申请，但相对较少。《水利工程施工监理规范》（SL 288—2014）第 6.7.6 条明确了核查分包单位业绩及工程分包部位的注意事项，应严格执行。

4.5.3　建设工程风险管理

4.5.3.1　建设工程风险

在建设工程实施过程中，一些影响因素的发生具有不确定性，这种不确定的影响因素就是风险。比如：施工中的意外伤亡事故、设计和施工质量不合格，以及地震、滑坡、洪水、台风、严寒酷热等自然灾害等。

4.5.3.2　风险的分配

谁能更有效地防止和控制某种风险，或者是减少该风险引起的损失，则应由谁承担该风险。在建设工程合同中，对于双方均无法控制的自然和社会因素引起的合同风险应按照效率原则和公平原则进行分配。

1.发包人的风险

工程（包括材料和工程设备）发生以下各种风险造成的损失和损坏，均应由发包人承担风险责任：发包人负责的工程设计不当造成的损失和损坏；由于发包人责任造成工程设备的损失和损坏；发包人和承包人均不能预见、不能避免并不能克服的自然灾害造成的损失和损坏，但承包人迟延履行合同后发生的除外；战争、动乱等社会因素造成的损失和损坏，但承包人延迟履行合同后发生的除外；其他由于发包人原因造成的损失和损坏。

2.承包人的风险

工程（包括材料和工程设备）发生以下各种风险造成的损失和损坏，均应由承包人承担风险责任：由于承包人对工程（包括材料和工程设备）照管不周造成的损失和损坏；由于承包人的施工组织措施失误造成的损失和损坏；其他由于承包人原因造成的损失和损坏。

4.5.3.3　工程风险转移

工程风险转移是指工程风险承担者通过一定的途径将风险转嫁给他人承担的风险处置方式。工程风险管理中广泛使用的风险转移方式有：合同订立时，通过设定保护性合同条款将合同风险转嫁给对方；通过工程担保将风险转嫁给担保人；通过投保与工程项目有关的险种，将风险转嫁给保险公司。

4.5.4　建设工程保险

4.5.4.1　保险种类

建设工程涉及的内容、关系复杂，风险也较多样，险种也比较多，主要包括：建设工程一切险、安装工程一切险、第三者责任险、施工机具险、机动车辆险、人身意外伤害险、货物运输保险等。

4.5.4.2　投保险种

水利工程项目保险费一般由建设单位支配，建设单位应负责投保建设工程一切险、安装工程一切险、第三者责任险。建设单位也可为其现场人员投保机动车辆险、人身意外伤害险等。承包单位可根据自身情况投保如施工机具险、机动车辆险、人身意外伤害险等。

4.5.5　建设工程担保

4.5.5.1　基本概念

合同的担保是指合同当事人一方，为了保障债权的实现，经双方协商一致或依法律规定而采取的一种保证措施。

担保的设定包括：担保人具有担保资格；意思表示真实；担保内容不违反法律和不损害社会公共利益；设定担保的形式必须合法；订立担保合同必须采用书面形式。

担保的形式：保证、抵押、质押、留置和定金。

4.5.5.2　工程担保的种类

1. 施工投标保证

施工投标保证最低不得少于 1 万元人民币，最高不得超过 80 万元人民币。投标担保的有效期应长于投标文件有效期（30 天），以保证有足够时间为中标人提交履约担保和签署合同所用。

2. 施工合同的履约担保

施工合同的履约担保是为了保证施工合同的顺利履行而要求承包人提供的担保。履约担保的形式一般有两种：一种是银行或其他金融机构出具的履约保函，另一种是企业出具履约担保书。履约保函用于承包人违约使发包人蒙受损失时由保证人向发包人支付赔偿金，其担保范围（担保金额）一般可取合同价格的 5%～10%。履约担保书只能要求保证人代替承包人履行合同，但当保证人无法代替承包人履行合同时，也可以由保证人支付由于承包人违约使发包人蒙受损失金额，履约担保书的担保金额一般可取合同价格的 30%左右。履约担保的有效期，在发包人颁发保修责任终止证书前一直有效。

3. 施工合同预付款担保

预付款担保用于保证承包人应按合同规定偿还发包人已支付的全部预付款。预付款担保通常也采用银行保函的形式。

4. 保修责任担保

保修责任担保是保证承包人按合同规定在保修责任期中完成对工程缺陷的修复而提供的担保，保修责任担保一般采用保留金方式，保修责任担保的有效期与保修责任期相同。

4.5.6　建设工程变更及索赔管理

4.5.6.1　工程变更的定义

工程变更是自水利工程初步设计批准之日起至工程竣工验收交付使用之日止，对已批准的初步设计所进行的修改活动。在工程项目实施过程中，按照合同约定的程序，项目法人根据工程需要，经监理人下达指令对招标文件中的原设计或经批准的施工方案进行的在合同工作范围内各种类型的变更，包括合同工作内容的增减、合同工程量的变化、地质原因引起的设计更改、根据实际情况引起的结构物尺寸、标高、材料、工艺、功能、功效、数量及施工方法等任一方面的改变，统称为工程变更。在土建工程承包施工中，如设计变更、施工进度计划或施工顺序变更、施工技术规程标准变更、实际工程量同招标文件中工程量清单所列工程量的增减，由于施工现场条件变化而使施工的工作项目超出了合同指明的工程范围等，使得工程变更可能是最普遍的问题。由于工程变更所引起的工程量的变化、承包人索赔等，都有可能使项目实际投资超出原来的计划投资，因此，监理工程师要妥善处理工程变更问题，有效地控制变更项目的费用。

4.5.6.2　工程变更与合同变更的区别

合同变更是经签约双方协商一致后，对尚未履行的合同内容，包括对合同双方应承担的义务、责任与权利关系进行的修改或补充。除人民法院或仲裁机构依法所进行的法定变更外，发包人、工程承包人均无权单方面进行合同变更。作为发包人委托的工程施工合同管理者和应为合同签约双方接受的合同关系协调人，监理机构无权解除和变更合同双方应承担的合同义务、权利、责任与风险。关于工程变更与合同变更，其主要区别在于：

（1）尽管工程变更可能导致合同索赔，但工程变更是根据合同规定做出的，其适用条件仍在合同规定之中。

（2）工程变更可以由工程项目发包人、设计单位、监理机构和工程承包人依据合同规定的程序和变更范围提出。接受工程变更是工程承包人的合同义务。工程变更的支付依据合同报价或以合同报价为基础进行并列入常规工程价款支付。鉴于工程变更不当也可能导致合同变更，因此，发包人特别是工程监理机构会按合同文件规定谨慎行使其工程变更权限。工程施工合同规定，招标图纸仅供承包人在投标时编制投标文件和报价使用，承包人应依据监理人签发的施工图纸和技术要求施工。鉴于水利水电工程技术、施工条件和外部环境的复杂性，工程实施过程中发生变更是不可避免的。这种变更只要不超越合同规定的范围与实施条件，都不应影响合同双方各自应履行的合同义务和应承担的合同责任与风险。

4.5.6.3　工程变更的范围和内容

根据《标准施工招标文件（2007年版）》和《水利水电工程标准施工招标文件（2009版）》规定，在履行合同中发生以下情形之一，应按照本款规定进行变更：一是取消合同中任何一项工作，但被取消的工作不能转由发包人或其他人实施；二是改变合同中任何一项工作的质量或其他特性；三是改变合同工程的基线、标高、位置或尺寸；四是改变合同中任何一项工作的施工时间或改变已批准的施工工艺或顺序；五是为完成工程需要追加的额外工作；六是增加或减少专用合同条款中约定的关键项目工程量超过其工程总量的一定数量百分比。以上范围内的变更项目未引起工程施工组织和进度计划发生实质性变动和不影响其原定的价格时，不予调整该项目单价和合价，也不需要按变更处理的原则处理。

4.5.6.4　水利工程工程变更划分

水利工程设计变更分为重大设计变更和一般设计变更。

1. 重大设计变更

重大设计变更是指工程建设过程中，对初步设计批复的有关建设任务和内容进行调整，导致工程任务、规模、工程等级及设计标准发生变化，工程总体布置方案、主要建筑物布置及结构形式、重要机电与金属结构设备、施工组织设计方案等发生重大变化，对工程质量、安全、工期、投资、效益、环境和运行管理等产生重大影响的设计变更。主要包括以下方面：

（1）工程任务。工程防洪、治涝、灌溉、供水、发电等主要设计任务的变化和调整。

（2）工程规模。

1）水库总库容、防洪库容、死库容、调节库容的变化。

2）正常蓄水位、汛期限制水位、防洪高水位、死水位、设计洪水位、校核洪水位、以及分洪水位、挡潮水位等特征水位的变化。

3）供水、灌溉及排水工程的范围、面积、工程布局发生重大变化，干渠（管）及以上工程设计流量、设计供（引、排）水量发生重大变化。

4）大中型电站或泵站的装机容量发生重大变化。

5）河道治理、堤防及蓄滞洪区工程中河道及堤防治理范围、治导线形态和宽度、整治流量，蓄滞洪区及安全区面积、容量、数量，分洪工程规模等发生重大变化。

（3）工程等级及设计标准。

1）工程防洪标准、除涝（治涝）标准的变化。

2）工程等别、主要建筑物级别的变化。

3）主要建筑物洪水标准、抗震设计等安全标准的变化。

（4）工程布置及建筑物。

1）水库、水闸工程：挡水、泄水、引（供）水、过坝等主要建筑物位置、轴线、工程布置、主要结构形式的变化；主要挡水建筑物高度、防渗形式、筑坝材料和分区设计、结构设计的重大变化；主要泄水建筑物设计、消能防冲设计的重大变化；引水建筑物进水口结构设计的重大变化；主要建筑物基础处理方案、重要边坡治理方案的重大变化。

2）电站、泵站工程：主要建筑物位置、轴线的重大变化；厂区布置、主要建筑物组成的重大变化；电（泵）站主要建筑物形式、基础处理方案的重大变化；重要边坡治理方案的重大变化。

3）供水、灌溉及排水工程：水源、取水方式及输水方式的重大变化；干渠（线）及以上工程线路、主要建筑物布置及结构形式，以及建筑物基础处理方案、重要边坡治理方案的重大变化；干渠（线）及以上工程有压输水管道管材、设计压力及调压设施的重大变化。

4）堤防工程及蓄滞洪区工程：线及建筑物布置、堤顶高程的重大变化；堤防防渗形式、筑堤材料、结构设计、护岸和护坡形式的重大变化；对堤防安全有影响的交叉建筑物设计方案的重大变化；防洪以及安全建设工程形式、分洪工程形式的重大变化。

（5）机电及金属结构。

1）水力机械：电站水轮机形式、布置形式、台数的变化；中型泵站水泵形式、布置形式、台数的变化；压力输水系统调流调压设备形式、数量的重大变化。

2）电气工程：出线电压等级在110kV及以上的电站接入电力系统接入点、主接线形式、进出线回路数以及高压配电装置形式变化；10kV及以上电压等级的泵站供电电压、主接线形式、进出线回路数、高压配电装置形式变化；大型泵站高压主电动机形式、起动方式的变化。

3）金属结构：具有防洪、泄水功能的闸门工作性质、闸门门型、布置方案、启闭设备形式的重大变化；电站、泵站等工程应急闸门工作性质、闸门门型、布置方案、启闭设备形式的重大变化；导流封堵闸门的门型、结构、布置方案的重大变化。

（6）施工组织设计。

1）水库枢纽和水电站工程的混凝土骨料、土石坝填筑料、工程回填料料源发生重大变化。

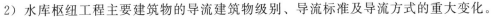

2）水库枢纽工程主要建筑物的导流建筑物级别、导流标准及导流方式的重大变化。

2. 一般设计变更

重大设计变更以外的其他设计变更，为一般设计变更，包括并不限于：水利枢纽工程中次要建筑物的布置、结构型式、基础处理方案及施工方案变化；堤防和河道治理工程的局部变化；灌区和引调水工程中支渠（线）及以下工程的局部线路调整、局部基础处理方案变化，次要建筑物的布置、结构型式和施工组织设计变化；一般机电设备及金属结构设备形式变化；附属建设内容变化等。

4.5.6.5　建设工程变更的申报与审批

1. 建设工程变更的申报

当认为原设计文件、技术条件或施工状态已不适应工程现场条件与施工进展时，发包人或监理机构可依据工程施工合同文件有关规定发出工程变更指令；设计单位可依据发包人要求或监理机构的意见，或依据有关法规或合同文件规定，在责任与权限范围内提出工程变更建议和对工程设计文件的修改通知；承包人也可依据发包人或监理机构的指示，或为促进工程施工进展提出对工程施工的变更建议。承包人提交的施工变更建议书应包括：①变更的原因及依据；②变更的内容及范围；③变更工程量清单（包括工程量或工作量、引用单价、变更后合同价格以及引起的施工项目合同价格增加或减少总额）；④变更项目施工措施计划（包括施工方案、施工进度以及对合同控制进度目标和完工工期的影响）；⑤为监理机构与发包人能对变更建议进行有效审查与批准所必须提交的图纸与资料。工程变更指令、通知与建议，均应在可能实施变更的时间之前提出，并考虑留有为发包人与监理机构能对变更要求进行有效审查、批准，以及工程承包人能进行必须施工准备的合理时间。在出现危及生命或工程安全的紧急事态等特殊情况下，工程变更可不受程序与时间的限制。但承包人或变更发布单位仍应及时补办申报和批准手续。

2. 工程变更的审批

（1）工程设计变更审批采用分级管理制度。重大设计变更文件，由项目法人按原报审程序报原初步设计审批部门审批。报水利部审批的重大设计变更，应附原初步设计文件报送单位的意见。

（2）一般设计变更文件由项目法人组织有关参建方研究确认后实施变更，并报项目主管部门核备。项目主管部门认为必要时可组织审批，设计变更文件审查批准后，由项目法人负责组织实施。

4.5.6.6　监理机构处理工程变更的程序

第一步，监理机构收到变更要求或建议后，总监理工程师组织专业监理工程师审查变更方提出的工程变更申请，要根据水利部关于印发《水利工程设计变更管理暂行办法》的通知（水规计〔2020〕283号）的规定对变更进行区分，确定是重大设计变更还是一般设计变更，对于重大设计变更需要按照重大设计变更进行报批，贵州省水利工程项目报批程序还需要按照《贵州省水利厅贵州省发展和改革委员会关于中型水库工程重大设计变更相关事宜的通知》（黔水计〔2017〕132号）的要求进行，对设计变更提出审查意见。涉及设计文件修改的，由发包人转交原设计单位修改工程设计文件；必要时，建议发包人组织设计、施工等单位召开论证工程设计文件修改方案的专题会议。第二步，总监理工程师组织专业监理工程师对工程变更费用及工期做出评估。第三步，总监理工程师组织发包人、承包人等共同协商确定工程变更的费用及工期变化，会签工程变更单。第四步，项目监理机构根据批准的工程变更文件督促承包人实施工程变更。项目法人负责工程设计变更文件的归档工作。项目竣工验收时应当全面检查竣工项目是否符合批准的设计文件要求，未经批准的设计变更文件不得作为竣工验收的依据。

4.5.6.7　监理机构对工程变更的评价与审查

工程变更的审查应在对工程变更进行评价和分析的基础上进行。工程变更的评价和分析包括：工程施工合同文件规定的和工程承包人应具备的施工条件与施工手段，发包人可能或可以提供的支持条件，进行中的施工状态，工程变更对合同目标控制的影响，以及工程变更的经济分析和可能为发包人带来的预期效益等。监理机构对工程变更的通知、要求或建议的审查，应遵循的基本原则包括：①把握变更后不降低工程的质量标准，也不影响工程完建后的运行与管理；②把握工程变更设计技术方案可行，并安全可靠；③把握工程变更有利施工实施，不至于因施工工艺或施工方案的变更，导致在当时施工条件下使施工变为不可能；④把握工程变更的费用及工期是经济合理的，不至于导致合同价格不合理地大幅度增加；⑤把握工程变更后尽可能不对后续施工产生不良影响，不至于因此而导致合同工期不合理地推迟。

4.5.6.8　工程变更的执行与合同责任

工程变更可由发包人或发包人授权监理机构发出。承包人在未接到上述变更指令或事先得到同意的情况下，擅自进行工程变更的，监理机构在不予以计量支付的同时，还应判定承包人承担合同责任。承包人接受监理机构的工程变更指令后，如果这种变更不符合工程施工合同文件规定，或超出合同工程项目或工作项目范围，承包人可以提出签订补充协议与合理补偿，或提出拒绝执行的要求；如果这种变更超出承包人按合同文件规定应具备的施工手段与能力，或将导致承包人造成额外费用与工期延误，承包人可提出理由，申报发包人或监理机构重新审议，或在执行期间提出施工索赔申报。只要工程变更指令是按工程施工合同文件规定发出的，则这类变更不解除或减轻合同双方应承担的合同义务与责任。如果工程变更的发生，是由于承包人的合同责任与风险所导致，则为执行工程变更所发生的费用与工期延误，由承包人承担合同责任。承包人提出工程变更的四种常见情况：一是图纸缺陷；二是图纸不便施工；三是新（技术）的需要；四是自身利益。监理人在接到承包人的工程变更建议后，应按照以上原则进行审核后报发包人批示同意与否。发包人提出的工程变更，项目监理机构要全面评估可能的影响，提出决策建议。《建设工程工程量清单计价规范》（GB 50500—2013）关于非承包人原因删减合同工作的补偿要求：发包人提出的工程变更，因非承包人原因删减了合同中的某项原定工作或工程，致使承包人发生的费用或得到的收益不能被包括在其他已支付或应支付的项目中，则承包人有权提出并得到合理的费用及利润补偿。

4.5.6.9　工程变更的计价管理

1. 工程变更计价的原则

工程变更项目的计价按合同文件规定执行，除非已经协商确定或另行签订协议或合同文件另有规定，否则监理机构应按以下原则进行处理：

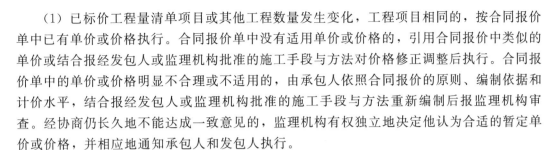

（1）已标价工程量清单项目或其他工程数量发生变化，工程项目相同的，按合同报价单中已有单价或价格执行。合同报价单中没有适用单价或价格的，引用合同报价中类似的单价或结合报经发包人或监理机构批准的施工手段与方法对价格修正调整后执行。合同报价单中的单价或价格明显不合理或不适用的，由承包人依照合同报价的原则、编制依据和计价水平，结合报经发包人或监理机构批准的施工手段与方法重新编制后报监理机构审查。经协商仍长久地不能达成一致意见的，监理机构有权独立地决定他认为合适的暂定单价或价格，并相应地通知承包人和发包人执行。

（2）措施项目的调整，工程变更引起施工方案改变并使措施项目发生变化的，承包人应事先将拟实施的方案提交监理机构确认，并应详细说明与原方案措施项目相比的变化情况。拟实施的方案经发、承包双方确认后执行，并调整费用：安全文明施工费按照实际发生的措施项目调整，不得浮动。采用单价计算的措施项目费，按照实际发生的措施项目及前述已标价工程量清单项目的规定确定单价。按总价（或系数）计算的措施项目费，按照实际发生的措施项目调整，但应考虑承包人报价浮动因素，即调整金额＝实际调整金额×报价浮动率。

2. 监理审核工程变更单价的原则

监理机构在审核变更项目的单价时要注意以下原则：变更项目的单价要与合同中的单价水平相协调，在没有特殊的且具体的施工方案为依据情况下，不要过分的高于或低于合同中的单价水平。变更是施工合同的变更，监理机构只能以合同第三方的角色，以合同规定为依据，协调合同双方就变更项目的单价达成一致。有些合同条件尽管赋予监理机构确定变更单价的权力，监理机构在行使这个权力时必须依据合同规定，且从咨询者的角度，公正地行使这个权力，尽量避免给合同双方履行合同带来不利影响。工程变更的支付方式与价格确定后，随工程变更实施列入月工程款支付。

3. 监理审核工程变更单价的方法

直接采用适用的项目单价（采用的材料、施工工艺和方法相似，不因此增加关键线路上工程的施工时间），或参考类似的项目单价经双方协商后确定新的项目单价。无法找到适用和类似的项目单价时，应采用承包人投标报价取费及浮动率原则，按成本加利润的原则由双方协商新的综合单价。

4.5.6.10 新增项目的费用控制

1. 新增项目产生的原因

新增项目从性质上讲，也属于工程变更。一个建设项目的建设，需要完成的工程内容是广泛的，要完成的工程量是巨大的，特别是水利水电工程项目，受自然条件、地形、地质条件的影响较大，施工工期较长，工程量大，涉及面广，施工条件复杂，将会与原招标设计的依据发生差异，这在工程实践中是很难避免的。常见的产生新增项目的原因有：

第一类原因，工程地质条件发生较大差异，从而产生合同外项目。由于工程地质条件复杂，随着施工进展，不断被揭露的地质情况，与原设计文件中的地质条件有较大差异，必须进行修改，否则将造成工程量过度增加，投资费用加大，施工工期延长。在这种情况下，发包人或监理机构根据工程整体利益的需要，往往提出设计修改，从而产生新增项目。

第二类原因，由于施工条件复杂和施工中种种难以预料的因素出现，造成对原设计的局部修改而产生新增项目。水利工程的施工条件都是比较复杂的，工程施工往往受许多外界客观条件限制，如遇到公路、铁路交通线和历史文物、古迹等；还可能遇到一些事先难以预料的因素，例如塌方、超标洪水等，都可能造成对原设计的局部修改，从而产生合同外项目。

第三类原因，由于招标时合同文件中工程量清单不够确切，造成工程项目漏项，而导致出现新增项目。水利工程项目的施工部位和分项都相当繁多，招标文件是根据招标设计，在施工详图设计之前编制的，很容易出现工程量不够准确或者出现遗漏现象。随着施工详图的不断提供和施工的不断深入进行，将会发现问题，导致新增项目的产生。

第四类原因，由于设计单位不断地对工程设计进行设计优化，而导致产生新增项目。在我国水利工程中，随着施工的进展，设计单位不断地发现原设计方案或内容的不合理性，从而不断提出设计优化问题，造成设计变更，从而产生新增项目。

第五类原因，发包人或监理机构为保证工程进度，使工程按期完工投产，而调整合同内容产生新增项目。

第六类原因，由于国家或地方的政策、法规等的变化，而导致出现新增项目。

2. 新增项目的价格调整原则

在工程变更的各种形式中，新增工程的现象最为普遍。监理机构在下达的工程变更指令中，经常要求承包人实施某种新增工程。这些新增工程，可能包括各种不同的规模和范围，其工程量也可能相差悬殊。因此，在承包工程施工合同管理工作中，应该对新增工程有严格的、在合同概念上的区分，并采取不同的处理办法。经验证明，对新增工程了解不够，往往导致合同管理上的模糊或混乱，形成合同纠纷。从合同含义上分析，新增工程应按其工程范围划分附加工程和额外工程两种。属于工程项目合同范围的新增工程，称为附加工程；超出工程项目合同范围以外但仍对项目功能有利的新增工程，称为额外工程。

（1）附加工程。所谓附加工程，就是指建成合同项目所必不可少的工程。如果缺少了这些工程，该合同项目便不能发挥合同预期的作用。因此，只要是该工程项目必需的工程，都属于附加工程，无论是该工程项目合同文件中的工程量清单中是否列出该项工作，只要监理机构发出工程变更指令，承包人应遵照执行。因为它在合同意义上属于合同范围以内的工作。对附加工程，其价格调整原则和本节上述介绍的调价原则是一致的。

（2）额外工程。所谓额外工程是指工程项目合同文件中"工程范围"未包括的工作。缺少这些额外工程，原订合同的工程项目仍然可以运行，并发挥效益。所以，额外工程乃是一个"新增的工程项目"，而不是原合同项目的一个新的"工程项目"。因此，对于一项额外工程，应签订新的承包合同，独立地议定合同价。但是，在承包实践中，发包人往往想使已签合同的工程项目扩大规模，发挥更大的经济效益，可能以下达新增工程的变更指令方式要求承包人完成某些额外工程。有些额外工程，则是由于不利的现场条件导致的。在这种情况下，承包人如果愿意接受新增额外工程的实施时，可以同发包人协商，采用适当的合同程序，继续完成这些额外工程。在合同程序上，通常有两种方式：一是签订新合同协议书，议定新的合同价。合同文件的主要内容，可沿用原来的合同条件。二是将额外工程作为原合同工程范围内的一项新增工程，由监理机构发出工程变更指令，双方协商确定施工单价或合同总价，由承包人按照原来的合同条件完成施工。

4.5.7 索赔管理

4.5.7.1 索赔的产生

广义的索赔是指在履行合同过程中，对于非乙方过错而应由对方承担责任的情况，向对方提出补偿的要求。施工索赔是指在工程的建筑、安装阶段，建设工程合同的一方当事人因对方不履行合同义务或应由对方承担的风险事件发生而遭受的损失，向对方提出的赔偿或者补偿的要求。一般把承包人向发包人提出的赔偿或者补偿要求称为索赔，把发包人向承包人提出的赔偿或补偿要求称为反索赔。按照索赔的目的划分，一般将索赔分为工期延误索赔、加速施工索赔、增加或减少工程量索赔、地质条件变化索赔、设计变更索赔、暂停施工索赔、施工图纸拖交索赔、迟延支付工程款索赔、物价波动上涨索赔、不可预见和意外风险索赔、法规变化索赔、发包人违约索赔、合同文件缺陷索赔等。

4.5.7.2 可以索赔的费用举例

无论对承包人还是发包人，根据合同和有关法律规定，事先列出一个将来可能索赔的损失项目的清单，这是索赔管理中的一种良好做法，可以帮助防止遗漏某些损失项目。以下列举了常见的损失项目（并非全部），可供参考。

第一类，人工费。人工费在工程费用中所占的比重较大，人工费的索赔，也是施工索赔中数额最多者之一，一般包括：额外劳动力雇佣，劳动效率降低，人员闲置，加班工作，人员人身保险和各种社会保险支出。

第二类，材料费。材料费的索赔关键在于确定由于发包人方面修改工程内容，从而使工程材料增加的数量。这个增加的数量，一般可通过原来材料的数量与实际使用的材料数量的比较来确定。材料费一般包括：额外材料使用，材料破损估价，材料涨价，材料保管，运输费用。

第三类，设备费。设备费是除人工费外的又一大项索赔内容，通常包括：额外设备使用，设备使用时间延长，设备闲置，设备折旧和修理费分摊，设备租赁实际费用增加，设备保险增加。

第四类，低值易耗品。一般包括：额外低值易耗品使用，小型工具，仓库保管成本。

第五类，现场管理费。一般包括：工期延长期的现场管理费，办公设施，办公用品，临时供热、供水及照明，人员保险，额外管理人员雇佣，管理人员工作时间延长，工资和有关福利待遇的提高。

第六类，总部管理费。一般包括：合同期间的总部管理费超支，延长期中的总部管理费。

第七类，融资成本。一般包括：贷款利息，自有资金利息，额外担保费用，利润损失。

4.5.7.3 不允许索赔的费用

（1）第一类，承包人的索赔准备费用。毫无疑问，对每一项索赔，从预测索赔机会，保持原始记录、提交索赔意向通知、提交索赔账单、进行成本和时间分析，到提交正式索赔报告、进行索赔谈判，直至达成索赔处理协议，承包人都需要花费大量的精力进行认真细致的准备工作。有时，这个索赔的准备和处理过程还会比较长，而且发包人也可能提出许多问题，承包人可能需要聘请专门的索赔专家来进行索赔的咨询工作。所以，索赔准备费用可能是承包人的一项不小的开支。但是，除非合同另有规定，通常都不允许承包人对这种费用进行索赔。从理论上说，索赔准备费用是作为现场管理费的一个组成部分得到补偿的。

（2）第二类，工程保险费用。由于工程保险费用是按照工程合同的最终价值计算和收取的，如果合同变更和索赔的金额较大，就会造成承包人保险费用的增加。与索赔准备费用一样，这种保险费用也是作为现场管理费的一个组成部分得到补偿的，不允许单独索赔。当然，也有的合同会把工程保险费用作为一个单独的工作项目在工程量表中列出。在这种情况下，它就不包括在现场管理费中，可以单独索赔。

（3）第三类，因合同变更或索赔事项引起的工程计划调整、分包合同修改等费用。这类费用也是包括在现场管理费中得到补偿的，不允许单独索赔。

（4）第四类，因承包人的不适当行为而扩大的损失。如果发生了有关索赔事项，承包人应及时采取适当措施防止损失的扩大，如果没有及时采取措施而导致损失扩大的，承包人无权就扩大的损失要求赔偿。承包人负有采取措施减少损失的义务，这是一般的法律和合同的基本要求。这种措施可能包括保护未完工程、合理及时地重新采购器材、及时取消订货单、重新分配施工力量（人员和材料、设备）等。例如，某单位工程暂时停工时，承包人也许可以将该工程的施工力量调往其他工作项目。如果承包人能够做到而没有做，则他就不能对因此而闲置的人员和设备的费用进行索赔。当然，承包人可以要求发包人对其"采取这种减少损失措施"本身产生的费用给予补偿。

（5）第五类，索赔金额在索赔处理期间的利息。索赔的处理总是有一个过程的，有时甚至是一个比较长的过程。一般合同中对索赔的处理时间没有严格的限制，但监理机构作为一公正的合同实施监督者，应该在合理的时间内做出处理，不得有意拖延。在一般情况下，不允许对索赔额计算处理期间的利息，除非有证据证明发包人或监理机构恶意地拖延了对索赔的处理。除了上述索赔处理期间的利息外，还有从索赔事项的发生至承包人提出索赔期间的利息问题，以及如果对监理机构的处理决定发生争议，并提交了仲裁后这一期间的利息问题。实际工作中，对这四个阶段的利息是否可以索赔，是发包人（监理机构）和承包人之间非常容易发生分歧的领域，要根据适用法律和仲裁规则等来确定。

4.5.7.4 索赔应符合的条件

第一，依据充分。即造成费用增加或工期延误的原因，按合同约定确实不属于索赔方应承担的责任，包括行为责任或风险责任。第二，证据充分。索赔方能够提交充足的证据资料以说明或证明索赔事件发生当时详细的实际情况。第三，有损失事实。与施工合同相对照，索赔事件本身确实造成了承包人施工成本的额外支出或工期延误。第四，满足程序要求。索赔方按合同规定的程序和期限提交了索赔意向书和索赔申请报告。以上四个条件没有先后主次之分，应当同时具备。

4.5.7.5 承包人向发包人的索赔

1. 承包人索赔的内容及原则

从理论上讲，确定承包人可以索赔什么费用及索赔多少，有两类主要原则：①所发生的费用应该是承包人履行合同所必需的，即如果没有该费用支出，就无法合理履行合同，无法使工程达到合同要求；②给予补偿后，应该使承包人处于与假定未发生索赔事项情况下的同等有利或不利地位（承包人自己在投标中所确立的地位），即承包人不因索赔事项的发生而额外受益或额外受损。承包人向发包人的索赔一般分为以下7个方面：①不利的自然条件与人为障碍引起的索赔；②工程变更引起的索赔；③工期延期的费用索赔；④加速施工费用的索赔；⑤发包人不正当地终止工程而引起的索赔；⑥法律、货币及汇率变化引起的索赔；⑦拖延支付工程款的索赔。从索赔发生的原因来看，承包人索赔可以简单分为损失索赔和额外工作索赔，前者主要是由发包人违约或监理机构工作失误引起的；后者主要是由合同变更、或第三方违约、非承包人承担的风险事件引起的。按照一般的法律原则，对损失索赔，发包人应当给予赔偿损失，包括实际损失和可得利益（又称所失利益）。实际损失是指承包人多支出的额外成本。可得利益是指如果发包人不违反合同，承包人本应取得的，但因发包人违约而丧失了的利益。对额外工程索赔，发包人应以原合同中的适用价格为基础，或者以监理机构依据合同变更价格确定的原则，与合同当事人双方协商确定的合理价格给予付款。计算损失索赔和额外工程索赔的主要区别是：前者的计算基础是成本，而后者的计算基础是价格（包括直接成本、管理费和利润）。计算损失索赔要求比较一下假定无违约成本和实际有违约成本（不一定是承包人投标成本或实际发生成本，应是合理成本），对两者之差给予补偿，与各工程项目的价格毫不相干，原则上不得包括额外成本的相应利润（除非承包人原合理预期利润的实现已经因此受到影响，这种情况只有当违约引起整个工程的延迟或完工前的合同解除时才会发生）。计算额外工程索赔则允许包括额外工作的相应利润，甚至在该工程可以顺利列入承包人的工作计划、不会引起总工期延长，从而事实上承包人并未遭受到损失时也是如此。索赔仅仅是承包人要求对实际损失或额外费用给予补偿。承包人究竟可以就哪些损失提出索赔，这取决于合同规定和有关适用法律。无论损失的金额有多大，也无论是什么原因引起的，合同规定都是决定这种损失是否可以得到补偿的最重要的依据。

2. 承包人的索赔的程序

索赔程序：提交索赔意向书→提交索赔申请报告→提交中期索赔报告→提交最终索赔申请报告。依据《标准施工招标文件（2007年版）》和《水利水电工程标准施工招标文件（2009版）》，根据合同约定，承包人认为有权得到追加付款和（或）延长工期的，应按以下程序向发包人提出索赔：第一，承包人应在知道或应当知道索赔事件发生后28天内，向监理人递交索赔意向通知书，并说明发生索赔事件的事由。承包人未在前述28天内发出索赔意向通知书的，丧失要求追加付款和（或）延长工期的权利。第二，承包人应在发出索赔意向通知书后28天内，向监理人正式递交索赔通知书。索赔通知书应详细说明索赔理由以及要求追加的付款金额和（或）延长的工期，并附必要的记录和证明材料。第三，索赔事件具有连续影响的，承包人应按合理时间间隔继续递交延续索赔通知，说明连续影响的实际情况和记录，列出累计的追加付款金额和（或）工期延长天数。第四，在索赔事件影响结束后的 28 天内，承包人应向监理人递交最终索赔通知书，说明最终要求索赔的追加付款金额和延长的工期，并附必要的记录和证明材料。

3. 承包人索赔的期限

根据《水利水电工程标准施工招标文件（2009 版）》规定，承包人按合同的约定接受了完工付款证书后，应被认为已无权再提出在合同工程完工证书颁发前所发生的任何索赔；承包人按合同的约定提交的最终结清申请单中，只限于提出合同工程完工证书颁发后发生的索赔。提出索赔的期限自接受最终结清证书时终止。

4.5.7.6　发包人向承包人的索赔

1. 发包人的工程延期索赔（承包人责任引起）

土建工程的施工原定计划进度及完工日期拖后，可能影响到发包人对该工程的投产计划，给发包人带来了经济损失时，按照国际工程标准合同条款的规定，发包人有权对承包人进行索赔"拖期损失赔偿费"。土建工程施工进度滞后是常见的现象。关于拖期的原因，应进行具体分析，以确定责任属于合同哪一方承担，这是进行工程拖期索赔或反索赔的前提。如果工程拖期的责任在承包人一方，则发包人有权向承包人提出工程拖期索赔。如果工程拖期的责任在发包人一方，例如未按规定时间提供施工场地，指令完成大量的附加工程或额外工程，对施工进展人为干扰，发包人违约等，则承包人有权向发包人提出工程拖期索赔。如果工程拖期是由于客观原因引起，不是承包人的责任，例如发包人提供场地滞后，甲供材料不能按时提供，设计图纸提供滞后，工程所在地政局动荡等，则发包人不仅不能向承包人提出工程拖期索赔，反而承包人有提出工期补偿的权力。至于拖期损失赔偿的计价方法，通常由合同双方在合同文件中事先商定。一般规定，每拖期完工一天，应赔偿一定款额的损失赔偿费；拖期损失赔偿费的总额，一般不能超过该工程项目合同价格的一定比例（通常为 10%）。发包人索赔一般包括：发包人盈利损失；由于工期拖期而引起的贷款利息增加；工程拖期带来的附加监理费；由于工程拖期不能使用，继续租用原建筑物或租用其他建筑物的租赁费。

2. 对承包人的施工缺陷索赔

施工合同条件一般都规定，如果承包人施工质量不符合施工技术条款的规定，或使用的设备和材料不符合合同规定，或者在保修期满以前未完成应进行修补的工程时，发包人有权向承包人追究责任，要求补偿发包人所受的经济损失。如果承包人在规定的期限内仍未完成修补缺陷工作，发包人有权雇佣他人来完成工作，发生的费用由承包人承担。

3. 承包人不履行的保险费用索赔

如果承包人未能按照合同条款指定的项目投保，并保证保险有效，发包人可以投保并保证保险有效，发包人所支付的必要的保险费可在应付给承包人的款项中扣回。

4. 对指定分包商的付款索赔

在工程承包人未能提供已向指定分包商付款的合理证明时，发包人可以直接按照监理机构的证明书，将承包人未付给指定分包商的所有款项（扣除保留金）付给分包商，并从应付给承包人的任何款项中如数扣回。

5. 发包人合理终止合同或承包人不正当地放弃工程的索赔

如果发包人合理地终止承包人的承包，或者承包人不合理地放弃工程，则发包人有权从承包人手中收回由新的承包人完成工程所需的工程款与原合同未付部分的差额。

6. 其他损失索赔

其他损失索赔包括：承包人运送自己的施工设备和材料时，损坏了沿途公共的公路或桥梁所带来的损失；承包人的建筑材料或设备不符合合同要求而要重复检验时，所带来的检测费用开支；由于承包人的原因造成工程拖期时，在超出计划工期的拖期时段内的监理机构服务费用，等等，发包人可要求由承包人承担。

7. 发包人的索赔期限

（1）发生索赔事件后，监理人应及时书面通知承包人，详细说明发包人有权得到的索赔金额和（或）延长缺陷责任期的细节和依据。发包人提出索赔的期限和要求与承包人的期限的约定相同，延长缺陷责任期的通知应在缺陷责任期届满前发出。

（2）监理人按合同条款商定或确定发包人从承包人处得到赔付的金额和（或）缺陷责任期的延长期。承包人应付给发包人的金额可从拟支付给承包人的合同价款中扣除，或由承包人以其他方式支付给发包人。

4.5.7.7　对承包人索赔处理程序

（1）监理人收到承包人提交的索赔通知书后，应及时审查索赔通知书的内容、查验承包人的记录和证明材料，必要时监理人可要求承包人提交全部原始记录副本。

（2）监理人应按《标准施工招标文件（2007年版）》通用合同条款第3.5款商定或确定追加的付款和（或）延长的工期，并在收到上述索赔通知书或有关索赔的进一步证明材料后的42天内，将索赔处理结果答复承包人。

（3）承包人接受索赔处理结果的，发包人应在作出索赔处理结果答复后28天内完成赔付。承包人不接受索赔处理结果的，按《标准施工招标文件（2007年版）》通用合同条款第24条的约定办理。

4.5.8　合同争议解决方法

4.5.8.1　解决合同争议的原则

合同争议是指合同当事人之间对合同履行状况和合同违约责任承担等问题所产生的意见分歧。合同争议的解决方式有：和解、调解、仲裁或者诉讼，其中和解是合同当事人之间发生争议后，在没有第三人介入的情况下，合同当事人双方在自愿、互谅的基础上。就已经发生的争议进行商谈并达成协议，自行解决争议的一种方式；调解是合同当事人之间发生争议后，在第三者即调解人的主持下，通过协商，自愿达成调解协议，合同纠纷的调解，可以分为社会调解、行政调解、仲裁调解和司法调解。这里调解主要是社会调解、行政调解。社会调解、行政调解效力等同合同。仲裁调解、司法调解具有强制执行的法律效力，合同争议调解组：争议调解组由3（或5）名有合同管理和工程实践经验的专家组成，专家的聘请方法可由发包人和承包人共同协商确定，也可请政府主管部门推荐或通过行业合同争议调解机构聘请，并经双方认同。争议调解组成员应与合同双方均无利害关系。争议调解组的各项费用由发包人和承包人平均分担。

4.5.8.2 解决争议的过程

1. 仲裁

（1）仲裁条件：有仲裁协议，包括要有具体的仲裁请求和事实、理由；仲裁事项属于仲裁委员会的受理范围。

（2）仲裁时效：当事人知道或应当知道其权利被侵害之日起计算，期限是2年。

（3）协议仲裁原则、或裁或审原则、协议管辖原则、独立仲裁原则、公正、及时原则、不公开原则、一裁终局原则、法院监督原则。

（4）仲裁程序：仲裁的申请和受理→组成仲裁庭→开庭和裁决→仲裁裁决的执行。合同争议经仲裁庭仲裁后，由仲裁庭做出裁决。裁决书自做出之日起发生法律效力。一方当事人申请执行裁决，另一方当事人申请撤销裁决的，人民法院应当裁定中止执行。人民法院裁定撤销裁决的，应当裁定终结执行。撤销裁决的申请被裁定驳回，人民法院应当裁定恢复执行。

2. 撤销裁决

当事人提出证据证明裁决有下列情形之一的，可以向仲裁委员会所在地的中级人民法院申请撤销裁决：没有仲裁协议的；裁决的事项不属于仲裁协议的范围或者仲裁委员会无权仲裁的；仲裁庭的组成或者仲裁的程序违反法定程序的；裁决所根据的证据是伪造的；对方当事人隐瞒了足以影响公正裁决的证据的；仲裁员在仲裁该案时有索贿受贿，徇私舞弊，枉法裁决行为的。当事人申请撤销裁决的，应当自收到裁决书之日起六个月内提出。

3. 诉讼

合同发生争议后，和解调解不成或当事人不愿意通过和解、调解解决的，并且在合同中没有订立仲裁条款，事后也没有达成仲裁协议的，可以向人民法院起诉，通过司法程序解决合同争议。

（1）诉讼时效：是指当事人知道或应当知道其权利被侵害之日起计算，向人民法院请求民事权利的诉讼时效期限为两年。

（2）合同争议的审理：我国实行两审终审制度。人民法院在对案件进行审理过程中进行调解，在调节的过程中对案件进行审理。

（3）执行：对已发生法律效力的调解书、裁定书和判决书，当事人应自觉执行。对无正当理由拒不执行的，由原审法院执行人员强制执行。

4.5.9 变更索赔处理案例

案例一：现场条件改变致使承包人营地调整的索赔处理

某国际承包工程的合同条件为FIDIC土木工程施工合同条件，承包人进场后营地出现位置变更，根据合同文件招标图纸的规定，原营地位于Y营地，因Y营地未能按期提交，经协商变更后的营地位于C营地。营地的变更是以发包人提出口头建议，承包人采纳建议并向工程师提出书面申请，工程师批准的方式解决的。承包人在提出营地变更使用申请时，未附加任何条件。在变更实施后的第 10 个月，提出索赔，就 C 营地建设中拆除原建筑物、土方开挖和回填提出了人民币 377445.23 元的索赔额，未提供任何支持材料。工程师收到承包人的索赔报告后，回函澄清了发包人提供两块场地供承包人选择的原因，承包人是无条件的自愿选择 C 营地，此外，承包人未按合同规定提出索赔意向。因此，工程师不支持承包人对 C 营地的索赔。又一个月后，承包人第二次发文坚持 C 营地索赔，承包人表示：投标时的报价是依据 Y 营地进行报价的，使用 C 营地增加了费用，这些费用没有包括在投标报价内；承包人之所以没有及时提出索赔通知，是由于承包人要将所有资料收集齐全后才能通知工程师并提交索赔金额的总量。工程师再次收到这个事件的索赔报告后，进一步回函，认为获得补偿的前提是有损失的事实依据；要求承包人按合同规定提交索赔临时报告和最终报告，出具索赔证明材料，并抄送发包人。又三个月后，承包人第三次提交了 C 营地索赔附加费用的详细报告，要求补偿人民币 1043866.62 元。承包人提交了费用计算说明，未提供相关的财务资料。承包人计算补偿费用的方式是：补偿金额＝建设 C 营地的实际开支－投标时的初始报价－不应由发包人承担的费用。承包人对以上费用的计算是基于总费用法提出的索赔。工程师进一步回函对该索赔提出处理意见，由于营地位置变更，才引起承包人建设 C 营地的费用超出了初始预见费。承包人有得到费用补偿的权利。鉴于承包人在寻求该项索赔时未能遵守合同"索赔的提出、索赔的期限"中的相关规定，监理机构可以拒绝受理。但考虑事实情况下，监理工程师可根据按承包人提交的材料和监理工程师的同期记录处理该索赔。营地的建设费用包括在合同文件工程量清单 2.1 项"进场与退场费"中。"进场与退场费"属总价包干项目，在合同文件中有该项目的单价分析。应工程师的要求，承包人提交了工程量清单中总价包干项目的分解，其中承包人建设营地的初始预见费为人民币 3275192 元。承包人因营地变更损失的费用包括使用砖场后因平整场地、土方开挖等出现的附加费用，冬季建设 C 营地的赶工费用及出现质量问题后的修复费用等。这些费用除了由于场地变更引起的场地平整、土方开挖等直接费应由发包人予以补偿外，其他费用由承包人自己承担。承包人的该项索赔也仅就使用砖场后因平整场地、土方开挖等出现的附加费用提出补偿要求，但采用的是实际建设费用减去初始预见费的办法。工程师认为这种计算方法不可取，因为即便不更换场地，实际建设费用也不可能等同于初始预见费用，因为其他问题均可能导致实际建设费用的增减。工程师是根据两块场地的地形，估算出增减的工程量，按工程师确定的单价进行补偿额的计算，不考虑承包人扩大临建工程的费用。经工程师计算可补偿的费用为 41.7 万元。

另外在给予承包人应补偿的费用时，对于承包人使用 C 营地后减少支出的部分费用应予扣回。扣回的费用包括承包人距各工作面的距离缩短，减少了施工期的交通费用、车辆维修费用，承包人使用 C 营地从原建筑物拆除的石料作为建筑物的基础、及减少了建筑物的基础投资等费用。经工程师计算应扣回的费用为 7.2 万元。综上所述，对承包人关于 C 营地索赔发包人应给予承包人补偿金额为人民币 34.5 万元。以上索赔监理机构在处理时应用修正总费用法，对实际的消耗按合同的责任界定，剔除承包人的自身原因增加的费用和变更项目的实施给承包人带来的利益。这种分析法即克服了实际费用法对基础资料要求的苛刻，又克服了总费用法的含糊不清。

案例二：地下洞室因地质条件变化产生的索赔处理

（1）我国云南省 L 水电站工程一条引水隧洞施工，采用世界银行贷款，实行国际公开竞争性招标，中标的某外国承包人与发包人根据 FIDIC《土木工程施工合同条件》（1987 年，第 3 版）签订了施工承包合同，监理工程师为一家外国工程咨询公司。从 1986 年 5 月至 1986 年 8 月底，大雨连绵。由于引水隧洞经过断层和许多溶洞，地下涌水量大增，造成停工和设备淹没。

（2）为了保证工程进度和施工安全，发包人通过监理工程师指令施工的外国公司从国外紧急进口所需的额外排水设备，尽快恢复施工。根据合同规定，承包人已安装了满足"最小排水能力"的排水设备，其排水容量为 7.5t/min；又按规定安装了附加排水设施，其排水容量亦为 7.5t/min，即按合同规定共安装了 15t/min 的排水设施，合同规定采取总价支付的方式。但实际发生的地下涌水量大大超过了合同规定的排水总容量 15t/min，而实际需要安装的排水总容量达到 30.5t/min。根据该水电站施工合同条款规定："按工程师指令安装的额外排水能力将按实际容量支付。"外国承包人在贯彻实施发包人指令的过程中，于 1986 年 6 月 12 日就增加排水实施提出索赔意向，10 月 15 日正式提出索赔要求。承包人认为，如此大量的地下涌水，造成设备被淹和被迫停工，实属承包人无法合理预见的不利自然条件，故应得到补偿。该承包人的索赔报告书中经计算提出了下列 3 项索赔款并附有全部证据：

1）额外增加的排水设备费，计 58377384 日元，折合 12892.67 元人民币。

2）被地下涌水淹没的机械设备损失费，1716877 日元，折合 2414.7 元人民币。

3）额外排水工作的劳务费，50793 元人民币。

4）以上 3 项合计索赔款额为：60094261 日元，折合 66100.37 元人民币。工程量表中有如下相关分项：3.07/1 项"提供和安装规定的最小排水能力"，作为总价项目，报价：42245547 日元折合 32832.18 元人民币；3.07/3 项"提供和安装额外排水能力"，作为总价项目，报价：10926404 日元折合 4619.97 元人民币。同时技术规范中有：S3.07（2）（C）规定"由于开挖中的地下水量是未知的，如果规定的最小排水能力不足以排除水流，则工程师将指令安装至少与规定排水能力相等的额外排水能力。提供和安装额外排水能力的付款将在工程量表 3.07/3 项中按总价进行支付"。S3.07（3）（C）中又规定"根据工程师指令安装的额外排水能力将按照实际容量支付"。显然上述技术规范中的规定之间存在矛盾。合同规定的正常排水能力分别布置在：平洞及 AB 段 1.5t/min；C 段 1.5t/min；D 段 1.5t/min；渐变段及斜井 3.0t/min；合计 7.5t/min。按 S3.07（2）（C）规定，额外排水能力至少等于规定排水能力，即可以大于 7.5t/min。

其一，此项大量地下涌水事故属于不利的自然条件，是有经验的承包人无法合理预见的，也是发包人的设计人员和编标人员无法预见的。额外排水设施的增加情况属实，索赔条件成立。

其二，机械设备由于淹没而受到损失，这属于承包人自己的责任，因为在地下水涌出和增加的过程中，承包人有可能将那些设备撤到不被水淹的地方，有经验的承包人是可以避免此项损失的，不予补偿。虽然对额外排水设施责任分析是清楚的，但双方就赔偿问题产生分歧。由于工作量表 3.07/3 项与规范 S3.07（2）（C）、S3.07（3）（C）之间存在矛盾，按不同的规定则有不同的解决方法：第一按规范 S3.07（2）（C），额外排水能力在工作量表 3.07/3 总价项目中支付，而且规定"至少与规定排水能力相等的额外排水能力"，则额外排水能力可以大于规定排水能力，且不应另外支付。第二按照规范 S3.07（3）（C），额外排水能力要按实际容量支付，即应予以全部补偿。第三由于合同内容存在矛盾，如果要照顾合同双方利益，导致不矛盾的解释，则认为工程量表 3.07/1 已包括正常排水能力，3.07/3 报价中已包括与正常的排水能力相等的额外排水能力，而超过的部分再按 S3.07（3）（C）规定，按实际容量给承包人以赔偿。这样每一条款都能得到较为合理的解释。最后双方经过深入的讨论，一致同意采用上述第三种解决方法。承包人提出，报价所依据的排水能力仅为平洞 1.5t/min，渐变段及斜井 3t/min。其他两个工作面可以利用坡度自然排水。所以合同工程量表 3.07/1 和 3.07/3 中包括的排水能力为 9.0t/min，即（1.5t＋3t）×2/min。承包人这样提出的目的，不仅可以增加属于赔偿范围的排水能力，而且提高了单位排水能力的合同单价。但监理工程师认为，承包人应按合同规定对每一个工作面布置排水设施，并以此报价。所以合同规定的排水能力为 15t/min（正常排水能力 7.5t/min，以及与它相同的额外排水能力）。则属于索赔范围的，即适用规范 S3.07（3）（C）的排水能力为：$30.5-4-15=11.5$(t/min)。关于索赔值计算。承包人在报价单中有两个值：3.07/1 作为正常排水能力，报价较高；而 3.07/3 作为额外排水能力，报价很低。监理工程师认为，增加的是额外排水能力，故应按 3.07/3 报价计算。承包人对 3.07/3 报价低的原因做出了解释（可能由于额外排水能力是作为备用的，并非一定需要，故报价中不必全额考虑），并建议采用两项（3.07/1 和 3.07/3）报价之和的平均值计算。这个建议最终被各方接受。则合同规定的单位排水能力单价为：日元 $(42245547＋10926404)/15=3544793$ 日元/(t/min)；人民币 $(32832.18＋4619.97)/15=2496.81$ 元/(t/min)。则赔偿值为：日元 $3544793×11.5=40765165$ 日元；人民币 $2496.81×11.5=28713.31$ 元，最后双方就此达成一致。

如果经过上面的分析仍没得到一个统一的解释，则可采用如下原则：

首先，优先次序原则。合同是由一系列文件组成的，例如按 FIDIC 合同的定义，合同文件包括合同协议书、中标函、投标书、合同条件、规范、图纸、工程量表等。实质还包括合同签订后的变更文件及新的附加协议，合同签订前双方达成一致的附加协议。当矛盾和含糊出现在不同文件之间时，则可适用优先次序原则。各个合同都有相应的合同文件优先次序的规定。

其次，对起草者不利的原则。尽管合同文件是双方协商一致确定的，但起草合同文件常常又是买方（发包人）的一项权力，他可以按照自己的要求提出文件。按照责权利平衡的原则，他应承担相应的责任。如果合同中出现二义性，即一个表达有两种不同的解释，可以认为二义性是起草者的失误，或他有意设置的陷阱，则以对他不利的解释为准。这是合理的。我国的《民法典》也有相似的规定。"合同是设立、变更、终止民事权利和义务关系的协议，有关婚姻收养、监护身份关系的协议不适用民法典。适用其他的规定，包括民法通则、婚姻法、收养法等"。

4.5.10　合同完工验收与保修

合同工程完成后，应进行合同工程完工验收，当合同工程仅包含一个单位工程时，宜将单位工程验收与合同工程完工验收一并进行，但应满足相应的验收条件。合同工程完工验收应由项目法人主持，验收工作组由项目法人以及与合同工程有关的勘测、设计、监理、施工、主要设备制造（供应）商等单位代表组成。合同工程具备验收条件时，承包人应向项目法人提出验收申请报告。项目法人应在收到验收申请报告之日起20个工作日内决定是否同意进行验收。合同工程完工验收鉴定书自通过之日起30个工作日内，由项目法人发送参加验收单位、质量和安全监督机构等有关单位，进行归档，并报送法人验收监督管理机关备案。通过合同工程完工验收或投入使用验收后，项目法人与承包人应在30个工作日内组织专人负责工程的交接工作。交接过程中应有完整的文字记录，并有双方交接负责人签字。项目法人与承包人应在施工合同或验收鉴定书约定的时间内完成工程及其档案资料的交接工作。工程办理具体交接手续的同时，承包人应向项目法人递交工程质量保修书。保修书的内容应符合合同约定的条件，水利工程保修期一般为一年。工程质量保修期从工程通过合同工程完工验收后开始计算。在承包人递交了工程质量保修书、完成施工场地清理以及提交有关竣工资料后，项目法人应在30个工作日内向承包人颁发合同工程完工证书。

第 5 篇

项目安全文明生产和生态环境保护

第 1 章　施　工　安　全　监　理

5.1.1　安全法定责任与施工安全监督管理概述

5.1.1.1　安全生产相关法规

建设工程的安全生产，不仅关系到人民群众的生命和财产安全，而且关系到国家经济的发展和社会的全面进步。在工程建设活动中，保证安全是工程施工中的一项非常重要的工作。施工安全应包括在施工现场的承包人、监理人员、发包人、设计人及监督检查等所有人员的人身安全，也包括现场施工设备、工程设备、材料、物资等财产的安全。水利水电工程施工人员众多，各工种往往交叉作业，机械施工与手工操作并进，高空或地下作业多，建设环境复杂，不安全因素多，安全事故也较多。因此，必须充分认识水利水电工程施工过程中的不安全因素，提高安全生产意识，坚持"安全第一，预防为主"的方针，防患于未然，保证工程施工的顺利进行。

1. 工程建设领域安全生产法律法规

《中华人民共和国建筑法》（简称《建筑法》），根据 2011 年 4 月 22 日第十一届全国人民代表大会常务委员会第二十次会议《关于修改〈中华人民共和国建筑法〉的决定》修正。根据 2019 年 4 月 23 日第十三届全国人民代表大会常务委员会第十次会议《关于修改〈中华人民共和国建筑法〉等八部法律的决定》修正。《建筑法》对建筑工程安全生产管理做出了明确规定。2002 年 6 月 29 日，第九届全国人民代表大会常务委员会第二十八次会议审议通过了《中华人民共和国安全生产法》（简称《安全生产法》），作为安全生产领域的基本法律，全面规定了安全生产的原则、制度、具体要求及责任。由中华人民共和国第九届全国人民代表大会常务委员会第二十八次会议于 2002 年 6 月 29 日通过公布，自 2002 年 11 月 1 日起施行。2014 年 8 月 31 日第十二届全国人民代表大会常务委员会第十次会议通过全国人民代表大会常务委员会关于修改《中华人民共和国安全生产法》的决定，自 2014 年 12 月 1 日起施行。《安全生产法》作为新中国成立以来第一部全面规定安全生产各项制度的法律，它的出台不仅表明党中央、国务院对安全问题的高度重视，也反映了人民群众对安全生产的意愿和要求，也是安全生产管理全面纳入法制化的标志，是安全生产各项法律责任完善与健全的标志。《安全生产法》的实施，对于全面加强我国安全生产法治建设，强化安全生产监督管理，规范生产经营单位的安全生产，遏制重大、特大事故，促进经济发展和保持社会稳定，具有重大而深远的意义。为了加强建设工程安全生产监督管理，保障人民群众生命和财产安全，根据《建筑法》《安全生产法》，2003 年 11月 12 日国务院第 28 次常务会议审议通过了《建设工程安全生产管理条例》（国务院令第393 号）（简称《安全生产管理条例》），于 2004 年 2 月 1 日起施行。《安全生产管理条例》中明确规定："在中华人民共和国境内从事建设工程的新建、扩建、改建和拆除等有关活动及实施对建设工程安全生产的监督管理，必须遵守本条例。"《安全生产管理条例》是对《建筑法》和《安全生产法》的有关规定的进一步细化，结合建设工程的实际情况，将两部法律规定的制度落到实处，明确规定了发包人、勘察单位、设计单位、承包人、工程监理单位和其他与建设工程有关的单位的安全责任，并对安全生产的监督管理、生产安全事故应急救援与调查处理等做出了规定。这也是首次在法规中直接明确了监理单位在工程建设中应承担的安全责任。

2. 水利工程建设安全生产管理规章

为了加强水利工程建设安全生产监督管理，明确安全生产责任，防止和减少安全生产事故，保障人民群众生命和财产安全，结合水利工程的特点，水利部于 2005 年 7 月 22 日颁发了《水利工程建设安全生产管理规定》（水利部令第 26 号，根据 2014 年 8 月 19 日《水利部关于废止和修改部分规章的决定》第一次修正，根据 2017 年 12 月 22 日《水利部关于废止和修改部分规章的决定》第二次修正，根据 2019 年 5 月 10 日《水利部关于修改部分规章的决定》第三次修正）。《水利工程建设安全生产管理规定》明确指出："项目法人（或者建设单位，下同）、勘察（测）单位、设计单位、承包人、建设监理单位及其他与水利工程建设安全生产有关的单位，必须遵守安全生产法律、法规和本规定，保证水利工程建设安全生产，依法承担水利工程建设安全生产责任。"2019 年 5 月，水利部以"水监督〔2019〕139 号"文印发了《水利工程建设质量与安全生产监督检查办法（试行）》和《水利工程合同监督检查办法（试行）》。其中《质量与安全生产监督检查办法》中对问题分类、问题认定、责任追究等进行了详细的规定，附件 2－3 列有"监理单位安全生产管理违规行为分类标准"，分为"安全控制体系、安全过程控制、安全检查、其他"四个大类、14 条具体行为。分类标准中有 7 条违规行为被列为严重、7 条列为较重。根据违规行为的数量与性质又在附件 4－1－1 的"质量、安全生产管理违规行为责任追究标准"中规定了责令整改、约谈、停工整改、经济责任、通报批评、建议解除合同、降低资质等不同的责任追究方式。

3. 安全生产标准

安全生产标准是安全生产法规体系中的一个重要组成部分，也是安全生产管理的基础和监督执法工作的重要技术依据。安全生产标准大致分为设计规范类；安全生产设备、工具类；生产工艺安全卫生类；防护用品类等四类标准，如《水利工程建设标准强制性条文（2020 年版）》、《水利水电工程劳动安全与工业卫生设计规范》（GB 50706—2011）、

《水利水电工程施工通用安全技术规程》(SL 398—2007)、《水利水电工程土建施工安全技术规程》(SL 399—2007) 等。

4. 已批准的国际劳工安全公约

国际劳工组织自 1919 年创立以来,一共通过了 185 个国际公约和为数较多的建议书,这些公约和建议书统称国际劳工标准,其中 70% 的公约和建议书涉及职业安全卫生问题。我国政府为国际性安全生产工作已签订了国际性公约,当我国安全生产法律与国际公约有不同时,应优先采用国际公约的规定(除保留条件的条款外)。目前,我国政府已批准的公约有 23 个,其中 4 个是与职业安全卫生相关的。

5. 水利工程安全生产责任

水利部为了进一步加强水利行业安全生产监督管理,制定出台了《水利监督规定(试行)》(2019 年 7 月 19 日) 明确安全生产责任。《水利工程建设安全生产管理规定》(2019 修正) 第十四条:建设监理单位和监理人员应当按照法律、法规和工程建设强制性标准实施监理,并对水利工程建设安全生产承担监理责任。建设监理单位应当审查施工组织设计中的安全技术措施或者专项施工方案是否符合工程建设强制性标准。建设监理单位在实施监理过程中,发现存在生产安全事故隐患的,应当要求承包人整改。对情况严重的,应当要求承包人暂时停止施工,并及时向水行政主管部门、流域管理机构或者其委托的安全生产监督机构以及发包人报告。

5.1.1.2 水利水电工程建设工程安全技术标准

1. 建设标准强制性条文

《水利工程建设标准强制性条文》(简称《强制性条文》)的发布与实施是水利部贯彻落实国务院《建设工程质量管理条例》的重要举措,是水利工程建设全过程中的强制性技术规定,是参与水利工程建设活动各方必须执行的强制性技术要求,也是政府对工程建设强制性标准实施监督的技术依据。《强制性条文》的内容是从水利建设技术标准中摘录的,直接涉及人民生命财产安全、人身健康、水利工程安全、环境保护、能源和资源节约及其他公众利益,且必须执行的技术条款。《强制性条文》第三篇"劳动安全与工业卫生"以专篇的形式强调了水利工程建设过程中必须遵循的安全技术条款。目前最新的版本是《水利工程建设标准强制性条文》(2020 年版)。在《强制性条文》第三篇"劳动安全与工业卫生"第 10 节"劳动安全"中分别摘录了《水利水电工程坑探规程》(SL 166—96)、《水利水电工程劳动安全与工业卫生设计规范》(GB 50706—2011)、《农田排水工程技术规范》(SL 4—2013)、《水工建筑物滑动模板施工技术规范》(SL 32—2014)、《水利水电工程坑探规程》(SL 166—2010)、《核子水分-密度仪现场测试规程》(SL 275—2014)、《水利水电工程钻探规程》(SL 291—2003)、《水利水电工程施工组织设计规范》(SL 303—2017)、《水利血防技术规范》(SL 318—2011)、《水工建筑物地下开挖工程施工规范》(SL 378—2016)、《水利水电工程施工通用安全技术规程》(SL 398—2007)、《水利水电工程土建施工安全技术规程》(SL 399—2007)、《水利水电工程施工安全防护设施技术规范》(SL 714—2015)、《水利水电工程金属结构与机电设备安装安全技术规程》(SL 400—2007)、《水利水电工程施工作业人员安全操作规程》(SL 401—2007)、《灌溉与排水渠系建筑物设计规范》(SL 482—2011)、《光伏提水工程技术规范》(SL 540—2011)、《水利水电工程鱼道设计导则》（SL 609—2013）、《小型水电站施工安全规程》（SL 626—2013）、《水利水电地下工程施工组织设计规范》（SL 642—2013）、《水利水电工程调压室设计规范》（SL 655—2014）、《村镇供水工程设计规范》（SL 687—2019）、《预应力钢筒混凝土管道技术规范》（SL 702—2015）、《水利水电工程施工安全防护设施技术规范》（SL 714—2015）等规程、规范中的有关安全方面的条款，作为强制性条文。根据《安全生产管理条例》规定，"建设监理单位应当审查施工组织设计中的安全技术措施或者专项施工方案是否符合工程建设强制性标准。"《水利工程施工监理规范》（SL 288—2014）第6.5.2 款也规定，"监理机构应审查……方案是否符合工程建设标准强制性条文（水利工程部分）及相关规定的要求。"审查施工方案是否符合工程建设强制性标准（强制性条文）也因此成为了监理单位在安全监理工作中一项重要的法定职责，在监理工作过程中必须高度重视，在承包人实施的过程中还必须重点督促其按批准的方案进行落实。

2.《水利水电工程施工通用安全技术规程》（SL 398—2007）

《水利水电工程施工通用安全技术规程》（SL 398—2007）是对《水利水电建筑安装安全技术工作规程》（SD 267—88）的第 1、2、3、4、5、12、15、17 等篇内容进行修编，并增加了施工排水、现场保卫、安全防护设施、大型施工设备安装与运行等内容的安全技术规定。主要内容包括总则、术语、施工现场、施工用电、供水、供风及通信、安全防护设施、大型施工设备安装与运行、起重与运输、爆破器材与爆破作业、焊接与气割、锅炉及压力容器和危险品管理等安全技术规定。该标准适用于大中型水利水电工程施工安全技术管理、安全防护与安全施工。小型水利水电工程可参照执行。

3.《水利水电工程土建施工安全技术规程》（SL 399—2007）

《水利水电工程土建施工安全技术规程》（SL 399—2007）是对《水利水电建筑安装安全技术工作规程》（SD 267—88）的第 6、7、8、9、10 篇内容进行了修编，增加了土石方填筑、碾压混凝土等章节及突出新工艺的"沥青混凝土"、水利特色的"砌石工程、堤防工程、疏浚工程与吹填工程、渠道、水闸与泵站工程"，还有危险程度较高的"拆除工程"等。主要内容包括总则、术语、土石方工程、地基与基础工程、砂石料生产工程、混凝土工程、沥青混凝土、砌石工程、堤防工程、疏浚与吹填工程、渠道、水闸与泵站工程、房屋建筑工程、拆除工程等安全技术规定。该标准适用于大中型水利水电工程施工安全技术管理、安全防护与安全施工。小型水利水电工程及其他土建工程可参照执行。

4.《水利水电工程金属结构与机电设备安装安全技术规程》（SL 400—2007）

《水利水电工程金属结构与机电设备安装安全技术规程》（SL 400—2007）是对《水利水电建筑安装安全技术工作规程》（SD 267—88）的第 13、14 两篇内容进行了修编，并增加了金属结构制作、升船机安装、钢栈桥和供料线等其他金属结构安装，及金属防腐涂装等内容。主要内容有总则、术语、基本规定、金属结构制作、闸门安装、启闭机安装、升船机安装、引水钢管安装、其他金属结构安装、施工脚手架及平台、金属防腐涂装、水轮机安装、发电机安装、电气设备安装、水轮发电机组启动试运行、桥式起重机安装、施工用具及专用工具等安全技术规定。该标准适用于大型水利水电工程现场金属结构制作、安装和水轮发电机组及电气设备安装工程的安全技术管理、安全防护与安全施工。小型水利水电工程现场金属结构制作、安装和水轮发电机组及电气设备安装工程可参照执行。

5.《水利水电工程施工作业人员安全操作规程》（SL 401—2007）

《水利水电工程施工作业人员安全操作规程》（SL 401—2007）是对《水利水电建筑安装安全技术工作规程》（SD 267—88）的第11、16两篇内容进行的修编，删除了一些水利水电工程施工中现已很少出现的工种，按照现行施工要求合并了一些工种，并增加了一些新的工种。对水利水电工程施工的各专业工种和主要辅助工种的施工作业人员，规范其行为准则，明确其安全操作标准。主要内容有总则、基本规定、施工供风、供水、用电、起重、运输各工种、土石方工程、地基与基础工程、砂石料工程、混凝土工程、金属结构与机电设备安装、监测与试验、主要辅助工种等安全技术规定。该规程适用于大中型水利水电工程施工现场作业人员安全技术管理、安全防护与安全文明施工，小型水利水电工程可参照执行。该规程采用按工程项目分类的方法，分别对施工供风、供水、供电、起重运输各工种、土石方工程、地基与基础工程、砂石料工程、混凝土工程、金属结构与机电安装、监测与试验及辅助工种等73项工种的作业人员安全操作标准以及作业中应注意事项进行了规范，并对具体的条文进行了说明。要求参加水利水电工程施工的作业人员应熟悉、掌握本专业工程的安全技术要求，严格遵守工种的安全操作规程，并应熟悉、掌握和遵守配合作业的相关工种的安全操作规程。规程还将"三工活动"（即工前安全会、工中巡回检查和工后安全小结）、每周一次的"安全日"活动以及定期培训、教育纳入规范的重要内容，施工企业对新参加水利水电工程施工的作业人员以及转岗的作业人员，在作业前应进行不少于一次的学习培训，考试合格后方可进入现场作业。施工作业人员每年进行一次本专业安全技术和安全操作规程的学习、培训和考核，考核不合格者不应上岗。

上述《水利水电工程施工通用安全技术规程》（SL 398—2007）、《水利水电工程土建施工安全技术规程》（SL 399—2007）、《水利水电工程金属结构与机电设备安装安全技术规程》（SL 400—2007）、《水利水电工程施工作业人员安全操作规程》（SL 401—2007）四个部颁标准在内容上各有侧重、互为补充，形成一个相对完整的水利水电工程建筑安装安全技术标准体系，应相互配套使用。

6.《水利水电工程劳动安全与工业卫生设计规范》（GB 50706—2011）

为了贯彻"安全第一，预防为主"的方针，做到劳动安全卫生设施必须与主体工程同时设计、同时施工、同时投入生产和使用，保障劳动者在劳动过程中的安全与健康，制订了该规范。内容包括总则、基本规定、工程总体布置、劳动安全、工业卫生、安全卫生辅助设施等内容。该规范适用于新建、扩建及改建的水利水电工程的劳动安全与工业卫生的设计。除上述技术标准外，如《水工建筑物地下开挖工程施工规范》（SL 378—2007）、《水利水电工程锚喷支护技术规范》（SL 377—2007）、《锚杆喷射混凝土支护技术规范》（GB 50086—2001）、《爆破安全规程》（GB 6722—2014）等专业工程技术规程、规范及标准中也针对施工过程中安全生产提出了具体的要求。

5.1.1.3　施工安全监理相关工作与职责

1. 相关的法规、规章规定的安全监督内容

《安全生产管理条例》首次以法规的形式明确了监理人员在工程建设中应承担的安全职责，规定：工程监理单位应当审查施工组织设计中的安全技术措施或者专项施工方案是

否符合工程建设强制性标准。工程监理单位在实施监理过程中，发现存在风险等级为较大和重大的一般危险源和重大危险源失控安全事故隐患的，应当要求承包人整改。情况严重的，应当要求承包人暂时停止施工，并及时报告发包人。承包人拒不整改或者不停止施工的，工程监理单位应当及时向有关主管部门报告。《安全生产事故隐患排查治理暂行规定》（国家安监总局令第16号）要求，水利水电施工企业是事故隐患排查、治理和防控的责任主体，应当履行下列事故隐患排查治理职责：

（1）建立健全事故隐患排查治理和建档监控等制度，逐级建立并落实从主要负责人到每个从业人员的隐患排查治理和监控责任制。

（2）保证事故隐患排查治理所需的资金，建立资金使用专项制度。

（3）定期组织安全生产管理人员、工程技术人员和其他相关人员排查本单位的事故隐患。对排查出的事故隐患，应当按照事故隐患的等级进行登记，建立事故隐患信息档案，并按照职责分工实施监控治理。

（4）建立事故隐患报告和举报奖励制度，鼓励、发动职工发现和排除事故隐患，鼓励社会公众举报。对发现、排除和举报事故隐患的有功人员，应当给予物质奖励和表彰。

（5）每季、每年对本单位事故隐患排查治理情况进行统计分析，并分别于下一季度15日前和下年1月31日前向安全监管监察部门和有关部门报送书面统计分析表。统计分析表应当由生产经营单位主要负责人签字。水利水电施工企业应组织事故隐患排查工作，对隐患进行分析评估，确定隐患等级，登记建档，及时采取有效的治理措施。

（6）隐患排查的范围应包括所有与施工生产有关的场所、环境、人员、设备设施和活动。水利水电工程建设施工现场隐患排查的内容与要求一般包括下列内容：

1）作业场地平整，道路畅通，洞口有盖板或护栏，地下施工通风良好，照明充足。

2）施工现场工作面、固定生产设备及设施处所等应设置人行通道，宽度不应小于0.6m。

3）用电线路布置整齐、醒目，架空高度、线间距离符合用电规范，电气设备接地良好。开关箱应完整并装有漏电保护装置。

4）高处作业和通道的临空边缘设置高度不小于1.2m的栏杆。

5）悬崖、危岩、陡坡、临水场地边缘设置围栏或警告标志。

6）易燃易爆物品使用场所有相应防护措施和警示标志。

7）各种安全标志和告示准确、醒目。

8）施工人员和现场管理人员遵守规章，正确穿戴安全防护用品和使用工器具，特种作业人员持证上岗。

《水利工程建设安全生产管理规定》中规定：建设监理单位和监理人员应当按照法律、法规和工程建设强制性标准实施监理，并对水利工程建设安全生产承担监理责任。建设监理单位应当审查施工组织设计中的安全技术措施或者专项施工方案是否符合工程建设强制性标准。建设监理单位在实施监理过程中，发现存在生产安全事故隐患的，应当要求承包人整改。对情况严重的，应当要求承包人暂时停止施工，并及时向水行政主管部门、流域管理机构或者其委托的安全生产监督机构以及发包人报告。《水利水电工程施工通用安全技术规程》（SL 398—2007）中明确规定：水利水电建设工程施工安全管理，应实行发包人统一领导、监理单位现场监督、施工承包单位为责任主体的各负其责的管理体制。水利水电工程施工安全管理，应由发包人组织建立有施工、设计、监理等单位参加的工程施工安全管理机构，制订安全生产管理办法，明确各单位安全生产的职责和任务，各司其职，各负其责，共同做好施工安全生产工作。监理单位应监督承包人履行安全文明生产职责。各单位应按国家规定建立安全生产管理机构、配备符合规定的安全监督管理人员、健全安全生产保障体系和监督管理体系。监理单位应审核承包人编制的专项施工技术方案。《水利水电工程土建施工安全技术规程》（SL 399—2007）中明确：水利水电建设、设计、监理及承包人应遵守本标准，坚持"安全第一，预防为主"的方针，并进行综合治理，确保安全生产。建立健全安全生产管理体系及安全生产责任制，保证安全生产投入，及时消除施工生产事故隐患，确保安全施工。《水利水电工程金属结构与机电设备安装安全技术规程》（SL 400—2007）中明确：工程建设各单位应建立安全生产责任制，设立安全生产管理机构，配备专职安全管理人员，各负其责。《水利工程建设项目施工监理规范》（SL 288—2014）"6.5 施工安全监理"中，明确了监理单位在施工安全监理工作中的主要职责、工作内容和要求。《水利水电工程施工安全管理导则》（SL 721—2015）第4.3条"监理单位的安全生产管理职责"进一步明确了监理单位的安全生产管理职责，在附录 C "监理单位安全生产档案目录"对监理单位的安全档案资料提出了详细的指导。

2. 监理单位及其现场机构的安全监督几个方面

工程项目开工前，监理机构应要求承包人按承建合同文件规定，建立施工安全管理机构和承包人现场机构、施工队与施工班组三级施工安全保障体系，做好工程施工安全组织管理、做好爆炸器材和有毒材料的管理，以及做好施工安全技术措施和施工安全设施规划。同时，监理机构还应督促承包人，设立专职施工安全管理人员以全部工作时间用于施工过程中的劳动卫生防护和施工安全检查、指导与管理，并及时向监理机构反馈施工作业中的安全事项。监理机构应根据工程建设监理合同文件规定，制订施工安全控制措施。必要时，监理机构还应设置安全监理工程师，以全部时间用于施工过程安全监理和对施工安全作业行为进行检查、指导与监督。

5.1.1.4 监理单位应报备的安全监理执行文件

按照监理规范以及安全生产导则的有关规定，结合贵州省安全监督机构的要求，监理单位或现场机构应在工程监理工作开展前，向地方安全生产监督管理行政主管单位、水行政主管单位报告或报备：现场机构成立情况、安全管理人员分工及职责、编制安全监理实施细则、系列安全制度（包含相关进行施工安全风险评估、建立重大危险源台账并制定相应控制、防范对策）、逐级签订安全生产责任协议，审核施工（安装）单位安全保证体系等。监理单位报送核备资料目录见表5.1.1。

表 5.1.1 报送行政主管单位核备资料目录

序号	资 料 名 称
（1）	安全生产管理机构建立的文件
（2）	安全控制分工及人员名单
（3）	安全监理实施细则

续表

序号	资　料　名　称
(4)	工程安全生产监理各项制度（至少包括安全生产现场管理，安全生产巡视旁站检查，安全隐患排查、登记、复查、核销，重大安全隐患报告，安全技术措施审核，月报，例会，专项方案批准，专项验收，教育培训，档案管理，安全生产专项经费审核等）
(5)	总监、安全监理人员职责、责任
(6)	监理公司与监理机构签订的安全生产责任协议
(7)	总监与监理人员签订的安全生产责任书
(8)	施工安全风险评估、重大危险源台账及相应控制、防范对策
(9)	对承包人（土建、安装）安全保证体系审核文件

5.1.2　施工安全监理的一般要求

5.1.2.1　主要工作内容

水利工程施工安全监督管理监理的主要内容按阶段可分为施工准备阶段的工作内容、施工阶段的工作内容、验收阶段的工作内容和其他。

1. 施工准备阶段的工作内容

在施工准备阶段，监理人员在组织编制监理规划时，其主要内容除工程质量控制、进度控制、投资控制、合同管理、信息管理及协调等主要工作内容外，还应依据《安全生产管理条例》和《安全生产管理规定》等法律法规的规定，在监理规划中明确加入施工安全监督管理监理的内容、工作程序、工作制度和有关措施等。对于施工安全风险较大的工程，监理人员应单独编制施工安全监督管理监理实施细则。监理人员施工安全监督管理监理的主要工作如下：

（1）调查了解和熟悉施工现场及周边环境情况，掌握工程施工的要点，对可能存在的危险源进行全面的梳理并列出清单，使制定的安全监理工作制度的针对性和可操作性更强，对风险等级为重大的一般危险源和重大危险源要实现"一源一案"。

（2）监理人员应对承包人的资质证书特别是安全生产许可证进行合规性审查。对项目经理、专职安全生产管理人员的安全生产考核合格证书及专职安全人员的配备与到位情况进行合规审查。对特种作业人员操作证的合法有效性进行审查。

（3）审核承包人的施工安全生产目标管理计划和安全生产责任制，检查承包人安全生产规章制度和安全管理机构的建立情况，并督促承包人检查各分包人的安全生产规章制度的建立情况。

（4）审查承包人编制的施工组织设计、施工措施计划中的安全技术措施和危险性较大的分部工程或单元工程专项施工方案，是否符合工程建设强制性标准及《水利水电工程施工安全管理导则》（SL 721—2015）第 7.3 条的要求。

（5）检查承包人的施工总平面布置图是否符合安全生产的要求，办公、宿舍、食堂、道路等临时设施设置以及排水、防火措施是否符合强制性标准要求。

（6）审核承包人所报防洪度汛措施计划和防汛、救灾预案等。

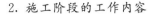

2. 施工阶段的工作内容

（1）监督承包人按照施工组织设计中的安全技术措施和专项施工方案组织施工，及时制止违规施工作业。

（2）定期巡视检查施工过程中危险性较大的施工作业情况。定期巡视检查承包人的用电安全、消防措施、危险品管理和交通管理等情况。核查施工现场施工起重机械、整体提升脚手架和模板等自升式架设设施和安全设施的验收手续。

（3）检查承包人的度汛方案中对洪水、暴雨、台风等自然灾害的防护措施与抢险预案。检查施工现场各种安全标志和安全防护措施是否符合有关规定及强制性条文要求。

（4）督促承包人进行安全自查工作，并对承包人自查情况进行抽查。

（5）参加发包人和有关部门组织的安全生产专项检查。

（6）审批承包人的安全生产救援预案和灾害应急预案，并检查必要的救助物资和器材配备情况。

（7）检查承包人安全防护用品的配备情况。检查承包人按批准的施工安全技术措施或专项施工方案，对作业人员进行的安全技术交底情况。

（8）检查承包人安全文明措施费的使用情况，督促承包人按规定投入、使用安全文明施工措施费，对未按照规定使用的，总监理工程师应对承包人申报的安全文明施工措施费用不予签认，并向发包人报告，保证承包人列入合同安全施工措施的费用按照合同约定专款专用。

（9）监理人员发现存在生产安全事故隐患时，应当要求承包人整改。对情况严重的，应当要求承包人暂停施工，消除不安全因素，并按有关规定报告。

（10）当发生安全事故时，监理人员应指示承包人采取有效措施防止损失扩大，并按有关规定立即上报，配合安全事故调查组的调查工作，监督承包人按调查处理意见处理安全事故。

（11）危险源的动态管控，督促检查水利工程承包人动态调整危险源、风险等级和管控措施，确保安全风险始终处于受控范围内。

（12）风险公告警示，督促水利工程承包人建立安全风险公告制度并予检查，检查水利工程承包人定期组织风险教育和技能培训，确保本单位从业人员和进入风险工作区域的外来人员掌握安全风险的基本情况及防范、应急措施。检查水利工程承包人在醒目位置和重点区域分别设置安全风险公告栏，制作岗位安全风险告知卡，标明工程或单位的主要安全风险名称、等级、所在工程部位、可能引发的事故隐患类别、事故后果、管控措施、应急措施及报告方式等内容。对存在重大安全风险的工作场所和岗位，是否设置明显警示标志。

3. 验收阶段的工作内容

监理人员应对承包人提交的安全生产档案材料履行审核签字手续。凡承包人未按规定要求提交安全生产档案的，不得通过验收。

4. 其他

施工安全监督管理监理的具体工作内容可参考水利部《水利工程建设质量与安全生产监督检查办法（试行）》，其中规定了对监理人员安全生产监督检查内容，详见附录。

5.1.2.2　安全监理工作方法

1. 审查

（1）审查承包人开工前提交的安全管理文件，主要包括：安全生产许可证、企业资质；安全管理组织机构；安全生产管理制度、应急预案等；项目负责人、安全管理人员、特种作业人员、特种设备操作人员资格证明文件；主要施工机械设备、工器具、安全用具的安全性能证明文件。

（2）监理机构应审查分包单位的资质文件和拟签订的分包合同，包括营业执照、安全生产许可证、分包单位资质证书、近三年安全生产业绩证明、安全协议、主要人员资质等。

（3）监理机构应审查承包人提交的施工组织设计中的安全技术措施、危大工程专项施工方案，并由总监理工程师审批。安全技术措施应包括以下内容：安全生产管理机构设置、人员配备和安全生产目标管理计划；危险源辨识和风险评价及采取的控制措施，生产安全事故隐患排查治理方案；安全警示标志设置；安全防护措施；危大工程安全技术措施；对可能造成损害的毗邻建筑物、构筑物和地下管线等专项防护措施；机电设备使用安全措施；冬季、雨季、高温等不同季节及不同施工阶段的安全措施；文明施工及环境保护措施；消防安全措施；危大工程专项施工方案等。专项施工方案应包括以下内容：工程概况，危险性较大的分部分项工程概况、施工平面布置、施工要求和技术保证条件；编制依据，相关法律、法规、规范性文件、标准、规范及图纸（国标图集）、施工组织设计等；施工计划，包括施工进度计划、材料与设备计划；施工工艺技术，技术参数、工艺流程、施工方法、检查验收等；施工安全保证措施，组织保障、技术措施、应急预案、监测监控等；劳动力计划，专职安全管理人员、特种作业人员等；计算书及相关图纸。

（4）对于超过一定规模的危大工程专项施工方案，监理机构应督促承包人组织召开专家论证会对专项施工方案进行论证；专家论证前专项施工方案应通过承包人审核和总监理工程师审查；专家原则上从地方人民政府建立的专家库中选取，符合专业要求且人数不得少于 5 名；与本工程有利害关系的人员不得以专家身份参加专家论证会。当工程所在地不具备从地方专家库选取专家条件时，可在行业内选择具备以下基本条件的专家：诚实守信、作风正派、学术严谨；从事专业工作 15 年以上或具有丰富的专业经验；具有高级专业技术职称。其中应有安全专家，地质专家。监理单位应从以下方面对安全技术措施、专项施工方案进行审查：程序性审查：编制、审批程序应符合制度性要求；符合性审查：必须符合工程建设强制性标准和安全生产标准；针对性审查：针对工程特点以及所处环境等实际情况，编制内容应详细具体，明确操作要求。

2. 巡视检查

监理机构应制定年度安全检查计划，开展日常巡视检查，组织综合安全检查、专项检查、季节性检查、重要节假日安全检查。年度安全检查计划应由总监理工程师签发。

（1）日常巡视检查应主要包括以下内容：承包人主要安全、生产和技术管理人员到岗到位情况；现场作业人员及设备配置是否满足安全施工的要求；承包人对安全技术交底、安全技术措施、专项施工方案的落实情况；施工现场存在的生产安全事故隐患以及按照监理指令的整改实施情况。

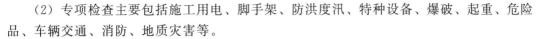

（2）专项检查主要包括施工用电、脚手架、防洪度汛、特种设备、爆破、起重、危险品、车辆交通、消防、地质灾害等。

（3）综合安全检查每月应不少于一次，内容包括承包人安全管理和作业现场两方面。

（4）针对检查过程中发现的事故隐患，监理机构应及时签发相应的事故隐患整改通知单或监理工程师指令。

（5）巡视、检查工作应进行记录，整改验收闭合资料应齐全。

3．旁站

（1）监理人员应按照监理合同约定和监理职责，对工程的关键部位、关键工序、特殊作业和危险作业实施监督、检查、旁站，并填写旁站记录。旁站实施方案应纳入监理规划。

（2）超过一定规模的危大工程施工时，监理机构应派专人对危大工程实施旁站监理。

4．签证验收

（1）监理单位及其现场机构应在下列重要设备设施投入使用前和重大工序交接前进行现场检查、核实、验收：第一类，危险性较大、在使用中有可能造成重大人身伤害、引发生产安全事故的重要设备设施，包括大中型起重机械、大型施工专用设备、脚手架、跨越架、施工用电、危险品库房等；第二类，不同承包人（或同一承包人不同专业施工队伍）之间进行的重大阶段性工序交接，包括土建交付安装、安装交付调试及整套启动等重大工序交接等。

（2）监理单位及其现场机构应督促承包人对签证验收项目进行自检，自检合格后，由承包人提出签证验收申请，监理工程师应在验收单上签署意见。

5．监理指令

（1）在实施监理过程中，发现施工现场存在事故隐患时，应签发事故隐患整改通知单，要求承包人整改；情况严重的，应签发工程暂停令，工程暂停令应抄报发包人单位。

（2）对于危害和整改难度较小，发现后能够立即整改排除的事故隐患，监理机构可通过口头指令要求承包人整改。口头指令应记录在监理日志中。

6．会议

（1）监理机构应在工程开工前，参加由发包人单位主持召开的第一次工地会议，并在会上进行首次安全监理工作交底，发包人单位、监理机构、承包人安全管理人员应参加会议。

（2）每年应召开一次监理机构年度安全工作会议。会议应由总监理工程师主持，主要内容包括：传达上级工作要求，对安全工作进行全面总结，安排部署下年度安全重点工作等。

（3）大型水利工程每季度应召开一次监理机构安委会会议。会议应由总监理工程师主持，主要内容包括：贯彻落实国家、地方政府、上级单位有关安全工作要求，分析安全形势，部署下季度安全工作，解决安全工作中存在的主要问题和重大事项等。

（4）监理机构每月应至少组织参建单位召开一次安全监理例会，会议应由安全总监主持，主要内容包括：检查上次例会有关安全事项的落实情况，分析未完成事项原因，检查分析施工安全管理状况，针对存在的问题提出改进措施，解决需要协调的有关事项，安排下月安全生产工作任务。

（5）监理机构应根据安全生产工作实际需要，组织召开安全专题会议，协调解决工程项目存在的安全问题。

7. 报告

（1）在实施监理过程中，发现施工现场存在严重的事故隐患时，应及时报告发包人单位；承包人拒不整改或不停止施工的，监理单位及其现场机构应及时向水行政主管部门派出机构和政府有关部门报告。

（2）监理单位及其现场机构应将安全监理工作情况定期向发包人单位和上级单位报告。

（3）针对现场的安全生产状况，总监理工程师认为有必要时，可编写专题报告向发包人单位或上级单位报告。

（4）监理报告由总监理工程师组织编写并签发。

8. 监理日志

（1）监理工程师应在监理日志中记录每日安全监理的主要工作。监理日志主要内容应包括：施工现场的安全状况、发现的事故隐患及处理情况、设施设备较多和危险性较大的分部分项工程检查、验收情况、参加或组织安全会议情况、安全文件处理情况等。

（2）监理日志应每天进行填写，内容应具体翔实，用语简洁达意，书写清晰工整。

（3）总监理工程师或副总监理工程师依据分工每月至少应对监理日志填写情况进行一次检查。

9. 违约处理

监理单位及其现场机构可根据合同或相关规定，对承包人安全违规行为进行处理。处理结果应抄报发包人单位。

5.1.3　安全监理的自身管理

5.1.3.1　安全与文明施工监督工作体系

1. 安全与文明施工监督工作目标

监理单位及其现场机构依据工程建设监理合同、工程建设承建合同、相关法律法规和工程的施工特点，通过分析研究，制定的安全与文明施工监督工作目标如下：第一，防止和避免发生监理人员及所监理项目的施工人员发生人身伤亡事故；第二，防止和避免所监理工程项目发生直接经济损失达法定等级或额度以上的机械设备、交通和火灾事故；第三，防止和避免所监理工程项目发生重大环境污染事故、人员中毒事故和重大垮塌事故；

2. 安全与文明施工监督工作方针

在工程项目的施工安全监督中，应贯彻"安全第一、预防为主、综合治理"的指导方针。在施工进度、施工质量、安全施工等合同目标关系的处理中，坚持"安全生产为基础，工程工期为重点，施工质量作保证，投资效益为目标"的工作方针。

3. 安全与文明施工监督管理机制

责任主体与监督管理结合，最大限度发挥安全保证效果。实行承包人施工安全保证与监理单位检查监督相结合的管理机制，建立"安全监督与施工监督相结合、安全预控与过程监督相结合、安全监理工程师巡查与现场监理人员检查相结合"的施工安全监督工作制度。大型水利工程施工，监理机构实行施工安全与文明施工分级管理责任机制。监理机构应设置安全管理部门或专职、兼职安全管理人员，负责安全与文明施工监督工作的组织、指导、检查、监督、协调与信息反馈，负责承包人安全与文明施工体系的检查和监督，负责专项施工安全的检查，以及定期对各施工工作面安全与文明施工情况的巡视和检查；建立以总监、各工程管理归口管理部门负责人、专职安全监理工程师负责的三级安全监督责任制度，将安全生产和施工安全监督成效作为各监理机构目标管理考核的重要内容，实行安全"一票否决权"制。监理机构以施工安全处为轴心，设立施工安全与文明施工监督控制与管理工作网，作为文明施工、安全施工目标的制订、策划及预控对策研究、过程工作协调的审议机构，成员延伸至各监理机构、专业工程师。最大程度形成在总监和分管领导协调下，以施工安全监理处为网络中心，全体监理人员为网络节点的安全监督工作网络。

5.1.3.2　监理安全风险

在水利部《水利工程监理施工监理规范》（SL 288—2014）、《水利水电工程施工安全管理导则》（SL 721—2015）和《危险性较大的分部分项工程安全管理规定》（住建部〔2018〕37 号）发布实施后，如何采取有效的防范措施以减少监理安全风险，是监理单位在目前以及今后必须面对的重要工作内容之一。在监理服务活动中，只有对潜在监理工作中的风险有充分认识，并结合自身具体情况，采取合理监理措施，才能将监理过程中风险降低或规避。

树立依法、依规进行监理安全监督管理，有组织地对工程项目管理的各个环节实施安全管理，切实履行国务院《建设工程安全生产管理条例》规定的"审、查、停、报"四项基本职责，采取有效措施防范监理安全风险，是监理单位在目前安全管理形势下的必然选择。

1. 认真学习有关安全监理的法律法规

监理人员要对有关安全监理的法律法规认真学习，如：《建筑法》、《安全生产法》、《建设工程安全生产管理条例》、《水利工程建设安全生产监督检查导则》、《水利水电工程施工安全管理导则》（SL 721—2015）和《危险性较大的分部分项工程安全管理规定》（住建部〔2018〕37 号）、《水利部关于开展水利安全风险分级管控的指导意见》（水监督〔2018〕323 号）、《水利水电工程施工危险源辨识与风险评价导则（试行）》（办监督函〔2018〕1693 号）等，认真按《水利工程施工监理规范》（SL 288—2014）要求开展安全监理工作。

2. 完善安全监理规章制度

（1）健全安全监理责任制度。健全和完善安全生产责任制度和其他各项规章制度，是落实监理安全责任的前提和根本保证。对项目管理而言，最有效的方法就是以 2004 年国务院《建设工程安全生产管理条例》为依据，以《关于落实建设工程安全生产监理责任的若干意见》（建市〔2006〕248 号），《水利工程建设安全生产监督检查导则》（水建安〔2011〕475 号），《危险性较大的分部分项工程安全管理规定》（住建部〔2018〕37 号）等法律法规为指南，将政府要求我们所承担的各项监理安全职责通过责任制的建立层层分解、落实到项目管理的各个环节，使项目总监、专业监理、安全监理人员人清楚各自所承担的安全生产管理责任。

在熟悉、理解岗位监理安全职责后，工程监理机构全体人员各尽所能、各司其职、各尽其责、风险共担，切实履行四项基本职责，以适应在市场经济条件下监理的安全工作。

（2）做好项目监理安全工作记录。监理安全工作的成果主要通过安全记录来体现，为了认真履行《建设工程安全生产管理条例》《关于落实建设工程安全生产监理责任的若干意见》规定的各项监理安全职责，严格按照建设工程安全生产法律、法规和工程建设强制性标准条文对承包人现场机构实施全方位审查、审核和督促检查是否工作到位，应将履行安全监理职责所涉及的全部工作内容：承包人现场机构资质和安全生产许可证审查备案记录、项目安保体系人员上岗资格审查备案记录等等记录设计成标准表格，以及支撑各种表格所需的备案资料归档指引，一起装订成册，作为统一的《项目安全监理工作综合记录本》供专职安全监理人员记录项目安全监理的有关工作情况，以规范安全监理行为；通过综合记录本全面、客观、真实地反映项目监理机构的日常安全监理活动全过程，以便于在发生安全事故时分清责任，最大限度地起到自我保护和抵御外部安全风险的作用。

（3）安全生产激励约束机制。为进一步激励和约束监理人员认真履行安全生产职责，切实加强和改进安全生产监理工作，还应细化安全奖励制度，定期对重视安全生产工作、认真履行安全监理职责的项目监理机构和监理人员，以及对安全生产做出突出贡献的员工给予表彰和奖励；对忽视安全生产职责，给监理企业的信誉和效益造成损失的行为，要给予通报批评和经济责任制考核，情节严重的，直至解除聘用合同。

（4）对危险性较大工程施工监督机制。为有效杜绝施工现场人员伤亡安全事故的发生，降低安全风险，应加强较大危险源预控，严格按《危险性较大的分部分项工程安全管理办法》（建质〔2009〕87号）、《水利水电工程施工安全管理导则》（SL 721—2015）和《危险性较大的分部分项工程安全管理规定》（住建部〔2018〕37号）的相关规定，对施工过程中可能出现的重大危险施工项目进行监督控制，如深基坑支护、重大吊装、不良地质段的地下暗挖、超高作业、新工艺施工等。

监理机构要求承包人现场机构对施工过程中可能出现的重大危险部位，施工前编写安全专项方案，对在方案审查上，项目部多利用公司资源，组织专家联合审核；在施工过程中明确责任人、编制检查表全过程对方案落实情况进行跟踪。项目监理在对一些危险性比较大的安全专项方案中，可以通过发包人、承包人现场机构、监理联合会审来分担责任；在施工过程中，监理机构通过安排监理人员巡查，做到安全监理、专业监理全过程跟踪、监督，可以获得发包人好评。

（5）落实安全监理人员教育培训制度，提高安全监理人员素质。在当前水利工程"大会战"的背景下，很多新成立的施工企业对安全管理的忽视，很多施工企业认为安全管理可有可无，尽管国家已提出提高安全管理人员地位和待遇，但仍然没有实实在在落实下去，导致专业安全管理人员缺乏，在不少监理单位也有同样现象。

监理单位应建立健全安全教育培训制度，安全监理人员应通过学习考取相应资格证、并不断提高安全管理知识和熟悉相关法律法规，在监理活动中树立安全威信，有效落实安全监督、管理职责，避免承包人现场机构轻视监理安全监督现象。

5.1.3.3　督促完善各项管理体系

在工程项目的开工初期，根据工程实际情况成立相关管理机构，通过安全管理机构建立项目安全管理制度、对重大问题进行决策、对一些重大风险共同承担责任。

督促承包人现场机构完善安全管理制度，完善应急管理体系。工程施工的危险性是客观存在，但可以通过督促承包人现场机构完善应急体系，减少事故影响和损失。如承包人现场机构能够做到在事故反应上迅速，在事故处理上及时，就可以达到控制事态发展，减少损失的目的。

切实把好资质关，监理机构联合发包人安全管理机构通过对进场承包人的控制，实现对新进场的承包人现场机构从单位资质、人员素质、设备情况进行全面检查或审核，确保承包队伍在法规意义上符合要求。

5.1.3.4　履行监理安全职责

1. 在施工过程中认真履行监督职责

监理项目部全体监理人员有安全文明施工责任区，定期填写安全文明施工检查表。督促监理人员履行安全监督职责。开展各种安全活动组织、督促承包人现场机构按标准规范、项目管理制度要求进行施工。对危险施工进行预先控制。项目监理机构每周、每月进行工程风险评价查找重大危险源，并在《监理安全简报》《监理安全月报》中提出预控措施。认真排查施工安全隐患。针对施工现场易发生的高处坠落、触电、机械伤害、物体打击、坍塌等事故类别，积极采取预防措施，通过组织各类安全检查予以纠正和消除。对查出的问题通过现场纠正处理、发工程师通知单、发隐患限期整改单、考核等手段予以消除。发出的隐患限期整改单均应进行闭环管理。

2. 重点对现场的重大危险源进行监督检查

安全监理人员应组织召开专题会议，防止大型起重机械交叉作业；对风险等级为重大的一般危险源和重大危险源要实现"一源一案"，《水利水电工程施工危险源辨识与风险评价导则（试行）》（办监督函〔2018〕1693号）附件2水利水电工程施工重大危险源清单中五大类43项重大危险源，明确管理措施和责任。督促承包人现场机构制定安全专项方案，保证过程重点措施到位。督促相关单位编制群伤事故应急预案、大型起重机械应急预案、火灾事故应急预案、防台防汛应急预案，部分预案应进行了演练。严格审查施工组织设计中的安全措施，防止坍塌事故的发生；对土石方高边坡开挖、地下暗挖、高大脚手架、高大大模板工程，特别是基础开挖等深基坑、大模板的施工、临时施工用电方案，督促承包人现场机构制定安全专项方案，并加强施工过程监管。

3. 加大习惯性违章的查处力度

事故的发生常常是习惯性违章引起，为减少施工人员的习惯性违章现象，应严格落实安全激励制度。对发现的小问题当场落实整改，重大问题发通知单限时整改，严重违章问题罚款处理，同时应督促发包人、承包人现场机构对认真落实安全管理制度、现场安全措施、安全施工的施工班组进行奖励。对经常发生习惯性违章、安全意识淡薄的个别人员进行清退出场处理。

4. 建立安全管理档案制度

对工程项目建设过程中开展、发生的各项监理安全监督管理文件（包括施工上报和发包人下发）必须进行台账式管理，定期收集归档（分为纸质和电子文档），做到有据可查。预防安全事故发生后，找不到监理安全监督日常记录资料，说不清楚开展的安全监督管理工作。

5.1.3.5 要求参建方共同创建施工安全文明工地

文明施工体现项目管理形象、体现安全管理水平，在监理工作中具有十分重要意义。在工程建设中，项目监理机构应严格按有关要求督促承包人现场机构落实文明施工措施。进场初期，对承包人现场机构场地布置、规划方案进行严格审核，对临建设施建设标准进行认真监督；工程建设中，对承包人现场机构道路管理、场地管理、施工安全文明设施管理应严格按标准要求进行监督和督促整改。通过开展区域化管理评比、月度考核，对现场临时用电设施、材料设备堆放、施工道路、安全防护设施、警示标识、施工区环境等的标准化、定置化和规范化管理情况进行监督，提高工程项目建设安全管理水平，达到以点带面、提升工程整体管理水平的目的。

5.1.3.6 加强总结和学习，提高监理安全人员自身素质

有效的防范措施是监理必须面对的课题，只有这样才能降低或者减少监理安全风险，提高监理企业的生存能力。监理安全认知的提高、安全管理理念的形成是一个循序渐进的过程。履行法律赋予的监理安全职责，建设工程安全生产管理涉及到各方的利益关系，实际操作会面对各种困难，监理人员必须牢固树立依法、依规进行安全监管的理念，完善责任考评制度，不断增强安全生产的责任意识，持续提高全体监理人员自身素质、监理方法，才能使我们监理企业在未来的市场竞争中发展壮大。

5.1.3.7 监理单位自身的安全管理与教育

根据《水利工程施工监理规范》（SL 288—2014）规定，监理单位的安全生产管理职责及内容如下：

（1）根据施工现场监理工作需要，监理机构应为现场监理人员配备必要的安全防护用具。

（2）监理机构应审查承包人编制的施工组织设计中的安全技术措施、施工现场临时用电方案，以及灾害应急预案、危险性较大的分部或单元工程专项施工方案是否符合工程建设标准强制性条文（水利工程部分）及相关规定的要求。

（3）监理机构编制的监理规划应包括安全监理方案，明确安全监理的范围、内容、制度和措施，以及人员配备计划和职责。监理机构对中型及以上项目、危险性较大分部工程或单元工程应编制安全监理实施细则，明确安全监理的方法、措施和控制要点，以及对承包人安全技术措施的检查方案。

（4）监理机构应按照相关规定核查承包人的安全生产管理机构，以及安全生产管理人员的安全资格证书和特种作业人员的特种作业操作资格证书，并检查安全生产教育培训情况。

（5）施工过程中监理机构的施工安全监理应包括下列内容：

1）督促承包人对作业人员进行安全交底，监督承包人按照批准的施工方案组织施工，检查承包人安全技术措施的落实情况，及时制止违规施工作业。

2）定期和不定期巡视检查施工过程中的危险性较大施工作业情况。

3）定期和不定期巡视检查承包人的用电安全、消防措施、危险品管理和场内交通管理等情况。

4）核查施工现场施工起重机械、整体提升脚手架和模板等自升式架设设施和安全设施的验收手续。

5）检查承包人的度汛方案中对洪水、暴雨、台风等自然灾害的防护措施与应急措施。

6）检查施工现场各种安全标志和安全防护措施是否符合工程建设标准强制性条文（水利工程部分）及相关规定的要求。

7）督促承包人进行安全自查工作，并对承包人自查情况进行检查。

8）参加发包人和有关部门组织的安全生产专项检查。

9）检查灾害应急救助物资和器材的配备情况。

10）检查承包人安全防护用品的配备情况。

（6）监理机构发现施工安全隐患时，应当要求承包人立即整改。必要时，可按规定指示承包人暂停施工，并及时向发包人报告。

（7）当发生安全事故时，监理机构应指示承包人采取有效措施防止损失扩大，并按有关规定立即上报，配合安全事故调查组的调查工作，监督承包人按调查处理意见处理安全事故。

（8）监理机构应监督承包人将列入合同安全施工措施的费用按照合同约定专款专用。

5.1.3.8　明确现场监理人员的安全职责

监理单位应按照法律、法规、标准及监理合同实施监理，宜配备专职安全监理人员，对所监理工程的施工安全生产进行监督检查，并对工程安全生产承担监理责任。监理单位应在监理大纲和细则中明确监理人员的安全生产监理职责，监理人员应满足水利水电工程施工安全管理的需要。其应履行下列安全生产监理职责：第一按照法律、法规、规章、制度和标准，根据施工合同文件的有关约定，开展施工安全检查、监督；第二编制安全监理规划、细则；第三协助发包人编制安全生产措施方案；第四审查安全技术措施、专项施工方案及安全生产费用使用计划，并监督实施；第五组织或参与安全防护设施、设施设备、危险性较大的单项工程验收；第六审查承包人安全生产许可证、三类人员及特种设备作业人员资格证书的有效性；第七协助生产安全事故调查等。

监理单位发现存在生产安全事故隐患时，应要求承包人采取有效措施予以整改。若承包人延误或拒绝整改，情况严重的，可责令承包人暂时停止施工。发现存在重大安全隐患时，应立即责令承包人停止施工，并采取防患措施，及时向发包人报告。必要时，应及时向项目主管部门或者安全生产监督机构报告。监理单位应定期召开监理例会，通报工程安全生产情况，分析存在的问题，提出解决方案和建议。会议应形成会议纪要。

5.1.3.9　内部安全教育

（1）监理单位应建立安全生产教育培训制度，明确安全生产教育培训的对象与内容、组织与管理、检查与考核等要求。

（2）监理单位应定期对从业人员进行安全生产教育和培训，保证从业人员具备必要的安全生产知识，熟悉安全生产有关法律、法规、规章、制度和标准，掌握本岗位的安全操作技能。各参建单位每年至少应对管理人员和作业人员进行一次安全生产教育培训，并经考试确认其能力符合岗位要求，其教育培训情况记入个人工作档案。安全生产教育培训考核不合格的人员，不得上岗。

（3）监理单位应定期识别安全生产教育培训需求，制订教育培训计划，保障教育培训费用、场地、教材、教师等资源，按计划进行教育培训，建立教育培训记录、台账和档案，并对教育培训效果进行评估和改进。

（4）第四监理单位应及时统计、汇总从业人员的安全生产教育培训和资格认定等相关记录，定期对从业人员持证上岗情况进行审核、检查。

（5）安全生产管理人员的教育培训。监理单位的现场主要负责人和安全生产管理人员应接受安全生产教育培训，具备与其所从事的生产经营活动相应的安全生产知识和管理能力。监理单位主要负责人安全生产教育培训应包括下列内容：一是国家安全生产方针、政策和有关安全生产的法律、法规、规章；二是安全生产管理基本知识、安全生产技术；三是重大危险源管理、重大生产安全事故防范、应急管理及事故管理的有关规定；四是职业危害及其预防措施；五是国内外先进的安全生产管理经验；六是典型事故和应急救援案例分析；七是其他需要培训的内容等。安全生产管理人员安全生产教育培训应包括下列内容：一是国家安全生产方针、政策和有关安全生产的法律、法规、规章及标准；二是安全生产管理、安全生产技术、职业卫生等知识；三是伤亡事故统计、报告及职业危害防范、调查处理方法；四是危险源管理、专项方案及应急预案编制、应急管理及事故管理知识；五是国内外先进的安全生产管理经验；六是典型事故和应急救援案例分析；七是其他需要培训的内容等。监理单位主要负责人和安全生产管理人员初次安全生产教育培训时间不得少于 32 学时。每年接受再培训时间不得少于 12 学时。

5.1.3.10　监理人员的安全风险防范

1. 完善各项规章制度

（1）安全监理责任制度健全和完善安全生产责任制度和其他各项规章制度，是落实监理安全责任的前提和根本保证。对项目管理而言，最有效的方法就是以 2004 年国务院《建设工程安全生产管理条例》为依据，以 2006 年 10 月建设部《关于落实建设工程安全生产监理责任的若干意见》为指南，将政府要求我们所承担的各项监理安全职责通过责任制的建立层层分解、落实到项目管理的各个环节，使项目总监、专业监理、安全监理人员人清楚各自所承担的安全生产管理责任。在熟悉、理解岗位监理安全职责后，才可能做到万众一心、同舟共济、各尽所能、各施其责、风险共担，切实履行四项基本职责，以适应在市场经济条件下监理的安全工作。

（2）项目监理安全工作记录。监理安全工作的成果主要通过安全记录来体现，为了认真履行《建设工程安全生产管理条例》《关于落实建设工程安全生产监理责任的若干意见》规定的各项监理安全职责，严格按照建设工程安全生产法律、法规和工程建设强制性标准对承包人实施全方位审查、审核和督促检查是否工作到位，我们应将履行安全监理职责所涉及的全部内容：承包人资质和安全生产许可证审查备案记录、项目安保体系人员上岗资格审查备案记录等等记录设计成标准表格，以及支撑各种表格所需的备案资料归档指引，一起装订成册，作为统一的《项目安全监理工作综合记录本》供专职安全监理人员记录项目安全监理的有关工作情况，以规范安全监理行为。通过综合记录本全面、客观、真实地

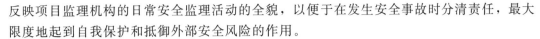

反映项目监理机构的日常安全监理活动的全貌，以便于在发生安全事故时分清责任，最大限度地起到自我保护和抵御外部安全风险的作用。

（3）安全生产激励约束机制。为进一步激励和约束监理人员认真履行安全生产职责，切实加强和改进安全生产监理工作，还应细化安全奖励制度，定期对重视安全生产工作、认真履行安全监理职责的项目监理机构和监理人员，以及对安全生产做出突出贡献的员工给予表彰和奖励。对忽视安全生产职责，给监理企业的信誉和效益造成损失的行为，要给予通报批评和经济责任制考核，情节严重的，直至解除聘用合同。

（4）危险性较大工程施工监督机制。为有效杜绝群死群伤的恶性安全事故的发生，降低安全风险，应加强较大危险源预控，严格按《危险性较大工程安全专项施工方案编制及专家论证审查办法》（建质〔2004〕213 号），对施工过程中可能出现的重大危险施工项目进行监督控制，如深基坑支护、重大吊装、超高作业、新工艺施工等。在方案审查上项目部可利用公司资源，组织专家联合审核。在施工过程中明确责任人、编制检查表全过程对方案落实情况进行跟踪。项目监理在对一些危险性比较大的安全专项方案中，可以通过发包人、承包人、监理联合会审来分担责任。在施工过程中，监理机构通过安排监理人员值班，基本上也做到安全监理、专业监理全过程跟踪、监督，可以获得发包人好评。

（5）提高安全监理人员素质，落实监理人员安全教育培训制度。由于较长时间以来对安全管理的忽视，很多建筑承包人认为安全管理可要可无，尽管国家已提出提高安全管理人员地位和待遇，但仍然没有实实在在落实下去，导致专业安全管理人员缺乏，在不少监理单位也有同样现象。监理单位应通过安全人员招聘、安全专业人员培训来提高安全监理人员素质，在监理活动中树立安全威信，有效落实安全监督、管理职责，避免承包人轻视监理安全监督现象。

2. 完善各项管理体系

协助发包人、督促承包人建立完善安全管理体系、监督体系。在工程项目的开工初期，根据工程实际情况成立相关管理机构，通过安全管理机构建立项目安全管理制度、对重大问题进行决策、对一些重大风险共同承担责任。督促承包人现场机构完善安全管理制度，完善应急管理体系。工程施工的危险性是个客观存在，但可以通过督促承包人完善应急体系，减少事故影响和损失。如承包人能够做到在事故反应上迅速，在事故处理上及时，是可以达到控制事态发展，减少损失的目的。

切实把好资质关。项目监理机构联合发包人安全监察部通过对进场办证的控制，实现对新进场的承包人从单位资质、人员素质、设备情况进行全面检查或审核，确保施工队伍在法规意义上符合要求。

监理人员定好位、用好权。法规和工程项目合同、项目管理制度在明确监理人员责任的同时也赋予监理的权力，项目监理机构在组织监理人员学习法律法规标准的同时，必须在进场时组织学习合同、工程项目管理制度。在项目施工过程中对会议纪要进行传阅。通过学习，理解法规标准、理解合同、理解工作任务，明了自己的检查权、发文权、督促权、处理权。

3. 履行各项职责

（1）在施工过程中认真履行监督职责。监理项目部全体监理人员有安全文明施工责任区，定期填写安全文明施工检查表。督促监理人员履行安全监督职责。开展各种安全活动组织、督促承包人现场机构按标准规范、项目管理制度要求进行施工。对危险施工进行预先控制。项目监理机构每周、每月进行工程风险评价查找重大危险源，并在《监理安全简报》《监理安全月报》中提出预控措施。认真排查施工安全隐患。针对施工现场易发生的高处坠落、触电、机械伤害、物体打击、坍塌等事故类别，积极采取预防措施，通过组织各类安全检查予以纠正和消除。对查出的问题通过现场纠正处理、发工程师通知单、发隐患限期整改单、考核等手段予以消除。发出的隐患限期整改单均应进行闭环管理。

（2）重点对现场的重大危险源进行监督检查。安全监理人员应组织召开专题会议，防止大型起重机械交叉作业。明确管理措施和责任。督促承包人现场机构制定安全专项方案，保证特殊过程重点措施到位。督促相关单位编制群伤事故应急预案、大型起重机械应急预案、火灾事故应急预案、防台防汛应急预案，部分预案应进行演练。严格审查施工组织设计中的安全措施，防止坍塌事故的发生。对土方开挖、高大模板工程，特别是基础开挖等深基坑、大模板的施工，督促承包人现场机构制定安全专项方案，并加强施工过程监管。

（3）加大反习惯性违章力度。事故的发生常常是习惯性违章引起，为减少施工人员的习惯性违章现象，应严格落实安全激励制度。对发现的小问题当场落实整改，重大问题发通知单限时整改，严重违章问题罚款处理，同时应督促发包人、承包人对认真落实安全管理制度、现场安全措施、安全施工的施工班组进行奖励。

4. 积极创建文明施工工地

文明施工体现项目管理形象、体现安全管理水平，在监理工作中具有十分重要意义。在工程建设中，项目监理机构应严格按有关要求督促承包人现场机构落实文明施工措施。进场初期，对承包人场地布置、规划方案进行严格审核，对临建设施建设标准进行认真监督。工程建设中，对承包人道路管理、场地管理、安全文明施工设施管理应严格按标准要求进行监督和督促整改。通过开展区域化管理评比、月度考核，对现场临时用电设施、材料设备堆放、施工道路、安全防护设施、警示标识、施工区环境等的标准化、定置化和规范化管理情况进行监督，提高了工程项目建设安全管理水平，达到以点带面、提升工程整体管理水平的目的。

5.1.4 大型水利工程施工现场管理及危大工程管理

5.1.4.1 施工设备管理

1. 施工机械设备管理

（1）监理机构应督促承包人建立施工机械设备管理机构，配置管理人员，明确岗位职责，建立健全施工机械设备安全管理制度。

（2）项目开工前，监理机构应对进场主要施工机械设备进行检查签证验收，主要查验安全技术规程要求的设计文件、产品质量合格证明、安装及使用维修说明、监督检验证明等文件是否完整、齐全；审查设备操作人员相关证件。

（3）监理机构应督促承包人按照国家有关规定对施工机械设备进行定期检验和维护保

养，加强设备运行管理，重点包括以下方面：在使用现场明显部位设置设备负责人及安全操作规程等标牌；在额定负荷范围内使用施工机械设备；基础稳定，行走面平整，轨道铺设规范；制动可靠、灵敏；限位器、联锁联动、保险等装置齐全、可靠、灵敏；灯光、音响、信号齐全可靠，指示仪表准确、灵敏；在传动转动部位设置防护网、罩，无裸露；接地可靠，接地电阻值符合要求；使用的电缆合格，无破损情况；设备已履行安装验收手续等。

（4）监理机构应督促承包人建立施工机械设备台账及运行管理档案。

2. 特种设备管理

（1）特种设备安装/拆卸前，监理机构应审查承包人提交的特种设备安装/拆卸专项施工方案、特种设备管理制度、应急预案等。

（2）监理机构应审查承包人与安装、拆卸单位签订的特种设备安装、拆卸合同及安装、拆卸单位的资质文件；对于租赁的特种设备，应审查承包人与租赁单位签订的租赁合同，合同中应明确双方的安全生产责任。

（3）监理机构应审查特种设备安装/拆卸作业人员、操作人员和管理人员持有的资格证书。

（4）安装/拆卸作业前，监理机构应监督检查施工作业人员的安全技术交底情况。

（5）在安装/拆卸过程中，监理机构应监督检查专项施工方案实施情况。

（6）监理机构应督促承包人建立特种设备安全与节能技术档案。

5.1.4.2　作业安全管理

1. 施工现场作业环境和作业条件检查

工程开工前和施工期间，监理机构应对施工现场作业环境和作业条件进行安全检查：施工现场的各种施工设施、管道线路等应符合防洪、防火、防爆、防强风、防雷击、防砸、防坍塌及职业卫生等要求；施工现场的洞、井、坑、沟、口，施工起重机械、临时施工用电设施、脚手架、易燃易爆和有毒有害物品存放处等危险部位应设置安全防护设施和明显的安全警示标志；施工现场存放设备、材料的场地应平整牢固，设备材料存放整齐稳固，周围通道畅通；施工现场的排水系统，应设置合理，沟、管、网排水保持畅通。生产、生活废水应有序达标排放到指定地点；施工照明应符合规范和有关规定。施工营地建设必须符合规定，应避让地质灾害易发地。

2. 施工用电管理

监理机构应审查承包人提交的施工用电组织设计或安全技术措施。施工用电设计应符合"三级配电两级保护"要求。施工用电工程安装完成后，必须经编制、审核、批准部门以及使用单位和监理机构共同验收，合格后方可投入使用。监理机构应定期和不定期巡视检查用电安全情况，巡视检查主要包括以下内容：变配电所内是否按要求配备合格的安全工器具及防护设施，并定期检验；供用电设施的运行、维护是否符合管理制度和安全操作规程要求；在全部停电或部分停电的电气设备上工作时是否采取可靠的安全技术措施；在靠近带电部分和接引、拆除电源工作时，是否设专人监护；配电箱柜门上是否设警示标识。监理机构应督促承包人建立施工用电安全技术档案。

3. 施工脚手架管理

监理机构应审查承包人提交的脚手架专项施工方案。应审查架子工资格证明文件，搭设脚手架的材料、构配件和设备产品质量合格证、检验报告，新产品工厂化生产的主要承力杆件、涉及结构安全构件的型式检验报告。监理机构应核验搭设脚手架的材料、构配件和设备质量，检查架子工持证上岗和安全技术交底情况。监理机构应检查脚手架专项施工方案落实情况，对危险性较大的脚手架搭设、拆除的施工过程实施旁站监理。监理机构应在脚手架投入使用前组织签证验收，合格后挂牌投入使用。脚手架搭设施工质量合格判定应符合下列规定：所用材料、构配件和设备质量经现场检验合格；搭设场地、支承结构件固定满足稳定承载的要求；阶段施工质量检验合格，符合脚手架相关的国家现行标准、专项施工方案的要求；观感质量检查符合要求；专项施工方案、产品合格证及型式检验报告、检查记录、测试记录等技术资料完整。使用过程中，监理机构应监督检查承包人脚手架安全使用制度的执行情况，督促承包人对脚手架施工进行定期检查。当脚手架有下列情况之一时，应督促承包人做好检查，确认安全后方可继续使用：遇有 6 级及以上强风或大雨过后；冻结的地基土解冻后；停用超过 1 个月；架体部分拆除；其他特殊情况。

脚手架拆除前，监理机构应确认所有施工工序全部完成，现场具备拆除条件后，方可同意承包人进行脚手架拆除作业。

4. 防火防爆管理

监理机构应审查承包人提交的防火防爆安全管理制度和事故应急预案；监理机构应对民爆物品的存储、领用、运输、使用、退库情况进行监督检查。炸药、雷管应分别存放在专用仓库内，指派专人保管，严格执行领退制度；监理机构应督促承包人对油库、木工间及易燃易爆物品仓库、储装易燃易爆气体的压力容器、管道、气瓶及附件进行检查。易燃易爆场所严禁吸烟和使用明火，并设置明显标志，避雷及防静电接地等防爆安全设施应齐全有效，门窗应向外开启，危险品仓库应采用防爆型电器；压力容器、管道、气瓶及附件应检验合格，采取避免高温和防止暴晒的措施；监理机构应督促承包人在易燃易爆区周围动用明火或可能产生火花的作业前办理动火工作票，并采取相应的防范措施。

5. 消防安全管理

（1）监理机构应审查承包人提交的施工现场总平面图中临时用房、临时设施布置是否满足防火要求。

（2）监理机构应审查承包人提交的消防安全管理制度和应急预案，督促承包人定期进行消防演练。

（3）监理机构应检查承包人是否设置消防安全负责人和消防安全管理人员，明确相关人员的消防安全管理责任。

（4）监理机构应定期对施工现场的办公场所、生活区、仓库、加工厂进行消防检查。主要检查项目应符合下列规定：承包人应建立消防安全管理制度，制定消防措施；施工现场临时用房和作业场所的防火设计应符合规范要求；施工现场设置的消防通道、消防水源应符合规范要求；施工现场灭火器应保证可靠有效，布局配置应符合规范要求；明火作业应履行审批手续，配备动火监护人员；建立消防设施设备台账。

（5）临时消防设施。发包人安全管理部门要对各参建单位的消防器材的配置、采购、摆放、检查测试、更换维护情况和经费的保证情况予以监督。对不符合的要责令其整改落实，以保障消防设施和器材的有效性。施工现场临时消防设施应满足下列要求：施工现场应设置灭火器、临时消防给水系统和临时消防应急照明等临时消防设施；临时消防设施应与在建工程的施工同步设置；施工现场在建工程可利用已具备使用条件的永久性消防设施作为临时消防设施。当永久性消防设施无法满足使用要求时，应增设临时消防设施，并应符合《建设工程施工现场消防安全技术规范》（GB 50720—2011）第 5.2～第 5.4 节的有关规定；施工现场的消火栓泵应采用专用消防配电线路。专用消防配电线路应自施工现场总配电箱的总断路器上端接入，且应保持不间断供电；临时消防给水系统的贮水池、消火栓泵、室内消防竖管及水泵接合器等，应设有醒目标识。

（6）火灾隐患整改。发包人、监理单位应对检查中存在的火灾隐患责令其及时予以消除，并复查整改落实情况。对不能当场改正的火灾隐患应按有关规定，向责任单位提出制定整改方案的要求，限期落实整改。

（7）动火作业管理。施工现场用火应符合下列要求：动火作业应办理动火作业票，动火作业票的签发人收到动火申请后，应前往现场查验并确认动火作业的防火措施落实后，方可签发动火作业票；动火操作人员应具有相应资格；焊接、切割、烘烤或加热等动火作业前，应对作业现场的可燃物进行清理；对于作业现场及其附近无法移走的可燃物，应采用不燃材料对其覆盖或隔离；作业现场应配备灭火器材，并设动火监护人进行现场监护，每个动火作业点均应设置一个监护人；施工作业安排时，宜将动火作业安排在使用可燃建筑材料的施工作业前进行，确需在使用可燃建筑材料的施工作业之后进行动火作业，应采取可靠的防火措施；裸露的可燃材料上严禁直接进行动火作业；五级（含五级）以上风力时，应停止焊接、切割等室外动火作业，否则应采取可靠的挡风措施；动火作业后，应对现场进行检查，确认无火灾危险后，动火操作人员方可离开；具有火灾、爆炸危险的场所严禁明火。

（8）防火重点部位管理应符合下列要求：施工企业应建立防火重点部位或场所档案；施工现场的重点防火部位或场所应设置防火警示标志；防火重点部位或场所需动火作业时，严格执行动火审批制度。

6. 防洪度汛管理

（1）监理机构应建立以总监理工程师为组长的防汛工作领导小组，明确工作职责和防汛值班要求。

（2）监理机构应审查承包人提交的汛期值班制度、防洪度汛方案和专项应急预案。防洪度汛方案主要内容应包括防洪度汛机构设置、度汛工程形象、汛期施工计划、防洪度汛工作重点，人员、设备、物资准备和安全度汛措施以及雨情、水情的获取方式和通信保障方式等。

（3）监理机构应组织或参加对生活、办公、施工区域内的防洪度汛专项检查，对围堰、子堤、人员聚集区等重点防洪度汛部位和可能诱发山体滑坡、垮塌和泥石流等灾害的区域、施工作业点进行安全评估，形成防洪度汛项目风险管控清单，制定和落实防范措施。

（4）防洪度汛专项检查应包括以下内容：防汛组织机构及责任制，包括防汛领导组织机构、防汛责任部门、抢险队伍、岗位安全责任、汛期值班制度及值班记录等；防汛应急预案，包括预案的编制、审批、培训、演练等；信息系统，包括水文气象信息获取与发布系统、预警信息发布系统与危险撤离信号系统等；防洪度汛措施落实及地质灾害排查治理，包括有关建筑物（施工围堰、泄水建筑物等）是否满足防洪度汛要求；对存在山体滑坡、泥石流等灾害威胁的生活营地和工作面是否建立监测预警机制、应急措施、应急撤离路线、应急避险场所等是否满足要求；防洪度汛设备物资储备，包括抢险机械、物资储存点及储存数量等。

（5）防洪度汛期间，监理机构应定期/不定期组织承包人对工程防洪度汛重点部位、地质灾害开展隐患排查，对排查出的事故隐患制定管控和治理措施，并监督实施。

（6）应与各参建单位建立信息共享及联动机制，及时获取、传达水情和气象信息，组织承包人开展防范应对工作。

（7）应落实领导干部带班、关键岗位 24 小时值班和事故信息报送相关管理规定。

7. 高处作业、高边坡和基坑作业管理

（1）应审查承包人提交的高处作业、高边坡和基坑作业安全技术措施或专项施工方案。

（2）应对承包人安全技术措施和专项施工方案的执行情况进行检查。

（3）应督促承包人做好作业人员的安全技术交底和体检工作。

（4）应督促承包人定期对临边、洞口、通道口、攀登作业、悬空作业、交叉作业、作业平台等施工部位的安全防护设施、安全警示标志和施工作业人员的安全帽、安全带等安全防护用品进行检查，及时补充、修复或更换不符合要求的安全防护设施、用品和安全警示标志。

（5）应督促承包人在高空作业、高边坡和基坑作业时，派专人监护、巡视检查。

（6）应督促承包人按照合同约定和设计要求，及时报告对高边坡和基坑的监测成果；定期会同设计单位、承包人对安全监测成果进行分析和评估，并及时向发包人单位报告，对存在的施工安全隐患及时提出处理意见和建议。

8. 起重作业管理

（1）监理机构应审查承包人提交的起重吊装工程专项施工方案。

（2）监理机构应按施工机械设备管理要求对起重设备进行监督管理，审查起重设备安全技术档案，重点核查吊索、吊具等试验检测资料、质量证明文件及设备外观质量。

（3）监理机构应检查承包人起重作业人员（起重指挥、司机等）持证上岗、安全技术交底等情况。

（4）监理机构应检查承包人对起重设备的自查情况。承包人在每次换班或每个工作日的开始，对在用起重设备进行日检，正常情况下每周检查一次，或按制造商规定的检查周期和起重设备实际使用工况制定的检查周期进行检查，并做好检查记录存档。

（5）监理机构应定期和不定期巡视检查起重吊装的作业情况，及时纠正违章行为；对超过一定规模的危险性较大的起重吊装作业实施旁站监理。

（6）监理机构应督促承包人定期对起重设备进行检验，未经定期检验或检验不合格的起重设备，不得使用。

（7）两台及以上大型起重机械在同一区域使用，可能发生碰撞时，监理机构应督促相关单位制定相应安全措施，装设防碰撞装置。

（8）在发生暴雨、台风、地震等自然灾害、经过停复工或较长时间未使用，需要重新投入使用的起重设备，监理机构应督促承包人及时组织技术人员对起重设备进行检查评估，进行维修、加固等处理，必要时重新进行方案设计，重新安装、验收合格后方可投入使用。

9. 交叉作业管理

（1）监理机构应审查承包人提交的交叉作业安全技术措施。

（2）监理机构应督促承包人签订交叉作业安全管理协议，明确交叉作业存在的危险源及应采取的防范措施与配合要求；填写交叉作业告知单，说明作业性质、时间、人数、动用设备、作业区域范围、危险源名称、需要配合事项等。

（3）监理机构应检查承包人对作业人员进行安全技术交底情况。交叉作业涉及的人数较多、危险性较大时，应在施工作业部位设置交叉作业告知牌，注明危险源控制措施及现场管理人员等相关信息。

（4）监理机构应检查承包人交叉作业安全技术措施的落实情况。在上下层垂直立体作业的通道口搭设安全防护棚，设置安全警戒线和警示标识，并在上下层之间设置隔离防护层。

（5）两个及以上的承包人在同一作业区域内进行交叉作业，监理机构应督促承包人提前一天进行通报说明，服从统一安排管理，不得擅自进入交叉作业部位进行施工。

（6）在上下层交叉作业时，监理机构应督促承包人配置足够的安全管理人员和监护人员，加强上下层交叉作业安全管理。

10. 爆破作业管理

（1）监理机构应审查承包人提交的《爆破作业单位许可证》、爆破作业专项安全技术措施和爆破作业人员资格证明文件。

（2）每次爆破的技术设计均应经监理机构签证后，再组织实施。爆破工作的组织实施应与监理签证的爆破技术设计相一致。

（3）爆破技术设计分说明书和图纸两部分，应包括下列内容：工程概况，包括爆破对象、爆破环境概述及相关图纸，爆破工程的质量、工期、安全要求；爆破技术方案，包括方案比较、选定方案的钻爆参数及相关图纸；起爆网络设计及起爆网络图；安全设计及防护、警戒图。

（4）合格的爆破设计应符合下列条件：设计单位的资质符合规定；承担设计和安全评估的主要爆破工程技术人员的资格及数量符合规定；设计文件通过安全评估或设计审查认为爆破设计在技术上可行、安全上可靠。

（5）监理机构应督促承包人做好爆破安全技术措施和安全作业规程的教育培训，作业人员应持证上岗。

（6）监理机构应督促承包人设置爆破公告和安全警示标志，爆破公告内容应包括：爆破地点、爆破时间、安全警戒范围、警戒标识、起爆信号等；同一区域同时进行露天、地下、水下爆破或几个爆破作业单位平行作业时，监理机构应及时协调发包人单位和有关单位共同发布施工公告和爆破公告。

（7）监理机构应督促承包人办理准爆证，在露天和水下爆破装药前，应及时掌握气象、水文资料。经公安机关审批的在城市、风景名胜区、重要工程设施附近实施爆破作业的项目，实施爆破作业时，应由符合《爆破作业单位资质条件和管理要求》（GA 990—2012）具有相应资质的爆破作业单位进行安全监理。

（8）监理机构应检查承包人安全措施落实情况，在爆破器材领用、清退、爆破作业、爆后安全检查及盲炮处理的各环节上实施旁站监理，重点监督以下内容：承包人爆破器材运输、存储、领用、退库、使用记录应符合《爆破安全规程》（GB 6722—2014）有关规定；爆破钻孔、装药、联网、起爆应符合设计方案要求；承包人爆破警戒落实情况；应按照爆破技术方案要求开展盲炮处理工作。

（9）当发生下列情况之一时，监理机构应签发爆破作业暂停令：爆破作业严重违规经制止无效时；施工中出现重大安全隐患，须停止爆破作业以消除隐患时。

（10）爆破作业场所有下列情形之一时，监督承包人不应进行爆破作业：距离工作面20m以内的风流中瓦斯含量达到1%或有瓦斯突出征兆；爆破会造成巷道涌水、堤坝漏水、河床严重阻塞、泉水变迁；岩体有冒顶或边坡滑落危险；洞室、炮孔温度异常；地下爆破作业区的有害气体浓度超过规定；爆破可能危及建筑物、公共设施或人员的安全而无有效防护措施；作业通道不安全或堵塞；支护规格与支护设计不符或工作面支护损坏；危险区边界未设置警戒；光线不足、无照明或照明不符合规定；未按《爆破安全规程》（GB 6722—2014）的要求做好准备工作。

11. 洞室作业管理

（1）监理机构应审查承包人提交的洞室施工组织设计、专项施工方案和应急预案。

（2）监理机构应审查洞室施工特种作业人员资格证明文件。

（3）监理机构应定期和不定期检查洞室专项施工方案落实情况。

（4）监理机构应检查承包人对作业人员安全技术交底、现场作业人员及设备配置情况。

（5）采用矿山法施工的洞室，监理机构巡视检查主要包括以下内容：进出洞人员应登记；爆破完成后应及时清除松动岩块，开挖作业面按设计要求及时支护；高度风险部位作业人员总数不宜超过9人；及时分析监测数据，观察围岩变化情况，对掌子面前方地质情况超前预报；风、水、电等管线应符合相关安全规定，地面洞口防水、排水系统应完善；作业台车（包括钻爆台车、支护台车、钢筋台车、模板台车、灌浆台车等）工作平台、扶手、栏杆、人行梯、安全母绳、消防器材、用电设施应符合安全要求；应对洞内有毒有害气体进行监测监控，通风排烟系统应正常运行，洞内禁止使用汽油机械，使用柴油机应设置废气净化装置；洞内车辆限速、反光警示标识明显，洞内运输车辆禁止人料混载、超载、超宽、超高运输现象；洞内应合理规划避险区和逃生通道，按规定设置应急照明和应急疏散标志。

（6）竖井/斜井施工应加强检查以下内容：提升系统和辅助设施必须验收合格后投入使用，提升系统运行不得超载和人货混装，操作人员必须持证上岗，一人操作，一人监护；竖井/斜井运输材料过程中，井下作业人员应撤离至安全地带；安全设施必须验收合

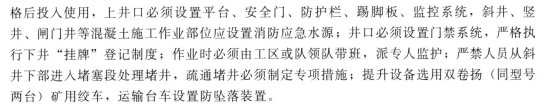

格后投入使用，上井口必须设置平台、安全门、防护栏、踢脚板、监控系统，斜井、竖井、闸门井等混凝土施工作业部位应设置消防应急水源；井口必须设置门禁系统，严格执行下井"挂牌"登记制度；作业时必须由工区或队领队带班，派专人监护；严禁人员从斜井下部进入堵塞段处理堵井，疏通堵井必须制定专项措施；提升设备选用双卷扬（同型号两台）矿用绞车，运输台车设置防坠落装置。

12. 水上水下作业管理

（1）监理机构应审查承包人提交的水上水下作业专项施工方案或安全技术措施和应急预案。

（2）在内河通航水域或者岸线上与国家管辖海域从事可能影响通航安全的水上水下作业期间，应督促承包人在作业前办理《中华人民共和国水上水下活动许可证》，发布施工管制航行通告，设置必要的水域安全作业区或警戒区。

（3）监理机构应审查作业人员资格证明文件、体检记录，利用船舶作业的还应检查施工船舶证、船舶适航证书。

（4）监理机构应检查承包人对作业人员安全技术交底、现场作业人员及设备配置情况。

（5）监理机构应督促承包人及时获取海事、气象部门有关安全信息并做好相关记录。

（6）监理机构应检查承包人安全措施落实情况，重点检查以下内容：水上作业应有稳固的施工平台，临水、临边设置固定的栏杆和安全网；平台不得超负荷使用，相应设备设施应固定牢靠，船必须锚定，严禁超载；施工船舶应按照船舶检验证书的要求配置通信、消防、救生及应急报警灯等设备，在施工平台、船只上设置明显标识和夜间警示灯；施工作业或者活动期间指派专人警戒；作业人员应正确穿戴救生衣、安全帽、防滑鞋、安全带；施工船舶的梯口、应急场所等应设有醒目的安全警示标志，甲板、通道和作业场所应根据需要设置防滑装置，上下船舶应搭设跳板；雨雪天气进行水上作业应采取防滑、防寒、防冻措施，水、冰、霜、雪应及时清除；在流速较大的水域作业时，施工船舶的纵轴线应与水流方向基本一致；按照海事管理机构批准的作业内容、核定的水域范围和使用核准的船舶进行作业，不得妨碍其他船舶的正常航行；禁止随意倾倒废弃物，禁止违章向水体投弃施工建筑垃圾、船舶垃圾、排放船舶污染物、生活污水和其他有害物质；遵守有关水上交通安全和防治污染的相关规定，不得有超载等违法行为。

（7）严禁水上水下交叉作业，严禁一人单独作业；遭遇六级及以上暴风雨雪、强风等恶劣天气，禁止进行水上水下作业。

（8）在恶劣天气过后，应督促承包人全面检查作业船只或作业平台，确认安全后方能重新作业。

13. 有限空间作业管理

（1）监理机构应审查承包人提交的有限空间作业职业危害防护控制措施、有限空间准入程序、安全管理制度和应急预案。

（2）监理机构应督促承包人对有限空间职业危害因素进行识别和评价，确定有限空间的位置、危害因素等基本情况，制定消除、控制职业危害因素的措施。所采取的措施不能有效保护作业人员时，应对进入有限空间作业进行重新评估，并且要修订职业危害防护控制措施。

（3）监理机构应检查承包人对监护人和作业人员进行安全技术交底情况，内容包括：作业空间的结构和相关介质、有限空间内可能存在的有毒有害物质和安全防范措施、有限空间作业的安全操作规程、检测仪器及劳动防护用品的正确使用、作业中可能遇到的意外情况以及处理、救护方法等，并明确作业现场负责人、监护人员、作业人员及其安全职责。

（4）有限空间作业前，监理机构应监督承包人对有限空间内部可能存在的职业危害因素进行检测。检测顺序及项目应包括：测氧含量、测爆、测有毒气体。

（5）监理机构应督促承包人实施有限空间应急救援、呼叫、准入程序，防止非授权人员擅自进入有限空间作业和进行急救。

（6）监理机构应督促承包人在有限空间外设置安全警示标志，告知有限空间的位置和所存在的危害因素。

（7）监理机构应对承包人有限空间作业进行巡视检查，主要检查内容应包括：承包人对职业危害防护控制计划、有限空间准入程序、安全作业操作规程的执行情况；有限空间准入人员、监护人和作业负责人安全教育、职业卫生培训及持证上岗情况；在进入有限空间作业期间，监护者在有限空间外持续进行监护；有限空间出入口保持畅通、设置明显的安全警示标志；多个用人单位同时进入同一有限空间作业，应制定和实施协调作业程序。

（8）监理机构应督促承包人对有限空间作业条件进行安全自查，并对安全自查情况进行检查，有限空间作业应满足以下条件：配备符合要求的通风设备、个人防护用品、检测设备、照明设备、通信设备、应急救援设备和其他必需设备；应用具有报警装置并经检定合格的检测设备对有限空间进行监测评价，氧含量、可燃气体浓度和有毒气体浓度应符合《密闭空间作业职业危害防护规范》（GBZ/T 205—2007）规定的要求；当有限空间内存在可燃性气体和粉尘时，所使用的器具应达到防爆的要求；当有害物质浓度大于威胁生命和健康浓度（IDLH）或虽经通风但有毒气体浓度仍高于《工作场所有害因素职业接触限值第1部分：化学有害因素》（GBZ 2.1—2019）所规定的要求，或缺氧时，应按照《呼吸防护用品的选择、使用与维护》（GB/T 18664—2002）规定的要求选择和佩戴呼吸性防护用品；所有准入人员、监护人、作业负责人、应急救援服务人员须经培训考试合格。

5.1.4.3　警示标志

监理机构办公场所及生活区应设置交通警示、应急疏散标志、应急疏散场地标志、消防设备标识等安全标志。由发包人单位提供办公及生活场地的，应与发包人单位沟通，设置相应的安全标志。应将安全警示标志的相关规定列入监理人员培训内容；监理人员应熟悉和掌握安全警示标志的作用和使用要求。应督促承包人在有重大危险源、较大危险因素和严重职业病危害因素的工作场所，设置明显的、符合有关要求的安全警示标志和职业病危害警示标志；在有重大事故隐患的工作场所和设备设施上设置安全警示标志，应督促承包人对安全警示标志进行定期检查维护。

5.1.4.4　危险性较大的分部工程管理

为进一步规范和加强对危险性较大的分部分项工程安全管理，积极防范和遏制工程施工生产安全事故的发生，住建部于2009年5月13日发布的《关于印发〈危险性较大的分

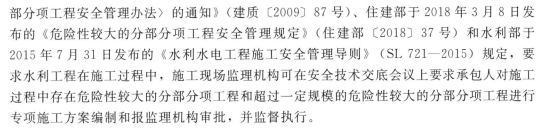

部分项工程安全管理办法〉的通知》（建质〔2009〕87 号）、住建部于 2018 年 3 月 8 日发布的《危险性较大的分部分项工程安全管理规定》（住建部〔2018〕37 号）和水利部于 2015 年 7 月 31 日发布的《水利水电工程施工安全管理导则》（SL 721—2015）规定，要求水利工程在施工过程中，施工现场监理机构可在安全技术交底会议上要求承包人对施工过程中存在危险性较大的分部分项工程和超过一定规模的危险性较大的分部分项工程进行专项施工方案编制和报监理机构审批，并监督执行。

1. 危险性较大的分部分项工程专项方案

危险性较大的分部分项工程是指建筑工程在施工过程中存在的、可能导致作业人员群死群伤或造成重大不良社会影响的分部分项工程。危险性较大的分部分项工程安全专项施工方案（以下简称"专项方案"），是指承包人在编制施工组织（总）设计的基础上，针对危险性较大的分部分项工程单独编制的安全技术措施文件。

发包人在申请领取施工许可证或办理安全监督手续时，应当提供危险性较大的分部分项工程清单和安全管理措施。承包人、监理单位应当建立危险性较大的分部分项工程安全管理制度。承包人应当在危险性较大的分部分项工程施工前编制专项方案；对于超过一定规模的危险性较大的分部分项工程，承包人应当组织专家对专项方案进行论证。建筑工程实行施工总承包的，专项方案应当由施工总承包单位组织编制。其中，起重机械安装拆卸工程、深基坑工程、附着式升降脚手架等专业工程实行分包的，其专项方案可由专业承包单位组织编制。

2. 危险性较大的分部分项工程范围

（1）基坑支护、降水工程。开挖深度超过 3m（含 3m）或虽未超过 3m 但地质条件和周边环境复杂的基坑（槽）支护、降水工程。

（2）土方开挖工程。开挖深度超过 3m（含 3m）的基坑（槽）的土方开挖工程。

（3）模板工程及支撑体系。

1）各类工具式模板工程：包括大模板、滑模、爬模、飞模等工程。

2）混凝土模板支撑工程：搭设高度 5m 及以上；搭设跨度 10m 及以上；施工总荷载 10kN/m² 及以上；集中线荷载 15kN/m² 及以上；高度大于支撑水平投影宽度且相对独立无联系构件的混凝土模板支撑工程。

（4）承重支撑体系：用于钢结构安装等满堂支撑体系。

（5）起重吊装及安装拆卸工程。第一类，采用非常规起重设备、方法，且单件起吊重量在 10kN 及以上的起重吊装工程；第二类，采用起重机械进行安装的工程；第三类，起重机械设备自身的安装、拆卸。

（6）脚手架工程。第一类，搭设高度 24m 及以上的落地式钢管脚手架工程；第二类，附着式整体和分片提升脚手架工程；第三类，悬挑式脚手架工程；第四类，吊篮脚手架工程；第五类，自制卸料平台、移动操作平台工程；第六类，新型及异型脚手架工程。

（7）拆除、爆破工程。第一类，建筑物、构筑物拆除工程；第二类，采用爆破拆除的工程。

（8）其他。第一类，建筑幕墙安装工程；第二类，钢结构、网架和索膜结构安装工程；第三类，人工挖扩孔桩工程；第四类，地下暗挖、顶管及水下作业工程；第五类，预

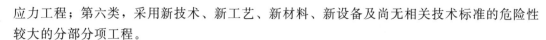

应力工程；第六类，采用新技术、新工艺、新材料、新设备及尚无相关技术标准的危险性较大的分部分项工程。

3. 超过一定规模的危险性较大的分部分项工程范围

（1）深基坑工程。第一类，开挖深度超过 5m（含 5m）的基坑（槽）的土方开挖、支护、降水工程；第二类，开挖深度虽未超过 5m，但地质条件、周围环境和地下管线复杂，或影响毗邻建筑（构筑）物安全的基坑（槽）的土方开挖、支护、降水工程。

（2）模板工程及支撑体系。第一类，工具式模板工程：包括滑模、爬模、飞模工程；第二类，混凝土模板支撑工程：搭设高度 8m 及以上；搭设跨度 18m 及以上，施工总荷载 15kN/m² 及以上；集中线荷载 20kN/m² 及以上；第三类，承重支撑体系：用于钢结构安装等满堂支撑体系，承受单点集中荷载 700kg 以上。

（3）起重吊装及安装拆卸工程。包括采用非常规起重设备、方法，且单件起吊重量在 100kN 及以上的起重吊装工程。起吊重量 300kN 及以上的起重设备安装工程；高度 200m 及以上内爬起重设备的拆除工程。

（4）脚手架工程。第一类，搭设高度 50m 及以上落地式钢管脚手架工程；第二类，提升高度 150m 及以上附着式整体和分片提升脚手架工程；第三类，架体高度 20m 及以上悬挑式脚手架工程。

（5）拆除、爆破工程。第一类，采用爆破拆除的工程；第二类，码头、桥梁、高架、烟囱、水塔或拆除中容易引起有毒有害气（液）体或粉尘扩散、易燃易爆事故发生的特殊建筑（构筑）物的拆除工程；第三类，可能影响行人、交通、电力设施、通信设施或其他建筑（构筑）物安全的拆除工程；第四类，文物保护建筑、优秀历史建筑或历史文化风貌区控制范围的拆除工程。

（6）其他。第一类，施工高度 50m 及以上的建筑幕墙安装工程；第二类，跨度大于 36m 及以上的钢结构安装工程；跨度大于 60m 及以上的网架和索膜结构安装工程；第三类，开挖深度超过 16m 的人工挖孔桩工程；第四类，地下暗挖工程、顶管工程、水下作业工程；第五类，采用新技术、新工艺、新材料、新设备及尚无相关技术标准的危险性较大的分部分项工程。

4. 危险性较大的分部分项工程编制应包括哪些内容

（1）工程概况：危险性较大的分部分项工程概况、施工平面布置、施工要求和技术保证条件。

（2）编制依据：相关法律、法规、规范性文件、标准、规范及图纸（国标图集）、施工组织设计等。

（3）施工计划：包括施工进度计划、材料与设备计划。

（4）施工工艺技术：技术参数、工艺流程、施工方法、检查验收等。

（5）施工安全保证措施：组织保障、技术措施、应急预案、监测监控等。

（6）劳动力计划：专职安全生产管理人员、特种作业人员等。

（7）计算书及相关图纸。

5. 危险性较大的分部分项工程专项方案的编制和报批程序

危险性较大的分部分项工程专项方案应当由施工项目经理部总工程师组织技术人员编

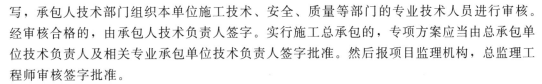

写，承包人技术部门组织本单位施工技术、安全、质量等部门的专业技术人员进行审核。经审核合格的，由承包人技术负责人签字。实行施工总承包的，专项方案应当由总承包单位技术负责人及相关专业承包单位技术负责人签字批准。然后报项目监理机构，总监理工程师审核签字批准。

6．超过一定规模危险性较大的分部分项工程专项方案的编制和报批程序

超过一定规模的危险性较大的分部分项工程专项方案应当由承包人组织召开专家论证会。实行施工总承包的，由施工总承包单位组织召开专家论证会。专家论证的主要内容包括：

（1）专项方案内容是否完整、可行。

（2）专项方案计算书和验算依据是否符合有关标准规范。

（3）安全施工的基本条件是否满足现场实际情况。

专项方案经论证后，专家组应当提交论证报告，对论证的内容提出明确的意见，并在论证报告上签字。该报告作为专项方案修改完善的指导意见。承包人应当根据论证报告修改完善专项方案，并经承包人技术负责人、项目总监理工程师、发包人项目负责人签字批准后，方可组织实施。实行施工总承包的，应当由施工总承包单位、相关专业承包单位技术负责人签字。专项方案经论证后需做重大修改的，承包人应当按照论证报告修改，并重新组织专家进行论证。承包人应当严格按照专项方案组织施工，不得擅自修改、调整专项方案。如因设计、结构、外部环境等因素发生变化确需修改的，修改后的专项方案应当重新审核。对于超过一定规模的危险性较大工程的专项方案，承包人应当重新组织专家进行论证。

7．参加专家论证会的主要人员

（1）专家组成员。

（2）发包人项目负责人或技术负责人。

（3）监理单位项目总监理工程师及相关人员。

（4）承包人分管安全的负责人、技术负责人、项目负责人、项目技术负责人、专项方案编制人员、项目专职安全生产管理人员。

（5）勘察、设计单位项目技术负责人及相关人员。

论证会的专家组成员和基本要求：根据规范要求，论证会由 5 名专家组成，各参建单位不得以专家身份参加审查论证会，论证会专家应当具备以下基本条件：第一诚实守信、作风正派、学术严谨；第二从事专业工作 15 年以上或具有丰富的专业经验；第三具有高级专业技术职称。

8．监理机构审批危险性较大的分部分项工程施工专项方案要点

专项施工方案是否符合工程强制性条文的要求；专项施工方案的编制内容是否完整；专项施工方案的编制流程是否合规；专项施工方案的编制签字是否齐全；专项施工方案的可操作性、安全性。

9．危险性较大的分部分项工程施工专项方案监督

专项方案实施前，编制人员或项目技术负责人应当向现场管理人员和作业人员进行安全技术交底和培训，要求必须严格按经批准的专项方案实施，监理安全管理人员和施工专职安全员进行旁站监督。发现未按专项施工方案施工的，应要求其立即整改；存在危及人

身安全紧急情况的，承包人应立即组织作业人员撤离危险区域。总监理工程师、承包人技术负责人应定期对专项方案实施情况进行巡查。对于按规定需要验收的危险性较大的分部分项工程，承包人、监理单位应当组织有关人员进行验收。验收合格的，经承包人项目技术负责人及项目总监理工程师签字后，方可进入下一道工序。

10. 监理机构如何进行危险性较大的分部分项工程监理

监理单位应当将危险性较大的分部分项工程列入监理规划和监理实施细则，应当针对工程特点、周边环境和施工工艺等，制定安全监理工作流程、方法和措施。

监理单位应当对专项方案实施情况进行现场监理；对不按专项方案实施的，应当责令整改，承包人拒不整改的，应当及时向发包人报告；发包人接到监理单位报告后，应当立即责令承包人停工整改；承包人仍不停工整改的，发包人应当及时向上级主管部门报告。

5.1.5　安全措施费用的审核与监督

5.1.5.1　安全措施费的定义

安全措施费全称是安全生产费、文明施工措施费，是指按照国家现行的建筑施工安全、施工现场环境与卫生标准和有关规定，购置和更新施工防护用具及设施、改善安全生产条件和作业环境所需要的费用。

5.1.5.2　安全措施费的组成

建筑工程安全防护、文明施工措施费是由《建筑安装工程费用项目组成》中措施费所含的环境保护费、文明施工费、安全施工费、临时设施费等组成：一是环境保护费，环境保护费＝工程造价×环境保护费费率（％）；二是文明施工费，文明施工费＝工程造价×文明施工费费率（％）；三是安全施工费，安全施工费＝工程造价×安全施工费费率（％）；四是临时设施费，临时设施费由以下三部分组成：①周转使用临建（如，活动房屋）；②一次性使用临建（如，简易建筑）；③其他临时设施（如，临时管线）。

5.1.5.3　安全措施费用的审核与监督

1. 安全措施费的审核

针对工程安全措施费用的审核，监理从以下几个方面着手：第一，检查所列报项目清单是否有漏项；第二，所列项目是否合理；第三，所列项目金额是否满足实际要求。全部符合要求的就写"符合要求"，有不符合要求的要指出哪些不符合要求，要重新编制报审。

最终监理审核意见可以写："该安全措施费计划符合×××规定，同意该安全措施费计划"或者"×××条不符合要求，进行修改后，重新报审"。

2. 安全措施费的监督

（1）为加强工程安全生产管理，保障施工作业人员的作业条件和生活环境，确保建筑工程安全生产措施费用落实到位，防止施工安全事故发生，避免造成不必要的纠纷和经济损失，需制定相应的管理办法。制定监督管理办法要依据《建筑法》《安全生产法》《建设工程质量管理条例》《建筑施工安全检查标准》《建设工程安全防护、文明施工措施费用及使用管理办法》《贵州省建设工程质量和安全管理生产条例》等法律法规、文件的规定。

制定的监督管理办法要根据项目实际情况具体分析，做到切实可行，因为安全生产措施费为不可竞争费用，所以不能作为招投标、承包合同的条件。而且安全生产措施费用不能计入成本，需专款专用。工程基础验收前应组织对工程的安全文明施工措施的投入情况进行检查，给出相应意见，按施工合同规定在进度款拨付时决定安全措施费。工程开工前安全文明施工必须符合下述条件，规划许可证、施工许可证、质量和安全监督手续、工程开工报告等齐全，达到"三通一平"，已编制了安全文明施工措施、临时设施的施工方案及费用的使用计划，安全人员配置符合规定要求。

（2）劳动安全费用支出管理，做法是合同内安全生产费用按照总价对应工程造价费用（进度）百分率的方式进行阶段支付；合同项目扩延，新增加的项目安全生产费用支出按照实际发生的项目参考合同内类似项目支付。但目前这种做法已经不适用。安全措施费应按规定及合同约定的范围、项目实际支出的安全项目进行实际签证计量后予以结算支付。常规做法是按照"计划申报→计划审核→现场实施→验收合格→签证计量→支付费用"的流程进行安全生产费的支出管理。这个目前现行法律法规没有统一的规定，各工程项目的支付流程均有所差别，但均应按监理审核的安全生产实际支出项目核定费用后支出。如西藏某水电工程安全措施费的支出管理流程为安全措施费项目的审批按照"立项建议、方案审核、同意实施、验收合格、交付使用"程序进行：①立项建议的申报，承包人应按照安全生产费用项目目录，编制年度安全技术措施计划和安全生产费用计划，在每年的 12 月 10 日前报工程监理及发包人审批，承包人按照审批计划实施，承包人按照年度审批计划，在每月的 25 日前呈报下一季度或月度计划，在提交月度计划时，应对计划项目的工程量及费用进行预估；②方案的审核，监理在收到承包人的安全生产费立项建议书后，根据工程施工进度计划及现场事情情况、相关文件进行立项建议书的初审，初审合格后，转发包人进行审批，同意后承包人按审批计划实施；③现场验收，承包人根据审批计划现场实施完成后，通知监理工程师进行现场验收，监理应组织相关人员进行质量和工程量的验收工作，验收质量合格后，及时签认实际工程量；④费用的审核，承包人在每月中间计量结算时，根据现场签认工程量上报安全生产费支付申请，监理单位按照合同相关原则及相关票据审核安全生产费；⑤费用支付，待安全生产费审批完成后，与中间计量结算一并进入结算报表，并单列安全生产费栏目；⑥完善台账，承包人及监理应在完成安全生产费用支出后，按项目建立监理安全生产费用支出台账备查。

某水电工程安全措施费管理流程如图 5.1.1 所示。

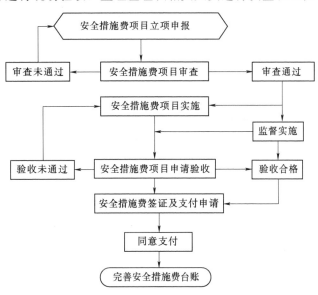

图 5.1.1 某水电工程安全措施费管理流程

5.1.6　安全事故与案例分析

5.1.6.1　安全事故的定义

安全事故是指生产经营单位在生产经营活动（包括与生产经营有关的活动）中突然发生的，伤害人身安全和健康，或者损坏设备设施，或者造成经济损失的，导致原生产经营活动（包括与生产经营有关的活动）暂时中止或永远终止的意外事件。

5.1.6.2　安全事故的分类

（1）工业生产安全事故：是指在生产场所内从事生产经营活动中发生的造成单位员工和非单位人员人身伤亡、急性中毒或者直接经济损失的事故，不包括火灾事故和道路交通事故。

（2）道路交通事故：是指所属单位车辆在道路上因过错或者意外造成的人身伤亡或者财产损失的事件。

（3）火灾事故：是指失去控制并对财物和人身造成损害的燃烧现象。以下情况也列入火灾统计范围：民用爆炸物品爆炸引起的火灾；易燃可燃液体、可燃气体、蒸汽、粉尘以及其他化学易燃易爆物品爆炸和爆炸引起的火灾；机电设备因内部故障导致外部明火燃烧需要组织扑灭的事故，或者引起其他物件燃烧的事故；车辆、船舶以及其他交通工具发生的燃烧事故，或者由此引起的其他物件燃烧的事故。

5.1.6.3　安全事故的分级

根据生产安全事故（以下简称事故）造成的人员伤亡或者直接经济损失，事故一般分为以下等级：

（1）特别重大事故，是指造成 30 人以上死亡，或者 100 人以上重伤（包括急性工业中毒，下同），或者 1 亿元以上直接经济损失的事故。

（2）重大事故，是指造成 10 人以上 30 人以下死亡，或者 50 人以上 100 人以下重伤，或者 5000 万元以上 1 亿元以下直接经济损失的事故。

（3）较大事故，是指造成 3 人以上 10 人以下死亡，或者 10 人以上 50 人以下重伤，或者 1000 万元以上 5000 万元以下直接经济损失的事故。

（4）一般事故，是指造成 3 人以下死亡，或者 10 人以下重伤，或者 1000 万元以下直接经济损失的事故。

5.1.6.4　安全事故的处置流程

1. 事故报告

（1）事故发生后，事故现场有关人员应当立即向本单位负责人报告。单位负责人接到报告后，应当于 1 小时内向事故发生地县级以上人民政府安全生产监督管理部门和负有安全生产监督管理职责的有关部门报告。情况紧急时，事故现场有关人员可以直接向事故发生地县级以上人民政府安全生产监督管理部门和负有安全生产监督管理职责的有关部门报告。

（2）安全生产监督管理部门和负有安全生产监督管理职责的有关部门接到事故报告后，应当依照下列规定上报事故情况，并通知公安机关、劳动保障行政部门、工会和人民检察院；特别重大事故、重大事故逐级上报至国务院安全生产监督管理部门和负有安全生产监督管理职责的有关部门；较大事故逐级上报至省、自治区、直辖市人民政府安全生产监督管理部门和负有安全生产监督管理职责的有关部门；一般事故上报至设区的市级人民政府安全生产监督管理部门和负有安全生产监督管理职责的有关部门。安全生产监督管理部门和负有安全生产监督管理职责的有关部门依照前款规定上报事故情况，应当同时报告本级人民政府。国务院安全生产监督管理部门和负有安全生产监督管理职责的有关部门以及省级人民政府接到发生特别重大事故、重大事故的报告后，应当立即报告国务院。必要时，安全生产监督管理部门和负有安全生产监督管理职责的有关部门可以越级上报事故情况。

（3）安全生产监督管理部门和负有安全生产监督管理职责的有关部门逐级上报事故情况，每级上报的时间不得超过2小时。

（4）报告事故应当包括下列内容：事故发生单位概况；事故发生的时间、地点以及事故现场情况；事故的简要经过；事故已经造成或者可能造成的伤亡人数（包括下落不明的人数）和初步估计的直接经济损失；已经采取的措施；其他应当报告的情况。

（5）事故报告后出现新情况的，应当及时补报。自事故发生之日起30日内，事故造成的伤亡人数发生变化的，应当及时补报。道路交通事故、火灾事故自发生之日起7日内，事故造成的伤亡人数发生变化的，应当及时补报。

（6）事故发生单位负责人接到事故报告后，应当立即启动事故相应应急预案，或者采取有效措施，组织抢救，防止事故扩大，减少人员伤亡和财产损失。

（7）事故发生地有关地方人民政府、安全生产监督管理部门和负有安全生产监督管理职责的有关部门接到事故报告后，其负责人应当立即赶赴事故现场，组织事故救援。

（8）事故发生后，有关单位和人员应当妥善保护事故现场以及相关证据，任何单位和个人不得破坏事故现场、毁灭相关证据。

因抢救人员、防止事故扩大以及疏通交通等原因，需要移动事故现场物件的，应当做出标志，绘制现场简图并做出书面记录，妥善保存现场重要痕迹、物证。

（9）事故发生地公安机关根据事故的情况，对涉嫌犯罪的，应当依法立案侦查，采取强制措施和侦查措施。犯罪嫌疑人逃匿的，公安机关应当迅速追捕归案。

（10）安全生产监督管理部门和负有安全生产监督管理职责的有关部门应当建立值班制度，并向社会公布值班电话，受理事故报告和举报。

2.事故处理分级

（1）特别重大事故由国务院或者国务院授权有关部门组织事故调查组进行调查。重大事故、较大事故、一般事故分别由事故发生地省级人民政府、设区的市级人民政府、县级人民政府负责调查。省级人民政府、设区的市级人民政府、县级人民政府可以直接组织事故调查组进行调查，也可以授权或者委托有关部门组织事故调查组进行调查。未造成人员伤亡的一般事故，县级人民政府也可以委托事故发生单位组织事故调查组进行调查。

（2）上级人民政府认为必要时，可以调查由下级人民政府负责调查的事故。自事故发生之日起30日内（道路交通事故、火灾事故自发生之日起7日内），因事故伤亡人数变化导致事故等级发生变化，依照规定应当由上级人民政府负责调查的，上级人民政府可以另行组织事故调查组进行调查。

（3）特别重大事故以下等级事故，事故发生地与事故发生单位不在同一个县级以上行政区域的，由事故发生地人民政府负责调查，事故发生单位所在地人民政府应当派人参加。

（4）事故调查组的组成应当遵循精简、效能的原则。根据事故的具体情况，事故调查组由有关人民政府、安全生产监督管理部门、负有安全生产监督管理职责的有关部门、监察机关、公安机关以及工会派人组成，并应当邀请人民检察院派人参加。事故调查组可以聘请有关专家参与调查。

（5）事故调查组成员应当具有事故调查所需要的知识和专长，并与所调查的事故没有直接利害关系。

（6）事故调查组组长由负责事故调查的人民政府指定。事故调查组组长主持事故调查组的工作。

（7）事故调查组履行下列职责：查明事故发生的经过、原因、人员伤亡情况及直接经济损失；认定事故的性质和事故责任；提出对事故责任者的处理建议；总结事故教训，提出防范和整改措施；提交事故调查报告。

（8）事故调查组有权向有关单位和个人了解与事故有关的情况，并要求其提供相关文件、资料，有关单位和个人不得拒绝。事故发生单位的负责人和有关人员在事故调查期间不得擅离职守，并应当随时接受事故调查组的询问，如实提供有关情况。

事故调查中发现涉嫌犯罪的，事故调查组应当及时将有关材料或者其复印件移交司法机关处理。

（9）事故调查中需要进行技术鉴定的，事故调查组应当委托具有国家规定资质的单位进行技术鉴定。必要时，事故调查组可以直接组织专家进行技术鉴定。技术鉴定所需时间不计入事故调查期限。

（10）事故调查组成员在事故调查工作中应当诚信公正、恪尽职守，遵守事故调查组的纪律，保守事故调查的秘密。未经事故调查组组长允许，事故调查组成员不得擅自发布有关事故的信息。

　　3. 事故调查报告相关规定

事故调查组应当自事故发生之日起 60 日内提交事故调查报告。特殊情况下，经负责事故调查的人民政府批准，提交事故调查报告的期限可以适当延长，但延长的期限最长不超过 60 日。事故调查报告应当包括下列内容：事故发生单位概况；事故发生经过和事故救援情况；事故造成的人员伤亡和直接经济损失；事故发生的原因和事故性质；事故责任的认定以及对事故责任者的处理建议；事故防范和整改措施。事故调查报告应当附具有关证据材料。事故调查组成员应当在事故调查报告上签名。事故调查报告报送负责事故调查的人民政府后，事故调查工作即告结束。事故调查的有关资料应当归档保存。

5.1.6.5　监理单位及其现场机构事故处理的相关工作要求

重大事故、较大事故、一般事故，负责事故调查的人民政府应当自收到事故调查报告之日起 15 日内做出批复。特别重大事故，30 日内做出批复，特殊情况下，批复时间可以适当延长，但延长的时间最长不超过 30 日。有关机关应当按照人民政府的批复，依照法律、行政法规规定的权限和程序，对事故发生单位和有关人员进行行政处罚，对负有事故

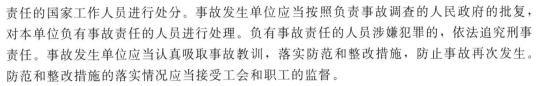

责任的国家工作人员进行处分。事故发生单位应当按照负责事故调查的人民政府的批复，对本单位负有事故责任的人员进行处理。负有事故责任的人员涉嫌犯罪的，依法追究刑事责任。事故发生单位应当认真吸取事故教训，落实防范和整改措施，防止事故再次发生。防范和整改措施的落实情况应当接受工会和职工的监督。

安全生产监督管理部门和负有安全生产监督管理职责的有关部门应当对事故发生单位落实防范和整改措施的情况进行监督检查。事故处理的情况由负责事故调查的人民政府或者其授权的有关部门、机构向社会公布，依法应当保密的除外。

1. 事故报告

事故发生后，事故现场监理人员应当立即向本单位负责人报告。本单位负责人接到报告后，应当于1小时内向事故发生地县级以上人民政府安全生产监督管理部门和负有安全生产监督管理职责的有关部门报告。情况紧急时，事故现场监理人员可以直接向事故发生地县级以上人民政府安全生产监督管理部门和负有安全生产监督管理职责的有关部门报告。同时监理单位及现场人员应积极配合有关部门的事故调查。事故报告的主要内容：第一事故发生单位概况；第二事故发生的时间、地点以及事故现场情况；第三事故的简要经过；第四事故已经造成或者可能造成的伤亡人数（包括下落不明的人数）和初步估计的直接经济损失。

2. 其他应当报告的情况

事故报告后出现新情况的，自事故发生之日起30日内，事故造成的伤亡人数发生变化的，道路交通事故、火灾事故自然发生之日起7日内，事故造成的伤亡人数发生变化的，应当及时补报。监理单位负责人应依法如实上报事故情况，不得迟报、漏报、谎报、瞒报。不得伪造或者故意破坏事故现场。不得转移、隐匿资金、财产，或者销毁有关证据、资料。不得拒绝接受调查或者拒绝提供有关情况和资料。不得在事故调查中作伪证或者指使他人作伪证。不得在事故调查处理期间擅离职守，不得在事故发生后逃匿。按照事故等级划分，由相应人民政府组建事故调查组。监理单位和个人有义务向事故调查组汇报与事故有关的情况，并提供相关文件、资料，监理单位和个人不得拒绝。监理单位的负责人和有关人员在事故调查期间不得擅离职守，并应当随时接受事故调查组的询问，如实提供有关情况。

监理单位应当按照负责事故调查的人民政府的批复，对本单位负有事故责任的人员进行处理。负有事故责任的人员涉嫌犯罪的，依法追究刑事责任。监理单位应当认真吸取事故教训，落实防范和整改措施，防止事故再发生。防范和整改措施的落实情况应当接受工会和职工的监督，并接受安全生产监督管理部门和负有安全生产监督管理职责的有关部门对落实防范和整改措施的情况进行监督检查。

5.1.6.6 安全案例

1. 高处作业未系安全带坠落伤亡事故分析

（1）事故经过。1996年2月11日14时30分，在东风水电站河槽公路0＋430.8m～0＋441.06m桩号之间，高程在864m，第四工程处房建队立模班职工陈某某正在安装模板。陈某某站在混凝土仓外部，一手拿钉锤，一手用扒钉撬两块钢模板的U形扣孔，在用力过程中扒钉从U形孔中脱出，人体重心后仰，从864m高程坠落至852m高程，坠落高度12m，头部严重受伤，头骨破裂，脑浆外溢，失血过多死亡。

（2）事故原因。

1）直接原因：陈某某安全意识差，高处作业未系安全带，违反了高处作业安全操作规程。

2）间接原因：施工现场安全管理存在缺陷，安监机构力量薄弱，安监人员配备不足，处于失控状况。

3）主要原因：在立模施工过程中违章作业，未系安全带。

（3）预防措施。教育职工严格执行安全操作规程和安全规章制度，努力提高职工安全意识和自我保护能力。

加强工程处安全机构力量，要按要求设专职安监人员。队内应设专职安全员，加强施工现场安全管理，消除违章行为。

2. 推土机自行倒退碾压伤亡事故分析

（1）事故经过。1994年10月16日，万家寨施工局机械大队职工马某某驾驶推土机承担基坑围堰纵向面段堰头推渣任务。约22时15分，马某某完成任务后将推土机挂倒挡后退至距堰头20.9m处停放，停车后没有熄火，手刹制动器没拉，档位未挂至空挡位置，便离开操作室下车检查车辆，在检查过程中，推土机自行倒退，从马某某身上轧过，致使本人当场死亡。

（2）事故原因。

1）直接原因：推土机自行倒退。马某某停车后既没有熄火，又没有拉手刹制动器，而且档位没有挂至空挡位置，违章下车检查车况。

2）间接原因：单位管理不严，施工现场监督检查不力，安全教育不够，致使职工安全意识差，执行安全操作规程不严，违章蛮干。

3）主要原因：安全意识淡薄，违章作业。

（3）预防措施。加强管理，加大安全生产宣传教育，提高全员安全素质，牢固树立"三不伤害"的思想。严格执行《水利水电建筑安装安全技术工作规程》（SD 267—88），努力减少习惯性违章作业。

加强特种作业人员的安全意识和安全技术培训，提高作业人员的安全意识和安全技术素质。

3. 装载机倾翻伤害事故分析

（1）事故经过。1997年1月4日17时30分左右，波罗电站2号支洞炮工正在装药，当装最后一个炮孔时，突然停电。电工徐某某去检修，是空气开关有问题（徐某某在吃晚饭之前已合几次空气开关，都未合上，但又修不好），徐某某便通知民工负责人郑某某去请电工班来维修。大约19时20分，江某、白某等7人吃完晚饭后，见电工还没有来，装载机主机手江某说："电工可能不上来了，我们还是开车下去看一下"。陈某某问白某"白哥，坐得下吗？"白某回答说："没问题，再来十几个人都可以，可以坐前面的挖斗里"。其他人也就跟着上了车。江某驾驶装载机，徐某某抱着余某某坐在驾驶室江某旁边。副驾驶白某和周某站在装载机上靠司机的右边抓住车门扶手。陈某、邓某某则站在左边，用手抓住车门扶手。装载机从2号支洞往梅子坝的茶溪桥方向行驶，离开2号支洞约630m处

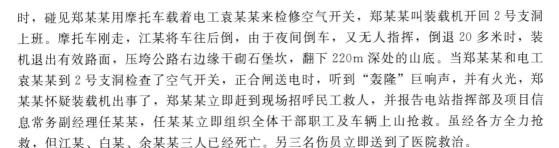

时，碰见郑某某用摩托车载着电工袁某某来检修空气开关，郑某某叫装载机开回2号支洞上班。摩托车刚走，江某将车往后倒，由于夜间倒车，又无人指挥，倒退20多米时，装机退出有效路面，压垮公路右边缘干砌石堡坎，翻下220m深处的山底。当郑某某和电工袁某某到2号支洞检查了空气开关，正合闸送电时，听到"轰隆"巨响声，并有火光，郑某某怀疑装载机出事了，郑某某立即赶到现场招呼民工救人，并报告电站指挥部及项目信息常务副经理任某某，任某某立即组织全体干部职工及车辆上山抢救。虽经各方全力抢救，但江某、白某、余某某三人已经死亡。另三名伤员立即送到了医院救治。

（2）事故原因。

1）直接原因：违反装载机严禁搭人的规定，由于搭乘多人影响机手的视线和操作。

2）间接原因：

a. 夜间倒车无人指挥。

b. 安全管理薄弱，对职工安全教育不力，制度不完善，领导对安全生产工作重视不够。

c. 职工安全意识差，严重缺乏自我保护意识。

3）主要原因：严重违章操作、违章搭乘。

（3）预防措施。

1）由项目部组织班（组）长以上管理人员学习，查找事故原因，总结教训，查找隐患，加强安全管理，防止同类事故发生。

2）上山公路沿途增加防范措施（警示牌、路沿石），2号支洞至3号支洞间增设路灯。

3）项目各工作面设置安全须知及操作规程，对所有机械设备、工地安全进行一次全面检查，对检查出的隐患，限期整改。并分期分批对项目全体职工进行一次安全知识轮训。

4. 违章移动碘钨灯触电伤亡事故分析

（1）事故经过。1994年5月25日22时15分，京南工地4号闸墩工作面进行混凝土施工准备。民工袁某等四人在上游门槽紧固排架拉模筋，因照明不足，袁某站在模板上擅自解开捆扎在小方木上作临时简易照明的碘钨灯。用右手抓住接地钢筋，左手移动碘钨灯，因碘钨灯外壳带电，形成单向回路电击死亡。

（2）事故原因。

1）直接原因：非电工擅自电工作业，碘钨灯出厂不合格，固定灯管螺丝过长，接触灯罩致使碘钨灯外壳带电。进场使用检查不够，未能及时发现隐患。

2）间接原因：①对民工安全用电的教育不够，管理不严，没有配备相应的防护用品。②碘钨灯出厂不合格，而未检查出来。

3）主要原因：安装使用不合格的碘钨灯。非电工违章移动碘钨灯。

（3）预防措施。

1）对民工加强安全教育，提高安全意识和自我保护能力，不违反安全用电规定。

2）施工现场的电气设备的检修，电源线路的架设，照明灯安装等均应由电工操作。

3）对作业人员提供必要的防护用品和防护用具。

4) 购置电气设备应严格验收制度，使用前应检查。

5. 脚手架坍塌伤事故分析

（1）事故经过。1996年9月18日7时40分，某工程施工处制冷厂班长刘某某带领部分工人到大坝2号右门槽进行清理工作。此时门槽孔口有大小石块及混凝土块掉落下来，厂长崔某某便安排女工赖某到坝顶2号机门槽孔口处当安全哨，赖某到坝顶后，发现三分局协作单位白银二建司的张某某在拆2号机右孔口的木板及溜桶。赖某进行了制止，张某某等人也答应停止作业。9时30分在门槽底部清理的崔厂长听到孔内金属碰撞声，便让工作人员躲避，9时30分左右再次听到孔内金属碰撞声，接着一串溜桶向下坠落，随之钢管脚手架坍塌，将在孔口上游躲避的斯某某、宋某某砸倒，经抢救，斯某某因伤势过重死亡，宋某某腰部重伤。

（2）事故原因。

1）直接原因：钢管脚手架在结构严重缺损失稳的状态下，白银二建司的张某某等人在拆除2号机右孔口的木板时，误解绑溜桶的钢丝，致使溜桶坠落，砸在失稳的架子上，导致脚手架变形坍塌。

2）间接原因：

a. 脚手架本身部分杠杆、立杆被人拆除，存在严重安全隐患。

b. 在2号机门槽担任清理任务的二分局制冷厂班长刘某某在带领工人进行施工前，对施工现场检查不力，施工前又未派专人在作业面上方担任安全监督哨。

c. 厂长崔某某到施工现场后，发现作业面上空掉小石头及混凝土块后，虽然临时派了1人到上面作安全哨，但在以后上面继续掉物长达20～30分钟，处置措施不力。

3）主要原因：对协议工的安全管理及使用的脚手架管理不善，现场安全检查不到位。

（3）预防措施。

1）立即组织专业人员，对大峡工程的施工脚手架进行一次检查，对影响脚手架安全使用的产品要安排专人进行加固处理，并经安全人员验收后方可使用。

2）各种脚手架的搭设和使用要严格按操作规程执行，使用前必须经有关人员检查验收，合格后方可使用。正在使用或仍需使用的脚手架要执行施工任务单制度。

3）合理安排施工进度，严禁多层次同时作业，特殊情况下的双层作业，要下达特殊部位危险作业任务单，并要有可靠的安全技术措施，经技术负责人或行政领导批准后，方可施工。

6. 钻孔作业死亡事故分析

（1）事故经过。1996年3月19日，基础处锚索项目部三机组三班班长陈某某带领班员任某某等四人，从东风水电站坝后马道进入左坝肩下游边坡锚固区867m高程（第二层钢栈桥），0+66桩号施工现场执行钻孔任务。陈某某与本班人员到达工作面，交接班后，施工正常。上午10时32分，因第五层处理孔内故障用水进行冲孔，污水撒落下来，将正在操作地质钻机的钻工任某某的衣服淋湿，10时35分陈某某看到任某某的衣服淋湿，就对任某某喊"你过来把衣服烤干，我来操作钻机"任某某未将钻机停下来，就离开钻机向电炉走去，这时陈某某身穿涤卡中山装（未按要求穿戴好工作服），在钻机未停止运行的情况下，从钻机上部跨越过去操作钻机，就在跨越钻杆的时候陈某某敞开的中山装衣角被飞速旋转的钻杆缠绕住，瞬间衣服连着陈某某的身体缠绕在钻杆上，致使陈某某的头部及全身撞击在立轴油缸和钻机脚架上，造成头前部、胸部、脚、手等多处粉碎骨折，脑浆四溅，陈某某当场死亡。

（2）事故原因。

1）直接原因：陈某某身为班长是本班安全生产的第一责任者，对本专业的安全操作规程是熟悉的，陈某某在换岗时没有要求司钻人员停机。在钻机未停的情况下，违章跨越钻机。

2）间接原因：

a. 陈某某在工作时穿中山装，违反了机械操作人员必须遵守的"三紧"的要求，思想上没有充分认识到违章作业的严重性，抱有麻痹的侥幸心理。

b. 作业环境不良，因MQ2号孔是钢栈桥第三层，是最边沿的一个孔，施工场地窄小，加上岩壁陡峭，只能摆下一台钻机（限于总体安全施工要求，保证钢栈桥的稳定），没有人行空间，客观上造成施工人员只能从钻杆上跨越，虽然规定过在人员通过时必须停机，但未认真执行。

c. 安全管理存在薄弱环节，锚索工程施工难度大，作业环境差，岩壁为90度直立，高差为90米，为保证东风水电站安全度汛，我们的安全工作主要针对高处坠落、触电、物体打击、钢栈桥垮塌及悬挑桥吊装等方面，忽视了机械缠绕事故。

3）主要原因：在换岗时没有要求司钻人员停机。在钻机未停的情况下，违章跨越钻机。

（3）预防措施。

1）认真吸取这次事故的血的教训，严格执行安全操作规程，杜绝"三违"现象，正确处理安全、进度、效益三者之间的关系。

2）严格劳动纪律，强调职工上班时必须正确穿戴好安全防护用品。

3）遇同类情况，须搭设人行桥或人行道，严禁从钻机上部跨越。

7. 放炮飞石伤害事故分析

（1）事故经过。1994年8月13日18时30分，天荒坪抽水蓄能电站北库底西岸桩号1+116右96m位置放炮，张某某与王某某在前方施工调度值班室内避炮，一块约10kg重的石头穿过施工调度值班室纤维板墙，打在张某某右边头部后又落下砸在王某某的手臂上，张某某在送往医院后因抢救无效死亡，王某某受重伤。

（2）事故原因。

1）直接原因：张某某与王某某在前方施工调度值班室内避炮，而该值班室由纤维板制成，不很坚固。

2）间接原因：此次事故是由于爆破设计中的装药量与飞石距离的计算问题所致。事故发生前，他们一直是在前方施工调度值班室内避炮。

3）主要原因：爆破装药量过大。

（3）预防措施。

1）在爆破设计实施前进行严格审查。

2）对前方施工调度值班室进行加固。

3）要求职工严格按照操作规程执行。

8. 脚被拌不慎摔倒伤亡事故分析

（1）事故经过。1997 年 6 月 16 日 16 时 40 分，钢木一队钢筋二班在绑扎钢筋，王某某被安排在下平台上传递钢筋，其余人员在绑高程 891.20m 的墙体钢筋。在 16 时 41 分左右，王某某在高程 891.40m 递完钢筋后，准备上暗梁继续递钢筋，在往上走的过程中脚被拌不慎摔倒，被暗梁左侧一根 ϕ16mm 钢筋从左眼穿入颅内深达 10cm。现场人员立即组织抢救，在送往医院途中死亡。

（2）事故原因。

1）直接原因：王某某在施工现场行走过程中，没有注意到暗梁上的插筋，不慎摔倒。

2）间接原因：王某某本人思想麻痹，认为该地方比较安全。虽然班前会强调注意安全，但未能引起他的重视。

3）主要原因：行走过程中，没有注意到暗梁上的插筋，不慎摔倒。

（3）预防措施。

1）加强对职工的安全教育，提高职工的安全意识和自我保护能力，使"安全第一"的思想深入人心，并落实到施工生产上，防止类似事故再次发生。

2）加强施工现场安全监督员的巡视力度。

第 2 章　文 明 施 工 监 理

5.2.1　承包人职责

水利水电施工企业的安全生产管理必须有组织上的保障，否则安全生产管理工作就无从谈起。组织保障主要包括两方面：一是安全生产管理机构的设置及职能；二是安全生产管理人员配备及职能。安全生产管理机构是指企业中专门负责安全生产监督管理的内设机构。安全生产管理人员是指企业中从事安全生产管理工作的专职或兼职人员。其中，专门从事安全生产管理工作的人员则是专职安全生产管理人员，既承担其他工作职责，又承担安全生产管理职责的人员则为兼职安全生产管理人员。

5.2.1.1　安全生产管理机构设置及职责

水利水电施工企业安全生产管理机构是指水利水电施工企业设置的负责安全生产管理工作的独立职能部门。依据《建筑施工企业安全生产管理机构设置及专职安全生产管理人员配备办法》（建质〔2008〕91 号，以下简称《办法》）的规定，水利水电施工企业应当依法设置安全生产管理机构，在企业主要负责人的领导下开展本企业的安全生产管理工作。水利水电施工企业所属的分公司、区域公司等较大的分支机构应当各自独立设置安全生产管理机构，负责本企业（分支机构）的安全生产管理工作。水利水电施工企业安全生产管理机构主要有下列职责：宣传和贯彻国家有关安全生产法律法规和标准；编制并适时更新安全生产管理制度、操作规程并监督实施；组织或参与企业生产安全事故应急救援预案的编制及演练；组织开展安全教育培训与交流，如实记录安全生产教育和培训情况；协调配备项目专职安全生产管理人员；制订企业安全生产检查计划并组织实施；监督在建项目安全生产费用的使用；参与危险性较大工程安全专项施工方案专家论证会；通报在建项目违规违章查处情况；组织开展安全生产评优评先表彰工作；建立企业在建项目安全生产管理档案；考核评价分包企业安全生产业绩及项目安全生产管理情况；参加生产安全事故的调查和处理工作；企业明确的其他安全生产管理职责。

5.2.1.2 安全生产管理人员配备及职责

　　水利水电施工企业专职安全生产管理人员是指经省级以上水行政主管部门安全生产考核合格，并取得安全生产考核合格证书，在企业从事安全生产管理工作的专职人员，包括企业安全生产管理机构的负责人、工作人员和施工现场专职安全员。第一，安全专兼职人员数量，《办法》规定，建筑施工企业安全生产管理机构专职安全生产管理人员的配备应满足下列要求，并应根据企业经营规模、设备管理和生产需要予以增加。建筑施工总承包资质序列企业：特级资质不少于6人；一级资质不少于4人；二级和二级以下资质企业不少于3人。建筑施工专业承包资质序列企业：一级资质不少于3人；二级和二级以下资质企业不少于2人。建筑施工劳务分包资质序列企业：不少于2人。建筑施工企业的分公司、区域公司等较大的分支机构应依据实际生产情况配备不少于2人的专职安全生产管理人员。第二，水利水电施工企业专职安全生产管理人员职责，水利水电施工企业专职安全生产管理人员在施工现场检查过程中具有下列职责：一是查阅在建项目安全生产有关资料、核实有关情况；二是检查危险性较大的工程安全专项施工方案落实情况；三是监督项目专职安全生产管理人员履责情况；四是监督作业人员安全防护用品的配备及使用情况；五是对发现的安全生产违章违规行为或安全隐患，有权当场予以纠正或做出处理决定；六是对不符合安全生产条件的设施、设备、器材，有权当场做出停止使用的处理决定；七是对施工现场存在的重大事故隐患有权越级报告或直接向建设主管部门报告；八是企业明确的其他安全生产管理职责。

5.2.1.3 施工现场安全生产管理机构设置及人员配备

　　水利水电工程建设施工现场应按工程建设规模设置安全生产管理机构、配备专职安全生产管理人员，工程建设项目应当成立由项目负责人负责的安全生产领导小组。建设工程实行施工总承包的，安全生产领导小组由总承包企业、专业承包企业和劳务分包企业项目负责人、技术负责人和专职安全生产管理人员组成。施工现场的项目负责人必须取得省级以上水行政主管部门颁发的安全生产考核合格证书，对水利水电工程建设项目的安全施工负责，落实安全生产责任制度、安全生产规章制度和操作规程，确保安全生产费用的有效使用，并根据工程的特点组织制定安全施工措施，消除安全事故隐患，及时、如实报告生产安全事故。施工现场的专职安全生产管理人员负责对安全生产进行现场监督检查，发现生产安全事故隐患并及时向项目负责人和安全生产管理机构报告；对违章指挥、违章操作立即制止。参照《办法》第十三条规定，总承包单位配备项目专职安全生产管理人员应当满足下列要求。

　　1. 建筑工程、装修工程按照建筑面积配备
　　（1）1万m^2以下的工程不少于1人。

（2）1万～5万 m² 的工程不少于2人。

（3）5万 m² 及以上的工程不少于3人，且按专业配备专职安全生产管理人员。

2. 土木工程、线路管道、设备安装工程按照工程合同价配备

（1）5000万元以下的工程不少于1人。

（2）5000万～1亿元的工程不少于2人。

（3）1亿元及以上的工程不少于3人，且按专业配备专职安全生产管理人员。

3.《办法》第十四条规定分包单位配备项目专职安全生产管理人员

（1）专业承包单位应当配置至少1人，并根据所承担的单元工程的工程量和施工危险程度增加。

（2）劳务分包单位施工人员在50人以下的，应当配备1名专职安全生产管理人员；50～200人的，应当配备2名专职安全生产管理人员；200人及以上的，应当配备3名及以上专职安全生产管理人员，并根据所承担的分部工程施工危险实际情况增加人员，不得少于工程施工人员总人数的5‰。

5.2.2　文明施工管理

根据《水利工程施工监理规范》（SL 288—2014）规定，监理机构实施文明施工监理应包括下列内容：

（1）监理机构应依据有关文明施工规定和施工合同约定，审核承包人的文明施工组织机构和措施。

（2）监理机构应检查承包人文明施工的执行情况，并监督承包人通过自查和改进等活动，完善文明施工管理。

（3）第三监理机构应督促承包人开展文明施工的宣传和教育工作，并督促承包人积极配合当地政府和居民共建和谐建设环境。

（4）第四监理机构应督促承包人落实合同约定的施工现场环境管理工作。

（5）现场布置，水利水电工程建设项目整体场区规划由发包人进行统筹管理，各承包单位在进场前应充分考察场地实际情况，掌握原有建筑物、构筑物、道路、管线资料，根据发包人的要求，针对现有条件科学合理地布置施工现场：

1）现场施工总体规划布置应遵循合理使用场地、有利施工、便于管理等基本原则。分区布置应满足防洪、防火等安全要求及环境保护要求。

2）生产、生活、办公区和危险化学品仓库布置应遵守下列规定：与工程施工顺序和施工方法相适应，交通道路畅通，区域道路宜避免与施工主干线交叉；选址地质稳定，不受洪水、滑坡、泥石流、塌方及危石等威胁；生产车间、生活及办公房屋、仓库等的间距应符合防火安全要求，危险化学品仓库应远离其他区布置。

3）施工区内起重设施、施工机械、移动式电焊机及工具房、水泵房、空压机房、电工值班房等布置应符合安全、卫生、环境保护要求。

4）混凝土、砂石料等辅助生产系统和制作加工维修厂、车间布置应符合下列要求：单独布置，基础稳固，交通方便、畅通、应设置处理废水、粉尘等污染的设施、应减少因

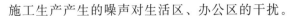

施工生产产生的噪声对生活区、办公区的干扰。

5）生产区仓库、堆料场布置应符合下列要求：单独设置并靠近所服务的对象区域，进出交通畅通，存放易燃易爆、有毒等危险物品的仓储场所应符合有关安全的要求，有消防通道和消防设施。

6）生产区大型施工机械与车辆停放场的布置应与施工生产相适应，要求场地平整、排水畅通、基础稳固，并应满足消防安全要求。

7）弃渣场布置应满足环境保护、水土保持和安全防护的要求。

（6）施工道路及交通。

1）永久性机动车辆道路、桥梁、隧道，应按照《公路工程质量检验评定标准》（JTG F80/1—2004）的有关规定，并考虑施工运输的安全要求进行设计修建。

2）施工生产区内机动车辆临时道路应符合下列规定：道路纵坡不宜大于8%，进入基坑等特殊部位的个别短距离地段最大纵坡不应超过15%；道路最小转弯半径不应小于15m；路面宽度不应小于施工车辆宽度的1.5倍，且双车道路面宽度不宜窄于7.0m，单车道不宜窄于4.0m；单车道应在可视范围内设有会车位置；路基基础及边坡保持稳定，在急弯、陡坡等危险路段及岔路、涵洞口应设有相应警示标志；悬崖陡坡、路边临空边缘除应设有警示标志外还应设有安全墩、挡墙等安全防护设施；路面应经常清扫、维护和保养并应做好排水设施；不应占用有效路面。

3）交通繁忙的路口和危险地段应有专人指挥或监护。

4）施工现场的轨道机车道路，应遵守下列规定：基础稳固；边坡保持稳定，纵坡应小于3%；机车轨道的端部应设有钢轨车挡，其高度不低于机车轮的半径，并设有红色警示灯；机车轨道的外侧应设有宽度不小于0.6m的人行通道，人行通道临空高度大于2.0m时，边缘应设置防护栏杆；机车轨道、现场公路、人行通道等的交叉路口应设置明显的警示标志或设专人值班监护；设有专用的机车检修轨道；通信联系信号齐全可靠。

5）施工现场临时性桥梁，应根据桥梁的用途、承重载荷和相应技术规范进行设计修建，并符合：宽度应不小于施工车辆最大宽度的1.5倍；人行道宽度应不小于1.0m，并应设置防护栏杆。

6）施工现场架设临时性跨越沟槽的便桥和边坡栈桥，应符合：

a. 基础稳固、平坦畅通。

b. 人行便桥、栈桥宽度不应小于1.2m。

c. 手推车便桥、栈桥宽度不应小于1.5m。

d. 机动翻斗车便桥、栈桥，应根据荷载进行设计施工，其最小宽度不应小于2.5m。

e. 设有防护栏杆。

7）施工现场的各种桥梁、便桥上不应堆放设备及材料等物品，应及时维护、保养，定期进行检查。

8）施工交通隧道，应符合下列要求：隧道在平面上宜布置为直线；机车交通隧道的高度应满足机车以及装运货物设施总高度的要求，宽度不应小于车体宽度与人行通道宽度之和的1.2倍；汽车交通隧道洞内单线路基宽度应不小于3.0m，双线路基宽度应不小于5.0m；洞口应有防护设施，洞内不良地质条件洞段应进行支护；长度100m

以上的隧道内应设有照明设施；应设有排水沟，排水畅通；隧道内斗车路基的纵坡不宜超过 1.0%。

9）施工现场工作面、固定生产设备及设施处所等应设置人行通道，并应符合：基础牢固；通道无障碍；有防滑措施并设置护栏；无积水；宽度不应小于 0.6m；危险地段应设置警示标志或警戒线。

（7）封闭管理。施工生产区域宜实行封闭管理。施工现场进出口设置大门，并设置门卫值班室。主要进出口处应设有明显的施工警示标志和安全文明生产规定、禁令，与施工无关的人员设备不应进入封闭作业区。建立门卫职守管理制度，并配备门卫职守人员。施工人员进入施工现场佩戴工作卡。施工现场及各项目部的入口处设置明显的企业名称、工程概况、项目负责人、文明施工纪律等标志牌。

5.2.3　安全工作例会及教育培训

5.2.3.1　工程监理机构安全工作例会制度

为加强对安全工作的领导，落实监理公司安全管理各项制度和安全质量标准化工作，及时研究解决工程建设中存在的安全问题，特制定本制度。

（1）安全工作例会议事原则：坚持依法议事的原则；坚持责权相统一的原则；坚持互相协调、科学决策、高效运行的原则。

（2）安全工作例会议事范围：一是学习贯彻上级有关安全生产方面的方针、政策、规定、指示、指令；二是听取现场监理人员汇报承包人落实安全技术措施和安全管理工作的情况，研究分析存在问题，提出解决的措施方法，并落实到有关监理人员；三是对本工程项目发生的事故进行分析，讨论事故责任和对违章人的处分，吸取教训，制定防范措施，防止事故发生；四是检查前次安全工作确定的事项落实情况，对落实不好的要追查原因和责任。

（3）安全工作例会的召开，安全工作例会由总监理工程师或总监代表主持，现场各监理人员参加，承包人项目主要负责人员及安全专责人员出席安全工作例会。监理机构安全工作例会原则上同每周监理例会共同召开，内容记录于监理例会纪要中。遇特殊情况时，总监理工程师或总监代表临时召集安全工作会议。

（4）安全工作例会议事程序：一是安全工作例会议题，由专职安全监理工程师确定，各现场监理工程师、监理员可提前申请会议讨论决定的议题，重要议题应提交书面材料；二是凡提交现场监理机构安全工作例会研究的议题，应事先经专职安全监理工程师审查，形成可供会议决策的方案；三是在安全工作例会上研究的事项意见不能统一时，一般性问题可缓议，如涉及时间性较强的紧迫问题，可由总监理工程师裁定；四是凡上次工作例会研究的重要事项，需由现场监理人员在本次工作例会上汇报落实情况。

（5）安全工作例会议定事项的实施和督查，安全工作例会的记录，由监理机构文员负责，并整理会议纪要签发相关单位、及时转告因故缺席的会议人员。安全工作例会讨论决定的事项由监理人员按照分工范围督促检查，并及时通报贯彻落实情况。各参加安全工作例会监理人员原则上必须参加安全工作例会，特殊情况需向总监理工程师请假，无故不参加者上报公司监理机构。

5.2.3.2 安全教育培训制度

为贯彻安全第一、预防为主的方针，加强监理单位职工安全培训教育工作，增强职工的安全意识和安全防护能力，减少伤亡事故的发生，监理单位所有职工必须定期接受安全培训教育，坚持先培训、后上岗的制度。监理单位职工每年必须接受一次专门的安全培训：一是公司法定代表人、项目总监每年接受安全培训的时间，不得少于 30 学时；二是公司专职安全管理人员要取得岗位合格证书并持证上岗外，每年还必须接受安全专业技术业务培训，时间不得少于 30 学时；三是其他管理人员和现场监理工程师、监理员每年接受安全培训的时间，不得少于 30 学时；四是其他职工每年接受安全培训的时间，不得少于 30 学时；五是待岗、转岗、换岗的员工，在重新上岗前，必须接受一次安全培训，时间不得少于 30 学时；六是以上五点所列时间均包括外部培训和内部培训。监理单位新进场的职工，必须接受监理单位及其现场机构二级安全培训教育，方能上岗。监理单位安全培训教育的主要内容是：国家和地方有关安全生产的法律、法规、标准、规范、规程、政策、方针和企业的安全规章制度等。培训教育的时间不得少于 30 学时。监理机构安全培训教育的主要内容是：工地安全制度、劳动纪律和岗位、施工现场环境、工程施工特点及可能存在的不安全因素等。培训教育的时间不得少于 30 学时。监理单位必须建立职工的安全培训教育档案，没有接受安全培训教育的职工，不得在施工现场从事作业或者管理活动。

第3章　现场环境与水土保护管理

5.3.1　施工现场环境保护一般要求

水利水电工程建设施工现场环境保护的主要目的在于保障从业人员的健康，保证不发生群体健康事故，同时避免施工对周围环境造成的污染，达到项目安全管理整体目标。水利水电工程建设现场在施工过程中主要会产生噪声、废水、固体废弃物、现场粉尘等污染物，参建各方应严格落实环境因素识别及废水、废弃物、噪声等污染物的管理。发包人应对各参建单位的环境保护管理情况进行统一管理和监督，建立健全环境保护责任体系，制定相应的管理制度，做到环境保护工作与施工生产任务同时布置、检查、考核、总结，在施工组织设计中编制施工道路、材料堆放场、设备停放场和生产、生活设施等用地规划，及土石方平衡和弃渣规划，减少土地占用和渣料的废弃、倒运，施工企业应采取有效的职业病防护措施，为作业人员提供必备的防护用品，对从事有职业病危害作业的人员定期进行体检和培训，对突发事件可能引起的有毒有害、易燃易爆等物质泄漏，或突发事件产生新的有毒有害物质造成的对人及环境的影响进行评估，制定应急预案。

5.3.1.1　环境因素识别

在开工前，发包人应组织各参建单位对施工过程中潜在的环境因素进行识别，并进行分析评价，制定控制措施，并编制《施工现场环境因素清单》，同时，各参建单位应根据清单制定的控制措施严格执行。由于此清单是在项目开工前进行编制的,在具体施工过程中可能与实际不符合,因此,清单内容应视工程实际情况定期更新。

5.3.1.2　粉尘管理

一是施工现场的主要道路必须进行硬化处理,土方应集中堆放。裸露的场地和集中堆放的土方应采取覆盖、固化或绿化等措施;二是拆除建筑物、构筑物时,应采用隔离、洒水等措施;三是施工现场土方作业应采取防止扬尘措施;四是从事土方、渣土和施工垃圾运输应采用密闭式运输车辆或采取覆盖措施,施工现场出入口处应采取保证车辆清洁的措施;五是施工现场的材料和大模板等存放场地必须平整坚实。水泥和其他易飞扬的细颗粒建筑材料应密闭存放或采取覆盖等措施;六是施工现场混凝土搅拌场所应采取封闭、降尘措施。

5.3.1.3　废水管理

为了有效预防和治理水体污染,各参建单位必须对施工现场的废水排放进行控制检查,以实现节能降耗和保护环境的目的。废水管理的范围包括雨水管网的管理、施工污水的管理、生活废水的管理。施工现场污水排放应达到国家标准规定的要求。在施工现场应针对不同的污水,设置相应的处理设施,如沉淀池、隔油池、化粪池等。配合污水排放检测单位进行废水水质检测。对于化学品等有毒材料、油料的储存地,应有严格的隔水层设计,做好渗漏液收集和处理。

5.3.1.4　废弃物管理

为了保证工程建设施工现场和办公过程中产生的建筑垃圾和办公废弃物得到有效的控制和处理,企业应加强对废弃物的管理,防止或减少废弃物对环境造成的污染和危害。

建筑物内施工垃圾的清运,必须采用相应容器或管道运输,严禁凌空抛掷。施工现场应设置密闭式垃圾站,施工垃圾、生活垃圾应分类存放,并应及时清运出场。

5.3.1.5　噪声管理

水利水电工程建设施工现场的噪声源主要包括施工机械的运行、电动工具的操作、模板的支拆和修复与清理及非标准设备制作等,会对周围环境造成一定的影响。在开工前,发包人、监理单位应监督施工企业到工程建设项目所在辖区的环保部门进行噪声排放申请,经批准后方可进行施工。同时,发包人、监理单位应监督施工企业编制施工生产中应该控制的噪声源清单,以便监督和管理,同时将噪声源清单报发包人安全管理部门,并且,监理单位要对施工企业遵守情况进行日常监督检查,对不符合规定的要及时制定有效的纠正措施,并监督施工企业按要求执行。

(1)施工现场噪声管理,应符合下列要求:一是施工现场应按照现行国家标准《建筑施工场界环境噪声排放标准》(GB 12523—2011)制定降噪措施,并定期组织或委托职业卫生技术服务机构对产生噪声的作业地点进行监测。二是施工现场的强噪声设备宜设置在远离居民区的一侧,并应采取降低噪声措施。三是对因生产工艺要求或其他特殊需要,确需在夜间进行超过噪声标准施工的,施工前发包人向有关部门提出申请,经批准后方可进行夜间施工。四是运输材料的车辆进入施工现场,严禁鸣笛,装卸材料应做到轻拿轻放。

(2)承包人应采取措施控制施工现场各种粉尘、废气、废水、固体废弃物以及噪声、振动、辐射对环境的污染和危害。第二承包人应对施工现场环境保护加强管理,并遵守下列规定：一是建立健全环境保护责任体系，制定相应的管理制度，做到环境保护工作与施工生产任务同时计划、布置、检查、考核、总结；二是在施工组织设计中编制施工道路、材料堆放场、设备停放场和生产、生活设施等用地规划，以及土石方平衡和弃渣规划，减少土地占用和渣料的废弃、倒运；三是施工前应对工程施工影响环境的因素及其影响的性质、范围和程度进行识别、评价，对重要环境因素和环境敏感点制订环境保护措施；四是对突发事件可能引起的有毒有害、易燃易爆等物质泄漏，或突发事件产生新的有毒有害物质造成的对人及环境的影响进行评估，制订应急预案。承包人应对产生粉尘、噪声、毒物、辐射等危害因素的场所进行定期检测，或委托取得职业卫生服务资质的单位进行检测，并将检测结果存档。

（3）承包人应采取下列防止环境污染的措施：一是施工现场污染物的排放超过标准的，采取有效措施进行回收治理；二是施工生产弃渣运放到指定地点堆放，集中处理；三是妥善处理泥浆水，未经处理的不得直接排入城市排水设施和河流；四是水泥搬运、装卸、拆包、进出料、拌和采取密封措施，减少向大气排放水泥粉尘；五是土石方施工中装运渣土、破碎、填筑宜采取湿式降尘措施；六是禁止将有毒有害废弃物用作土石方回填；七是砂石料系统废水宜经沉淀池沉淀等处理后回收利用；八是控制施工机械噪声、振动，减轻噪声扰民等。由于受技术、经济条件限制，对环境的污染不能控制在规定范围内的，应采取相应补救措施，由发包人会同承包人事先报请当地县级以上水行政主管部门和环境保护行政主管部门批准。

5.3.2　环境保护与水土保持监理主要工作管理

5.3.2.1　工作要求

第一，施工环境保护、水土保持监理工作的总体要求：严格按照国家环保水保相关法律法规、环评报告书及批文、合同文件及发包人相关规定，对各施工项目环保水保工作进行监管；严格执行合同约定、发包人的系列制度要求，督促承包人建立健全环保水保管理机构、管理制度，编制工程环保水保工作计划目标，在编制施工措施同时编制施工环保水保措施，制定环保水保年度工作计划，并加以落实，确保环保水保目标的实现；第二，施工过程中的监理监督管理要求，督促检查承包人环保水保计划、措施落实情况，检查环保水保设施的完好性及运行情况，确保承包人环保水保措施真正落实；督促承包人认真落实发包人、监理机构下达的环保水保相关指令和要求，对承包人的整改落实情况进行复查，确保整改真正落实到位，并将整改落实情况及时反馈至发包人。

5.3.2.2　工作内容

（1）加强生态环境保护：一是控制工程施工对生态环境的影响，做好施工过程中弃渣的监管，严禁随意弃渣。工程设置弃渣场，施工弃渣必须运到指定的渣场，发现违规弃渣行为，监理机构即按相关规定给予处罚。二是做好珍稀动植物保护，严禁非法猎捕珍稀保护动物及野生动物，禁止捕食蛙类、蛇类、鸟类和兽类。三是采取有效措施预防森林火灾。四是做好场地恢复工作，在工程完工后，督促承包人按要求拆除施工临时设施，清除施工区和生活区及其附近的施工废弃物，尽可能恢复生态环境。

（2）做好水土保持：施工过程中，禁止随意砍伐、破坏设计开挖区域外的林木、灌木等植被；禁止将施工弃渣弃入施工区内的江、河、沟、渠等水道，影响行洪，造成水土流失加剧；督促承包人做好弃渣场的管理，按照"先拦后弃"的原则及时采取渣脚防护，弃渣前对沟水进行处理。

（3）加强固体废弃物处置管理，督促各承包人严格落实施工区及生活区垃圾清运措施与规定，施工现场生活垃圾及各营地生活垃圾集中收集到发包人所指定的生活垃圾箱内，并加强施工现场及生活营区环境卫生的管理；及时清理废水沉淀池淤积物，对废渣进行干化后运输到渣场，同时做好运渣车辆的防漏、防渗，避免渣沿途洒漏；在废弃物储存场所设置防雨、防流失、防渗漏、防扬散等设施，并配备消防等应急安全防范设施（如空油桶、废气易燃化学材料等有毒有害类废弃物存放处）；在施工现场设置移动环保厕所，并安排专人负责清扫、消毒。

（4）加强环境空气保护：一是督促承包人加强对渣场和道路洒水降尘，减轻施工车辆行驶中的灰尘，有效控制扬尘对环境的影响；二是督促承包人做好运渣车辆的选用，如运渣车均选用封闭车厢，必须加装后挡箱板，避免在车辆行驶途中发生洒漏，形成二次污染；三是督促承包人对骨料加工系统的扬尘源进行封闭，并安装洒水喷淋系统，减少扬尘，如骨料加工系统采用干法生产，系统运行时将产生大量扬尘，监理机构应督促承包人对加工系统破碎车间、筛分车间等主要扬尘源进行封闭，并安装洒水喷淋系统，确保较好的扬尘控制效果；四是督促承包人落实开挖降尘措施和洞内通风措施。在料场开采、边坡支护钻孔作业时尽量用湿钻作业，并安装洒水喷淋系统，减少扬尘。在土石方开挖作业、爆破作业、出渣作业过程中采取防止扬尘措施，洞室爆破作业后及时通风散烟，土石方开挖爆破后及时对松散渣体进行洒水后进行挖运；加强洞室施工作业面通风排烟设施的检查，保持通风排烟设施的完好并及时进行维护以保持通风设施的有效运行；禁止焚烧橡胶、塑料、皮革、垃圾以及其他产生有毒有害烟尘和恶臭气体的物质。

（5）控制噪声，督促承包人加强设备的维护和保养，减少系统运行噪声，对砂石加工系统、拌和楼、空压机站等，尽可能采用多孔性吸声材料建立隔声屏障；落实机动车辆的定期检验工作，加强设备的维护和保养，进入营地的车辆，不得使用高音喇叭和怪音喇叭；合理安排在强噪声环境下工作的人员作业时间，实行轮班作业，并配备耳塞、耳罩等个人防护用品。

（6）落实施工废水与营地生活污水环保处理措施。督促承包人加强骨料加工系统废水处理设施的维护与管理，及时对水处理沉淀池沉积物进行清挖，确保沉淀池"一用一备"；加强混凝土拌和系统污水处理系统运行管理，定期对设备进行检修、维护，保证系统正常运行；完善灌浆废水处理设施，加强对废浆、弃水处理设施的维护与管理，增加沉淀池淤积物清挖频次，实现废水达标处理与回用；在机修厂修建集油池，对废油进行集中收集处理。

（7）加强危险化学品管控。督促承包人编制危险化学品安全操作规程，操作人员持证上岗，设备、设施按要求进行保养、检修、检测，配备应急、消防设备设施；编制应急救援预案并定期组织演练；编制危险作业、安全运行等方面的管理规定；经常进行安全知识教育。

（8）做好人群健康保护。督促承包人建立职业健康管理体系、危害告知制度，每年组织作业人员进行健康检查；加强对作业人员职业健康教育，提高作业人员的职业健康安全防护意识和自我保护技能；为作业人员配备防尘口罩、防尘面罩、安全帽、安全带、护目镜等劳动防护用品，并监督其正确使用；加强食堂环境卫生管理，食堂工作人员持证上岗并定期体检，定期对食堂环境卫生进行检查，粮油面粉应妥善保管，防止霉变，并采取有效的防蝇、防鼠措施；结合季节特点，做好作业人员的饮食卫生和防暑降温、防寒保暖、防煤气中毒、防疫等工作；落实医疗及预防免疫措施。

5.3.2.3 环境保护与水土保持监理相关方

由于工程的水土保持工程与主体工程同时施工，因此工程的水土保持工程管理、信息管理，主要是由监理单位进行管理，大型水利工程的水土保持与环境保护管理，一般有专业监理单位进行统筹，土建监理单位主要为督促落实、协助专业监理单位进行管理。一是监理单位与发包人的关系，发包人与监理单位签订了施工监理服务合同书，二者是委托与被委托的合同关系，监理工程师作为监理单位派出的在合同项目上的负责人，行使监理合同赋予的权利，监理工程师应当公证、忠诚地进行职业服务。同时双方应做到各负其责，相互尊重，密切配合。二是监理单位与承包人的关系，监理单位和承包人的关系是监理与被监理的关系。监理工程师对承包人在工程项目实施全过程中进行施工监理（监督与管理），这是发包人赋予监理工程师的权利。因此，监理工程师应相对独立于承包人，承包人应按合同规定接受监理工程师的监督和管理，但监理工程师必须公正。三是监理与政府监督的关系，政府监督是强制性的监督。工程项目水土保持工程的全体监理人员、承包人及其施工人员、发包人的项目管理人员均应该接受水行政主管部门的管理和监督检查。

5.3.2.4 工作方法

为了更好地履行环境保护与水土保持监督职责，依据国家及部门和地方政府颁布的有关环境保护与水土保持的法律、法规和规程、规范以及工程建设合同文件等的相关规定，监理机构制订了环境保护与水土保持监理工作规程，明确了环境保护与水土保持监理工作的程序和工作方法。监理环保水保监督的主要工作方法如下：一是督促承包人建立健全环保水保管理体系。工程开工前，监理机构督促各承包人建立环保水保管理体系，并报监理机构审批。环保水保管理体系主要内容应包括：工程项目、施工环境条件概况及环境保护因素的梳理与分析；环保水保管理机构的设置、职责、工作制度及人员配置；工程项目环保水保管理的总体规划与布置；员工的环保水保教育、培训制度；环保水保管理内容与控制措施；环保水保预控措施与相关应急预案；环保水保资金使用规划。二是对承包人环保水保体系文件和措施等进行审查。审查承包人环保水保相关制度的建立、人员设置、环保水保措施及应急预案是否满足相关规定；对承包人组织机构、管理体系、环保水保措施等落实情况进行检查。三是跟踪检查承包人环保水保措施落实情况。施工过程中，监理机构对承包人环境保护、水土保持措施进行跟踪检查，对检查中发现的问题，及时下达整改通知书，指令承包人改正，并对整改结果进行复查。督促承包人结合工程进展和工程施工条件、现场施工条件的变化，以及环保水保措施执行中的实际情况，定期对环保水保措施进行补充、调整和完善。四是加强环保水保项目的检查验收。严格按设计文件和规程规范要求，督促、检查环境保护、水土保持项目施工、验收，保证项目施工质量满足水保环保要求。

5.3.2.5　工作措施

根据工程环境保护、水土保持监理工作要求、内容，监理机构采取有效措施，督促承包人落实环保水保措施，加强施工区环境保护，防止和避免由于施工导致水土流失，创造良好的施工作业环境。监理机构采取的主要工作措施如下：一是日常巡视检查。项目监理工程师、环保监理工程师每天对各个作业面进行巡查，检查承包人在生态保护、水土保持、大气与噪声污染、固体废弃物和环境污染等方面的环保措施是否落实，发现问题及时督促承包人进行整改，对当即不能完成整改的问题，书面指令承包人限期进行整改，并对整改结果进行复查，若复查发现承包人未按要求整改或整改不彻底，监理机构将按合同文件及发包人相关管理规定对承包人进行处罚。二是周（月）安全与文明施工检查。监理机构每周（月）会同发包人相关部门对承包人现场安全与文明施工情况进行检查，对检查中发现的环保水保问题，监理机构印发检查通报，督促承包人限期整改回复。三是开展环保水保专项检查。除监理日常巡视检查和周（月）检查外，监理机构还定期或不定期组织开展环保水保专项检查，对检查中发现的问题，印发检查通报，督促承包人限期整改回复。四是内业资料检查。监理机构每季度对承包人的环保水保内业资料进行检查，主要检查承包人环保组织机构、保证体系、规章制度建立情况、环保水保管理人员的资质情况、对全员环保水保知识宣传和培训教育情况、环保水保设施运行和维护记录等内容。

5.3.3　环境保护与水土保持问题处理

5.3.3.1　高边坡开挖降尘措施

一是加强对边坡开挖支护、料场开采支护方案的审查。要求施工方案中必须采取先进的施工工艺，必须有完善、可靠的水保环保措施。如钻孔作业应采用具有降尘功能的湿钻工艺，尽量选用具有集尘装置的液压钻机，减少钻孔作业产生的粉尘量。又如爆破连网优先选用控制爆破技术，少用抛掷爆破，减少粉尘产生量和对周围环境的影响范围。二是督促承包人落实防尘降尘措施。爆破后及时对松散渣体进行洒水后再进行挖运；在料场开挖区，安装洒水喷淋设施对开挖区域进行洒水降尘，喷淋系统覆盖不到的区域，使用人工洒水。三是加强运渣车运渣过程的降尘控制。运渣土车辆采用封闭厢板，避免运渣过程发生洒漏，形成二次扬尘。同时加大出渣、运输道路的维修、养护，每天安排专用洒水车洒水降尘，减少施工车辆行驶中产生的灰尘。

5.3.3.2　灌浆废水（废浆）处理

洞室内灌浆、大坝基础处理灌浆量大，灌浆作业产生污水多，主要来源于钻孔或裂隙冲洗废水、压水试验废水、灌浆废浆和作业面冲洗废水等。为确保灌浆废水处理满足环保水保要求，监理机构采取包括以下几方面的管控措施：一是督促承包人编制灌浆污水处理专项施工方案，并组织审查。大坝基础处理灌浆施工前，监理机构应督促大坝础处理承包人编制灌浆污水处理专项方案，经监理机构初审后，组织发包人相关部门、水保环保管理中心、承包人进行方案评审，并督促承包人按评审意见修改完善后实施。二是督促承包人严格按评审的灌浆污水处理方案建造污水处理系统。该系统主要由集污池和两组三级沉淀净化池组成,即在灌浆作业面设立小型集污井,施工污水由排水沟流入小型集污井,再用水泵抽至集污池;污水进入集污池经过沉淀后,流入三级沉淀池后加入药剂(主要为聚氯化铝或硫酸铝等),废水中的大颗粒泥渣能迅速沉淀在第一、二级池中,第三级池(清水池)中的水回收用于灌浆、钻孔、除尘等。随着废水的不断流入,泥渣不断沉积,泥渣量越来越大,当达到设计泥量或出水水质明显恶化后,该组沉淀池停止进水,将废水引入另一组沉淀池中,本组沉淀池进入泥渣的浓缩与干化脱水阶段,直至泥渣的含水率符合机械挖运条件为止;泥渣干化后,用反铲挖出运至渣场。灌浆污水处理工艺流程如图5.3.1所示。三是督促承包人加强污水处理系统的运行、维护管理。安排专

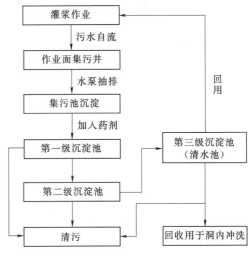

图5.3.1 灌浆污水处理工艺流程图

人、设备及时清挖沉淀池积渣,确保沉淀池"一用一备",并做好运行维护记录。

5.3.3.3 拌和系统废水处理相关要求

拌和系统冲洗废水采用沉淀池处理。具体处理过程为:废水流出后,经污水收集渠道收集至污水处理系统,采用间歇式自然沉淀并投加絮凝剂的方法去除易沉淀的沙粒,将每班末的冲洗废水排入池内,静置沉淀,回用于混凝土生产系统的冲洗,沉淀时间达到6h以上,定期清理水池,沉淀物需及时清理后自然干化后运至渣场处理。拌和系统冲洗废水处理工艺流程如图5.3.2所示。

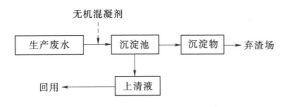

图5.3.2 拌和系统冲洗废水处理工艺流程图

5.3.3.4 植物措施管理

首先对场地进行清理,然后进行翻耕、清石、碎土。对于回填土的场地应按粗颗粒弃渣→细颗粒弃渣→腐殖土的顺序回填。由于苗木规格和建设要求不同,整地规格也有差别。按照挖穴的大小和深度略大于苗木根系的原则整地。根据所选树种的生态习性、成林后的冠幅等来确定株行距。在株行距不等时一般以宽行窄株为原则。在无特殊说明时,排列方式按"品"字形等高排列。种苗一律选植株健壮、顶芽饱满、根系完整、无病虫害的苗木,严禁使用Ⅲ级苗木。植苗时间应选择在春秋季的雨后栽植,应避开强烈的阳光。苗木定植时苗干要竖直,根系要舒展,深浅要适当。填土一半后提苗踩实,再填土踩实,最后覆上虚土。选择籽粒饱满的草籽均匀撒播,撒播密度$80kg/hm^2$,撒播后轻拍土层表面,使草种与土壤充分结合。抚育采用人工进行,抚育内容包括:松土、除草、培土、补植树苗及必要的修枝与病虫害防治。抚育时间一般在杂草丛生的6月进行,8月下旬至9月上旬进行第2次抚育。

5.3.3.5 环境因素识别与评价

(1) 环境因素的识别:识别的方法为采用现场观察法、头脑风暴法、专家咨询法、问卷调查法等。针对项目自身实施管理和生产服务过程中存在或可能产生的环境因素,初步识别,环境因素调查表格式见表 5.3.1。

(2) 环境因素评价,环境因素评价标准见表 5.3.2。当发生如下现象时,可直接确定为重要环境因素:①违反法律、法规要求的;②不符合单位管理方针的;③顾客或相关方投诉意见大且集中的;④产生环境事故,影响程度大,难以消除影响的。环境影响及能源资源评价见表 5.3.3。环境因素控制措施见表 5.3.4。

表 5.3.1 环 境 因 素 调 查 表

序号	作业/活动	环境因素	可能造成的环境影响	已有控制措施
1				

表 5.3.2 环 境 因 素 评 价 标 准

影响范围 a		影响程度 b		发生频次 c		法规符合性 d		社会关注程度 e		能源资源消耗 f		可节约程度 g		评价办法
内容	得分	内容	得分	内容	得分	内容	得分	内容	得分	内容	得分	内容	得分	
社会环境	5	严重	5	持续发生	5	接近标准	3	强	5	大	5	加强管理可明显见效	5	①污染物及噪声排放重要环境因素评价标准:a=5 或 c=5 或 e=5,且总分∑a+b+c+d+e≥15 时,可评价为重要环境因素。
周边地区	4	一般	3	间歇发生	3	达标	1	一般	3	中	3	改造工艺可明显见效	3	②能源资源消耗重要环境因素评价标准:总分∑f+g≥7 时,可评价为重要环境因素
场界内	3	轻微	1	偶然发生	1			弱	1	小	1	较难节约	1	

表 5.3.3 环 境 影 响 及 能 源 资 源 评 价 表

序号	地点	环境影响因素	影响范围 a	影响程度 b	发生频次 c	法规符合性 d	社会关注程度 e	能源资源消耗 f	可节约程度 g	污染物及噪声排放评价标准 ∑a+b+c+d+e	能源资源消耗评价标准 ∑f+g	是否重要环境因素	备注
1	项目部办公室	油烟、污水排放、电机噪声、餐饮加工废弃物	3	1	1	1	1	3	5	7	8	否	
		废旧电池、荧光灯管、废墨盒硒鼓,电子废弃物	3	3	3	3	3	3	3	15	6	是	
2	监理现场	污染源大、场地封闭、狭窄	4	5	5	3	3	5	3	20	8	是	
		场地狭窄、无足够的弃渣场所	3	5	3	3	5	5	1	19	6	是	

表 5.3.4　　　　　　　　　　　　　环境因素控制措施一览表

序号	作业/活动	重要环境因素	环境影响	适用的法律法规条款或/和其他要求	目标/指标	管理控制措施
1						
2						

第 6 篇

信息和档案管理

监理机构实施监理信息和档案管理应包含本监理委托合同项下的全部内容。项目监理的信息资料和档案是否完整是评价监理成果实际展示和佐证。醒示：一是省内外部分工程因工程建设信息、档案资料缺失或内容签审不全，影响并拖延阶段验收和竣工验收，影响工程投入运行；二是部分工程在结算和处理索赔过程中、由于监理信息资料缺失致使监理举证不力；三是对于非本监理委托合同项下内容的近邻工程项目，为使信息有效衔接，本监理有义务主动或应邀将相关书面信息报送委托方的同时抄送相关方。

第1章 项目信息管理

6.1.1 信息管理内容和方法

建立规范的信息收集、整理、使用、存储和传递程序，建立本工程项目的信息码体系，信息应由专人（部门）负责归档管理。建立监理信息计算机管理系统和信息库、统一所使用的应用软件，尽可能做到信息管理控制计算机化。运用电子计算机进行本工程项目的投资控制、进度控制、质量控制和合同管理。向委托人（发包人）及有关单位提供有关本工程项目的项目管理信息服务，定期提供各种监理报表。做好监理日志、监理月报、季报、年报工作，做好各类工程测试、评定及验收、交接纪录报告。对委托人（发包人）、设计人、承包人、监理工程师及其他方面的信息进行有效管理。督促设计人、承包人、材料及设备供应单位及时提交工程技术、经济资料。做好施工现场监理记录与信息反馈。按国家有关规定做好信息资料归档保存工作，收集工程资料和监理档案，并按有关档案管理或委托人（发包人）的要求进行整编，待工程竣工验收前或监理服务期结束退场前移交给委托人（发包人）。建立例会制度，整理好会议纪要。建立完善的各项报告制度，规范各种报告或报表格式。为项目监理提供技术、管理方面的信息。

6.1.2 信息管理主要措施

监理工程师将使用计算机进行信息管理，在现场建立监理信息管理系统，对监理过程

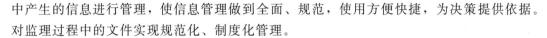

中产生的信息进行管理，使信息管理做到全面、规范，使用方便快捷，为决策提供依据。对监理过程中的文件实现规范化、制度化管理。

6.1.2.1　信息的保存与备份

为了更好地利用计算机和网络，只要是收集了纸质载体的信息，都应采用硬盘和光盘两种介质存储同样的电子文件，并考虑必要的备份或修复手段。根据建设工程实际，将按照下列方式组织：一是按照工程进行组织，同一工程按照投资、进度、质量、合同的角度组织，各类进一步按照具体情况细化；二是文件名规范化；三是各建设方协调统一存储方式，在国家技术标准有统一的代码时尽量采用统一代码；四是有条件时可以通过网络数据库形式存储数据，达到建设各方数据共享，减少数据冗余，保证数据唯一性。

6.1.2.2　信息的访问与共享

除了直接分配信息给少数直接相关部门或人员外，通常情况下，信息在项目管理过程中往往要在很大范围内反复多次的被使用，因此还需要建立权限限制下的访问/共享机制，让信息在更大范围内扩散，达到信息价值最大化，尤其实现了信息网络化管理的情况。

6.1.2.3　信息迁移/归档

根据信息的时间价值和访问频率，对信息进行整理后迁移到信息库中或继续保留在活动文件管理库中。

6.1.2.4　信息的流通

监理工作的信息构成是多样的，包括文字信息、声像、语音、新技术信息等。但主要多为文字信息。

6.1.2.5　信息收集和传递规则

第一，一切工程信息，均以书面形式为准。第二，发送文件坚持收件人在发文登记本上签收。第三，监理部收文，必须经监理部办公室签收，统一填写处理流程卡。填写项目包括：发文单位、文件名称、文号和签收日期。该处理单连同文件交总监理工程师（代表）审阅后，批转至监理部有关人员处理。文件的收发应当录入计算机存档。第四，监理部向有关参建单位发送的文件（除月报、周报等外），按文件去向分为：①送往委托人（发包人）；②送往承包人；③送往设计人；④送往当地政府部门（如：安监、质监、水行政主管等）。第五，所有正式文件在总（副总）监查批准后，由监理机构办公室印制、登记和发送。第六，各单位不负有信息管理职能的个人或业务部门之间传递信息，不能视为代表单位正式传输信息。紧急情况下或特殊情况下，必须立即由个人或各单位业务部门间直接传输信息，事后应尽快按正常程序正式补传此项信息。第七，除合同文件有专门规定或发包人另有指示外，委托人（发包人）对承包人有关质量的指示、规定和要求等，都应经由监理部转发至承包人。第八，除合同文件有专门规定或委托人（发包人）另有指示，承包人向发包人报送的有关工程质量的文件、表报和要求，都须经监理人审核，并转发，一般情况下不得跨越。第九，监理人在收到委托人（发包人）转发的设计文件后，应尽快指派监理工程师按照程序进行审核后，并将审核意见上报委托人（发包人）。第十，对于工程质量事故或质量缺陷，承包人、设计单位、委托人（发包人）和监理部的四方中，不管谁先发现，都不得隐瞒，应尽快通知其他各方。不管何种原因造成质量事故或质量缺陷，承包人应尽快报告事故情况或缺陷情况，为事故类型、原因的分析判断、处理措施研究提供信息。第十一，为确保信息质量，承包人报送的施工组织设计、各种报告、文函及各种报表等，应严格按照合同要求及监理实施细则以及发包人的规定、通知等文件的要求整理、编制。若文件编制粗糙、资料不全，信息不准或重要内容欠缺的，监理部有权要求补充、增加信息数量，直至将其退回，重新报送。第十二，监理工程师、监理员应准确、及时做好监理日记、现场值班记录，全面收集现场环境条件、承包人资源投入（注意包含各级责任人员在岗情况）、设备运行情况、施工中存在的问题以及可能影响施工质量、进度的其他事项等信息，并做好必要的分析、加工、交流和存储工作。第十三，凡需要存储的信息，必须按规定进行分类，按工程信息编码建档存储。已存储的信息，管理应编列序码、便于检索。

6.1.2.6 信息删除与销毁

对没有再利用价值（既没有使用价值也没有保存价值）的信息，以及错误的信息、过时的信息（包括纸质载体和电子信息载体）都应该及时标识、删除或销毁，避免这些信息被误使用并腾出存储空间，减少不必要的管理环节和内容。

6.1.2.7 信息的使用

经过加工处理的信息，将以各种形式提供给所有授权监理人员，含报表、文字、图形、图像、声音信息等。应尽可能应用计算机，提供电子版本信息，提高信息的使用效率。

6.1.2.8 工程信息保密

采取以下措施来确保信息的安全：制定信息管理制度，控制文函分发范围；控制文函阅读范围；控制文件复印权限；严格登记制度；对文函进行集中存放；建立清退销毁制度；对信息进行电脑数据库滚动备份，同时使用硬拷贝实物备份；对信息输入窗口设立输入权限，专人负责信息录入工作。

6.1.3 信息管理的基本程序

6.1.3.1 收文处理程序

一是收文人员在收到的文件上或收文处理签上签字，填写收文处理签；二是综合部负责人对收到的文档提出拟办意见，主送、分送部门建议，分呈交总监阅示；三是总监阅读后作出批示，指定处理、回文人员或部门；四是文件管理员按照批示分送指定的部门或人员；五是承办部门按照指示处理、拟文，回文按照文件和资料编写与审核管理程序执行；六是收文处理签，包括：来文编号、来文日期、来文摘要、文件标题、附件、工程部位、关键词、来文主送部门、来文分送部门；拟办意见、代表批示、承办单位意见、参考文号等内容。

6.1.3.2 发文件和资料编写与审核管理程序

在监理、咨询服务过程中形成的各类文件，如：文函、各类监理、咨询报告等，应按照下列程序进行编写和审批：第一，有关人员拟稿，填写发文处理签。发文处理签包括：发文编号、发文日期、发文单位、文件标题、附件、工程部位、关键词、签发人、会签部门、主办单位、拟稿人、核稿人、主送部门、分送部门等内容。第二，一般情况下，文稿应使用单位规定的计算机软件输入计算机，报上一级领导或专业负责人进行修改、审核，拟稿人根据审核意见进行修改形成初稿。当需要会签时，应填写会签部门。第三，审核后，交由综合组进行登记、编号、文字润色，送会签部门进行会签。一般情况下，拟稿人应将文件磁盘提交综合组（或通过计算机网络的文件共享方式实现）。第四，会签完成后，若各部门意见分歧较大，由原办部门或综合部组织讨论或报签发人决定。第五，根据会签、讨论结果或签发人的批示进行修改。修改可由原拟稿人进行或由综合办进行（但修改后应通知拟稿人）。第六，当文件和资料修改后，应重新编写和打印。第七，终稿报签发人签发，签发人应在发文处理签和文件上签字。第八，终稿除附件外的所有文字资料必须采用规定的格式打印。第九，签发人签字后的文件，由综合办按照收发规定进行分送。第十，发出的文件及资料由综合办按照批准的分发范围进行登记复印分发，发文登记可采用下列方式，但必须要求收件人签字确认：①《发文登记表》登记；②发文登记本进行登记；③收件人在由发文部门保存的文件上签字；④不论采用上述何种登记方式，收件人的签字应包括姓名和日期。

6.1.4 对承包人提供的图纸和施工方案等审批处理程序

承包人应按合同规定的时间要求提交图纸和文件。监理工程师应当在施工合同规定的时间内回函。若未在规定的时间内明确回函，则视为同意承包人的函件内容。若不同意承包人的方案、计划、图纸等，需要详细说明原因，并要求承包人在规定的时间内修正重新提交给监理工程师。承包人施工方案、计划审批程序流程如图6.1.1所示。

6.1.5 会议纪要签发程序

会议纪要处理程序如图6.1.2所示。

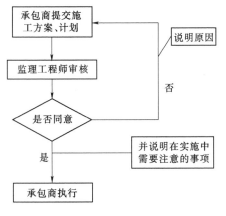

图 6.1.1 承包人施工方案、
计划审批程序流程图

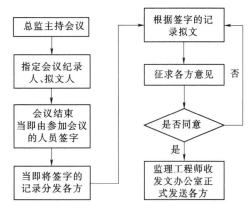

图 6.1.2 会议纪要处理程序流程图

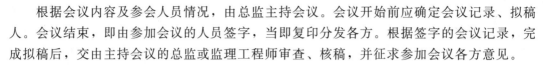

根据会议内容及参会人员情况，由总监主持会议。会议开始前应确定会议记录、拟稿人。会议结束，即由参加会议的人员签字，当即复印分发各方。根据签字的会议记录，完成拟稿后，交由主持会议的总监或监理工程师审查、核稿，并征求参加会议各方意见。

若需修改，返交拟稿人修改；不需修改，则由收发文办公室正式发送各方。

6.1.6　监理记录管理

（1）监理日志，要求各个部位每个班次的监理人员，均要认真填写监理日志，其内容包括：天气情况，施工部位、施工内容、施工形象及资源投入（人员、原材料、中间产品、工程设备和施工设备动态），承包人质量检验和安全作业情况，监理机构的检查、巡视、检验情况，施工作业存在的问题，现场监理提出的处理意见以及承包人对处理意见的落实情况，监理机构签发的意见及其他事项等。

（2）交接班记录，要求上、下班的监理人员，除进行面对面交接外，都应认真填写交接记录，其记录应包括本班次的主要事项及需提醒注意事项。

（3）监理日记，现场工程师日记是现场工程师的个人笔记本，应记录每天作业的重大决定、对承包人的指示、发生的纠纷及解决的可能方法、与工程有关的特殊问题、代表参观工地及其有关细节、与承包人的口头协议、工程师的指示和协商、对下级的指示、工程的主要进度或问题等。

（4）口头指示记录，应做好口头指示的内容、发出的时间、地点的记录，以便书面正式文函确认。

（5）工程计量及支付记录：一是工程量记录，工程量记录的数据必须是工程师和承包人双方同意的数据，工程量单应编上双方认可的编号，保留一份复印件，并记录汇总，及时输入计算机文档中，编制计量汇总表；二是支付记录，主要记录支付情况，包括每月净支付数额以及各类款项的支出额，计日工、变更工程、索赔、材料预付款等项目统计表；三是质量记录，包括材料检验的记录、施工记录、工序验收记录、试验记录、隐蔽工程检查记录等；四是旁站记录。

6.1.7　信息的来源及分类

（1）委托人（发包人）信息：一是由委托人（发包人）提供的工程项目初步设计（或技术设计）报告、各类专题报告、工程施工招标文件、施工合同文件等；二是由委托人（发包人）下发的有关建设管理的各类规定、办法、要求，有关工程建设的各类计划、指示、通知、简报及其他文函，有关呈报事项的批复、批转、复函等。

（2）设计信息，包括施工详图、施工技术要求、技术标准、设计变更、设计通知等文件。

（3）施工信息：一是主要由承包人发出的工程项目施工信息；二是施工合同管理信息，包括工程项目开工申请报告、施工组织设计、对设计图纸和设计文件的反馈意见、合同变更及设计变更问题的函（报告）等；三是施工质量信息。包括承包人质量保证体系的

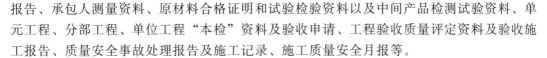

报告、承包人测量资料、原材料合格证明和试验检验资料以及中间产品检测试验资料、单元工程、分部工程、单位工程"本检"资料及验收申请、工程验收质量评定资料及验收施工报告、质量安全事故处理报告及施工记录、施工质量安全月报等。

（4）由监理部位收集、整理、加工、传递的信息。

1）综合管理信息：包括合同、协议、监理规划、监理实施细则、监理工作程序、内部管理规章制度等。

2）组织协调类：包括施工图审查意见、施工组织设计（方案）审查意见、质量保证体系审查意见、开工申请报告的批复意见、设计变更签审单、设计交底会审纪要、专题及协调会议纪要、监理工程师指令、监理工作联系单等有关通知及批复文件。

3）质量控制类：包括合同项目划分、原材料及中间产品监理检测试验资料、测量成果复核资料、工程质量、安全事故报告，因施工质量而发生的停工令、返工令、复工令、工程质量简报。

4）综合记录报告类：包括监理月报、年报、监理日志、监理大事记、监理工作总结等。

5）验收总结类：包括工序、单元工程及分部工程检查及开工、开仓签证及质量评定资料、阶段验收、单位工程验收、竣工验收鉴定书及质量等级评定资料、监理报告。

6）其他有关合同规定和双方约定的资料。

第2章　项目档案管理

6.2.1　严格执行档案管理规定

文件资料的归档管理应按照《中华人民共和国档案法》及国家和行业的规程、规定进行。综合办负责制定档案管理的规定，各部门负责实施。文件的整理、归档、组卷由各相关部门进行。在项目或合同完成后，已经组卷好的文件资料由档案管理专职人员进行验收，验收合格后移交委托人（发包人）保存。各类载体的归档，应按照有关规定执行。所有人员都应按照国家法规和合同规定做好文件资料、信息的保密工作，防止泄密。借阅已归档的文件，按档案管理的有关规定和程序进行。对于一些有关工程项目质量的原始记录，如：监理或咨询日报，检验、试验报告，各种检查验收单（签证）等，若事后发现记录错误或失真需更改时，应由原填写人进行，并加盖印章和签名标识，注明更改日期。一般情况下不允许事后进行更改。

6.2.2　档案管理方法和制度

监理档案是工程建设监理过程中所形成的文件资料，包括监理业务性文件（监理合同、监理规划、监理实施细则、机构人员情况）、监理通知、施工过程中的来往函件（开工令、复工令、停工令、许可证、施工措施报审表等)、备忘录、会议纪要、监理大事记、施工质量检查分析资料、合同支付证书及合同管理文件、质量投资和控制文件、工程建设协调文件、常用质量监理报表、监理日志、监理月报、监理报告、联测数据等不同形式与载体的各种历史记录。按照统一领导，集中管理档案原则，对监理部的档案资料进行综合管理，确保该工程档案资料完整、准确和有效利用。项目建设过程中，监理人将在职责范围内做好文件资料的形成积累、整理、归档、监理审查和保管工作，定期对档案进行分类、立卷、案卷排列和编制案卷目录。监理人必须有一位负责人分管档案资料工作，并建立与工程档案资料工作相适应的管理机构（专人），配备档案资料管理人员，制定管理制度，统一管理工程档案资料；文档资料档案管理员对文件材料的收集、积累和整理按下述要求进行：一是认真贯彻《中华人民共和国档案法》和上级下达的指示、决定及工作部署；二是负责上级图纸、资料、招投标文件、来往函件等资料的签收与发放；三是负责进行资料的收集、整理工作，草拟档案分类大纲及各种规章制度；四是负责监理档案的微机化管理（包括条目的录入、文件、图纸、图片的扫描）；五是严格执行有关立卷、归档、整理、鉴定、保管、统计、借阅等规章制度；六是加强对承包人专（兼）职文档人员的业务指导、督促、检查、力求资料收集齐全，组卷合理，期限准确，装订整齐美观。档案管理人员定期对档案进行鉴定，对超过保管期限的档案提出存毁意见。同时做好各种文书、资料的立卷归档工作，对所需查询档案资料的要求提供快速准确的服务。所有监理人员都必须遵守监理部的《档案保密制度》。监理人全部档案资料将按照档案管理规定进行整理、立卷、归档。并按照监理合同，在其监理任务完成后两个半月内向档案部门提交其监理业务范围内档案。同时做好监理人施工过程的声像档案收集、整理及归档工作。档案员工作调动前必须交清有关档案资料，未交清档案资料将不给予调动。

6.2.3　档案管理细则

第一，《统一用表》必须采用碳素黑色墨水填写或黑色碳素印墨打印。第二，签署人签名采用惯常笔迹手签，单位签署栏应采用单位注册全称并加盖公章。第三，制定收档程序：来档→签收→登记→编录→归档。参建单位所发文件由档案管理人员统一签收、登记；按照文件规定的分类，属于同类编号的文件登记在一张表上。第四，档案管理人员务必将文件分以下五种情况及时登记、逐项核验：第一种文件，各参建单位发给监理人需签核返回的，采取专业监理工程师批阅签字→项目总监（总监代表）审核签字、盖章→返回发文单位；第二种文件，发包人或参建单位发给监理人需由监理转发的，采取专业监理工程师（监理员）传阅→项目总监（总监代表）批准→转发有关单位；第三种文件，各参建单位发给监理人需签核、盖章返回的，采取专业监理工程师（监理员）批阅签字→项目总监（总监代表）审核签字、盖章→返回发文单位；第四种文件，各参建单位发给监理人只需签核和归档的，采取专业监理工程师（监理员）批阅签字→归档；第五种文件，各参建单位发给监理的参考资料或回复函件，采取专业签阅→归档。第五，档案物理化规定：纸质档案；通过计算机完成的资料都必须拷贝存盘；光盘必须是只读光盘或一次写光盘。第六，资料保管，一是档案管理人员负责好资料的防盗、防腐、防丢、防潮工作；二是监理常用的资料，应自留复印件或拷贝保存，以备查阅。第七，保密，一是监理档案管理人员都必须要认真遵守《中华人民共和国保守国家秘密法》和《中华人民共和国档案法》，严格履行保密义务，防止失、窃密事故的发生；二是档案工作人员应严格遵守保密制度，认真做好档案保密工作，严格按照审批权限和借阅范围规定执行，不允许将档案私自带出或借与他人，以维护档案的安全；三是借阅档案者，应认真执行监理部《档案借阅利用制度》，不得擅自摘抄、涂改、伪造和复制档案，更不得将档案转借他人，违者追究责任，对重要的文字材料和图纸，必须经主管领导批准后才能借阅；四是凡经鉴定，需要销毁的档案，必须填写《销毁档案清册》，并经领导审核批准，两人监销签字，方可销毁；五是档案人员每天下班前必须检查档案柜是否锁好，以防档案丢失。

6.2.4　工程档案归档

工程档案是在工程项目前期立项、施工、竣工过程中形成的具有保存、查考价值，应归档的各种工程资料。立卷归档是指将办理完毕具有保存价值的文件材料按其形成规律和内在联系分门别类进行系统整理，保存的过程。归档文件是指立档单位在其职能活动中形成的办理完毕应作为文书档案保存的各种纸质文件资料。工程档案归档应符合《中华人民共和国档案法》、《建筑工程资料管理规定》（JGJ/T 185—2009）及《水利工程建设项目档案管理规定》（水办〔2005〕480 号）的规定。

第3章　项目信息例示

6.3.1　如何写好一份工程联系单

工程联系单：用于甲乙双方日常工作联系，供发包人、监理（或设计单位）、承包人等各单位之间相互咨询或商议。例如：承包人联系建设单位催要材料。工程联系单是用于联系工程技术手段处理、工程质量问题处理、设计变更等的函件，一般多见于承包人出具联系单给建设单位或设计单位，建设单位也常常向设计单位出具联系单，收件单位均要根据具体情况予以答复。联系单可以由一个单位发出给一个单位或多个单位一起商议确定处理某件问题。工程联系单是资料员在工作中经常遇到的，是施工过程中应用最广的一种应用文，如何去写好一篇联系单，显得尤为重要。下面结合工程实例给广大读者予以借鉴。

第一，事由。要发联系单，当然是事出有因，一个有说服力的原因，往往可以让联系单很快签批下来。一些常见事由如下：①工期问题，由于其他单位配合不到位，影响施工进度，催促建设单位下令给其他单位或后期由此联系单作为工期延后的证明；②改换甲方指定材料品牌，如约定的材料品牌在当地购买不到，要更换其他品牌；③设计问题，如施工现场与施工图纸不吻合，需要甲方和设计单位批示的情况；④工程变更问题，如图纸变更后，用来和建设单位说明，增加工程量的变更。

第二，原因说明。原因说明就是为什么要把这件事情提出来，让建设或设计单位去确认。原因说明主要针对自己所提出的事由分析，会对工程产生怎么样的影响或者这样做会有更好的效果。如材料品牌变更，原设计好的为什么要变更，一是当地周边买不了，外地购买成本太高，那就变更；二是如当地可以购买，承包人想从中赚取更多利润又和建设单位有点猫腻，联系单只要是走过场的话，那就要列举当前品牌和更换品牌双方面优势，从而说明要更换。资料员自己动手去写好的联系单，一定要给领导审批完才发出去。

第三，附件。事实最好的说明就是现场图片或其他相关的证明文件，如有必要就在里面加入一些图片和相关证明。

第四，例样：工程联系单。

工 程 联 系 单

工程名称	××（一期）	事由	施工场地
发往单位	×局一公司	抄送单位	××公司

×局一公司：

　　我方施工的××（一期）工程，为方便连贯作业，加快施工进度，要求贵方提供××，望贵方尽快采取措施，以保证施工进度。

　　　　　　　　　　　　　　　　　　　　　　　项目负责人：
　　　　　　　　　　　　　　　　　　　　　　　项目经理：
　　　　　　　　　　　　　　　　　　　　　　　2008 - 1 - 10

第五，要发给哪些单位，联系单的格式里面一般只有一个单位签名意见，如果联系单要发多个单位时，可以在里面多加几行、添加多个其他单位。如是多个单位的联系单，发出顺序首先要经过监理单位，再到设计单位，建设单位排在最后。

第六，关于盖章、咨询事宜的联系单，一般情况下只需盖项目章就可以了。如果是有关于工程变更及涉及费用的联系单，最好盖公章。

6.3.2　文件跟踪与闭合

文件管理应做好跟踪，发现问题就应及时处理并闭合。以工程联系单为例：联系单需要发给多少单位就要做多少份，资料送出，一定要做好签收的手续。及时做好跟踪落实，定期去回访，看是否签好名、盖好章。该改就改，不能一直拖着。自己处理不了，该反映给领导知道，就告诉他们，主要是说明你做了这些事情。自己建立好台账，方便管理。

第 4 章　施工监理工作用表说明

本章摘录《水利工程施工监理规范》（SL 288—2014）附录 E 部分表格介绍使用方法。

第一，表格使用说明：一是监理机构可根据施工项目的规模和复杂程度，采用其中的部分或全部表格，如果表格不能满足工程实际需要时，可调整或增加表格；二是各表格脚注中所列单位和份数为基本单位和推荐份数，工作中应根据具体情况和要求予以具体明确各类表格的报送单位和份数；三是表格报送单位应根据项目发包模式进行调整；四是表格中签名栏为"总监理工程师/副总监理工程师"、"总监理工程师/监理工程师"和"项目经理/技术负责人"的可根据工程特点和管理要求视具体授权情况由相应人员签署；五是监理用表中的合同名称和合同编号指所监理的施工合同名称和编号。

第二，施工监理工作常用表格目录，监理机构常用表格目录见表6.4.1。

表6.4.1　　　　　　　　　　监理机构常用表格目录

序号	表　格　名　称	表格类型	表　格　编　号		
1	合同工程开工通知	JL01	监理 [	] 开工	号
2	合同工程开工批复	JL02	监理 [	] 合开工	号
3	分部工程开工批复	JL03	监理 [	] 分开工	号
4	工程预付款支付证书	JL04	监理 [	] 工预付	号
5	批复表	JL05	监理 [	] 批复	号
6	监理通知	JL06	监理 [	] 通知	号
7	监理报告	JL07	监理 [	] 报告	号
8	计日工作通知	JL08	监理 [	] 计通	号
9	工程现场书面通知	JL09	监理 [	] 现通	号
10	警告通知	JL10	监理 [	] 警告	号
11	整改通知	JL11	监理 [	] 整改	号
12	变更指示	JL12	监理 [	] 变指	号
13	变更项目价格审核表	JL13	监理 [	] 变价审	号
14	变更项目价格/工期确认单	JL14	监理 [	] 变确	号
15	暂停施工指示	JL15	监理 [	] 停工	号
16	复工通知	JL16	监理 [	] 复工	号
17	索赔审核表	JL17	监理 [	] 索赔审	号
18	索赔确认单	JL18	监理 [	] 索赔确	号
19	工程进度付款证书	JL19	监理 [	] 进度付	号
20	工程进度付款审核汇总表	JL19附表1	监理 [	] 付款审	号
21	合同解除后付款证书	JL20	监理 [	] 解付	号
22	完工付款/最终结清证书	JL21	监理 [	] 付结	号
23	质量保证金退还证书	JL22	监理 [	] 保付	号
24	施工图纸核查意见单	JL23	监理 [	] 图核	号
25	施工图纸签发表	JL24	监理 [	] 图发	号
26	监理月报	JL25	监理 [	] 月报	号
27	合同完成额月统计表	JL25附表1	监理 [	] 完成统	号
28	工程质量评定月统计表	JL25附表2	监理 [	] 评定统	号

续表

序号	表 格 名 称	表格类型	表 格 编 号
29	工程质量平行检测试验月统计表	JL25 附表 3	监理〔　〕平行统　号
30	变更月统计表	JL25 附表 4	监理〔　〕变更统　号
31	监理发文月统计表	JL25 附表 5	监理〔　〕发文统　号
32	监理收文月统计表	JL25 附表 6	监理〔　〕收文统　号
33	旁站监理值班记录	JL26	监理〔　〕旁站　号
34	监理巡视记录	JL27	监理〔　〕巡视　号
35	工程质量平行检测记录	JL28	监理〔　〕平行　号
36	工程质量跟踪检测记录	JL29	监理〔　〕跟踪　号
37	见证取样跟踪记录	JL30	监理〔　〕跟踪　号
38	安全检查记录	JL31	监理〔　〕安检　号
39	工程设备进场开箱验收单	JL32	监理〔　〕设备　号
40	监理日记	JL33	监理〔　〕日记　号
41	监理日志	JL34	监理〔　〕日志　号
42	监理机构内部会签单	JL35	监理〔　〕内签　号
43	监理发文登记表	JL36	监理〔　〕监发　号
44	监理收文登记表	JL37	监理〔　〕监收　号
45	会议纪要	JL38	监理〔　〕纪要　号
46	监理机构联系单	JL39	监理〔　〕联系　号
47	监理机构备忘录	JL40	监理〔　〕备忘　号

第 7 篇

工程非平行发包模式监理工作重点

第 1 章　工程存在的非平行发包模式及特征

近几年随着国家改革开放进一步深入，水利工程非平行发包管理模式在贵州省得到推行和大力发展，主要有 PM、EPC、PMC 等工程管理模式，同时还有多种投融资建营一体化的 PPP 模式。在贵州省实行这几种模式时，部分模式（PMC）又与教材或规范上的定义解释有所不同，另外，监理规范或相关规定对此类管理模式下如何进行监理工作、重点在哪也未叙述，因此，讨论此类管理模式下如何做好监理工作具有现实意义，也是管理模式变革对监理工作的新要求。这些模式下，各方管理关系如何设置？监理如何定位？对监理工作有什么难点及监理工作中需抓住的重点是什么？这些都是监理人员应搞清楚的问题，只有梳理清楚上述问题，才能对症下药，履行好监理职责，为项目法人做好服务，推动工程顺利进行、控制好工程质量、安全和投资，协调好各方关系。PM、EPC、PMC、PPP 等管理模式的规范有：《建设项目工程总承包管理规范》（GB 50358—2017，2018 年 1 月 1 日起实施），《建设工程项目管理规范》（GB/T 50326—2017，2018 年 1 月 1 日起实施），水利部《关于水利工程建设项目代建制管理的指导意见》（水建管〔2015〕91 号），国家发展改革委、水利部《政府和社会资本合作建设重大水利工程操作指南（试行）》（发改农经〔2017〕2119 号）。贵州省水利厅在 2016 年制定了《贵州省水利工程建设项目代建制管理办法（试行）》（黔水建〔2016〕1 号）也规定了代建单位、项目管理单位相关职责，但此文中项目管理是对代建单位进行管理，管理内容更全面。

7.1.1　PM 模式的概念及特征

7.1.1.1　PM 模式的概念

PM（project management），在我国译为项目管理，具有广义和狭义两方面的理解。就广义的 PM 来讲，内涵非常丰富，泛指为实现项目的工期、质量和成本目标，按照工程建设的内在规律和程序对项目建设全过程实施计划、组织、控制和协调，其主要内容包括项目前期的策划与组织，项目实施阶段成本、质量和工期目标的控制及项目建设全过程的协调。因此它是以项目目标为导向，执行管理各项基本职能的综合活动过程。狭义上理解，PM 通常是指项目法人委托建筑师/咨询工程师为其提供全过程项目管理服务，即由项目法人委托建筑师/咨询工程师进行前期的各项有关工作，待项目评估立项后再进行设计，在设计阶段进行施工招标文件准备，随后通过招标选择承包单位。项目实施阶段有关管理工作也由项目法人授权建筑师/咨询工程师进行。建筑师/咨询工程师和承包单位没有合同关系，但承担项目法人委托的管理和协调工作。我国的工程建设监理实际上也是一种PM 模式，监理单位接受项目法人的委托为项目法人提供项目管理服务。只是同国际通用的传统模式相比，我国的监理不像建筑师/咨询工程师一样承担前期策划和设计工作，而是只提供施工阶段的监理服务。本文所阐述的 PM 是指狭义上的 PM，其基本特征是项目法人不再自行管理项目，而是委托 PM（建筑师/咨询工程师/监理工程师）单位，帮助其对项目进行管理，PM 单位按照委托合同的要求代表项目法人行使项目管理职能，为项目法人提供项目管理咨询服务。这类情况下，所委托 PM 单位不得承包工程（以排除自己利益），使 PM 单位当事人只需考虑项目法人的各种利益，在施工中监督承包单位履行承包合同。

7.1.1.2　PM 模式的特征

第一，PM 单位受项目法人的委托进行项目管理，代表项目法人利益；PM 不承包工程，是项目法人的延伸约定。因为 PM 在性质上不属于承包单位，在项目组织中可获得较高的工作地位，可以有效地对设计单位、监理单位及其他承包单位发布有关指令。第二，项目法人将项目管理工作委托给专业化的 PM 单位，既减轻了项目法人的工作量和人员，又提高了项目管理的水平，而且委托给 PM 单位的工作内容和范围比较灵活，项目法人可根据自身情况和项目特点有针对性的选择。第三，科学、专业和经验丰富的项目管理服务，有利于项目法人更好地实现工程项目建设各项目标，提高投资效益。第四，当在工程管理和技术上产生歧义时，PM 单位与设计、监理、施工、供货方沟通更显公平公正，且容易达成目标上的一致。第五，PM 模式的适用范围非常广泛，既可应用于大型复杂项目，也可应用于中小型项目；既可应用于传统的 D＋D＋B（设计—招标—建造）模式，也可应用于 D＋B 模式和非代理 CM 模式；既可应用于项目建设的全过程，也可以只应用于其中的某个阶段。第六，目前水利工程上暂无项目管理规范，项目法人委托的事务难以具体化和量化考核，造成 PM 单位服务质量参差不齐，对 PM 公司履约评价困难，有时 PM 合同双方对职责的履行出现扯皮现象。目前 PM 单位只对工程方（如设计、监理、施工等）进行管理，未对移民征地、外部条件等非工程方进行管理。条件成熟时，应将项目管理推行至移民征地、外部条件等非工程方面的管理，以提高 PM 单位对项目的全面掌控能力。

7.1.2　EPC 模式的概念及特征

7.1.2.1　EPC 模式的概念

EPC 模式全称是设计—采购—施工（engineering procurement construction，EPC）/

交钥匙总承包（lump sum key）。设计—采购—施工总承包是指工程总承包企业按照合同约定，承担工程项目的设计、采购、施工、试运行服务等工作，并对承包工程的质量、安全、工期、成本全面负责。交钥匙总承包是设计采购施工总承包业务和责任的延伸，最终是向项目法人提交一个满足使用功能、具备使用条件的工程项目。2017 年实施的《建设项目工程总承包管理规范》（GB/T 50358—2017）中对工程总承包的解释为：依据合同约定对建设项目的设计、采购、施工和试运行实行全过程或若干阶段的承包。

工程总承包是承包单位风险较高的一种承包管理模式，因此，项目法人一般均将合同定为具有设计和施工资质的单位或联合体承担，承包单位为获得较高的效益和避免风险，也采用强强联合模式承担该项工作。

7.1.2.2　EPC 模式的特征

第一，项目法人把工程的设计、采购、施工全部交给工程总承包人负责组织实施，项目法人只负责整体的、原则的、目标的管理和控制，总承包人更能发挥主观能动性，能运用其先进的管理经验和技术能力为项目法人和承包人自身创造更多的效益。第二，更有利于提高工作效率，减少了设计、采购、施工各环节间协调的工作量，有利于材料及设备供应商及施工方对设计意图的了解和熟悉。第三，由于采用的是总价合同，基本上不用再支付工程量增加、项目增加等一般变更导致索赔及追加的项目费用，有利于投资控制（重大设计变更、国家和行业法规定的调整、非工程外界因素规定的调整除外），项目的最终价格和要求的工期相对于平行承发包模式具有更大程度的确定性。第四，项目法人相对平行承发包模式下的工作量少，可弥补项目法人管理、技术力量薄弱的不足，减少项目法人协调工作量和人员配置。第五，建设工程质量安全责任主体明确，有利于工程质量安全责任的确定和把工程质量安全责任落到实处。第六，项目法人管理工程的参与度降低，不能对工程设计、采购具体过程进行掌控。第七，总承包人对整个项目的成本、工期、质量和安全负责，加大了总承包人的风险，总承包人为了降低风险且获得更多的利润空间，可能会采取"借助调整设计方案"的办法来达到降低成本的目标，从而导致工程综合潜在安全度和潜在功能降低。第八，目前在贵州省 EPC（包括 PMC）模式监理合同中规定了监理在设计方面的工作内容，但未计取设计监理费。

7.1.3　PMC 模式的概念及特征

7.1.3.1　PMC 模式的概念

项目管理承包（project management contractor，PMC），指项目管理承包单位代表项目法人对工程项目进行全过程、全方位的项目管理，包括进行工程的整体规划、项目定义、工程招标、选择承包单位，并对设计、采购、施工、试运行进行全面管理。即在工程项目决策阶段，为项目法人进行规划咨询、项目策划、融资、编制项目建议书和可行性研究报告、进行可行性分析；在工程项目准备阶段，为项目法人编制招标文件、编制和审查标底、对投标单位资格进行预审、起草合同文本、协助项目法人与中标单位签订合同等；在工程项目实施阶段，为项目法人提供工程设计、采购管理、施工管理、初步设计和概预算审查等服务；在工程项目竣工阶段，为项目法人提供财务决算审核、质量鉴定、试运行、竣工验收和后评价等服务；代表项目法人对工程项目的质量、安全、工期、成本、合同、信息等进行管理和控制。项目管理承包企业一般应当按照合同约定获得相应的酬劳、奖励以及承担相应的管理风险和经济责任。但是，目前在贵州省实施的 PMC 模式不是上述定义上解释的 PMC 模式内容，贵州的 PMC 模式实际上演变为项目管理 PM＋（采购、施工）总承包模式，项目管理承包方通过设计管理控制和招标选择施工、材料与设备方，施工、材料与设备方成为项目管理承包方的分包方，项目管理承包方的利益与设计方案控制、施工、材料、设备供应商的利益息息相关，带有设计施工总承包性质。

7.1.3.2 PMC 模式的特征

第一，可以充分发挥项目管理承包人在项目管理方面的专业技能，统一协调和管理项目的设计与施工，减少矛盾。第二，PMC 合同通常采用成本加酬金方式，并约定节约投资利益分成和超过投资责任承担的方式，建立约束激励机制，有利于建设项目投资的控制。第三，该模式可以对项目的设计进行优化。第四，在保证质量合格的同时，通过管理，可以缩短施工工期。第五，可大量减少项目法人工作量及人员，可弥补项目法人工程管理、技术上的不足。第六，项目法人参与工程的程度低，变更权利受限，特别在设计方与项目管理承包方属同一单位情况下，更难以主动控制工程设计变更。第七，在发生设计变更情况下，项目法人难以对工程长期的质量和功能进行评判。第八，项目法人很大的风险在于能否选择一个高水平的项目管理承包公司。

7.1.4 PPP 模式的概念及特征

7.1.4.1 PPP 模式的概念

PPP（public - private - partnership）即我国政策文件中的政府与社会资本合作模式。目前，国际上关于 PPP 并没有统一的概念，从不同的角度会有不同的理解。结合我国一系列 PPP 政策文件规定，在我国 PPP 的概念可分为狭义与广义两种：第一，狭义 PPP 强调使用者付费，项目必须具有一定的收费基础，我国传统的 BOT 项目即属于狭义的 PPP 项目。《国务院关于加强地方政府性债务管理的意见》（国发〔2014〕43 号）的规定指出"推广使用政府与社会资本合作模式。鼓励设计资本通过特许经营等方式，参与城市基础设施等有一定收益的公益性事业投资和运营"。第二，广义的 PPP 是指政府与社会资本之间的一种合作关系，可以是使用者付费，也可以是政府付费。《财政部关于推广运用政府和社会资本合作模式有关问题的通知》（财金〔2014〕76 号）规定，政府和社会资本合作模式是在基础设施及公共服务领域建立的一种长期合作关系。政府和社会资本合作模式是在基础设施及公共服务领域建立的一种长期合作关系。通常模式是由社会资本承担设计、建设、运营、维护基础设施的大部分工作，并通过"使用者付费"及必要的"政府付费"获得合理投资回报；政府部门负责基础设施及公共服务价格和质量监管，以保证公共利益最大化。

PPP 应用范围很广，从简单的短期（有或没有投资需求）管理合同到长期合同，包

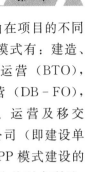

括资金、规划、建设、运营、维修和资产剥离。公私合作关系资金模式是由在项目的不同阶段，对拥有和维持资产负债的合作伙伴所决定。PPP 广义范畴内的运作模式有：建造、运营、移交（BOT），建造、拥有、运营、移交（BOOT），建设、移交、运营（BTO），重构、运营、移交（ROT），设计、建造（DB），设计、建造、融资及经营（DB-FO），建造、拥有、运营（BOO），购买、建造及运营（BBO），建造、租赁、运营及移交（BLOT）等。无论采取哪种运作模式，进行合作后，均需成立 SPV 项目公司（即建设单位），从监理规范上来说，监理单位应由建设单位进行招标，但由于采取 PPP 模式建设的项目成果属公共领域，监理单位在维护建设单位利益时，更应维护国家和公共财产利益，因此，应由政府方代表机构进行监理招标确定监理单位，一般情况下监理合同由 SPV 公司与监理单位进行签订，监理单位受 SPV 项目公司管理，履行合同赋予的监理职责。但为维护监理单位的权威，遏制社会资本方在工程建设过程中追求不合理利益行为，监理单位也可以与 SPV 及项目政府方代表机构签订三方合同，监理单位对政府方负责，对 SPV 公司行为和工程实体进行监管，监理酬金由 SPV 公司承担。监理单位在 PPP 项目中，监理工作重点按建设单位发包模式进行。

7.1.4.2　PPP 模式的特征

与传统的投融资模式相比，PPP 主要有如下几个特征：第一，合作伙伴关系。这是 PPP 项目最基本的特征，强调政府部门与社会资本处于平等的地位，双方是平等合作而不是管理与被管理的关系。合作伙伴关系的基础是订立合同，政府与社会资本在平等协商的基础上在合同中约定双方的各项权利义务。同时，合作伙伴关系要求政府必须诚信，具有履约意识，尊重合同，尊重社会资本方。第二，风险共担。在 PPP 项目中，风险分担原则一般为：风险由最有承担能力、所需费用最少的一方承担。科学的风险分担机制，有助于保障项目中各方目标的共同实现，是 PPP 项目成功操作的重要保障。在订立 PPP 合同过程中，政府方与社会资本方必须按照科学的方法划分风险承担方式，如政策变化风险应由政府方承担，融资与建造等风险应由社会资本方承担。失衡的风险分担机制不利于 PPP 项目的推进，如 PPP 项目风险全部由政府方承担，则会加重政府的财政负担，如果风险全部由社会资本方承担，则会减弱社会资本的积极性。第三，利益共享。PPP 项目具有公益性，不以利润最大化为最终目的。利益共享机制，不是政府与社会资本分享项目利润，而是需要建立一种社会资本利益调整机制。在经营性 PPP 项目中，社会资本直接向民众提供服务并获取费用，在非经营性 PPP 项目中，则由政府代表民众来向社会资本付费。利益共享机制，要求同时考虑公众与社会资本双方的利益，强调建立有效的激励与约束机制，在控制社会资本超额利润的同时保障社会资本取得稳定收益。第四，全生命周期的风险管理。与传统投资融资项目相比，PPP 强调对项目全生命周期的管理，社会资本不仅仅参与融资建造，还要参与项目的设计、运营维护等前期和后期工作，参与时间也由原来的 3～5 年，延长到 20～30 年。全生命周期的风险管理，决定 PPP 不仅仅是一种融资方式，也是一种管理方式。合作伙伴关系、科学的风险分担机制与利益共享机制是吸引社会资本参与 PPP 项目全生命周期管理的基础和前提。

第2章 非平行发包模式下参建各方关系及监理工作重点

7.2.1 PM模式

7.2.1.1 PM模式参建各方关系

第一，项目法人按平行发包模式选择 PM 单位、监理单位、设计单位、施工承包人、供货商，并与之签订项目管理合同、监理合同、设计合同、施工合同和供货合同，委托 PM 方进行工程项目管理。第二，PM 单位代表项目法人行使对工程项目的工期、质量、安全、投资的管理职能，并协调有关方面的关系和对各方的管理，在重大问题的决策方面还由项目法人决定。第三，PM 单位与承包人、材料及设备供应单位无利益关系。PM 单位与监理单位、设计单位、施工承包人、供货商是管理与被管理的关系，监理单位与施工承包人、供货商是监理与被监理的关系。

各参建单位相互关系如图 7.2.1 所示。

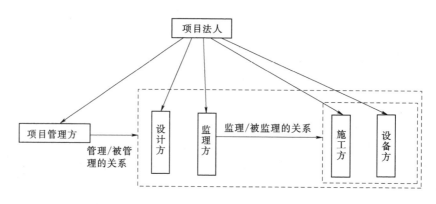

图 7.2.1 PM模式各参建单位的相互关系

7.2.1.2 PM模式监理单位工作重点

PM 模式下监理单位须受 PM 单位管理，监理工作重点与平行发包管理模式下相同，向项目法人报送报告单、计量、质量评定等资料，有项目法人签字的位置前面增加 PM 单位签字栏。工程资料具体格式要求根据项目法人委托 PM 单位权限大小而定，在 PM 单位权限范围内可由 PM 单位签字审批认可，不必再报项目法人审批。

7.2.1.3 PM模式案例

贵州某水源工程，项目法人将工程项目管理工作发包给某设计单位，把工程施工及监理工作发包给几个施工及监理单位。项目管理合同约定除工程报建、招标等，还承担工程质量、进度、投资、安全管理工作。工程监理合同也约定工程监理单位负责工程质量、进度、投资、安全监管工作，与项目管理单位在工作内容及职责上有重叠。在施工过程中，项目管理单位经过与监理单位协商，由工程监理单位负责工程现场的质量、进度、计量、安全监控的具体工作，项目管理单位负责宏观管控，从而避免了多头管理、责任不清等问题。监理单位与项目法人签订监理合同，在工作中接受项目管理单位监管。该工程顺利完成建设，未出现重大质量、安全问题。采用跟踪审计，工程结算顺利。

7.2.2　EPC 模式

7.2.2.1　EPC 模式参建各方关系

第一，项目法人按平行发包模式选择监理单位、EPC 单位（联合体），EPC 单位为设计单位、施工承包人、供货商组成的联合体，内部有联合体协议承担合同责任。项目法人与监理单位、总承包联合体分别签订监理合同、总承包合同，委托监理方按施工监理合同内容对总承包联合体进行监理。第二，设计单位、施工承包人、供货商组成的 EPC 联合体，一般为总价承包。第三，监理单位与 EPC 单位是监理与被监理的关系，但监理单位只对总承包施工、设备、材料方进行施工监理，在未计设计监理费的情况下，只对设计程序进行监理。

各参建单位相互关系如图 7.2.2 所示。

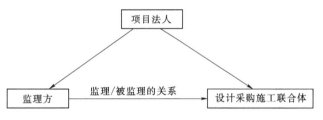

图 7.2.2　EPC 模式各参建单位的相互关系

7.2.2.2　EPC 模式监理工作重点

EPC 模式下，设计、采购、施工一体化，且为总承包模式，监理在质量、安全责任在法规上无变化（设计、施工、设备材料职责、权利和义务），监理承担与平行模式下相同的监理质量、安全责任。但监理对合同的管理与单价承包不一样，因工程变更一般涉及合同价格变更，在单价合同中是按工程量进行计量，增加或减少工程量风险或收益由项目法人承担，工程量成为工程实体，但在总价合同中，工程款价格并不与实物工程量一一对应，一般工程变更增加或减少工程量均由总承包方承担风险或收益。因此，审查工程设计变更和工程量签证及支付就成为监理工作重点。EPC 模式常出现在工程施工阶段，此阶段由于工程的概算投资已经审定，且 EPC 模式下，通常采用总价承包的计价模式。因此，总承包单位在工程的建设过程中，为追求利益最大化，可能出现采用设计优化的借口降低工程建设成本，达到减少成本开支的目的，对工程质量、安全造成重大威胁。为保证工程的质量、安全，监理工作重点：第一，对工程变更管控，一是审核施工图是否与初步设计文件发生变化，严格控制设计变更，不能让 EPC 单位为了谋求自身利益造成设计变更频繁；二是对设计单位发出的每一份变更，要及时与设计单位、项目法人单位共同判别，要判别该变更对工程质量和安全甚至是进度有无影响，包括长远的质量影响（如耐久性等），如果评估结果会造成影响，应谨慎变更；三是针对设计单位发出的变更，必须结合水利部 2012 年颁发的《水利工程设计变更管理暂行办法》（水规计〔2012〕93 号）进行鉴别该变更的属性，是属于一般设计变更还是重大设计变更，定性后积极配合项目法人按变更管理程序备案或报批。第二，做好工程计量工作，即使过程中进度款支付是按形象面貌进行审核支付，但监理工程师必须做好工程的计量工作，无论进行计量的工程量是否包含在合同清单中，只要是符合程序有依据的工程量均应与参建各方共同做好核实和记录，核实和确认的工程量是 EPC 竣工审计、投转固的重要佐证资料。

7.2.2.3　EPC 模式案例

1. 案例（一）

某小（1）型水利工程，大坝为 C15 常态混凝土拱坝，最大坝高 42m。工程以解决某乡镇灌溉、人饮为主。

（1）管理模式及各方关系：该工程采用 EPC 管理模式，项目法人招标 EPC 单位、监理单位，并与之签订 EPC 合同、监理合同。EPC 中标单位是由一家设计单位和一家施工企业组成的联营体，设计单位作为 EPC 总包单位的牵头负责方。进场后由两家企业组织成立 EPC 总包单位项目部，履行设计—采购—施工职责。监理单位对 EPC 单位进行监理。

（2）工程实施过程中由于地质原因，导致工程发生了以下变更事项：

1）左坝肩从坝顶高程往下 8m 左右的范围，开挖揭露的地质条件基本以黏土夹孤石为主，不适宜作为拱坝的坝肩。经设计单位现场察看，明确需将其整体清除，再增设混凝土重力墩以满足大坝的稳定要求。

2）大坝河床基础开挖时，开挖过程中根据揭露的地质情况坝基均为较完整的灰岩，在距离设计建基面高程 2～3m 时，经设计单位现场复核不需再继续下挖，综合认定同意坝基抬高 2.5m。

3）实施帷幕灌浆过程中，两岸由于溶蚀发育，相对于总包单位投标单价分析表参照定额取值发生超灌水泥 1190t。

变更结果：经主管部门组织专家审查认定，根据《水利部关于印发〈水利工程设计变更管理暂行办法〉的通知》（水规计〔2012〕93 号）的规定，第 1）、第 2）项的变更属于重大设计变更，造成工程投资发生变化，根据合同双方约定合同总价作相应增减。第 3）项经项目法人、监理共同判定，灌浆过程中出现溶蚀发育在初设阶段、实施阶段的地质描述中均有提及，不属于工程设计变更，因此不调整合同总价。

第 1）、第 2）项变更价格调整：左坝肩地质条件发生变化导致需要增设混凝土重力墩，增加主要工程量为：土方开挖增加约 4500m³，增加重力墩混凝土约 2800m³，增加工程投资约 90 万元；大坝河床建基面抬高 2.5m 可节约石方开挖约 900m³，节约混凝土工程量约 800m³，节省工程投资约 30 万元。主管部门综合认定上述两项导致工程投资增加 90−30＝60 万元，并下发正式批复文件同意变更和增加工程投资，工程总承包价格调增 60 万元。

2. 案例（二）

贵州省某水利工程项目，项目法人为地方水行政主管部门，将该项目以 EPC 模式发包给某设计单位，合同价为总价承包。委托一个工程监理单位承担工程监理工作。设计单位自行承担工程设计工作，把施工部分发包给一个承包人，并成立一个项目管理机构对工程施工进行监管。在工程施工过程中，工程现场曾出现使用仿制石材构建代替设计文件标明的石材构建，以及变更建筑物设计体型、尺寸等情况。工程监理单位现场人员发现情况后，要求 EPC 单位必须出具工程设计变更文件，建筑物体型及尺寸变更还必须取得原设计审批部门及项目法人同意，否则拒签工程进度付款申请。EPC 方按监理单位要求补充了设计变更，无设计变更的按原设计文件施工。该工程延期一年完成，未出现大的安全和质量问题。在工程施工过程中，由于采用总价承包方式，工程监理单位及项目法人在审批工程付款时，采用形象进度拨付工程款项，但施工过程中未留下详细的工程计量、计价记录，给审计工作造成很多难题。

7.2.3 PMC 模式

7.2.3.1 PMC 模式参建各方关系

第一，项目法人按平行发包模式选择监理单位、PMC 单位、设计单位，项目法人分别与监理单位、PMC 单位、设计单位签订监理合同、项目管理承包合同、设计合同。PMC 单位具备设计能力和资质要求的，也可将设计纳入 PMC 合同内。第二，PMC 单位选择施工承包单位、供货单位，PMC 单位与施工承包单位、供货单位签订施工合同、供货合同。第三，PMC 单位除具有项目管理性质外，还具有承包性质，部分合同还属总价合同性质。第四，项目管理承包单位虽有项目管理权利，但在贵州省目前实施的项目管理承包模式下监理单位与 PMC 单位应是监理与被监理的关系，理由如下：一是 PMC 单位与施工、材料、设备单位是经济利益共同体，PMC 单位带有施工、材料、设备承包行为，通过招标、过程管理可从中受益，总包单位与分包单位法律上应是连带责任，而监理单位与施工、材料、设备承包方无任何利益关系；二是国家、行业相关法规未规定 PMC 单位相关的权利、义务及职责，合同双方根据合同履行职责，出现合同纠纷时，项目法人从工程管理、技术上处于劣势，监理单位应维护项目法人权益，若监理单位受 PMC 单位管理，监理单位只有按 PMC 单位指示行事，对项目法人不利；三是国家法律法规规定，监理单位有义务对带有施工、材料、设备承包的任何行为进行监理，以维护国家、项目法人权益不受损害，监理单位进场后，监理单位与 PMC 单位的关系需明确，便于下一步开展监理工作；四是监理单位的监理费由项目法人（国家）支付，属工程投资范围费用，监理单位理应为项目法人服务。第五，PMC 单位有项目管理职责，除履行承包职责外，还有管理设计、监理、施工、供货单位的职责。第六监理单位只对 PMC 单位承包行为及施工、设备、材料单位进行施工监理。目前贵州实行的 PMC 模式下，监理单位与 PMC 单位是监理与被监理的关系。但如果属于下述两种情况，监理单位应受 PMC 单位管理：一是 PMC 单位对工程只实行项目管理和项目法人的承包管理，与施工、材料、设备承包方无任何利益或连带责任关系；二是现场 PMC 单位成立为 PM 和 C 两个管理机构，则 PM 机构管理监理方，监理方只监理 C 机构。

各参建单位相互关系如图 7.2.3 所示。

项目法人应在第一次例会上对 PMC 单位与监理单位的关系和职责进一步明确，理顺

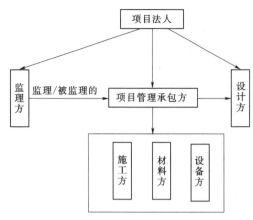

图 7.2.3　PMC 模式各参建单位的相互关系

这两家单位的管理职责和相关资料传送程序。

7.2.3.2　PMC 模式监理工作重点

PMC 模式下，监理对工程质量、安全、进度监理的方法、措施与平行发包模式下相同。鉴于 PMC 模式下项目管理总承包单位的利益来源主要为工程的分包和施工过程中的设计变更，因此，监理单位的工作重点主要是：

（1）在工程施工、设备供应的分包过程上，对分包的采购过程进行监控，防止项目管理单位不合理压低工程施工承包（分包）单位的承包价格，使工程的质量和安全难以得到保障。

（2）设计变更管理。在工程施工过程中，特别在 PMC 单位与设计单位是同一家的情况下，对工程设计变更的监控重点与 EPC 模式类似，监理单位与项目法人要加强对工程设计变更权的管理。

（3）很多 PMC 单位由设计单位担任，设计单位虽然技术能力很强，但对监理、施工、验收程序不熟悉，监理单位要在第一次工地例会上做好此方面的交底；工作中，监理单位只发文给 PMC 单位，由 PMC 单位跟它的分包单位（施工、材料、设备等）进行管理，履行其承包管理行为。

（4）监理单位在监理 PMC 单位行为时，要防范 PMC 单位自身觉得是项目管理的思想认识，即在申请支付时要总承包的款项，而现场履行职责时觉得自己只是项目管理，不履行承包方面的职责。

7.2.3.3　PMC 模式案例

1. 案例（一）

某水电站工程，主要任务是发电，导流洞结合围堰、汛期坝顶泄洪方式导流。

管理模式及各方关系：该工程采用 PMC 管理模式，项目法人招标 PMC 单位、设计单位、监理单位，并与之分别签订 PMC 合同、设计合同、监理合同。项目法人对各单位相互关系进行明确：①PMC 单位履行项目管理职责，对设计单位进行协调管理，由 PMC 单位对承包人、材料和设备供应单位进行招标并与之签订合同；②监理单位对 PMC 单位进行监理。重大变更事项：初设文件对导流方式的布置为导流洞布置在右岸，需从左岸修筑临时钢架桥及公路与之连接，上下游围堰均为土石围堰。PMC 单位中标后，在对现场充分考察、熟悉初设文件及地勘资料的基础上，提出了导流方式变更。

（1）将导流洞布置在左岸，增加至左岸导流洞临时公路，减少临时钢架桥和右岸公路（整体减少投资）。

（2）该河流汛期洪水较大，土石围堰肯定被冲毁，汛期施工及枯期恢复施工进度会受到显著影响，因此，将上游围堰更改为过水刚性围堰（整体增加投资）。

（3）将导流方式变更后，经对大坝、厂房、导流洞、机电和金属结构安装各工程节点工期重新优化排定，工程投产可优化 12 个月（项目提前产生效益）。工程导流方式变更后，向施工、材料和设备供应单位进行了招标，并与之签订了合同。工程实施后，主要特点体现在：

1）该工程导流方式设计变更属工程重大设计变更，项目法人、设计单位、PMC 单位履行了重大变更程序，工程节约投资约 200 万元，节约工期 12 个月，这次变更对项目法人、PMC 单位均是有益的变更，项目法人提前受益，且减少了投资。

2）第一次例会上，项目法人对各参建单位职责再次进行了明确，确立了各单位间的关系，避免了项目管理与监理单位履职重复和职责不分现象，同时要求监理单位对工程具体质量、安全要按规范要求严格进行控制，为加强施工管理，发文时针对 PMC、承包人同时进行。

3）该工程由监理单位对 PMC 单位进行管理，PMC 单位也认真履行了职责。同时项目法人与 PMC 单位的合同、PMC 单位与施工和设备单位的合同不一样。现场签证处理时若合同只涉及 PMC 单位与施工或设备单位的，由其双方协商解决，监理单位只对事件证明签字，不评判支付行为，若合同涉及项目法人支付的，则监理单位代表项目法人先提出审核意见后报项目法人批准；工程验收中资料收集、整理由 PMC 单位负责；PMC 单位代项目法人编写报告、方案等，因此大量减少了项目法人工作量，真正体现了 PMC 单位的项目管理能力。监理行文对 PMC、承包人同时进行，在质量、安全上要求 PMC 单位履行承包职责，对承包人、设备供应单位加强管理，PMC 单位也按要求对承包人质量、安全方面进行了管理，履行了承包职责。如本工程为保证机电工程安装进度，在进行厂房屋顶混凝土浇筑时，采用贝雷架方式进行，在监理协调下，由 PMC 单位对贝雷架结构方式、受力荷载计算内容进行了编写，保证了专项方案的安全可靠性。

4）该工程虽是总承包合同，但监理方要求据实计量，对工程款的支付先与实物量对应，再按总包合同支付，为双方在合同上的争议、工程结算审计有了实物基础。

2. 案例（二）

贵州省某中型水库，工程任务是城乡供水及灌溉。本工程由甲级咨询工程公司策划并完成投资估算，进而接受委托参与工程施工阶段总包过程管理。现场存在咨询工程公司成立的项目管理部与总承包项目部的交集，项目管理部与总承包项目部共同承担工程承包建设。本工程项目法人单位单独招标监理单位、成立现场监理机构履约。由于新模式下责任主体及项目法人单位介入少，监理单位在发出文件时直接对承包人，但涉及费用方面、合同责任方面没有经过项目管理部，一度造成混乱。经过参建各方交流，后进行以下调整：

（1）工程重大事件处理、工程投资签字资料流程，先经过项目管理部、总承包项目部批转。

（2）质量、安全、工程量签证，费用支付签证先到总承包项目部，然后经监理机构、设计代表处，最后到项目法人单位。

（3）监理单位对工程建设三控制、两管理、两监督、一协调管理履行合同职责，对项目管理部、总承包项目部同时发文。本工程合同费用控制类似于总价项目管理，重大风险或不能承受的事件除外。工程费用采取分部工程总费用管理方式。依据合同条件，监理审查费用，结算按照事实确认，结算费用按照总价管理；监理机构配合跟踪审计，督促相关单位完善基础资料。

3. 案例（三）

贵州西部某水库 PMC 项目。

（1）PMC 合同主要约定。

1）负责协调按时提供施工图纸，进行有利于工程质量、进度、投资的设计优化，提高设计服务质量。

2）负责控制工程投资、负责工程建设过程中（含试运行期间）的安全监管、负责严格按照工程设计质量要求抓好质量监管、负责对整个工程进行试运行管理并移交给项目法人。

3）负责在计划工期内对建筑工程、机电设备及安装工程、金属结构设备及安装工程、临时工程、水保及环保工程等施工安装采购进行总价承包，保证项目按时保质完成初步设计批复的相应建设内容。

4）初步划分该工程施工安装采购标段报项目法人审核，按国家有关规定在项目法人的指导和监督下，具体承办施工安装采购招标工作，采用公开招标方式择优选择参建单位。

（2）PMC 工作开展。PMC 单位中标后，与项目法人单位签订了工程项目管理总承包 PMC 合同，工作内容为对整个工程从施工准备（包括建设征地及移民安置实施工作的协助）、工程施工招标、工程材料和设备采购，主体工程及水保环保工程施工、大坝填筑试验、水库下闸蓄水验收、工程竣工验收、工程移交等全过程进行总承包管理。自中标签订合同后，甲级资格承包单位的设计成果及时提交，协助项目法人单位提供现场施工条件；并在条件成熟后，依据合同寻找了承包人，组织开展了进场公路施工、主体工程开挖与浇筑、料场开挖等，PMC 现场机构既履行项目管理责任义务，也按照工程施工总承包方即承包人身份开展投资控制、进度管理。项目法人单位引进一家大型监理单位对本工程开展监理工作。本工程项目管理、工程监理各方履约正常，工程项目建设总体进度按照批准的计划正常开展。

（3）项目成效及问题。贵州西部某水库的建设管理 PMC 模式，项目法人单位委托总承包单位开展咨询管理、施工总承包，是一种制度尝试。对于承包单位来说，既承担了 PMC 项目管理任务，也拓展了工程项目管理 EPC 业务实践，这是一种探讨性实践。作为项目管理总承包单位，在适应设计、施工总承包业务发展的管理组织架构和体系完善方面存在一些差距，也存在技术与职能管理主导项目管理、项目管理机构对全局掌控针对性不强的一些情况，项目法人单位评价 PMC 项目管理机构完整延伸至 EPC 项目管理机构工作有效率不理想的情况，这是需要改进的工作内容。贵州西部某水库的建设管理模式实际就是全过程咨询业务雏形。项目法人单位鉴于 PMC 承包单位的综合管理能力强，将委托工作范围延伸到项目施工、运行、维修阶段，至永久工程设备第一次大修为止。增加的任务可能包括：组织建立项目投产经营后的管理机构；建立设施管理制度；建立维修工作管理制度和维修、大修计划；对项目运行人员进行培训等，是一种新发展方式，与现阶段推进咨询业发展的制度相契合。

（4）工程监理的作用。

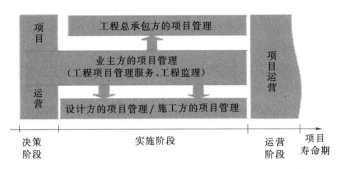

项目法人单位的项目管理是整个建设工程项目管理的核心，工程项目管理承包单位为项目法人单位提供项目管理服务。工程监理属于项目法人单位的项目管理，与一般的工程项目管理咨询服务不同的是，我国的法律法规赋予工程监理单位更多的社会责任，特别是建设工程质量、安全生产管理方面的责任。本工程监理主要在工程项目实施阶段，监理单位及其派出机构为项目法人单位提供设计管理、采购管理、施工管理和试运行（竣工验收）等服务，在委托合同约定中明确对工程项目进行质量、进度、费用、合同、信息等管理和控制，对安全与水保方面进行管理。相关工作与项目管理承包单位的工作有重叠，但责任不同；对工程施工进度、质量、安全管理承担监理责任，也负有对 PMC 项目管理机构进行协调的责任，对承包人进行监督管理。

7.2.4　PPP 模式

7.2.4.1　PPP 模式参建各方关系

PPP 在我国水利工程建设领域是指政府为拓宽基础设施建设融资渠道，引进社会资本与国家资本共同开展基础设施建设的一种投资建设，是政府资本与社会资本的一种合作模式。在 PPP 项目建设工作中，通常是由发起方（政府）和投资方设立项目公司（SPV）实施投资、建设、运营、风险管控管理。在工程建设过程中，作为建设单位，主要负责工程的投融资工作。SPV 公司可采用各种工程承发包模式对工程勘察、设计、施工等进行采购。可选用平行承发包模式，也可采用 EPC、PM 等发包模式。如采用平行承发包模式，参建各方关系与传统平行承发包模式相同。通常情况下，监理合同由监理单位与SPV 公司签订，监理单位代表 SPV 公司对工程建设进行监督管理。但为维护监理单位的权威，遏制社会资本方在工程建设过程中追求不合理利益行为，监理单位也可以与 SPV及项目政府资本责任方签订三方合同，监理单位对政府方负责，对 SPV 公司行为和工程实体进行监管，监理酬金由 SPV 公司承担。

7.2.4.2　PPP 模式监理工作重点

工程 PPP 模式常在工程立项、方案设计等阶段开始，且在这些阶段，对工程投资影响最大的因素是工程勘察、设计。在 PPP 模式下，社会资本方在工程建设过程中各类事项的话语权很大，由于社会资本追求利益最大化的特性，可能造成工程建设投资较难控制。为保障国家资金的安全，监理工作重点如下：

（1）对设计方案的监控，监理单位应获取对工程勘察、设计进行监控的权利和经费，对工程勘察、设计单位的成果进行监控，避免工程概算不合理增大。

（2）对设计变更的监控，在工程施工过程中，监理单位应对设计变更进行严格管控，重点监控易导致工程造价增大的设计变更。

（3）做好工程的计量计价工作，目前PPP项目中，社会资本多数是单位资本，加上国有资本的存在，在投资转化为固定资产的过程中，工程建设资金的开支必须经历严格的审计。工程的计量、计价及支付文件是审计需要的重要凭证。监理单位应做好计量、计价及支付工作，保留详细的各类记录。

7.2.4.3　PPP模式案例

某水利工程，由于政府资金不足，项目推进缓慢。在项目科研工作完成后，地方水行政主管部门采用PPP模式，通过招标选择了一个社会资本方，该社会资本方为国有企业单位。双方签订合同后成立SPV项目公司，公司人员由社会资本方在职人员和招聘人员组成。SPV公司成立后，对承包人、监理单位采用招标方式选定。此时，由于地方水行政主管部门工程技术和工程管理能力较弱，为保障工程建设的正常进行，在地方水行政主管部门的主导下，通过招标选定一个水利水电行业的国有企事业单位对工程的勘察、设计及施工等方面开展咨询、监督工作。咨询监督单位与SPV及地方水行政主管部门签订甲乙丙三方合同。地方水行政主管部门为甲方，咨询单位为乙方，负责工程的咨询、监督工作。SPV公司为丙方，承担乙方的工作费用。在工程的初步设计过程中，SPV公司通过多种途径，欲大幅提高工程概算，在咨询监督单位的制约下，最终工程初步设计概算达到合理水平。在此案例中，工程咨询单位本可以监理单位的身份出现，对工程的勘察、设计、施工等开展全面的监理工作，但由于工程监理费用较低，且工程监理已招标在前，监理单位的实力不足，最终由咨询单位出现，对工程勘察、设计进行把关。在PPP模式下，政府资本投资部门可研究选择具有良好的工程技术及管理能力的工程监理单位，对工程勘察、设计、施工进行全方位的监理，保证政府资金的安全，同时，对工程质量、安全、投资等也起到更好的监管作用。对于现场管理来说，工程项目管理机构工作正常推进，工程监理机构作用正常发挥，需要重视工程监理与工程项目管理负责内容的交集，需要项目法人单位重视合同约定内容，行政主管单位推动体制上的改革来实现。

7.2.5　非平行发包模式监理工作思考

7.2.5.1　PM模式

PM管理模式下，项目法人在与监理单位、PM单位签订合同时，约定好两家单位的职责，避免职责重复，发出文件程序、现场指令按规范、合同进行，一般能促进工程顺利进行；由于国家履行工程建设监理制时间较长，项目法人对国家、行业新出现的对业主要求的规定往往加入监理合同中，在进行PM管理模式中，项目法人应将这些新规定及业主的工作委托给PM单位进行（如设计变更审查、工程质量法人检测、单位工程验收、工程质量资料备案、项目法人的安全管理等）。

7.2.5.2　EPC、PMC、PPP 模式

　　这三种模式与传统监理工作有显著差异的是对工程安全、质量、投资、进度控制的内容、方式发生变化，若要彻底做好工程的"三控制、两管理、一协调"工作，监理工作需延伸至对设计变更内容进行审查，审查内容至少有：投资合理性对工程进度是否有影响？对工程质量、安全及功能、使用等是否有影响？由于工程在实施时未委托监理单位进行设计监理，因此监理方对设计变更审核时只履行设计图纸审核程序，没有控制设计变更具体内容是否合理的职责和义务。在一般设计变更情况下，监理单位、项目法人不是受益方，若工程因变更出现安全、质量、进度、使用功能等问题，监理单位宜在监理合同谈判时对此方面的责任作出约定。在这三种模式下，设计变更均较多：PMC 模式下，由于 PMC 单位有部分权利是代表项目法人单位，监理单位很难控制设计变更；PPP 模式下，实施单位由于需有自身的资金投资回收效益要求，监理单位更难控制设计概算和变更；EPC 模式下，通常采用总价承包的计价模式，可能出现采用设计优化的借口降低工程建设成本，对工程质量、安全造成重大威胁。因此，此三种模式下，监理合同宜延伸至设计阶段，并收取相应的设计监理费用，以加强监理单位对设计图纸的审查和变更管理，以维护国家、项目法人的利益，特别是国家、行业规定必须实行招标的项目。此外，监理方需注意的是：设计变更是指施工图内容与初步设计图纸内容的不符。实行 EPC、PMC 模式的项目，总承包单位须对工程质量、安全负总责，监理单位应注意其签字人员资格及程序须符合规范要求。

第 8 篇

《贵州省水利建设项目施工监理工作导则》解读

8.1 导则的产生

中国是世界第二大经济体和发展中大国，厚积薄发，积淀规则，包容互换，广推深究，在国际标准化进程中影响深远，话语权重提升，相继成为国际标准化组织（ISO）、国际电工委员会（IEC）常任理事国及国际电信联盟（ITU）理事国，中国专家先后担任 ISO 主席、IEC 副主席、ITU 秘书长等一系列重要职务。国家标准必须与世界接轨，应具有广泛的通用性与互换性。目前存在"中国标准"国际认可度不高的状况，也存在标准化老化滞后、标准交叉重复、标准化体系不够合理、标准化协调推进机制不完善等四方面的问题。2015 年 3 月 11 日，国务院发布《深化标准化工作改革方案》（国发〔2015〕13 号）文件，要求国家标准管理委员会强化标准化工作统一管理，明确建立高效权威的标准化统筹协调机制；整合精简强制性标准；优化完善推荐性标准；培育发展团体标准；提高标准国际化水平。在各部门、各地方共同努力下，深化标准化改革工作有了快速发展。标准是一种特殊性文件，标准化是一种活动。各行政主管部门要切实转变政府职能、深化标准化改革，并将其分为三个阶段进行，即 2015—2016 年为第一阶段，2017—2018 年为第二阶段，2019—2020 年为第三阶段，形成标准的系列化使"中国制造"全面进入国际市场。

贵州省水利工程协会 2017 年第三届年会规划了标准化进程，部署水利工程标准化团体标准化活动，分工编制《贵州省水利建设项目施工监理工作导则》。该导则于 2018 年 11 月 5 日由协会成员河南华北水电工程监理有限公司主编，贵州省水利水电建设管理总站、贵州黔水工程监理有限责任公司、贵州江河监理有限公司、中国电建集团贵阳勘测设计研究院有限公司、遵义神禹科技实业有限责任公司参与编制，并经过贵州省水利工程协会审核通过。《贵州省水利建设项目施工监理工作导则》以团体标准 T/GZWEA A03—2018 发布实施。截至 2018 年年底，协会所组织制定的团体标准系列已有 3 项由中国标准出版社出版，尚有 3 项审定待出版。近十年，贵州省水利工程建设十分活跃，从投资百亿元以上的夹岩水利枢纽及黔西北供水工程，到遍地开花的小规模山塘、泵站兴建，开启了贵州水利工程建设的新时代。投资主体多元化，建设体制种类繁多，有自营招标采购自行管理、有 EPC 和 PMC 总承包、有 PM 代建模式、有 PPP 方式引资兴建等，方兴未艾。

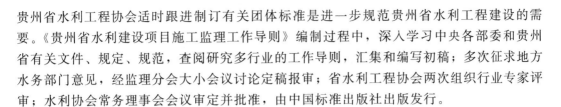

贵州省水利工程协会适时跟进制订有关团体标准是进一步规范贵州省水利工程建设的需要。《贵州省水利建设项目施工监理工作导则》编制过程中，深入学习中央各部委和贵州省有关文件、规定、规范，查阅研究多行业的工作导则，汇集和编写初稿；多次征求地方水务部门意见，经监理分会大小会议讨论定稿报审；省水利工程协会两次组织行业专家评审；水利协会常务理事会会议审定并批准，由中国标准出版社出版发行。

8.2　主要内容概述

（1）水利工程施工监理、水土保持工程施工监理、机电及金属结构安装监理、水利工程建设环境保护监理等四个专业中，水利工程和水土保持工程施工监理专业资质分为甲级、乙级和丙级三个等级，机电及金属结构设备制造监理专业资质分为甲级和乙级两个等级，水利工程建设环境保护监理专业资质不分级。

（2）对水利工程涉及的征地和移民搬迁安置的"监理"，原归属工程监理范畴。鉴于我国水利水电工程建设征地和移民搬迁安置是实行"政府领导、分级负责、县为基础、项目法人参与"的管理机制，所以以工程施工监理的方式进行监督管理与上述管理机制不相适应，现改为"移民监督评估"。监评单位受上一级移民部门和项目法人委托对项目工程征地和移民搬迁安置各环节，如移民搬迁进度、移民安置质量、移民资金的拨付和使用情况以及移民生活水平的恢复情况实施监督评估。故水利工程涉及的征地和移民搬迁安置不再包含在工程监理范畴。

（3）水利工程建设项目施工监理，是在水利工程的建设实施阶段，受项目法人（建设单位）委托，由具备相应资质的水利工程建设监理单位，依据法律、法规、规章、标准、项目设计文件和工程委托合同，对施工（设备制造）合同进行监督管理，并履行法定职责的服务活动。

（4）承担施工监理的监理单位依法组建现场机构，依据法律法规、规程规范、国家标准、行业标准、团体标准、工程承建合同、监理委托合同文件及设计文件开展监理工作，监理过程接受地方政府水行政主管部门和安全、质量监督部门的监督管理。

（5）水利工程建设项目施工监理实行总监理工程师负责制。监理单位应组建现场监理机构，委派总监理工程师全面负责现场监理机构的工作，遵守国家法律、法规和规章以及有关标准，独立、公平、公正、科学地履行监理合同约定的监理服务。

（6）监理机构应按照监理委托合同和工程承建施工（设备制造）合同约定，开展水利工程施工质量、进度、资金的控制活动，以及安全生产和文明施工的监理工作；加强合同管理、信息管理，协调施工合同有关各方之间的关系。

（7）监理从业人员应依据监理规范规定的监理工作程序、方法和制度开展监理工作，包括编制监理规划和监理实施细则，核查并签发施工图；审查施工组织设计中涉及人民生命财产安全、人身健康、水利工程安全、环境保护、能源和资源节约及其他保护公众利益的技术措施是否符合工程建设强制性标准；审批施工组织设计、施工措施计划、专项施工方案等；采取现场记录、发布文件、会议、旁站、巡视、跟踪检测和平行检测等方式，对原材料、中间产品、设备、施工工序、试验成果、施工质量等进行检查、检测、确认、验收；核定工程量，签发付款凭证；对发现的质量、安全隐患，视情况严重程度，要求责任单位整改或暂停施工，并及时报告项目法人，必要时报相应主管部门。

（8）规范、条例、标准的法律地位：国家标准一般由国家行政机关或主管部门直接发布；行业标准由国家行业协会发布；团体标准由省级行业协会发布。

（9）国家发展和改革委等 24 个部门印发《关于对公共资源交易领域严重失信主体开展联合惩戒的备忘录》的通知（发改法规〔2018〕457 号），《贵州省水利建设项目施工监理工作导则》中对发包人、承包人在公共资源交易领域中遵规、守信和失信奖惩提出了相应的规则办法。《贵州省水利建设项目施工监理工作导则》发布和实施，作为团体标准旨在规范水利工程建设各方工作的同时，详细规范监理行业自身行为，强调忠诚履职、严格职业操守、依法依规实施监督。愿贵州水利工程监理在服务"水美贵州"中靠行业自强"创新价值观、服务赢市场"；靠行业自立"确保贵州水利建设工程优质工程甲秀神州"。

1 总则

1.1 为加强贵州省水利建设项目施工监理单位和监理人员施工 监理活动管理，规范监理工作，提高监理服务水平，依据有关法律、法规、规范和标准等，制定本导则。

1.2 本导则适用于贵州省境内各类投资、融资建设的水利工程、水土保持工程、水生态环境工程、机电及金属结构设备制造监理（监造）等涉水工程建设项目施工监理。

1.3 水利建设项目发包人在实施项目采购招标过程中，应优先完成项目施工监理招标工作，以便监理单位依法依规参与项目前期有关工作。无论项目采用何种项目建设管理模式，项目施工监理合同均应由发包人与项目施工监理单位签订，项目施工监理单位对发包人负责。

解释：强调监理工作遵规守法，不论建设投资来自何方，采用何类监管模式，省内水利工程建设监理均应（宜）参照本导则。

1.4 监理单位应按照国务院水行政主管部门批准的资质等级及许可范围承揽施工监理业务，并接受有关部门和社会监督。

解释：强调监理工作接受有关部门和社会监督。现行地方政府对水利工程建设监管部门有质量监管、安全生产监管部门，综合管理部门为水行政主管部门〔如：省水利厅，市（州）、县水务局〕。接受监管的方式一般为：按规定定期填报安全生产、质量控制报表，报送进度报表，接受或配合相关部门的工作检查及事故调查等。

1.5 依法必须实施监理的水利建设项目，应当按照项目招标投标管理有关规定，确定具有相应资质的项目施工监理单位。

1.5.1 水利工程施工监理资质

a）甲级资质单位可以承担各等级水利建设项目的施工监理业务；

b）乙级资质单位可以承担Ⅱ等（堤防 2 级）及以下各等级水利建设项目的施工监理业务；

c）丙级资质单位可以承担Ⅲ等（堤防 3 级）及以下各等级水利建设项目的施工监理业务。

1.5.2 水土保持工程施工监理资质

    a) 甲级资质单位可以承担各等级水土保持工程的施工监理业务；

    b) 乙级资质单位可以承担Ⅱ等及以下各等级水土保持工程的施工监理业务；

    c) 丙级资质单位可以承担Ⅲ等及以下各等级水土保持工程的施工监理业务。

1.5.3 机电及金属结构设备制造监理（监造）专业资质

    a) 甲级资质单位可以承担各等级水利建设项目中大、中、小各型机电及金属结构设备制造监理（监造）业务；

    b) 乙级资质单位可以承担各等级水利建设项目中的中、小型机电及金属结构设备制造监理（监造）业务。

1.5.4 水利工程建设环境保护专业资质单位，可以承担各类各等级水利建设项目建设环境（含水生态环境）保护监理业务。

    解释：强调根据工程分类和规模大小选择相应资质的监理单位。

1.6 同时具备水利工程施工监理专业资质和乙级以上水土保持工程施工监理专业资质的，方可承担淤地坝中的骨干坝施工监理业务。

1.7 为保证水利建设项目的安全、质量、投资、进度和提高项目施工监理工作的监控力度，项目监理招标不宜分标过多，枢纽主体工程原则上不应分标。

    解释：项目工程分标应遵循的主要原则是：有利于工序衔接、施工组织管理，避免大型设备的重复配置、工期和进度协调、减少场内临时道路的使用以及维护纠纷、减少辅助生产系统配置。枢纽主体工程、中小型工程、小于2km的洞隧工程、送变电工程等不应再分标。混凝土大坝工程，不应将大坝工程和骨料开采场、混凝土拌和厂分开招标；当地材料坝工程，不应将大坝工程和填筑料开采场分开招标。同理监理亦不应分标选择。

1.8 监理单位作为依法依规提供服务的社会第三方技术服务单位，对水利建设项目存在的以下违法、违规行为，有权向有关水行政主管部门书面提出"情况反映"或"安全事故隐患报告"。

1.8.1 发现项目违规选用资质不合格的挂靠承包单位、设备材料供应分包商等，经不少于两次书面反映而未得到回应时。

1.8.2 对项目存在重大安全事故隐患，或在施工过程中发生对生态、环境严重破坏，或造成较大污染及其他严重后果情况，且在施工过程中曾经反映未彻底消除（限于职责权限无力下令停工）的情况，可直接向发包人及有关水行政主管部门反映或报告。

    解释：导则首创提出本条规定，得到国家水行政主管部认可，将载入有关规定。为保证工程质量、安全，监理机构在多次反映而未得到项目发包人响应的前提下不得已而为之。在某种概念上讲也是对监理自身的保护和监理责任感的体现。

1.9 监理单位应遵守国家法律、法规和规章、有关技术标准及本导则，独立、公正、诚信、科学地开展水利建设项目施工监理工作。

1.10 监理单位应按照水利建设项目施工监理合同和发包人与承包人的施工合同约定，开展项目施工质量、安全、进度、资金的控制活动，以及文明施工的监理工作，加强信息管理，协调施工合同有关各方之间的关系。

1.11 贵州省水利施工监理除应符合本标准规定外，尚应符合国家现行有关标准的规定。

1.12 本导则主要引用以下文件、标准：

——国家和国务院水行政主管部门有关水利工程建设的法律、法规、规章、标准等；

——《水利工程建设标准强制性条文（2016版）》；

——《水利工程施工监理规范》（SL 28—2014）；

——《水利水电工程施工质量检验与评定规程》（SL 176—2007）；

——《水利水电建设工程验收规程》（SL 223—2008）；

——《水利水电工程单元工程施工质量验收评定标准》（SL 631～637—2012、SL 638～639—2013）；

——《水利水电工程施工安全工作导则》（SL 721—2015）；

——《水利工程建设监理单位资质管理办法》（2006年发布，2010年修正，2015年修正，2017年修正）；

——《国务院关于印发深化标准化工作改革方案的通知》（国发〔2015〕13号）；

——国家发改委等24个部门印发《关于对公共资源交易领域严重失信主体开展联合惩戒的备忘录》的通知（发改法规〔2018〕457号）。

2 术语和定义

2.1 项目施工监理

根据项目施工监理合同约定监理内容和范围，依照有关规程规范和标准对水利工程建设项目的施工期、保修期实施的全过程监理。

2.2 发包人

承担水利建设项目直接建设管理责任，行使发包人责权的法人组织或其合法代表机构。

2.3 承包人

与发包人签订施工、供货等合同，实施水利建设项目施工、安装及设备设施保修、设备材料供应等的企业法人或其合法代表。

2.4 监理单位

具有企业或事业法人资格，取得水利工程建设监理资质等级证书，安全生产标准化建设符合相关规定。信用信息记录满足水利建设市场诚信体系建设需要，与发包人签订项目施工监理合同，提供水利建设项目施工监理服务的单位。

2.5 监理机构

项目施工监理单位依据项目施工监理合同任命并派驻项目现场实施项目建设监理的机构（即：某监理部）。监理机构实行总监理工程师负责制，监理机构一般由总监理工程师、副总监理工程师、监理工程师、监理员和其他工作人员组成，代表项目施工监理单位履行项目施工监理合同中约定的监理工作内容。

2.6 监理人员

满足监理单位监理岗位职业（执业）基本条件的总监理工程师、副总监理工程师和监理工程师、监理员等人员的统称。监理人员由监理单位聘用并按本导则第8章规定进行公示和管理。

2.7 总监理工程师

取得水利工程建设监理工程师职业（执业）资格并经总监理工程师岗位技能培训合格人员，其专业水平和业务技能符合总监理工程师岗位需要，信用信息记录满足水利建设市场诚信体系建设需要，受监理单位任命委派，全面负责水利建设项目施工现场监理机构领导工作的监理工程师。

2.8 副总监理工程师

满足总监理工程师职业（执业）基本条件，由监理单位任命委派或由项目总监理工程师书面授权，协助或代理总监理工程师在水利建设项目施工现场监理机构行使总监理工程师部分职责和权力的监理工程师。

2.9 监理工程师

取得水利工程建设监理工程师职业（执业）资格并经监理工程师岗位技能培训合格人员，其专业水平和业务技能符合监理工程师岗位需要，信用信息记录满足水利建设市场诚信体系建设需要，在水利建设项目施工现场监理机构承担水利建设项目施工监理主要工作的监理人员。

2.10 监理员

监理单位中，经监理员岗位技能培训合格且专业水平和业务技能符合监理员岗位需要，信用信息记录满足水利建设市场诚信体系建设需要，由监理单位安排到水利建设项目施工现场监理机构承担辅助性施工监理工作的监理人员。

2.11 监理规划

监理单位与发包人签订项目施工监理合同之后，由项目总监理工程师主持编制，并经项目监理单位技术负责人批准的，用以指导项目监理机构全面开展项目施工监理工作的指导性文件。

2.12 监理实施细则

由项目监理工程师负责编制，并经项目总监理工程师批准，用以实施某一专业工程或专业工作监理的操作性文件。

2.13 缺陷责任期

从项目通过合同工程完工验收或单位工程、分部工程通过验收投入使用之日起，至有关规定或项目施工合同约定的缺陷责任终止的时段。

2.14 书面文件

包括纸质文件和电子文档。纸质文件包括合同书、函件、报告、批复、确认、指示、通知、记录、会议纪要和备忘录等；电子文档包括电子数据交换、电子邮件、传真、拷贝的电子文件、电报和电传等。

解释：纸质档案和电子档案共存；通过计算机完成的资料都必须拷贝存盘；光盘必须是只读光盘或一次写光盘。

3 项目施工监理的招标、投标与评标

3.1 项目批准

3.1.1 按照国家、省、市（州）有关规定须履行项目审批（或核准）手续且必须进行招

标的水利建设项目应进行公开招标。其招标范围、招标方式、招标组织形式等应符合项目审批（或核准）文件的要求。

3.1.2 水利建设项目审批或核准部门应及时将审批或核准确定的项目招标范围、招标方式、招标组织形式等及时通报有关水行政主管部门。

3.1.3 完成前述项目批准的水利建设项目方可进行项目施工监理招标活动。

解释：水利建设在未获批准之前不得招标，前期准备工程招标也应得到相应批准后方可招标。监理单位切忌为占领市场而未签合同仅凭口头承诺而进驻。

3.2 监理招标

3.2.1 关系社会公共利益、公共安全，全部或部分使用国有资金投资或国有融资，使用国际组织或者外国政府贷款、援助资金，达到招标限额规定的涉水工程建设项目，应采用公开招标方式选择项目施工监理单位。

3.2.2 水利建设项目施工监理招标的潜在投标人或投标人的资格等级应符合本导则1.4、1.5的规定。

3.2.3 水利建设项目施工监理投标人资格审查在项目不采用资格预审的情况下，应按资格后审规定纳入评标办法中评审。

3.2.4 招标项目发包人或招标人对招标项目划分标段时，应遵守有关规定，不得利用划分标段限制或排斥潜在投标人；依法必须进行招标的项目，发包人或招标人不得利用划分标段规避招标。

3.2.5 招标人对已发出的资格预审文件、招标文件等进行依法澄清时，不得违反有关规定对经有关部门备案的招标项目内容和评标办法进行实质性修改。

3.2.6 水利建设项目推行投标保函代替投标保证金制度。招标人在招标文件中要求投标人提交投标保函或保证金，投标保函或保证金的金额应不得大于项目施工监理估算价的2%，且金额最高不超过80万元。投标保函或保证金有效期应当与投标有效期一致。

3.2.7 招标人终止招标的，应当及时发布公告，或者以书面形式通知被邀请的或已获取资格预审文件、招标文件的潜在投标人。已经发售资格预审文件、招标文件或者已经收取投标保函或保证金的，招标人应当及时退还所收取的相关文件费用和所收取的投标保函或保证金。

3.2.8 招标人不得以不合理的条件限制、排斥潜在投标人或者投标人。招标人有下列行为之一的，属于以不合理条件限制、排斥潜在投标人或者投标人：

    a）就同一招标项目向潜在投标人或者投标人提供有差别的招标项目信息；

    b）设定的资格、技术、商务条件与招标项目的具体特点和实际需要不相适应或者与合同的履行无关；

    c）对潜在投标人或者拟选投标人采取不同的资格审查或者评标标准；

    d）限定或者指定特定的专利、商标、品牌、原产地或者供应商；

    e）限定潜在投标人或者投标人的所有制形式或者组织形式；

    f）以其他不合理条件限制、排斥潜在投标人或者投标人。

3.2.9 属于本导则3.2.8所指进行限制、排斥潜在投标人或者投标人的招标人或招标代理人应按有关规定受到惩戒。

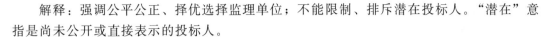

解释：强调公平公正、择优选择监理单位；不能限制、排斥潜在投标人。"潜在"意指是尚未公开或直接表示的投标人。

3.2.10 项目打捆招标和允许联合体投标

3.2.10.1 小微型水利建设项目推行监理打捆招标。对于小微型水利建设项目，为保证监理工作质量和控制项目造价，鼓励并允许在相近实施期内的多个项目实施监理打捆招标。打捆招标项目可以允许项目总监理工程师为同一人，并应制定相关措施以保证各打捆项目的监理工作正常开展。同时还应符合下列条件之一：

a）打捆项目在同一河道。或是在同一市（州）行政管辖区域内建设内容类似的多个项目；

b）打捆项目所处地理位置在10km范围内，或虽不在同一行政管辖区域，但项目彼此相邻、建设内容类似的多个项目；

c）打捆项目所处地理位置在同一县（市、区）行政管辖区域内的多个项目。

本条目系针对贵州省。本省虽属南方暖湿气候，雨水偏多，但本省山区岩石裸露、植被稀薄保水性差，且沟深坡陡，降水流失快；故大中小水库、山塘星罗棋布，监理招标适当打捆进行，有利于监理从业团队专业互补、工程抢工和停缓建时人员合理调配；有利于减少监理辅助人员从而有利控制监理工作成本等。此举得到了国家水行政主管部门认可，有望在未来的文件中就此进行详细规定。

3.2.10.2 联合体投标

a）对于大型水利建设项目，可允许多个监理单位发挥各自专业和资源优势组成项目监理联合体，共同承揽监理业务。联合体的综合资质等级应按联合体各方中综合资质等级较低的一方认定；或因项目需要，且联合体各方专业分工明确，则可按专业分工认定专业资质等级，联合体各方签订的联合体协议中应明确划分各方拟承担的专业监理工作和责任。采用监理联合体时，项目总监理工程师应由联合体牵头单位方派出；

b）监理联合体与发包人签订项目施工监理合同时，联合体各方应共同与发包人签订监理合同，就中标项目向发包人承担连带责任。

解释：监理任务客观存在时空分布不均和项目复杂，监理专业经验不足时，允许联合投标有利于专业、经验方面互为补充，有利于缓解矛盾和避免恶性竞争。

3.2.11 招标文件。水利建设项目施工监理招标必须依法依规发布招标公告，并编制招标文件（含资格预审文件等，下同），且招标文件中应包括如下主要内容（但不限于）：

3.2.11.1 项目地理位置、行政区划、工程概述、主要工程内容、工程量和工期。

3.2.11.2 项目的工程建筑、设备采购及安装的分标情况。

3.2.11.3 明确对项目施工监理单位的资质等级（综合资质等级或分专业资质等级）要求，对监理机构的组建、监理人员的专业配置要求，对监理费用的支付方式和考核办法等。

3.2.11.4 发包人可提供的施工监理工作、生活场所和条件，列明所提供条件是无偿提供还是有偿提供。

3.2.11.5 报价办法

a) 总价报价。报价应按本导则规定分项计算并列出，汇总报出；

b) 费率报价

——对于项目规模较大的输水渠道及输水管道工程若批准分段实施时，工程监理可采用费率报价方式，一次性选定监理单位。发包人与监理单位依照首批（一段或多段）工程合同价和费率签订总监理合同并实施；

——后续分段工程由发包人依后续分段工程合同价和约定费率书面通知监理单位实施监理。

3.2.11.6 若在现行《水利工程施工监理规范》规定工作范围内提出增加或减少工作内容时，应在招标文件中列明。

解释：规范投标价的编制更突显监理技术性服务的性质，有利于评标；标价采用成本加费率的办法有利于处理工期增长或减少时的监理费的增减商讨和计算。

3.2.11.7 招标文件中应明确所招标项目的监理服务期（起始年月日和终止年月日或监理总月数）。

3.2.11.8 招标文件中可设置奖惩条款，有奖有罚且相互关联以示公平。

a) 由于监理单位的合理化建议或高效工作，使项目建设取得显著的经济效益，监理单位可按有关规定或监理合同约定获得相应的奖励；

b) 因监理单位的直接原因致使项目建设遭受损失，监理单位应承担责任，接受惩罚，减少相应比例监理费用支付额；

c) 上述奖罚应在项目施工监理合同中载明，奖、罚总额原则上在项目施工监理合同服务费总额的30%以内为宜。

解释：体现奖罚分明，引进技术劳务合同的奖罚原则，奖励与项目获得效益的部分挂钩；惩罚只能扣减监理管理费及利润部分，而不应涉及扣减劳务实际已发生费用。

3.2.11.9 项目施工监理服务费支付约定

a) 项目施工监理服务费应按施工监理合同约定的监理服务期进行支付；

b) 项目施工监理服务费若采用部分监理费支付与施工承包人完成施工工程量挂钩的方式，则该部分挂钩费用不宜大于合同总额的50%。计算支付费用时，监理服务期支付部分宜采用平均支付方式；

c) 项目施工监理服务费采用费率报价的合同支付，计费基价应包括对监理标的项目施工承包人的全部支付（在质保金扣除前）。为保证监理工作正常开展，费率报价的监理费用支付期以季支付为宜；若采用预付和分期支付的方式，监理费用支付期可选用半年支付；

d) 延期监理服务费用的确定和支付按监理合同规定执行；监理合同未规定时，由合同双方另行协商确定。

解释：无序竞争损人损己，监理属技术劳务服务性质，人员成本不依施工完成量多少而增减。导则旨在保护监理人的权益。

3.2.11.10 评标办法中，若评标监理报价设拦标价的，则下浮率宜在项目监理费审定概算标准的0～10%以内选取。项目投资规模较大时，取较大值；项目投资规模较小时，取较小值。

施工监理报价应不低于项目施工监理批复费用的80％，以确保项目施工监理服务正常进行。

3.2.11.11 项目施工监理招标可按国家规定的工程监理收费标准进行总量控制。为保证项目施工监理单位依法依规、保质保量进行项目施工监理工作，发包人应以保质保量为准则购买项目施工监理服务，不得人为设限招标，导致恶性竞争。

解释：为规范省内水利工程建设市场、发包人购买项目施工监理服务，应避免引起监理行业的恶性竞争。《导则》规定拦标价在审定概算标准的0％～10％以内选取，监理报价应不得低于相应工程项目批复价的80％，即行业竞争幅度在10％范围内，以确保项目施工监理服务正常进行。

3.2.11.12 设置项目暂停或缓建条款。项目因故暂停或缓建，发包人应主动与项目施工监理单位协商处理，正常的处理有下列种类：

a) 项目明确缓建，项目施工监理合同双方应根据缓建期限长短，协商签订项目施工监理缓建处理（或终止）协议；

b) 项目因故暂停视为项目合同中止，项目施工监理合同双方应签订中止（或暂停）协议。对诸如是否要求项目施工监理单位派人留守、中止期限及恢复项目建设而进驻服务等事宜应签订相关补充协议；

c) 对短时中止在3个月内的，可采用限时休假的办法，休假结束后恢复执行项目施工监理合同。

解释：省内水利工程建设中的小、微型项目较普遍存在停、缓建状况，规范介绍几种处理办法，以保护行业权益。

3.2.11.13 投标报价应包括下列各部分，即开办费用、办公费用、人员费用、设施设备使用费、保险、管理费、利润及税费等。

a) 报价表应分5类费用列出：

——开办费。费用项下应列办公桌椅、电脑、打印、复印设备、交通工具及住宿生活用品等的数量和价格（其中电脑、打印复印设备、交通工具只能以使用折旧费的方式进入）；

——办公费用。包括通讯费、差旅费、水电费、低值易耗品、交通工具使用费及其他零星费用等；

——人员费用。按项目施工监理机构各级各类人员月薪标准乘以相应人·月数得出。月薪标准中包括个人薪酬所得、现场补贴、生活补贴、休假路费补贴及社会安全、劳动、医疗、人身意外保险等；

——管理费及利润。

b) 工期缩短和延期的费用调整

——工期缩短和延期带来监理服务的减少或增加，招标文件中可约定调价办法；

——约定调价办法中宜对报价表中开办费以外的费用按比例调整进行约定。

3.2.11.14 招标文件警示、明示内容

a) 严禁投标人串通投标、围标；严禁投标人以他人名义投标。一旦发现且证据确凿，应视为废标，并依法按相关规定给予违规人违规惩戒；

b）评标办法应随同招标文件发布；

c）对报价中单项价格及合计价格出现误报的情况，明示将按规定进行调整；

解释：旨在对报价取费细目进行规范，方便双方的争议处置。

d）投标人应按招标文件的要求进行密封并在招标文件要求提交投标文件的截止时间前，将投标文件送达投标地点。在招标文件要求提交投标文件的截止时间后送达的投标文件，招标人应当拒收。

3.3 监理投标

3.3.1 项目施工监理投标文件应全面响应招标文件，投标人在投标文件中对招标文件的实质性要求进行修改或保留的均应视为偏离和不响应。投标人若提出方案建议或降价意见，应另行书面提出并单独密封随投标文件递交。

3.3.2 项目施工监理潜在投标人或投标人参与投标，在获得项目施工监理招标文件后应仔细阅读，编制监理大纲，制定人员配置安排进度表（内容包括监理人员姓名、专业、进退场时间及总人员数量等），确定监理人员满足项目需要的条件（包括资格证明、业务技能合格证明、安全生产考核合格证明、主要人员项目监理经历证明等文件）。

3.3.3 项目施工监理投标报价应根据项目施工监理招标文件中所标明的项目位置、工程规模、工期等条件，制定进场设备、设施配备和各专业监理人员配置进场计划，编制报价表；为确保施工监理服务质量，投标报价不宜低于该项目施工监理批复费用的80％。

3.3.4 监理单位不得以减少监理资源配备和人员配置、降低人员素质等办法争相压价竞争，影响项目施工监理服务质量。

解释：监理行业的发展必须建立在监理机构岗位责任制的设立、内部管理制度的明确和提升从业人员综合业务素质为基础；监理单位专业种类齐全的后方团队支持；总监理工程师领导下的监理机构团队整体服务精神的发挥。

3.4 监理评标

3.4.1 评标工作的全过程应严格遵守现行法律、法规、规范和本导则的规定，按照评标办法进行，任何组织、个人不得干预评标工作。评标报告和推荐中标人的意见应由评标委员会独立决定。

3.4.2 评标委员会由招标人的代表和有关技术、商务等方面的专家组成，成员人数为7人及以上单数，其中技术、经济等方面的专家不得少于成员总数的2/3。

3.4.3 评标委员会的组成人员有下列情况者，应予以回避：

a）投标人主要负责人的近亲属；

b）项目主管部门或者行政监督部门的人员；

c）与投标人有经济利益关系，可能影响公正评审的；

d）曾因在招标、评标以及其他与招标投标有关活动中有违规或违法行为而受过行政处罚或刑事处罚的人员。

3.4.4 当中标人不是评标委员会推荐备选中标人时，按国家发展改革委等24部委办局印发《关于对公共资源交易领域严重失信主体开展联合惩戒的备忘录》的通知（发改法规〔2018〕457号）精神，属于违规惩戒范围。

3.4.5 评标办法中对评标委员会成员的评分出现较大偏差时应做出修正规定。当投标人数大于或等于 5 家时可采用扣除最高分和最低分的方法计算出评标基准价；当投标人数小于 5 家时，可将最高分和最低分进行算术平均，最高分和最低分名下均以平均数记入，再根据招标文件中报价得分公式算出投标人得分，以保证评标公正合理。

3.4.6 评标委员会成员在打分表和评标报告上应签字认证。

3.4.7 评标报告中对招标文件的响应性、监理大纲可行性、人员配置的合理性、报价的合理性等逐一评定表述及综合评分排序，并按序推荐 2～3 名中标候选人。

3.4.8 招标投标及评标文件应存档，除有专门规定外，此类档案在工程验收投运之日起 10 年内不可销毁。

　　解释：引用现行法律法规精神，使市场公平、公正、合理；必要的规范有利于净化市场环境。

4　监理组织

4.1　监理单位

4.1.1 监理单位与发包人应依法依规签订项目施工监理合同。

4.1.2 监理单位开展项目施工监理工作，应遵守下列规定：

　　a) 严格遵守国家法律、法规、规章、标准等，维护国家利益、社会公共利益和项目建设各方合法权益；

　　b) 不得与施工承包人以及原材料、中间产品和项目设备供应单位有隶属关系或者其他利害关系；

　　c) 不得转让、违规分包监理业务；

　　d) 不得聘用、任命不具有相应资格和执业能力、业务技能水平不合格的人员从事监理业务；

　　e) 不得允许其他单位或者个人以本单位名义承揽监理业务；

　　f) 不得采取不正当竞争手段承揽监理业务。

4.1.3 监理单位应依照项目施工监理合同约定，组建监理机构，配置满足监理工作需要的监理人员、设备、设施和车辆等并根据项目施工进展情况及时调整，任命项目总监理工程师。项目施工监理实行总监理工程师负责制。

4.1.3.1 总监理工程师应组织制定项目监理机构监理工作实施细则、根据需要或施工监理合同中约定的监理任务合理分工，报监理单位批准后书面上报发包人和抄送项目各有关承包人。

4.1.3.2 项目监理机构应严格按规范和技术标准的规定实施监理；遵守有关法律、法规和纪律规定，公平、公正地维护发包人和项目各有关承包人的合法权益。

4.1.3.3 项目监理机构应自觉接受地方政府质量与安全监督机构和纪检监察部门的监督并配合其工作。

4.1.3.4 项目监理机构人员分工，应明确负责安全管理的副总监理工程师或监理工程师，实施开展对项目的安全巡视检查工作、对项目危险性较大的单项工程及危险作业部位的安全检查工作。

4.1.3.5 总监理工程师因事需离开项目施工监理岗位 5 天以内时，必须向发包人请假，经同意后须明确代理人方可离开岗位；总监理工程师请假超过 5 天及以上应书面向发包人请假并获批准，请假书面明确请假起止日期和书面委托代理总监理工程师的人员。总监理工程师在项目岗位的履职时间每年不少于 210 天。

4.1.3.6 项目监理机构应组织制定质量及安全生产控制体系组建的相关资料，报工程项目质量、安全生产监督机构核备。

4.1.4 为保障水利建设项目的质量与安全，监理单位包括经理、副经理、总工程师等单位主要负责人（其中不少于 2 人）应熟悉水利工程建设标准强制性条文，并经 A 类安全生产考核合格。

解释：旨在规范行业内部管理和要求，对总监在现场服务时间和临时离开岗位进行了具体规定，主动接受地方监督机构监管。

4.2 监理人员

4.2.1 水利建设项目施工监理人员应掌握必要的专业知识，熟悉水利工程建设标准强制性条文，具备满足项目施工监理需要的岗位执业能力和业务技能水平。

4.2.1.1 总监理工程师（或副总监理工程师）应具备 5 年以上同类工程施工技术或管理经验，取得工程类相关专业工程师及以上技术职称（对应项目规模和难易程度等按需选择）和监理工程师任职资格，同时须是总监理工程师岗位业务技能合格人员并须经 B 类安全生产考核合格。大中型水利建设项目的总监理工程师除应满足上款条件外，还应有担任过项目总监理工程师（或副总监理工程师）2 次及以上的经历，取得工程类相关专业高级工程师及以上技术职称。

4.2.1.2 负责水工、地质、机电安装、测量、造价等专业的监理工程师应具备 3 年以上同类工程施工技术或管理经验，取得工程类相关专业工程师及以上技术职称并取得监理工程师任职资格，同时须是相应监理岗位业务技能合格人员，并须经 B 类安全生产考核合格。

4.2.1.3 负责安全管理的副总监理工程师、监理工程师还须经 C 类安全生产考核合格。

4.2.1.4 监理员须是监理员岗位业务技能合格人员，其中从事安全管理的监理员还须经 C 类安全生产考核合格。监理员在监理工程师指导下开展工作。

4.2.2 监理人员应遵守以下规则：

    a) 遵纪守法，坚持求实、严谨、科学的工作作风，全面履行岗位职责，正确运用权限，勤奋、高效地开展监理工作；

    b) 努力钻研业务，熟悉和掌握工程建设管理知识和专业技术知识，提高自身素质、技术和管理水平；

    c) 提高监理服务意识，增强责任感，加强与工程建设有关各方的协作，积极、主动开展工作，尽职尽责，公正廉洁；

    d) 妥善保管并及时归还发包人提供的工程建设文件资料，未经许可，不得泄露与本工程有关的技术机密和商务机密；

    e) 不得与承包人以及原材料、中间产品和工程设备供应单位有隶属关系或其他利害关系；

    f) 不得出卖、出借、转让、涂改、伪造岗位证书、业务技能合格证书、执业资格证书；

g）只能在一个监理单位执业或从业；

h）遵守职业道德，规范职业行为，维护职业信誉，严禁徇私舞弊；

i）不得索取、收受承包人的财物或者谋取其他不正当利益。

4.2.3 水利建设项目施工监理实行总监理工程师负责制。项目总监理工程师应全面承担和履行项目施工监理合同约定的监理单位的责任和义务，主要职责应包括以下各项：

a）主持编制监理规划，制定监理机构工作制度，审批监理工作实施细则；

b）确定监理机构部门职责及监理人员职责权限；协调监理机构内部工作；负责监理机构中监理人员的工作考核，调换不称职的监理人员；根据项目建设进展情况，调整监理人员；

c）签发或授权签发监理机构的文件；

d）在承包合同约定的范围内主持审查承包人提出的分包项目和分包人，报发包人批准；

e）审批承包人提交的合同工程开工申请、施工组织设计、施工进度计划、资金流计划；

f）审批承包人按有关安全规定和合同要求提交的专项施工方案、度汛方案和灾害应急预案；

g）审核承包人提交的文明施工组织机构和措施；

h）主持或授权监理工程师主持设计交底；组织核查并签发施工图纸；

i）主持第一次监理工地会议及开工、验收等重要阶段监理现场会议。主持或授权监理工程师主持监理例会和监理专题会议；

j）签发合同工程开工通知、暂停施工指示和复工通知等重要监理文件；

k）组织审核已完成工程量和付款申请，签发各类付款证书；

l）主持处理变更、索赔和违约等事宜，签发有关文件；

m）主持施工合同实施中的协调工作，调解合同争议；

n）要求承包人撤换不称职或不适宜在本项目工作的现场施工人员或技术、管理人员；

o）组织审核承包人提交的质量保证体系文件、安全生产管理机构和安全措施文件并监督其实施，发现安全隐患，及时要求承包人整改或暂停施工；

p）审批承包人施工质量缺陷处理措施计划，组织施工质量缺陷处理情况的检查和施工质量缺陷备案表的填写；按相关规定参与工程质量及安全事故的调查和处理；

解释：监理机构在审批重大施工质量缺陷处理措施时，强调应先报监理单位审核，以发挥集团技术支撑和监理工作的保证作用。

q）复核分部工程和单位工程的施工质量等级，代表监理机构评定工程项目施工质量；

r）参加或受发包人委托主持分部工程验收，参加单位工程验收或阶段性验收、合同工程完工验收；

s）组织编写并签发监理月报、监理专题报告和监理工作报告；组织整理监理档案资料；

t）组织审核承包人提交的工程项目档案资料，并提交审核专题报告；

    u）制定质量终身责任制承诺书，总监理工程师签发后报有关质量监管部门。

4.2.4 项目总监理工程师可书面授权副总监理工程师或监理工程师履行其部分职责，但下列工作除外：

    a）主持编制监理规划，审批监理工作实施细则；

    b）主持审查承包人提出的分包项目和分包人；

    c）审批承包人提交的合同工程开工申请、施工组织设计、施工总进度计划、年施工进度计划、专项施工进度计划、资金流计划；

    d）审批承包人按有关安全规定和合同要求提交的专项施工方案、度汛方案和灾害应急预案；

    e）签发（或委托签发）施工图纸；

    f）主持第一次监理工地会议，签发合同工程开工通知、暂停施工指示和复工通知；

    g）签发各类付款证书；

    h）签发变更、索赔和违约有关文件；

    i）签署工程项目施工质量等级评定意见；

    j）要求承包人撤换不称职或不适宜在本项目工作的现场施工人员、技术或管理人员；

    k）签发监理月报、监理专题报告和监理工作报告；

    l）参加合同工程完工验收和竣工验收。

4.2.5 项目副总监理工程师的职责。副总监理工程师协助总监理工程师工作，在总监理工程师离开现场期间，经授权后行使总监理工程师的职权（4.2.4的工作内容除外），代表总监负责组织实施、监督施工现场的监理工作。

4.2.6 项目监理工程师应按照分工开展项目监理工作，是所实施监理工作的直接责任人，并对总监理工程师负责。其主要职责应包括以下各项：

    a）参与编制监理规划，编制监理实施细则；

    b）预审承包人提出的分包项目和分包人；

    c）预审承包人提交的合同工程开工申请、施工组织设计、施工总进度计划、年施工进度计划、专项施工进度计划、资金流计划；

    d）预审承包人按有关安全规定和合同要求提交的专项施工方案、度汛方案和灾害应急预案；

    e）根据总监理工程师的安排核查施工图纸；

    f）审批分部工程或分部工程部分工作的开工申请报告、施工措施计划、施工质量缺陷处理措施计划；

    g）审批承包人编制的施工控制网和原始地形的施测方案；复核承包人的施工放样成果；审批承包人提交的施工工艺试验方案、专项检测试验方案，并确认试验成果；

    h）协助总监理工程师协调参建各方之间的工作关系；按照职责权限处理施工现场发生的有关问题，签发一般监理指示和通知；

    i）核查承包人报验的进场原材料、中间产品的质量证明文件；核验原材料和中间产品的质量；复核工程施工质量；参与或组织工程设备的交货验收。依据监理实施细则实施旁站监理和跟踪检查；

j）检查、监督工程现场的施工安全和文明施工措施的落实情况，指示承包人纠正违规行为；情节严重时，应向总监理工程师报告；

k）复核已完成工程量报表；

l）核查付款申请报表；

m）提出变更、索赔及质量和安全事故处理等方面的初步意见；

n）按照职责权限参与工程的质量评定工作和验收工作；

o）收集、汇总、整理监理档案资料，参与编写监理月报，核签或填写监理日志；

p）施工中发生重大问题或遇到紧急情况时，及时向总监理工程师报告；

q）完成总监理工程师授权的其他工作。

4.2.7 监理单位根据监理工作合同中规定的监理工作内容和时间安排，完成相应的监理工作。

解释：这里明列了监理机构必要的程序性工作，值得提示的是在完成这类工作时应做的案头准备：

1）进度计划的完成，重点考察生产强度、专业条例的允许、辅助生产设施生产强度的配套、施工设备的能力、备品备料的数量等。

2）质量控制的事前预判、事中的观察、事后的检测成果等。

3）生产注重安全。安全指导生产；坚持班日巡检、注重细节、把安全事故消灭在萌芽状态。

4.2.8 机电设备安装、金属结构设备监造和安装、地质勘察、工程测量和造价工程等各专业监理工程师应履行以下职责：

a）当监理合同中含有机电设备和金属结构监造时，根据监理合同约定，金属结构设备监造和安装专业工程师应到制造厂或驻制造厂监造，监督检查原材料、工序工艺、厂检测试和包装发运等，并填写现场记录；

b）金属结构设备监造和安装专业工程师应协助监理工程师监督检查承包人设备运输、存放和安装、调试全过程，并填写现场记录；

c）地质勘察专业工程师应协助监理工程师检查、监督承包人在隧洞支护、高边坡锚喷等的技术流程和施工工艺的落实，以及验收检验；

d）测量专业工程师应负责开工前的测量控制点和枢纽布置网点的复核；

e）造价专业工程师建立工程结算台账、设计变更和新增项目的造价变更审核；协助发包人处理调价和索赔业务等。

解释：建立多种类台账，是指导监理完成质量、安全、进度以及投资监控的基础工作。台账应包括工程量台账、结算支付台账；施工设备进退场台账；建筑主材进场耗用台账；主要人员履职台账等。经验表明：情况明了、监督有力、出言有据、遇事不慌。

4.2.9 项目监理员主要职责

a）核实进场原材料和中间产品报验单并进行外观检查，核实施工测量成果报告；

b）检查承包人用于工程建设的原材料、中间产品和工程设备等的使用情况，并填写现场记录；

c）检查、确认承包人单元工程（工序）施工准备情况；

d）检查并记录现场施工程序、施工工艺等实施过程情况，发现施工不规范行为和质量隐患，及时指示承包人改正，并向监理工程师或总监理工程师报告；

e）对所监理的施工现场进行定期或不定期的巡视检查，依据监理实施细则实施旁站监理和跟踪检测；

f）协助监理工程师预审分部工程或分部工程部分工作的开工申请报告、施工措施计划、施工质量缺陷处理措施计划；

g）核实工程计量结果，检查和统计计日工情况；

h）检查、监督工程现场的施工安全和文明施工措施的落实情况，发现异常情况及时指示承包人纠正违规行为，并向监理工程师或总监理工程师报告；

i）检查承包人的施工日志和现场实验室记录；

j）核实承包人质量评定的相关原始记录；

k）填写监理日记，依据总监理工程师或监理工程师授权填写监理日志。

4.2.10 项目监理机构的监理人员应相对稳定，涉及监理人员更换时，应遵循下列程序进行：

a）更换总监理工程师时，监理单位应向发包人书面提出更换申请，接替人员应满足总监理工程师任职资格、经历和持证要求。经发包人批准同意后，监理单位方可下达总监理工程师变更任命并报送发包人；

b）更换副总监理工程师及监理工程师时，由总监理工程师向发包人提出更换和接替人员，接替人员应符合项目对相应人员的任职资格、经历和持证要求。

解释：为提高省内水利工程建设监理行业服务质量，在规范条目下细化工作内容。导则对新入行人员起工作指示牌的作用和内部管理分工的模板作用。

5　监理工作程序、制度、方法

5.1　必要工作程序

5.1.1 集中学习熟悉工程建设有关法律、法规、规程和规范以及技术标准，熟悉监理工程项目设计文件、施工合同文件和监理合同文件等。

5.1.2 确立总监理工程师项目总负责制和副总监理工程师分工负责制，监理工程师单项或分部工程负责制，监理员在监理工程师领导下的巡检和旁站工作制。

5.1.3 建立请示汇报制度，一级对一级；监理机构向发包人的请示报告由总监理工程师或指定委托人负责。

5.1.4 总监理工程师在签发或审定重大技术措施或重要部位缺陷处理前，建议报请监理单位组织评审批准。

5.1.5 监理机构与发包人之间意见往来，凡涉及项目工程进度、质量、投资变化等事项均应以文函往来为准。

5.1.6 监理机构与发包人之间涉及安全、进度、质量的请示、报告、指令、批复均应以文函往来为准；涉及工程结算的申请和审签，监理机构不得在申请表中修改并审签，而仅标明错误退还重报直至审签后报发包人。

5.2 监理机构必要的工作制度

5.2.1 为保证项目施工监理工作正常进行,监理机构应建立与项目施工相适应的必要内部制度,并以监理机构文件形式发布。制度内容应包括:工作职责、要求、方式、程序、审核、批准等。订立的制度应满足监理机构"四控制、两管理、一协调"的工作的需要。

5.2.2 监理机构现场安全生产(工作)标准化建设(包括但不限于以下内容)。贯彻国家安全生产法,督促项目参建各方开展安全生产标准化建设,监督检查承包人安全生产制度和措施的落实。监督检查重点为:目标职责、制度化管理、教育培训和施工设备、作业面、职业健康的安全。

5.2.2.1 目标职责

a) 监理机构应按通用规范要求完成自身目标职责工作,对所监理项目承包人的安全生产目标、组织机构和安全生产投入等工作进行管理和监督检查;

b) 监理机构应定期召开监理例会,通报工程安全生产情况,分析存在的问题,提出解决方案和建议,并形成会议纪要;

c) 监理机构应对承包人落实安全生产费用情况进行监理,并在监理月报中反映监理及承包人安全生产工作开展情况、工程现场安全状况和安全生产费用使用情况。

5.2.2.2 制度化管理

a) 监理机构应按通用规范的要求完成自身的制度化管理;

b) 现场监理机构应监督检查承包人下列各项制度的执行情况:

——法律法规、规程规范、技术标准及其他要求的辨识、应用;

——规章制度、操作规程和教育培训;

——文件、记录及安全的档案管理。

c) 协助发包人辨识适用于本工程的安全生产和职业健康法律法规、标准规范清单,并监督承包人执行;

d) 监理机构还应制定以下安全管理制度:

——监理机构编制的监理规划应包括安全监理方案,明确安全监理的范围、内容、制度和措施,以及人员配备计划和职责;

——对中型及以上项目、危险性较大分部及单项工程,应编制安全监理实施细则,明确安全监理的工作方法、措施和控制要点,以及对承包人安全技术措施的检查方案等;

——制定安全监理的旁站制度、巡视检查制度;

——安全生产费用、措施、方案审查制度;

——安全防护设施、生产设施及设备、危险性较大的单项工程、重大事故隐患治理验收制度;

——安全例会制度等。

5.2.2.3 教育培训

a) 监理机构在按通用规范要求做好本单位人员的教育培训工作的前提下,还应对承包人的教育培训工作进行监督检查;

b) 应重点做好以下工作:

——监督检查承包人的安全生产管理机构以及安全生产管理人员的安全资格证书；

——监督检查承包人特种作业人员持证上岗情况；

——监督检查承包人安全教育培训情况。

5.2.2.4 现场管理

a) 监理机构在按规范要求做好自身设备设施管理工作的前提下，还应对承包人的设备设施管理工作进行监督检查，并协助发包人向承包人提供现场及施工可能影响的毗邻区域内供水、排水、供电、供气、供热、通信、广播电视等地下管线资料，拟建工程可能影响的相邻建筑物和构筑物、地下工程的有关资料；

b) 监理机构在按规范要求做好本单位作业安全工作外，还应对承包人的施工现场管理、作业行为管理、安全防护设施管理等进行监督检查，重点做好以下工作：

——审查承包人编制的施工组织设计中的安全技术措施，以及灾害应急预案、危险性较大的分部工程或单项工程专项施工方案是否符合水利工程建设标准强制性条文及相关规定的要求；

——对于危险性较大的单项工程，承包人、监理单位应组织有关人员进行验收。验收合格的，经承包人技术负责人及总监理工程师签字后，方可进入下一道工序。

c) 监理机构在按规范要求做好本单位职业健康工作的前提下，还应对承包人的职业健康工作进行监督检查。

5.2.2.5 安全风险管控及隐患排查治理

a) 监理机构在按规范要求做好本单位安全风险管控及隐患排查治理工作的前提下，还应对施工安全风险管控及隐患排查治理工作进行监督检查，重点做好以下工作：

——督促承包人进行安全自查工作，并对承包人自查情况进行检查；

——参加发包人和有关部门组织的安全生产专项检查；

——监理机构发现施工安全隐患时，应要求承包人立即整改；必要时，可指示承包人暂停施工，并及时向发包人报告。承包人拒不整改或者不停止施工的，监理单位应及时向有关主管部门报告。

b) 监理机构应对承包人编制的重大事故隐患治理方案进行审核。

5.2.2.6 应急管理

a) 监理机构在按规范要求做好自身应急管理工作；

b) 监理机构应对承包人的应急管理工作进行监督检查，应重点做好以下工作：

——监督承包人成立应急救援机构及组建救援队伍情况；监督、审核承包人应急预案的编制、审批、演练情况。

5.2.2.7 事故管理

a) 在发生生产安全事故后，监理单位在按规范要求做好自身工作的前提下，还应对承包人的事故管理工作进行监督检查；

b) 当发生安全事故时，监理机构应指示承包人采取有效措施防止损失扩大，并按有关规定立即上报，配合安全事故调查组的调查工作，监督承包人按调查处理意见处理安全事故。

5.2.3 建立并明确监理机构各类人员的主要工作岗位要求,除集中学习、开会外,监理机构各类人员在施工现场的监理或巡查时间要求如下:

　　a) 总监理工程师每周巡察工地不少于 2 次;

　　b) 副总监理工程师每天巡察工地不少于 1 次;

　　c) 监理工程师每天巡察工地不少于 4h(实施旁站监理工作时除外);

　　d) 负责安全的监理工程师每天检查、巡察安全敏感区及潜存安全隐患区不少于 2 次;

　　e) 监理员每天不少于 4h(实施旁站监理工作时除外);

　　f) 造价工程师应深入施工现场了解生产施工工序、使用机具、运距等环节;

　　g) 除正常的例行检查之外,如有需要应及时到位。

　　如上,对监理各级从业人员、现场监理机构工作人员每天亲临现场服务最短时间进行制度上约定。这在省内尚属首次,系参考江苏南通市对城市建设监理的有效做法。施工监理的基本工作岗位是施工现场。特别提示,现场监理应尤为关注分析生产安全危险和质量危险源的识别和预见。

5.3 主要工作内容和方法

5.3.1 坚持现场记录。监理机构每天须认真填写监理日志,记录每日施工现场的人员、原材料、中间产品、工程设备、施工设备、天气、施工环境、施工作业内容、存在的问题及其处理情况等。

5.3.2 坚持往来文函(包括纸质和电子)登记归档。

5.3.2.1 建立收、发文流水号和分类细目文号,确保文件不漏登、易查。

5.3.2.2 坚持收文送阅、批示和处理程序和发文拟稿、审核、签批程序。

5.3.2.3 建立工程量和价款支付台账,坚持记录、复核流程。

5.3.2.4 坚持在支付结算环节实行三级把关,即审核、复审和总监理工程师批准报送。

5.3.3 旁站监理。监理机构按照规范规定,监理合同约定和监理工作需要,在施工现场对工程重要部位和关键项目实施旁站监理。实施旁站监理要求监理人员坚守旁站岗位直到项目完成,若遇时间较长时,监理人员可采用换班接替的方式实施旁站监理。

5.3.4 跟踪检测。监理机构对承包人在质量检测中的取样(养护)、送样、试验进行跟踪和监督。

5.3.5 平行检测。在承包人对原材料、中间产品和工程质量自检的同时,监理机构按照规范及监理合同约定独立进行抽样检测,核验承包人的检测结果。平行检测费用由发包人承担。

5.3.6 协调。监理机构依据监理合同约定对施工合同双方之间的关系以及工程施工过程中出现的问题负有协调职责。

5.3.7 监理例会和专题会议(监理例会包括监理工作及安全生产)

5.3.7.1 第一次监理工地会议。第一次监理工地会议应在监理机构批复合同工程开工前举行,会议主要内容包括:介绍各方组织机构及其负责人、沟通相关信息、进行首次监理工作交底、明确下达开工令的时间,第一次监理例会应由总监理工程师主持召开。

5.3.7.2 监理例会。监理例会可按工程阶段确定会议周期,施工准备阶段和尾工阶段可每月 1 次,主体工程施工实施阶段原则上不少于每月 2 次,遇工程处于各工序干扰大的阶段可每周召开 1 次。会议由总监理工程师或副总监理工程师主持，会议所形成纪要分发给参会各方（包括应参加未出席单位）。

5.3.7.3 专题会议。监理机构应根据工作需要，召开监理专题会议。会议专题可包括安全生产、施工质量、施工方案、施工进度；技术交底、变更以及索赔、争议等方面。根据议题可邀请有关专家提出咨询意见。会议由分工副总监理工程师主持。会议纪要中涉及施工进度、质量、施工干扰等事项，参会各方均应认真执行，涉及争议和索赔等经济问题专题报发包人参考。

5.3.7.4 总监理工程师和相关人员必须参加工程各阶段的验收人会议并履行监理方职责。

5.3.7.5 总监理工程师和相关人员有权参加发包人召开的与承包人就有关工程价款结算、支付、争议索赔处理的会议，并积极提出监理意见。

6 施工各阶段中监理工作内容要目

6.1 施工准备阶段的监理工作

6.1.1 检查动工前发包人应提供的施工条件是否满足动工要求，应包括下列内容：

    a）首批动工项目施工图纸提供；

    b）测量基准点的移交；

    c）动工项目的施工征地的提供条件；

    d）施工合同约定应由发包人负责的道路、供电、供水、通讯及其他条件和资源的提供情况。

6.1.2 检查动工前承包人的施工准备情况是否满足动开工要求，应包括下列内容：

    a）承包人派驻现场的主要管理人员、技术人员及特种作业人员是否与施工合同文件一致。如有合规合理变化，监理机构应重新审查并报发包人批准；

    b）承包人进场施工设备的数量、规格和性能是否符合施工合同约定，进场情况和计划是否满足动工和施工进度要求；

    c）进场原材料、中间产品和工程设备的质量、规格是否符合施工合同约定，原材料的储存量及供应计划是否满足动工及施工进度的需要；

    d）承包人的检测条件或委托的检测机构是否符合施工合同约定及有关规定；

    e）承包人对发包人提供的测量基准点的复核，以及承包人在此基础上完成施工测量控制网的布设；

    f）砂石料系统、混凝土拌和系统或商品混凝土供应方案以及场内道路、供水、供电、供风及其他辅助加工厂的准备情况；

    g）承包人提交的施工组织设计、专项施工方案、施工措施计划、施工总进度计划、资金流计划、安全技术措施、度汛方案和灾害应急预案等；

    h）应由承包人负责提供的施工图纸和技术文件；

    i）按照施工合同约定和准备施工图纸的要求需进行的施工工艺试验和料场规划情况；

    j）完成质量、安全控制体系核备的文件编制工作；

    k）督促承包人进行危险源辨识、评价，并对重大危险源制定相关应对预案或措施，并相应完善评价管理体系。

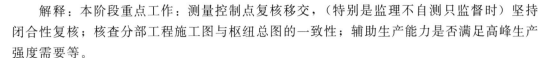

解释：本阶段重点工作：测量控制点复核移交，（特别是监理不自测只监督时）坚持闭合性复核；核查分部工程施工图与枢纽总图的一致性；辅助生产能力是否满足高峰生产强度需要等。

6.2 施工实施阶段的监理工作

6.2.1 开工条件的控制

6.2.1.1 检查开工前发包人应提供的施工条件是否满足开工要求，应包括下列内容：施工合同约定应由发包人负责提供的工程永久征地和施工临时征地、测量控制网点，以及施工道路、供电、供水、通讯及其他条件和资源的提供情况。

6.2.1.2 承包人派驻现场的主要管理人员、技术人员及特种作业人员是否与施工合同文件一致。

6.2.1.3 承包人进场施工设备的数量、规格和性能是否符合施工合同所约定的进场计划。

6.2.1.4 进场原材料、中间产品和工程设备的质量、规格是否符合施工合同约定；原材料的储存量是否满足拟定的施工周期的需要。

6.2.1.5 承包人的检测条件或委托的检测机构是否符合施工合同约定及有关规定。

6.2.1.6 承包人对发包人提供的测量基准点的复核，以及承包人在此基础上完成施工测量控制网的抽样复核。

6.2.1.7 砂石料系统、混凝土拌和系统或商品混凝土供应方案以及场内道路、供水、供电、供风等。

6.2.1.8 承包人提交的施工组织设计、专项施工方案、施工措施计划、施工总进度计划、资金流计划、安全技术措施、度汛方案和灾害应急预案等。

6.2.1.9 应由承包人负责提供的施工图纸和技术文件。

6.2.1.10 按照施工合同约定和施工图纸的要求需进行的施工工艺试验和料场规划情况。

6.2.2 监理机构应参加、主持或与发包人联合主持召开设计交底会议，由设计单位进行设计文件交底。

6.2.3 施工图纸的核查与签发应符合下列规定：

    a）工程施工所需的施工图纸，应经监理机构核查并签发后，承包人方可用于施工。承包人无图纸施工或按照未经监理机构签发的施工图纸施工，监理机构有权责令其停工、返工或拆除，有权拒绝计量和签发付款证书；

    b）监理机构应在收到发包人提供的施工图纸后及时核查并签发。在施工图纸核查过程中，监理机构可征求承包人的意见，必要时提请发包人组织有关专家会审。监理机构不得修改施工图纸，对核查过程中发现的问题，应通过发包人返回设计单位处理；

    c）对承包人提供的施工图纸，监理机构应按施工合同约定进行核查，在规定的期限内签发。对核查过程中发现的问题，监理机构应通知承包人修改后重新报审；

    d）经核查的施工图纸应由总监理工程师签发，并加盖监理机构章。

6.2.4 参与发包人组织或负责发包人委托的工程质量评定项目划分。

6.2.5 发布开工通知

6.2.5.1 监理机构应经发包人同意后向承包人发出开工通知，开工通知中应载明开工日期。

6.2.5.2 监理机构应协助发包人向承包人移交施工合同中约定的应由发包人提供的施工用地、测量基准点，以及施工道路、供电、供水、通讯等工作。

6.2.5.3 承包人完成合同工程开工准备后，应向监理机构提交合同工程开工申请表。监理机构在检查各项条件是否满足合同约定和投标文件拟定的开工的分部工程要求后，应批复承包人的合同工程开工申请。

6.2.5.4 由于承包人原因使工程未能按期开工，监理机构应通知承包人按施工合同约定提交书面报告，说明延误开工原因及赶工措施。

6.2.5.5 由于发包人原因使工程未能按期开工，监理机构在收到承包人提出的顺延工期要求后，应及时与发包人和承包人共同协商补救办法和措施，并做好见证记录。

6.2.6 分部工程开工。分部工程开工前，承包人应向监理机构报送分部工程开工申请表，经监理机构批准后方可开工。

6.2.7 单元工程开工。第一个单元工程应在分部工程开工批准后开工，后续单元工程凭监理工程师签认的上一单元工程施工质量合格文件方可开工。

6.2.8 混凝土浇筑开仓。监理机构应对承包人报送的混凝土浇筑开仓报审表进行审批。符合开仓条件后，方可签发。

6.2.9 监理机构在签发暂停施工指示时，应遵守下列规定：

6.2.9.1 在发生下列情况之一时，监理机构应提出暂停施工的建议，报发包人同意后签发暂停施工指示：

  a）工程继续施工将会对第三者或社会公共利益造成损害；

  b）为了保证工程质量、安全所必要；

  c）承包人发生合同违约行为，且在承包合同约定时间内未按监理机构指示纠正其违约行为，或拒不执行监理机构的指示，从而将对工程质量、安全、进度和资金控制产生严重影响，需要停工整改。

6.2.9.2 监理机构认为发生了应暂停施工的紧急事件时，应立即签发暂停施工指示，并及时向发包人报告。

6.2.9.3 在发生下列情况之一时，监理机构可签发暂停施工指示，并抄送发包人：

  a）发包人要求暂停施工；

  b）承包人未经许可即进行主体工程施工时，改正这一行为所需要的局部工程停工；

  c）承包人未按照批准的施工图纸进行施工时，改正这一行为所需要的局部工程停工；

  d）承包人拒绝执行监理机构的指示，可能出现工程质量问题或造成安全事故隐患，改正这一行为所需要的局部停工；

  e）承包人未按照批准的施工组织设计或施工措施计划施工，或承包人的人员不能胜任作业要求，可能会出现工程质量问题或存在安全事故隐患，改正这些行为所需要的局部停工；

  f）检查发现承包人所使用的施工设备、原材料或中间产品不合格，或发现工程设备不合格，或发现影响后续施工的不合格的单元工程（工序），处理这些问题所需要的局部工程停工。承包人在工程存在严重的质量缺陷及质量隐患未处理，继续施工的；

g）发包人在收到监理机构提出的暂停施工建议后，应在施工合同约定时间内予以答复；若发包人逾期未答复，则视为其已同意，监理机构可据此下达暂停施工指示；

h）若由于发包人的责任需暂停施工，在承包人提出暂停施工的申请后，监理机构应及时报告发包人并在施工合同约定的时间内答复承包人；

i）监理机构应在暂停施工指示中要求承包人对现场施工组织做出合理安排，以尽量减少停工时间；

j）承包人在工程存在严重的质量缺陷及质量隐患未处理，继续施工的。

6.2.9.4 监理机构应分析停工后可能产生影响的范围和程度，确定暂停施工的范围。

6.2.10 下达暂停施工指示后，监理机构应按下列程序进行工作：

a）指示承包人妥善照管工程，记录停工期间的相关事宜；

b）督促有关方及时采取有效措施，排除影响因素，为尽早复工创造条件；

c）具备复工条件后，监理机构应明确复工范围，报发包人批准后，及时签发复工通知。

6.2.11 在工程复工后，监理机构应及时按施工合同约定处理因工程暂停施工引起的有关事宜。

6.2.12 施工进度延误管理应符合下列规定：

a）由于承包人的原因造成施工进度延误，可能导致工程不能按合同工期完工的，监理机构应指示承包人编制并报审赶工措施报告；

b）由于发包人的原因造成施工进度延误，承包人提出有关工期、费用索赔等事宜时，监理机构应在发包人和承包人协商工作中提出监理建议意见供双方参考。

6.2.13 发包人要求调整工期的，监理机构应指示承包人编制并报送工期调整措施报告，经发包人同意后指示承包人执行，并按照施工合同约定处理有关费用事宜。

6.2.14 监理机构应审阅承包人按施工合同约定提交的施工月报、施工年报，并报送发包人。

6.2.15 监理机构应在监理月报中对施工进度进行分析，必要时提交进度专题报告。

6.2.16 工程质量控制

6.2.16.1 监理机构应按照监理工作制度和监理实施细则开展工程质量控制工作，并不断改进和完善。

6.2.16.2 监理机构应监督承包人的质量保证体系的实施和改进。

6.2.16.3 监理机构应按照水利工程建设标准强制性条文、有关技术标准和施工合同约定，对施工质量及与质量活动相关的人员、原材料、中间产品、工程设备、施工设备、工艺方法、生产性试验和施工环境等质量要素进行监督和控制。

6.2.16.4 监理机构应按有关规定和施工合同约定，检查承包人的工程质量检测工作是否符合要求。

6.2.16.5 监理机构应检查承包人的现场组织机构、主要管理人员、技术人员及特种作业人员是否符合要求，对无证上岗、不称职或违章、违规人员，可要求承包人暂停或禁止其在本工程中工作。

6.2.16.6 坚持要求承包人对原材料、中间产品和工程设备等按规范要求进行检验或验收应符合以下规定：

  a) 原材料、中间产品的检验工作程序按下列规定进行：

    ——承包人对原材料和中间产品按照本导则 6.2.16.6b) 的要求进行检验，合格后向监理机构提供检验报告，经批准方可用于工程建设；

    ——监理机构若认为有异议，应书面报告发包人申请复检。复检费用由发包人承担；

    ——经监理机构核验合格并在进场报验单签字确认后，原材料和中间产品方可用于工程施工。

  b) 原材料和中间产品的检验工作内容应符合下列规定：

    ——对承包人或发包人采购的原材料和中间产品，承包人应按供货合同的要求查验质量证明文件，并进行合格性检测。若承包人认为发包人采购的原材料和中间产品质量不合格，应向监理机构提供能够证明不合格的检测资料；

    ——对承包人生产的中间产品，承包人应按施工合同约定和有关规定进行合格性检测。

  c) 监理机构发现承包人未按施工合同约定和有关规定对原材料、中间产品进行检测，应及时指示承包人补做检测；若承包人未按监理机构的指示补做检测，监理机构可委托其他有资质的检测机构进行检测，承包人应为此提供一切方便并承担相应费用；

  d) 监理机构发现进场质量不合格原材料、中间产品，监督承包人完成标识及登记，监督其退场或处置，并记录在案；承包人在工程中使用不合格的原材料、中间产品时，应及时发出指示禁止承包人继续使用，监督承包人标识、处置并登记不合格原材料、中间产品。对已经使用了不合格原材料、中间产品的工程实体，监理机构应提请发包人组织相关参建单位及有关专家进行检测和论证，提出处理意见；

  e) 监理机构应按施工合同约定的时间和地点参加工程设备的交货验收，组织工程设备的到场交货检查和验收。

6.2.16.7 施工设备的检查

  a) 监理机构应监督承包人按照施工合同约定安排施工设备及时进场，并对进场的施工设备及其合格性证明材料进行核查。在施工过程中，监理机构应监督承包人对施工设备及时进行补充、维护；

  b) 旧施工设备（包括租赁的旧设备）应进行试运行，监理机构确认其符合使用要求和有关规定；

  c) 监理机构发现承包人使用的施工设备影响施工质量、进度和安全时，应及时要求承包人更换或增补施工设备。

6.2.16.8 施工测量控制

  a) 监理机构应主持测量基准点、基准线和水准点的复核及其相关资料的移交，并督促承包人对其进行维护；

  b) 监理机构应审批承包人编制的施工控制网施测方案，并对承包人施测过程进行监督、批复；

c）监理机构应审批承包人编制的原始地形施测方案，可通过监督、复测、抽样复测或与承包人联合测量等方法，复核承包人的原始地形测量成果；

d）监理机构可通过现场监督、抽样复测等方法，复核承包人的施工放样成果。

6.2.16.9 按规定必须进行现场生产性试验的项目应符合下列规定：

a）水利工程加工生产混凝土骨料、拌合混凝土、坝体堆筑、爆破、灌浆、新材料、新工艺等应坚持进行现场生产性试验；

b）监理机构应审批承包人提交的现场生产性试验方案，并监督其实施；

c）现场生产性试验完成后，监理机构应确认承包人提交的现场工艺试验成果；

d）监理机构应依据确认的现场生产性试验成果，审查承包人提交的施工措施计划中的施工工艺；

e）对承包人提出的新工艺，监理机构应提请发包人组织设计单位及有关专家对生产性试验成果进行评定，根据评定意见批准实施。

6.2.16.10 施工过程中质量控制应符合下列规定：

a）监理机构应加强重要隐蔽单元工程和关键部位单元工程的质量控制，注重对易引起渗漏、冻融、冻蚀、冲刷、气蚀等部位的质量控制；

b）监理机构应要求承包人按施工合同约定及有关规定对工程质量进行自检，合格后方可报监理机构复核；

c）监理机构应定期或不定期对承包人的人员、原材料、中间产品、工程设备、施工设备、工艺方法、施工环境、安全生产和工程质量等进行巡视、检查；

d）单元工程（工序）的质量评定未经监理机构复核或复核不合格，承包人不得开始下一单元工程（工序）的施工；

e）需进行地质编录的工程隐蔽部位，承包人应报请项目设计单位现场设代机构进行地质编录，并及时告知监理机构；

f）监理机构发现由于承包人使用的原材料、中间产品、工程设备以及施工设备或其他原因可能导致工程质量不合格或出现质量问题或造成安全事故隐患时，应及时发出指示，要求承包人立即采取措施纠正，必要时，责令其停工整改。监理机构应对要求承包人纠正问题的处理结果进行复查，并形成复查记录，确认问题已经解决；

g）监理机构发现施工环境可能影响工程质量时，应指示承包人采取消除影响的有效措施。必要时，按本导则 6.2.9 规定要求其暂停施工；

h）监理机构应对施工过程中出现的质量问题及其处理措施或遗留问题进行详细记录，保存好相关资料；

i）监理机构应参加工程设备的安装技术交底会议，监督承包人按照施工合同约定和工程设备供货单位提供的安装指导书进行工程设备的安装；

j）监理机构应按施工合同约定和有关技术要求，审核承包人提交的工程设备启动程序，并监督承包人进行工程设备启动与调试工作。

6.2.16.11 工程质量检验应符合下列规定：

a) 承包人应首先对工程施工质量进行自检。承包人未自检或自检不合格、自检资料不齐全的单元工程（工序），监理机构有权拒绝进行复核；

b) 监理机构对承包人经自检合格后报送的单元工程（工序）质量评定表和有关资料，应按有关技术标准和施工合同约定的要求进行复核。复核合格后方可签认；

c) 监理机构可采用跟踪检测监督承包人的自检工作，并可通过平行检测核验承包人的检测试验结果；

d) 重要隐蔽单元工程和关键部位单元工程应按有关规定组成联合验收小组共同检查并核定其质量等级，监理工程师应在质量等级签证表上签字；

e) 在工程设备安装调试完成后，监理机构应监督承包人按规定进行设备性能试验，并按施工合同约定要求承包人提交设备操作和维修手册；

f) 监理机构应监督承包人完成工程质量月统计的整理及报审工作，监理机构完成审核后，报发包人。

6.2.16.12 跟踪检测应符合下列规定：

a) 实施跟踪检测的监理人员应监督承包人的取样、送样以及试样的标记和记录，并与承包人送样人员共同在送样记录上签字。发现承包人在取样方法、取样代表性、试样包装或送样过程中存在错误时，应及时要求予以改正；

b) 跟踪检测的项目和数量（比例）应在监理合同中约定。其中，混凝土试样应不少于承包人检测数量的7％，土方试样应不少于承包人检测数量的10％。施工过程中，监理机构可根据工程质量控制工作需要和工程质量状况等确定跟踪检测的频次分布，但应对所有见证取样进行跟踪。

6.2.16.13 平行检测应符合下列规定：

a) 监理机构或委托第三方采用现场测量手段进行平行检测；

b) 需要通过实验室进行检测的项目，监理机构应按照监理合同约定通知发包人委托或认可的具有相应资质的工程质量检测机构进行检测试验；

c) 平行检测的项目和数量（比例）应在监理合同中约定。其中，混凝土试样应不少于承包人检测数量的3％，重要部位每种标号的混凝土至少取样1组；土方试样应不少于承包人检测数量的5％，重要部位至少取样3组。施工过程中，监理机构可根据工程质量控制工作需要和工程质量状况等确定平行检测的频次分布。根据施工质量情况需要增加平行检测项目、数量时，监理机构可向发包人提出建议，经发包人同意增加的平行检测费用由发包人承担；

d) 当平行检测试验结果与承包人的自检试验结果不一致时，监理机构应组织承包人及有关各方进行原因分析，提出处理意见。

6.2.16.14 对出现施工质量缺陷，应由发包人或发包人委托监理机构邀请部门、单位和专家进行书面认定，并填写施工质量缺陷备案表，内容应真实、准确、完整，并及时提交发包人。施工质量缺陷备案表应由相关参建单位签字。

6.2.16.15 质量事故的调查处理应符合下列规定：

a) 质量事故发生后，承包人应按规定及时报告。监理机构在向发包人报告的同时，应指示承包人及时采取必要的应急措施并如实记录；

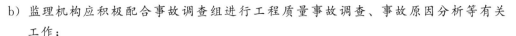

b）监理机构应积极配合事故调查组进行工程质量事故调查、事故原因分析等有关工作；

c）监理机构应指示承包人按照批准的工程质量事故处理方案和措施进行事故处理；

d）监理机构应参与工程质量事故处理后的质量评定与验收。

解释：本部分重点工作是：

1）重视并认真分析平行检测成果差异产生原因及解决措施；

2）隐患的分析成因和处理措施，认为是提高监理业务水平和积累经验的关键机会。无论措施设计来自何方，要深入分析研究，必要时文献考证。

6.3 安全事故调查处理

6.3.1 事故调查必须坚持及时准确、客观公正、实事求是、尊重科学的原则。

6.3.2 事故调查组因伤亡事故等级不同应由不同的单位、部门的人员组成。

6.3.3 事故的具体调查处理必须坚持"四不放过"：事故原因和性质不查清不放过；防范措施不落实不放过；事故责任者和职工群众未受到教育不放过；事故责任者未受到处理不放过。

6.3.4 事故调查组具有事故调查的权力和查明事故原因、经过、性质、人员伤亡情况、经济损失情况，确定事故责任、提出处理建议、总结事故教训和写出事故调查报告的职责。

6.3.5 监理机构不管是参与调查或是接受调查，均应全力配合，不得篡改、转移监理日志和档存资料。

6.4 工程进度控制

6.4.1 施工总进度计划在项目施工承包合同签订后，由总监理工程师主持，在原招标文件和投标文件中工程进度的基础上，经发包人、承包人和设计方共同商讨确定。承包人修改编制施工总进度计划，监理单位批准实施。

6.4.2 坚持每月召开1次总进度计划分析会，对照控制节点制定措施。

6.4.3 当发生控制节点有可能推迟时，监理单位应超前发出指令，承包人应积极响应采取措施。

6.5 紧急情况的停工

6.5.1 监理机构在工地出现认为应暂停施工情况时，可立即口头发布暂停施工指示，并及时向发包人报告；同时监理机构应书面补发由总监理工程师签发的停工通知。

6.5.2 认定可暂停施工情况如下：

a）发生人力不可抗拒自然灾害（如地震、洪水、泥石流及边坡塌方等）时；

b）大型施工设备发生重大事故或人员造成重大伤亡时；

c）发现重大安全事故隐患不能及时整改的；

d）工程发生质量事故或存在严重工程质量隐患，未进行处理继续施工的；

e）工程违规施工会对公共安全造成严重危害或对生态环境造成严重破坏等情况时。

6.6 工程计量和支付

6.6.1 可支付的工程量应同时符合以下条件：

a）经监理机构签认，属于合同工程量清单中的项目，或发包人同意的变更项目以及计日工；

b) 所计量工程是承包人实际完成的并经监理机构确认质量合格；

c) 计量方式、方法和单位等符合合同约定。

6.6.2 工程计量应符合以下程序：

a) 工程项目开工前，监理机构应监督承包人按有关规定或施工合同约定完成原始地形的测绘，并审核测绘成果；

b) 在接到承包人提交的工程计量报验单和有关计量资料后，监理机构应在合同约定时间内进行复核，确定结算工程量，据此计算工程价款。当工程计量数据有异议时，监理机构可要求与承包人共同复核或抽样复测；承包人未按监理机构要求参加复核，监理机构复核或修正的工程量视为结算工程量；

c) 监理机构认为有必要时，可通知发包人和承包人共同联合测量计量。

6.6.3 当承包人完成了工程量清单中每个子目的工程量后，监理机构应要求承包人派员共同对每个子目的历次计量报表进行汇总和总体量测，核实该子目的最终计量工程量；承包人未按监理机构要求派员参加的，监理机构最终核实的工程量视为该子目的最终计量工程量。

6.6.4 预付款支付应符合下列规定：

a) 监理机构收到承包人的工程预付款申请后，应按合同约定核查承包人获得工程预付款的条件和金额，具备支付条件后，签发工程预付款支付证书。监理机构应在核查工程进度付款申请单的同时，核查工程预付款应扣回的额度；

b) 监理机构收到承包人的材料预付款申请后，应按合同约定核查承包人获得材料预付款的条件和金额，认为具备支付条件后，按照约定的额度随工程进度付款一起支付。

6.6.5 工程进度付款应符合下列规定：

6.6.5.1 监理机构应在施工合同约定时间内，完成对承包人提交的工程进度付款申请单及相关证明材料的审核，同意后签发工程进度付款证书，报发包人。

6.6.5.2 工程进度付款申请单应符合下列规定：

a) 付款申请单填写符合相关要求，支持性证明文件齐全；

b) 申请付款项目、计量与计价符合施工合同约定；

c) 已完工程的计量、计价资料真实、准确、完整。

6.6.5.3 工程进度付款申请单应包括以下内容：

a) 截至上次付款周期末已实施工程的价款；

b) 本次付款周期已实施工程的价款；

c) 应增加或扣减的变更金额；

d) 应增加或扣减的索赔金额；

e) 应支付和扣减的预付款；

f) 应扣减的质量保证金；

g) 价格调整金额；

h) 根据合同约定应增加或扣减的其他金额。

328

6.6.5.4 工程进度付款属于施工合同的中间支付。监理机构出具工程进度付款证书，不视为监理机构已同意、批准或接受了该部分工作。在对以往历次已签发的工程进度付款证书进行汇总和复核中发现错、漏或重复的，监理机构有权予以修正，承包人也有权提出修正申请。

6.6.5.5 为加强对监理项目的投资控制，监理机构应采用下列方法实施监控。

　　a) 监理机构参照项目设计概算和按项目施工合同编制项目投资对照表。大、中型项目每年检查调整1次，并报发包人；小型及以下项目每半年检查调整1次，并报发包人；

　　b) 监理机构对项目合同投资和工程量建立合同台账，按合同支付周期及时录入；

　　c) 当项目合同已结算工程量达到（或超过）70%时，应对未完工程量和工程形象面貌进行分析，必要时与设计等单位召开专题会议分析或共同进行测量复核。

6.6.6 变更款支付。变更款可由承包人列入工程进度付款申请单，由监理机构审核后列入工程进度付款证书。

6.6.7 计日工支付应符合下列规定：

6.6.7.1 监理机构经发包人批准，可指示承包人以计日工方式实施零星工作或紧急工作。

6.6.7.2 在以计日工方式实施工作的过程中，监理机构应每日审核承包人提交的计日工工程量签证单，内容包括：

　　a) 工作名称、内容和数量；

　　b) 投入该工作所有人员的姓名、工种、级别和耗用工时；

　　c) 投入该工程的材料类别和数量；

　　d) 投入该工程的施工设备型号、台数和耗用台时；

　　e) 监理机构要求提交的其他资料和凭证。

6.6.7.3 计日工由承包人汇总后列入工程进度付款申请单，由监理机构审核后列入工程进度付款证书。

6.6.8 完工付款应符合下列规定：

6.6.8.1 监理机构应在施工合同约定期限内，完成对承包人提交的完工付款申请单及相关证明材料的审核，同意后签发完工付款证书，报发包人。

6.6.8.2 监理机构应审核的内容包括：

　　a) 完工结算合同总价；

　　b) 发包人已支付承包人的工程价款；

　　c) 发包人应支付的完工付款金额；

　　d) 发包人应扣留的质量保证金；

　　e) 发包人应扣留的其他金额。

6.6.9 最终结清应符合下列规定：

6.6.9.1 监理机构应在施工合同约定期限内，完成对承包人提交的最终结清申请单及相关证明材料的审核，同意后签发最终结清证书，报发包人。

6.6.9.2 监理机构应审核的内容包括：

　　a) 按合同约定承包人完成的全部合同金额；

b）尚未结清的名目和金额；

  c）发包人应支付的最终结清金额。

6.6.9.3 若发包人和承包人双方未能就最终结清的名目和金额取得一致意见，监理机构应对双方同意的部分出具临时付款证书，只有在发包人和承包人双方有争议的部分得到解决后，方可签发最终结清证书。

6.6.10 监理机构应按合同约定审核质量保证金退还申请表，签发质量保证金退还证书。

6.6.11 施工合同解除后的支付应符合下列规定：

6.6.11.1 因承包人违约造成施工合同解除的支付。合同解除后，监理机构应按照合同约定完成下列工作：

  a）商定或确定承包人实际完成工作的价款，以及承包人已提供的原材料、中间产品、工程设备、施工设备和临时工程等的价款；

  b）查清各项付款和已扣款金额；

  c）核算发包人按合同约定应向承包人索赔的由于解除合同给发包人造成的损失。

6.6.11.2 因发包人违约造成施工合同解除的支付。监理机构应按合同约定核查承包人提交的下列款项及有关资料和凭证：

  a）合同解除日之前所完成工作的价款；

  b）承包人为合同工程施工订购并已付款的原材料、中间产品、工程设备和其他物品的金额；

  c）承包人为完成工作所发生的而发包人未支付的金额；

  d）承包人撤离施工场地以及遣散承包人人员的金额；

  e）由于解除施工合同应赔偿的承包人损失；

  f）按合同约定在解除合同之前应支付给承包人的其他金额。

6.6.11.3 因不可抗力致使施工合同解除的支付。监理机构应根据施工合同约定核查下列款项及有关资料和凭证：

  a）已实施的永久工程合同金额，以及已运至施工场地的材料价款和工程设备的损害金额；

  b）停工期间承包人按照监理机构要求照管工程和清理、修复工程的金额；

  c）各项已付款和已扣款金额。

6.6.11.4 发包人与承包人就上述解除合同款项达成一致后，出具最终结清证书，结清全部合同款项；未能达成一致时，按照合同争议处理。

6.6.12 价格调整。监理机构应按施工合同约定的程序和调整方法，审核单价、合价的调整。当发包人与承包人因价格调整不能协商一致时，应按照合同争议处理，处理期间监理机构可依据合同授权暂定调整价格。调整金额可随工程进度付款一同支付。

6.6.13 工程付款涉及政府投资资金的，应按照国库集中支付等国家相关规定和合同约定办理。

  解释：要求监理机构建立工程量台账、合同支付台账，坚持不漏登、数量准确，量价同账，坚持至少每半年与发包人和承包人对账一次，及时发现和消除差异。

6.7 施工安全监理

6.7.1 监理单位应遵照国家及行业有关规定，推进安全生产标准化达标建设工作。

6.7.2 根据施工现场监理工作需要，监理机构应为现场监理人员配备必要的安全防护用具。

6.7.3 监理机构应审查承包人编制的施工组织设计中的安全技术措施、施工现场临时用电方案，以及灾害应急预案、危险性较大的分部工程或单元工程专项施工方案是否符合水利工程建设标准强制性条文及相关规定的要求。

6.7.4 监理机构编制的监理规划及细则应包括安全监理方案，明确安全监理的范围、内容、制度和措施，以及人员配备计划和职责。

6.7.4.1 对中型及以上项目，危险性较大的分部（或单项）工程应编制安全监理规划实施细则，明确安全监理的方法、措施和控制要点，以及对承包人安全技术措施的检查方案。

6.7.4.2 编制安全监理规划实施细则中应按有关规定，对危险性较大的分部（或单项）工程实行分级管理，应视工程规模大小、工程所处位置确定。编制时宜按"达到一定规模的危险性"和"超过一定规模的危险性"分别编写，定稿时应商请地方政府水行政和安监部门共同审定。

6.7.5 监理机构应按照相关规定核查承包人的安全生产管理机构、安全生产责任制制定、安全目标制定及考核、安全生产管理人员的安全资格证书和特种作业人员的特种作业操作资格证书，并检查安全生产教育培训及考核、安全生产措施费用使用、事故应急预案管理、专项施工方案管理等情况。

6.7.6 监理机构中，负责项目安全管理经 B 类和 C 类安全生产考核合格的监理人员人数应适应项目安全管理配备需要。

6.7.7 施工过程中监理机构的施工安全监理应包括下列内容：

　　a) 督促承包人对作业人员进行安全交底，监督承包人按照批准的施工方案组织施工，检查承包人安全技术措施的落实情况，及时制止违规施工作业；

　　b) 监理机构每月不少于1次巡视检查施工过程中危险性较大的施工作业情况；

　　c) 监理机构每月不少于1次巡视检查承包人的用电安全、消防措施、危险品管理和场内交通管理等情况；

　　d) 核查施工现场施工起重机械、整体提升脚手架和模板等自升式架设设施和安全设施的验收等手续；

　　e) 检查承包人的度汛方案中对洪水、暴雨、台风等自然灾害的防护措施和应急措施；

　　f) 检查施工现场各种安全标志和安全防护措施是否符合水利工程建设标准强制性条文及相关规定的要求；

　　g) 督促承包人进行安全自查工作，并对承包人自查情况进行检查；

　　h) 参加发包人和有关部门组织的安全生产专项检查；

　　i) 检查灾害应急救助物资和器材的配备情况；

　　j) 检查承包人安全防护用品的配备情况；

　　k) 协助发包人做好发包人安全生产标准化建设；督促、检查承包人做好项目施工安全生产标准化工作；配合做好本监理单位的安全生产标准化达标工作。

6.7.8 监理机构发现施工安全事故隐患时，应要求承包人立即整改；项目出现重大安全事故隐患，按 6.2.9 指示承包人暂停施工，并及时向发包人报告。

6.7.9 当项目发生安全事故时，监理机构应迅速指示承包人采取有效措施防止损失扩大，并按有关规定立即上报，配合安全事故调查组的调查工作，监督承包人按调查处理意见处理安全事故。

6.7.10 监理机构应监督承包人将列入承包合同安全施工措施的费用按照合同约定专款专用，并对使用情况进行监管。

6.7.11 监理机构应对项目施工现场的承包人职业健康进行监督。

6.8 文明施工监理

6.8.1 监理机构应依据有关文明施工规定和施工合同约定，审核承包人的文明施工组织机构和措施。

6.8.2 监理机构应检查承包人文明施工的执行情况，并监督承包人通过自查和改进，完善文明施工管理。

6.8.3 监理机构应督促承包人开展文明施工的宣传和教育工作，并督促承包人积极配合当地政府和居民共建和谐建设环境。

6.8.4 监理机构应监督承包人落实合同约定的施工现场环境管理工作。

6.8.5 督促承包人开展文明工地建设。

6.9 合同管理的其他工作

6.9.1 变更管理应符合下列规定：

6.9.1.1 变更的提出、变更指示、变更报价、变更确定和变更实施等过程应按施工合同约定的程序进行。

6.9.1.2 监理机构可依据合同约定向承包人发出变更意向书，要求承包人就变更意向书中的内容提交变更实施方案（包括实施变更工作的计划、措施和完工时间）；审核承包人的变更实施方案，提出审核意见，并在发包人同意后发出变更指示。若承包人提出了难以实施此项变更的原因和依据，监理机构应与发包人、承包人协商后确定撤销、改变或不改变原变更意向书。

6.9.1.3 监理机构收到承包人的变更建议后，应按下列内容进行审查；监理机构若同意变更，应报发包人批准后，发出变更指示。

    a）变更的原因和必要性；

    b）变更的依据、范围和内容；

    c）变更可能对工程质量、价格及工期的影响；

    d）变更的技术可行性及可能对后续施工产生的影响。

6.9.1.4 监理机构应根据监理合同授权和施工合同约定，向承包人发出变更指示。变更指示应说明变更的目的、范围、内容、工程量、进度和技术要求等。

6.9.1.5 需要项目设计单位的现场设代机构修改工程设计或确认施工方案变化的，监理机构应提请发包人通知设代机构。

6.9.1.6 监理机构审核承包人提交的变更报价时，应依据批准的变更项目实施方案，按下列原则审核后报发包人：

    a）若施工合同工程量清单中有适用于变更工作内容的子目时，采用该子目的单价；

    b）若施工合同工程量清单中无适用于变更工作内容的子目，但有类似子目的，可采用合理范围内参照类似子目单价编制的单价；

    c）若施工合同工程量清单中无适用或类似子目的单价，可采用按照成本加利润原则编制的单价。

6.9.1.7 当发包人与承包人就变更价格和工期协商一致时，监理机构应见证合同当事人签订变更项目确认单。当发包人与承包人就变更价格不能协商一致时，监理机构应认真研究后审慎确定合适的暂定价格，通知合同当事人执行；当发包人与承包人就工期不能协商一致时，按合同约定处理。

6.9.2 索赔管理应符合下列规定：

6.9.2.1 监理机构应按施工合同约定受理承包人和发包人提出的合同索赔。

6.9.2.2 监理机构在收到承包人的索赔意向通知后，应确定索赔的时效性，查验承包人的记录和证明材料，指示承包人提交持续性影响的实际情况说明和记录。

6.9.2.3 监理机构在收到承包人的中期索赔申请报告或最终索赔申请报告后，应进行以下工作：

    a）依据施工合同约定，对索赔的有效性进行审核；

    b）对索赔支持性资料的真实性进行审查；

    c）对索赔的计算依据、计算方法、计算结果及其合理性逐项进行审核；

    d）对由施工合同双方共同责任造成的经济损失或工期延误，应通过协商，公平合理地确定双方分担的比例；

    e）必要时要求承包人提供进一步的支持性资料。

6.9.2.4 监理机构应在施工合同约定的时间内做出对索赔申请报告的处理决定，报送发包人并抄送承包人。若合同双方或其中任一方不接受监理机构的处理决定，则按争议解决的有关约定进行。

6.9.2.5 在承包人提交了完工付款申请后，监理机构不再接受承包人提出的在合同工程完工证书颁发前所发生的任何索赔事项；在承包人提交了最终结清申请后，监理机构不再接受承包人提出的任何索赔事项。

6.9.2.6 发生合同约定的发包人索赔事件后，监理机构应根据合同约定和发包人的书面要求及时通知承包人，说明发包人的索赔事项和依据，按合同要求商定或确定发包人从承包人处得到赔付的金额和（或）缺陷责任期的延长期。

6.9.3 违约管理应符合下列规定：

6.9.3.1 对于承包人违约，监理机构应依据施工合同约定进行下列工作：

    a）在及时进行查证和认定事实的基础上，对违约事件的后果做出判断；

    b）及时向承包人发出书面警告，限其在收到书面警告后的规定时限内予以弥补和纠正；

    c）承包人在收到书面警告的规定时限内仍不采取有效措施纠正其违约行为或继续违约，严重影响工程质量、进度，甚至危及工程安全时，监理机构应限令其停工整改，并要求承包人在规定时限内提交整改报告；

d) 在承包人继续严重违约时，监理机构应及时向发包人报告，说明承包人违约情况及可能造成的影响；

e) 当发包人向承包人发出解除合同通知后，监理机构应协助发包人按照合同约定处理解除施工合同后的有关合同事宜。

6.9.3.2 对于发包人违约，监理机构应依据施工合同约定进行下列工作：

a) 由于发包人违约，致使工程施工无法正常进行，监理机构在收到承包人书面要求后，应及时报发包人；

b) 在及时进行查证和认定事实的基础上，对违约事件的后果做出判断，并将监理机构意见书面报告发包人；

c) 监理机构应本着公平、公正的原则，召集必要会议，促成发包人和承包人达成谅解和纠纷调解，促使工程尽快恢复施工；

d) 当承包人诉至仲裁机构或法院时，监理机构应积极配合司法调查和客观作证。

6.9.4 当承包人违约，发包人要求保证人履行担保义务时，监理机构应协助发包人按要求及时向保证人提供全面、准确的书面文件和证明资料。

6.9.5 工程保险监理工作应符合下列规定：

a) 当承包人未按施工合同约定办理工程保险时，监理机构应督促承包人补办；若承包人拒绝办理，监理机构可提请发包人代为办理，费用从应支付给承包人的保险费中扣除；

b) 当承包人已按施工合同约定办理了保险，其为履行合同义务所遭受的损失不能从承保人处获得足额赔偿时，监理机构在接到承包人报损申请后，应依据合同约定界定风险与责任，确认责任比例或经协商合理划分合同双方分担保险赔偿不足部分费用的比例；

c) 若项目出现延期，监理机构应及时督促承包人办理工程险续期。

6.9.6 工程分包管理应符合下列规定：

6.9.6.1 监理机构在施工合同约定或有关规定允许分包的工程项目范围内，对承包人的分包申请进行审核，并报发包人批准。

6.9.6.2 只有在分包项目最终获得发包人批准，承包人与分包人签订了分包合同并报监理机构备案后，监理机构方可允许分包人进场。

6.9.6.3 分包管理应包括下列工作内容：

a) 监理机构应监督承包人对分包人和分包工程项目的管理，并监督现场工作，但不受理分包合同争议；

b) 分包工程项目的施工技术方案、开工申请、工程质量报验、变更和合同支付等，应通过承包人向监理机构申报；

c) 分包工程只有在承包人自检合格后，方可由承包人向监理机构提交验收申请报告。

6.9.7 化石和文物保护监理工作应符合下列规定：

a) 一旦在施工现场发现化石、钱币、有价值的物品或文物、古建筑结构以及有地质或考古价值的其他遗物，监理机构应立即指示承包人按有关文物管理规定采取有

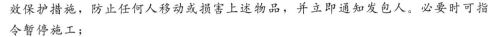

效保护措施，防止任何人移动或损害上述物品，并立即通知发包人。必要时可指令暂停施工；

b) 监理机构应受理承包人由于对文物采取保护措施而发生的费用和工期延误的索赔申请，提出意见后报发包人。

6.9.8 争议的解决。争议解决期间，监理机构应督促发包人和承包人仍按监理机构就争议问题做出的暂时决定履行各自的义务，并明示双方，根据有关法律、法规或规定，任何一方均不得以争议解决未果为借口拒绝或拖延按施工合同约定应履行的义务。

6.9.9 清场与撤离应符合下列规定：

a) 监理机构应依据有关规定或施工合同约定，在合同工程完工证书颁发前或在缺陷责任期满前，监督承包人完成施工场地的清理和环境恢复工作；

b) 监理机构应在合同工程完工证书颁发后的约定时间内，检查承包人在缺陷责任期内为完成尾工和修复缺陷应留在现场的人员、材料和施工设备情况，其余的人员、材料和施工设备均应按批准的计划退场。

6.10 信息管理

6.10.1 监理机构建立的监理信息管理体系应包括下列内容：

a) 配置信息管理人员并制定相应岗位职责；

b) 制定包括文档资料收集、分类、保管、保密、查阅、复制、整编、移交、验收和归档等的制度；

c) 制定包括文件资料签收、送阅程序，制定文件起草、打印、校核、签发等管理程序。

6.10.2 文件、报表格式应符合下列规定：

a) 常用报告、报表格式应采用《水利工程施工监理规范》（SL 28—2014）附录 E 所列的和国务院水行政主管部门印发的其他标准格式；

b) 文件格式应遵守国家及有关部门发布的公文管理格式，如文号、签发、标题、关键词、主送与抄送、密级、日期、纸型、版式、字体、份数等。

6.10.3 建立信息目录分类清单、信息编码体系，确定监理信息资料内部分类归档方案。

6.10.4 建立计算机辅助信息管理系统。

6.10.5 监理文件应符合下列规定：

a) 应按规定程序起草、打印、校核、签发；

b) 应表述明确、数字准确、简明扼要、用语规范、引用依据恰当；

c) 应按规定格式编写，紧急文件宜注明"急件"字样，有保密要求的文件应注明密级。

6.10.6 通知与联络应符合下列规定：

a) 监理机构发出的书面文件，应由总监理工程师或其授权的监理工程师签名，加盖本人执业印章，并加盖监理机构章；

b) 监理机构与发包人和承包人以及与其他人的联络应以书面文件为准。在紧急情况下，监理工程师或监理员现场签发的工程现场书面通知可不加盖监理机构章，作为临时书面指示，承包人应遵照执行，但事后监理机构应及时以书面文件确认；

若监理机构未及时发出书面文件确认，承包人应在收到上述临时书面指示后24h内向监理机构发出书面确认函，监理机构应予以答复。监理机构在收到承包人的书面确认函后24h内未予以答复的，该临时书面指示视为监理机构的正式指示；

c) 监理机构应及时填写发文记录，根据文件类别和规定的发送程序，送达对方指定联系人，并由收件方指定联系人签收；

d) 监理机构对所有来往书面文件均应按施工合同约定的期限及时发出和答复，不得扣压或拖延，也不得拒收；

e) 监理机构收到发包人和承包人的书面文件，均应按规定程序办理签收、送阅、收回和归档等手续；

f) 在监理合同约定期限内，发包人应就监理机构书面提交并要求其做出决定的事宜予以书面答复；超过期限，监理机构未收到发包人的书面答复，则视为发包人同意；

g) 对于承包人提出要求确认的事宜，监理机构应在合同约定时间内做出书面答复，逾期未答复，则视为监理机构已经确认。

6.10.7 书面文件的传递应符合下列规定：

6.10.7.1 除施工合同另有约定外，书面文件应按下列程序传递：

a) 承包人向发包人报送的书面文件均应报送监理机构，经监理机构审核后转报发包人；

b) 发包人关于工程施工中与承包人有关事宜的决定，均应通过监理机构通知承包人。

6.10.7.2 所有来往的书面文件，除纸质文件外还宜同时发送电子文档。当电子文档与纸质文件内容不一致时，应以纸质文件为准。

6.10.7.3 不符合书面文件报送程序规定的文件，均视为无效文件。

6.10.8 监理日志、报告与会议纪要应符合下列规定：

a) 现场监理人员应及时、准确完成监理日记。由监理机构指定专人按照规定格式与内容填写监理日志并及时归档；

b) 监理机构应在每月的固定时间，向发包人、监理单位报送监理月报；

c) 监理机构可根据工程进展情况和现场施工情况，向发包人报送监理专题报告；

d) 监理机构应按照有关规定，在工程验收前，提交工程建设监理工作报告，并提供监理备查资料；

e) 监理机构应安排专人负责各类监理会议的记录和纪要编写。监理例会议纪要由总监理工程师审定签发；属业主委托由总监理工程师主持召开的专题会议纪要，应经与会各方主要负责人阅审、发包人签字后发布实施，或由监理机构依据会议决定另行发文实施。

6.10.9 档案资料管理应符合下列规定：

a) 监理机构应要求承包人安排专人负责工程档案资料的管理工作，监督承包人按照有关规定和施工合同约定进行档案资料的预立卷和归档；

b) 监理机构对承包人提交的归档材料应进行审核，并向发包人提交对工程档案内容

与整编质量情况审核的专题报告;

c) 监理机构应按有关规定及监理合同约定,安排专人负责监理档案资料的管理工作。凡要求立卷归档的资料,应按照规定及时预立卷和归档,妥善保管;

d) 在监理服务期满后,监理机构应对要求归档的监理档案资料逐项清点、整编、登记造册,移交发包人。

6.11 工程质量评定与验收

6.11.1 监理机构应按有关规定进行工程质量评定,其主要职责应包括下列内容:

a) 审查承包人填报的单元工程(工序)质量评定表的规范性、真实性和完整性,开展工序质量项目的监理机构平行检验,复核单元工程(工序)施工质量等级,由监理工程师核定质量等级并签证认可;

b) 重要隐蔽单元工程及关键部位单元工程质量经承包人自评、监理机构抽检质量合格后,按有关规定组成联合小组,共同检查核定其质量等级并填写签证表;

c) 在承包人自评的基础上,复核分部工程的施工质量等级,报发包人认定;

d) 参加发包人组织的单位工程外观质量评定组的检验评定工作;在承包人自评的基础上,结合单位工程外观质量评定情况,复核单位工程施工质量等级,报发包人认定;

e) 单位工程质量评定合格后,统计并评定工程项目质量等级,报发包人认定。

6.11.2 监理机构应按照有关规定组织或参加工程验收,其主要职责应包括下列内容:

a) 参加或受发包人委托主持分部工程验收,参加发包人主持的单位工程验收、水电站(泵站)中间机组启动验收和合同工程完工验收;

b) 参加阶段验收、竣工验收,解答验收委员会提出的问题,并作为被验单位在验收鉴定书上签字;

c) 按照工程验收有关规定提交工程建设监理工作报告,并准备相应的监理备查资料;

d) 监督承包人按照分部工程验收、单位工程验收、合同工程完工验收、阶段验收等验收鉴定书中提出的遗留问题处理意见完成处理工作。

6.11.3 分部工程验收中的主要监理工作应包括下列内容:

a) 在承包人提出分部工程验收申请后,监理机构应组织检查分部工程的完成情况、施工质量评定情况和施工质量缺陷处理情况,并审核承包人提交的分部工程验收资料。监理机构应指示承包人对申请被验分部工程存在的问题进行处理,对资料中存在的问题进行补充、完善;

b) 经检查分部工程符合有关验收规程规定的验收条件后,监理机构应提请发包人或受发包人委托及时组织分部工程验收;

c) 监理机构在验收前应准备相应的监理备查资料;

d) 监理机构应监督承包人按照分部工程验收鉴定书中提出的遗留问题处理意见完成处理工作。

6.11.4 单位工程验收中的主要监理工作应包括下列内容:

a) 在承包人提出单位工程验收申请后,监理机构应组织检查单位工程的完成情况和施工质量评定情况、分部工程验收遗留问题处理情况及相关记录,并审核承包人提交的单位工程验收资料。监理机构应指示承包人对申请被验单位工程存在的问题进行处理，对资料中存在的问题进行补充、完善；

b) 经检查单位工程符合有关验收规程规定的验收条件后，监理机构应提请发包人及时组织单位工程验收；

c) 监理机构应参加发包人主持的单位工程验收，并在验收前提交工程建设监理工作报告，准备相应的监理备查资料；

d) 监理机构应监督承包人按照单位工程验收鉴定书中提出的遗留问题处理意见完成处理工作；

e) 单位工程投入使用验收后工程若由承包人代管，监理机构应协调合同双方按有关规定和合同约定办理相关手续。

6.11.5 合同工程完工验收中的主要监理工作应包括下列内容：

a) 承包人提出合同工程完工验收申请后，监理机构应组织检查合同范围内的工程项目和工作的完成情况、合同范围内包含的分部工程和单位工程的验收情况、观测仪器和设备已测得初始值和施工期观测资料分析评价情况、施工质量缺陷处理情况、合同工程完工结算情况、场地清理情况、档案资料整理情况等。监理机构应指示承包人对申请被验合同工程存在的问题进行处理，对资料中存在的问题进行补充、完善；

b) 经检查已完合同工程符合施工合同约定和有关验收规程规定的验收条件后，监理机构应提请发包人及时组织合同工程完工验收；

c) 监理机构应参加发包人主持的合同工程完工验收，并在验收前提交工程建设监理工作报告，准备相应的监理备查资料；

d) 合同工程完工验收通过后，监理机构应参加承包人与发包人的工程交接和档案资料移交工作；

e) 监理机构应监督承包人按照合同工程完工验收鉴定书中提出的遗留问题处理意见完成处理工作；

f) 监理机构应督促承包人及时完成工程验收相关资料整理；监理机构完成相关资料，整理归档后报发包人，完成验收结论的核备、核定工作。

6.11.6 监理机构应审核承包人提交的合同工程完工申请，满足合同约定条件的，提请发包人签发合同工程完工证书。

6.11.7 阶段验收中的主要监理工作应包括下列内容：

a) 工程建设进展到枢纽工程导（截）流、水库下闸蓄水、引（调）排水工程通水、水电站（泵站）首（末）台机组启动或部分工程投入使用之前，监理机构应核查承包人的阶段验收准备工作，具备验收条件的，提请发包人安排阶段验收工作；

b) 各项阶段验收之前，监理机构应协助发包人检查阶段验收具备的条件，并提交阶段验收工程建设监理工作报告，准备相应的监理备查资料；

c) 监理机构应参加阶段验收，解答验收委员会提出的问题，并作为被验单位在阶段验收鉴定书上签字；

d) 监理机构应监督承包人按照阶段验收鉴定书中提出的遗留问题处理意见完成处理工作。

6.11.8 监理机构应协助发包人组织竣工验收自查，核查历次验收遗留问题的处理情况。

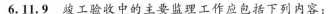

6.11.9 竣工验收中的主要监理工作应包括下列内容：

  a) 在竣工技术预验收和竣工验收之前，监理机构应提交竣工验收工程建设监理工作报告，并准备相应的监理备查资料；

  b) 监理机构应派代表参加竣工技术预验收，向验收专家组报告工程建设监理情况，回答验收专家组提出的问题；

  c) 总监理工程师应参加工程竣工验收，代表监理单位解答验收委员会提出的问题，并在竣工验收鉴定书上签字。

7 缺陷责任期的监理工作

7.1 监理机构应监督承包人按计划完成尾工项目，协助发包人验收尾工项目，并按合同约定办理付款签证。

7.2 监理机构应监督承包人对已完工程项目中所存在的施工质量缺陷进行修复。在承包人未能执行监理机构的指示或未能在合理时间内完成修复工作时，监理机构可建议发包人雇用他人完成施工质量缺陷修复工作，按合同约定确定责任及费用的分担。

7.3 根据工程需要，监理机构在缺陷责任期可适时调整人员和设施，除保留必要的外，其他人员和设施应撤离，或按照合同约定将设施移交发包人。

7.4 监理机构应审核承包人提交的缺陷责任终止申请，满足合同约定条件的，提请发包人签发缺陷责任期终止证书。

8 监督管理

8.1 水利建设市场应充分应用贵州省水利建设市场信用平台公示的监理单位及从业人员信用信息及贵州省水利工程协会发布的自律登记管理信息，促进水利建设项目监理工作诚信、有序地开展。

8.2 在水利建设市场活动的各监理单位应按照上述信用信息平台规范的信用信息目录建立和完善本单位及从业人员的信用信息档案，主动接受信用与自律管理和社会监督。

8.3 水利建设项目监理单位及其项目监理机构应自觉接受有关监督管理部门的监督、管理、稽查、检查等。

8.4 水利建设项目监理机构在配合前款监督、管理、稽查、检查工作时，应主动请示监督、管理、稽查、检查部门同意后及时报告项目业主或发包人。

8.5 水利建设项目监理机构在审查重大设计变更和重大技术处理措施时，应报送其监理单位审查，确保建设项目的质量和安全可靠。

8.6 为保障水利建设项目安全生产，贵州省水利工程协会创新推动建立监理单位安全生产管理 A、B、C 三类人员的安全生产考核自律管理体系。凡在贵州省水利建设市场活动的监理单位及监理人员，均须自觉接受该自律管理。监理人员的安全生产考核由协会自律考核评价部门负责。

9 附则

9.1 本导则实施过程中，一旦出现有条款与国家、贵州省的现行规范、规定和技术标准等不相符，相关条款须以国家、贵州省的现行规范、规定和技术标准等为准。

9.2 本导则推荐在贵州省水利建设项目中实施。

9.3 本导则由贵州省水利工程协会负责解释。

10 导则用词说明

导 则 用 词	严 格 程 度
必须	很严格，非这样做不可
严禁	很严格，一定不能这样做
应	严格，在正常情况下均应这样做
不得	严格，在正常情况下均不应这样做
须	严格，在正常情况下必须这样做
宜	允许稍有选择，在条件许可时首先应这样做
可	有选择，在一定条件下可这样做

附件：施工监理工作常用表格

JL01

合 同 工 程 开 工 通 知

（监理 [   ] 开工   号）

合同名称：   合同编号：

致（承包人）：
根据施工合同约定，现签发　　　合同工程开工通知。贵方在接到该通知后，及时调遣人员和施工设备、材料进场，完成各项施工准备工作，尽快提交《合同工程开工申请表》。 　　该合同工程的开工日期为　年　月　日。   <div align="right">监理机构：（名称及盖章） 总监理工程师：（签名） 日期：　年 月 日</div>
今已收到合同工程开工通知。   <div align="right">承包人：（现场机构名称及盖章） 签收人：（签名） 日期：　年 月 日</div>

说明：本表一式　份，由监理机构填写。

承包人签收后，发包人　份、设代机构　份、监理机构　份、承包人　份。

JL02

合 同 工 程 开 工 批 复

（监理〔　　〕合开工　号）

合同名称：　　　　　　　　　　　　　　　　　　　　　　　合同编号：

致（承包人）： 　　贵方　年　月　日报送的　　　　工程合同工程开工申请（承包〔　　〕合开工　号）已经通过审核，同意贵方按施工进度计划组织施工。 　　批复意见：（可附页）   　　　　　　　　　　　　　　　　　　　　　　　　　监理机构：（名称及盖章） 　　　　　　　　　　　　　　　　　　　　　　　　　总监理工程师：（签名） 　　　　　　　　　　　　　　　　　　　　　　　　　日期：　年　月　日
今已收到合同工程的开工批复。   　　　　　　　　　　　　　　　　　　　　　　　　　承包人：（现场机构名称及盖章） 　　　　　　　　　　　　　　　　　　　　　　　　　项目经理：（签名） 　　　　　　　　　　　　　　　　　　　　　　　　　日期：　年　月　日

说明：本表一式　份，由监理机构填写。

承包人签收后，发包人　份、设代机构　份、监理机构　份、承包人　份。

JL03

分 部 工 程 开 工 批 复

（监理〔　　〕分开工　号）

合同名称：　　　　　　　　　　　　　　　　　　　　　　　　合同编号：

致（承包人现场机构）： 　　贵方　年　月　日报送的□分部工程/□分部工程部分工作开工申请表（承包〔　　〕分开工　号）已经通过审核，同意开工。 　　批复意见：（可附页）   　　　　　　　　　　　　　　　　　　　　　　　监理机构：（名称及盖章） 　　　　　　　　　　　　　　　　　　　　　　　监理工程师：（签名） 　　　　　　　　　　　　　　　　　　　　　　　日期：　年　月　日
今已收到□分部工程/□分部工程部分工作的开工批复。   　　　　　　　　　　　　　　　　　　　　　　　承包人：（现场机构名称及盖章） 　　　　　　　　　　　　　　　　　　　　　　　项目经理：（签名） 　　　　　　　　　　　　　　　　　　　　　　　日期：　年　月　日

说明：本表一式　份，由监理机构填写。

　　承包人签收后，发包人　份、设代机构　份、监理机构　份、承包人　份。

JL04

工程预付款支付证书

（监理 [　　] 工预付　号）

合同名称：　　　　　　　　　　　　　　　　　　　　　　　合同编号：

致（发包人）： 　　鉴于□工程预付款担保已获得贵方确认/□合同约定的第　次工程预付款条件已具备。根据施工合同约定，贵方应向承包人支付第　次工程预付款，金额为（大写）　　　　元　 [（小写）　　　　元]。   　　　　　　　　　　　　　　　　　　　　　监理机构：（名称及盖章） 　　　　　　　　　　　　　　　　　　　　　总监理工程师：（签名） 　　　　　　　　　　　　　　　　　　　　　日期：　年　月　日
发包人审批意见：   　　　　　　　　　　　　　　　　　　　　　发包人：（名称及盖章） 　　　　　　　　　　　　　　　　　　　　　负责人：（签名） 　　　　　　　　　　　　　　　　　　　　　日期：　年　月　日

说明：本证书一式　份，由监理机构填写，发包人　份、监理机构　份、承包人　份。

JL05

批　复　表

（监理 [　　] 批复　号）

合同名称：　　　　　　　　　　　　　　　　　　　　　　　　　　合同编号：

致（承包人现场机构）：

　　贵方于　年　月　日报送的　　　　　（文号　　），经监理机构审核，批复意见如下：

监理机构：（名称及盖章）
总监理工程师/监理工程师：（签名）
日期：　年　月　日

　　今已收到监理 [　　] 批复　号。

承包人：（现场机构名称及盖章）
签收人：（签名）
日期：　年　月　日

说明：1. 本表一式　份，由监理机构填写，承包人签收后，发包人　份、监理机构　份、承包人　份。

　　　2. 一般批复由监理工程师签发，重要批复由总监理工程师签发。

JL06

监 理 通 知

（监理 [　　] 通知　号）

合同名称：   合同编号：

致：（承包人现场机构） 事由：   通知内容：   附件：1. 　　　2.   监理机构：（名称及盖章） 总监理工程师/监理工程师：（签名） 日期：　年　月　日
       承包人：（现场机构名称及盖章） 签收人：（签名） 日期：　年　月　日

说明：本通知一式　份，由监理机构填写，发包人　份、监理机构　份、承包人　份。

JL07

监 理 报 告

（监理 [　] 报告　号）

合同名称：　　　　　　　　　　　　　　　　　　　　　　合同编号：

致：（发包人）
事由：
 	
报告内容：
 	
                监理机构：（名称及盖章）
                总监理工程师：（签名）
                日期：　年　月　日

就贵方报告事宜答复如下：
 	
                发包人：（名称及盖章）
                负责人：（签名）
                日期：　年　月　日

说明：1. 本表一式　份，由监理机构填写，发包人批复后留　份，退回监理机构　份。

   2. 本表可用于监理机构认为需报请发包人批示的各项事宜。

JL08

计 日 工 工 作 通 知

（监理 ［   ］ 计通   号）

合同名称：   合同编号：

致：（承包人现场机构） 依据合同约定，经发包人批准，现决定对下列工作按计日工予以安排，请据以执行。

序号	工作项目或内容	计划工作时间	计价及付款方式	备注
1				
2				
3				
4				
5				

监理机构：（名称及盖章）
总监理工程师：（签名）
日期： 年 月 日

我方将按通知执行。

承包人：（现场机构名称及盖章）
项目经理：（签名）
日期： 年 月 日

说明：1. 本表一式 份，由监理机构填写，承包人签署后，发包人 份、监理机构 份、承包人 份。

2. 本表计价及付款方式填写"按合同计日工单价支付"或"双方协商"。

348

JL09

工 程 现 场 书 面 通 知

（监理 [   ] 现通   号）

合同名称：   合同编号：

致：（承包人现场机构） 事由：   通知内容：   监理机构：（名称及盖章） 监理工程师/监理员：（签名） 日期：　年　月　日
承包人意见：   承包人：（名称及盖章） 现场负责人：（签名） 日期：　年　月　日

说明：1. 本表一式　份，由监理机构填写，承包人签署意见后，监理机构　份、承包人　份。

2. 本表一般情况下应由监理工程师签发；对现场发现的施工人员违反操作规程的行为，监理员可以签发。

JL10

警 告 通 知

（监理 [　　] 警告 号）

合同名称：   合同编号：

致：（承包人现场机构）

　　鉴于你方在履行合同时发生了下列所述的违约行为，依据合同约定，特发此警告通知。你方应立即采取措施，纠正违约行为后报我方确认。

　　违约行为情况描述：

　　合同的相关约定：

　　监理机构要求：

监理机构：（名称及盖章）

总监理工程师：（签名）

日期：　年　月　日

承包人：（现场机构名称及盖章）

签收人：（签名）

日期：　年　月　日

说明：本表一式　份，由监理机构填写，承包人签收后，发包人　份、监理机构　份、承包人　份。

JL11

整　改　通　知

（监理〔　　〕整改　　号）

合同名称：　　　　　　　　　　　　　　　　　　　　　　　　　　合同编号：

致：（承包人现场机构）

　　由于本通知所述原因，通知你方对　　　　工程项目应按下述要求进行整改，并于　年　月　日前提交整改措施报告，按要求进行整改。

　　整改原因：

　　整改要求：

监理机构：（名称及盖章）

总监理工程师：（签名）

日期：　年　月　日

承包人：（现场机构名称及盖章）

签收人：（签名）

日期：　年　月　日

说明：本表一式　份，由监理机构填写，承包人签收后，发包人　份、监理机构　份、承包人　份。

JL12

变　更　指　示

（监理〔　　〕变指　号）

合同名称：　　　　　　　　　　　　　　　　　　　　　　　　合同编号：

致：（承包人现场机构）

现决定对如下项目进行变更，贵方应根据本指示于　年　月　日前提交相应的施工措施计划和变更报价。

变更项目名称：

变更内容简述：

变更工程量估计：

变更技术要求：

变更进度要求：

附件：1. 变更项目清单（含估算工程量）及说明。

2. 设计文件、施工图纸（若有）。

3. 其他变更依据。

监理机构：（全称及盖章）

总监理工程师：（签名）

日期：　年　月　日

承包人：（现场机构名称及盖章）

签收人：（签名）

日期：　年　月　日

说明：本表一式　份，由监理机构填写，承包人签收后，发包人　份、设代机构　份、监理机构　份、承包人　份。

JL13

变更项目价格审核表

（监理 ［　　］ 变价审　号）

合同名称：　　　　　　　　　　　　　　　　　　　　　　　　　　　合同编号：

致：（发包人） 　　根据有关规定和施工合同约定，承包人提出的变更项目价格申报表（承包 ［　　］ 变价　号），经我方审核，变更价格如下，请贵方审核。	

序号	项目名称	单位	承包人申报价格 （单价或合价）	监理审核价格 （单价或合价）	备注
1					
2					
3					
4					
5					
6					
7					

附注：1. 变更项目价格申报表。
　　　2. 监理变更单价审核说明。
　　　3. 监理变更单价分析表。
　　　4. 变更项目价格变化汇总表。

监理机构：（全称及盖章）
总监理工程师：（签名）
日期：　年　月　日

发包人：（名称及盖章）
负责人：（签名）
日期：　年　月　日

说明：本表一式　份，由监理机构填写，发包人签署后，发包人　份、监理机构　份、承包人　份。

JL14

变更项目价格/工期确认单

（监理 [   ] 变确   号）

合同名称：   合同编号：

根据有关规定和施工合同约定，发包人和承包人就变更项目价格协商如下，同时变更项目工期协商意见：□不延期/□延期   天/□另行协商。

	序号	项目名称	单位	确认价格（单价或合价）	备注
双方协商一致的	1				
	2				
	3				
	4				

	序号	项目名称	单位	总监理工程师确定的暂定价格（单价或合价）	备注
双方未协商一致的	1				
	2				
	3				
	4				

发包人：（名称及盖章）   承包人：（现场机构名称及盖章）

负责人：（签名）   项目经理：（签名）

日期： 年 月 日   日期： 年 月 日

合同双方就上述协商一致的变更项目、价格、工期，按确认的意见执行；合同双方未协商一致的，按总监理工程师确定的暂定价格随工程进度付款暂定支付。后续事宜按合同约定执行。

监理机构：（名称及盖章）

总监理工程师：（签名）

日期： 年 月 日

说明：本表一式   份，由监理机构填写，各方签字后，发包人   份、监理机构   份、承包人   份，办理结算时使用。

JL15

暂 停 施 工 指 示

（监理［　　］停工　号）

合同名称：　　　　　　　　　　　　　　　　　　　　合同编号：

致：（承包人现场机构）

由于下述原因，现通知你方于　年　月　日时对　　工程项目暂停施工。

暂停施工范围说明：

暂停施工原因：

引用合同条款或法规依据：

暂停施工期间要求：

监理机构：（名称及盖章）

总监理工程师：（签名）

日期：　年　月　日

承包人：（现场机构名称及盖章）

签收人：（签名）

日期：　年 月 日

说明：本表一式　份，由监理机构填写，承包人签收后，发包人　份、设代机构　份、监理机构　份、承包人　份。

JL16

复 工 通 知

(监理 [ ] 复工 号)

合同名称：   合同编号：

致（承包人现场机构）： 　　鉴于暂停施工指示（监理 [　] 停工 　 号）所述原因已经□全部/□部分消除，你方可于　年　月　日　时起对　　工程下列范围恢复施工。 　　复工范围：□监理 [　] 停工 　 号指示的全部暂停施工项目。 　　　　　　　□监理 [　] 停工 　 号指示的下列暂停施工项目：   　　　　　　　　　　　　　　　　　　　　　　　　　监理机构：（名称及盖章） 　　　　　　　　　　　　　　　　　　　　　　　　　总监理工程师：（签名） 　　　　　　　　　　　　　　　　　　　　　　　　　日期：　年　月　日
    　　　　　　　　　　　　　　　　　　　　　　　　　承包人：（现场机构名称及盖章） 　　　　　　　　　　　　　　　　　　　　　　　　　签收人：（签名） 　　　　　　　　　　　　　　　　　　　　　　　　　日期：　年　月　日

　　说明：本表一式　份，由监理机构填写，承包人签收后，发包人　份、设代机构　份、监理机构　份、承包人　份。

JL17

索 赔 审 核 表

（监理 [   ] 索赔审　号）

合同名称：   合同编号：

致：（发包人）

根据有关规定和施工合同约定，承包人提出的索赔申请报告（承包 [   ] 赔报　号），索赔金额为（大写）　元 [（小写）　元]，索赔工期　天，经我方审核：

□不同意此项索赔

□同意此项索赔，核准索赔金额为（大写）　元 [（小写）　元]，工期顺延____天。

附件：索赔审核意见。

监理机构：（名称及盖章）

总监理工程师：（签名）

日期：　年　月　日

发包人：（现场机构名称及盖章）

负责人：（签名）

日期：　年　月　日

说明：本表一式　份，由监理机构填写，发包人签署后，发包人　份、监理机构　份、承包人　份。

JL18

索 赔 确 认 单

（监理〔　　〕索赔确　号）

合同名称：　　　　　　　　　　　　　　　　　　　　　　　　　　　　合同编号：

根据有关规定和施工合同约定，经友好协商，发包人、承包人同意（承包〔　　〕赔报　号）的最终核定索赔金额为（大写）　　　　元〔（小写）　　　元〕，顺延工期　　天。

发包人：（名称及盖章） 　　负责人：（签名） 　　日期：　年 月 日	承包人：（现场机构名称及盖章） 　　项目经理：（签名） 　　日期：　年 月 日

监理机构：（名称及盖章） 　　总监理工程师：（签名） 　　日期：　年 月 日

说明：本表一式　份，由监理机构填写，各方签字后，发包人　份、监理机构　份、承包人　份，办理结算时使用。

JL19

工 程 进 度 付 款 证 书

（监理［　　］进度付　号）

合同名称：　　　　　　　　　　　　　　　　　　　　　　　合同编号：

致：（发包人） 经审核承包人的工程进度付款申请单（承包［　　］进度付　号），本月应支付给承包人的工程价款金额共计为（大写）　　　　　　　［（小写）　　　　元］。 根据施工合同约定，请贵方在收到此证书后的　天之内完成审批，将上述工程价款支付给承包人。 附件：1. 工程进度付款审核汇总表。 　　　2. 其他。   <div align=right>监理机构：（名称及盖章） 总监理工程师：（签名） 日期：　年　月　日</div>
发包人审批意见：   <div align=right>发包人：（名称及盖章） 负责人：（签名） 日期：　年　月　日</div>

说明：本证书一式　份，由监理机构填写，发包人审批后，发包人　份、监理机构　份，承包人　份、办理结算时使用。

JL19

附表 1   **工程进度付款审核汇总表**

（监理 [   ] 付款审   号）

合同名称：   合同编号：

项目		截至上期末累计完成额/元	本期承包人申请金额/元	本期监理人审核金额/元	截至本期末累计完成额/元	备注
应支付金额	合同分类分项项目					
	合同措施项目					
	变更项目					
	计日工项目					
	索赔项目					
	小计					
	工程预付款					
	材料预付款					
	小计					
	价格调整					
	延期付款利息					
	小计					
	其他					
应付款金额合计						
扣除金额	工程预付款					
	材料预付款					
	小计					
	质量保证金					
	违约赔偿					
	其他					
扣除金额合计						
本期工程进度付款总金额						

本期工程进度付款总金额： 仟 佰 拾 万 仟 佰 拾 元（小写： 元）

监理机构：（名称及盖章）
总监理工程师：（签名）
日期： 年 月 日

说明：本表一式 份，由监理机构填写，发包人 份、监理机构 份、承包人 份，作为月报及工程进度付款证书的附件。

JL20

合同解除后付款证书

（监理 ［　　］解付　号）

合同名称：　　　　　　　　　　　　　　　　　　　　　　合同编号：

致：（发包人） 　　根据施工合同约定，经审核，合同解除后承包人应获得工程付款总金额为（大写）　　　元［小写）　　　元］，已得到各项付款总金额为（大写）　　　元［（小写）　　　元］，现应□支付/□退还的工程款金额为（大写）　　　元［（小写）　　　元］。 　　附件：1. 合同解除相关文件。 　　　　　2. 计算资料。 　　　　　3. 证明文件（包含承包人已得到各项付款的证明文件）。   （大量空白） 　　　　　　　　　　　　　　　　　　　　　　　监理机构：（名称及盖章） 　　　　　　　　　　　　　　　　　　　　　　　总监理工程师：（签名） 　　　　　　　　　　　　　　　　　　　　　　　日期：　年　月　日
    　　　　　　　　　　　　　　　　　　　　　　　发包人：（名称及盖章） 　　　　　　　　　　　　　　　　　　　　　　　负责人：（签名） 　　　　　　　　　　　　　　　　　　　　　　　日期：　年　月　日

说明：本证书一式　份，由监理机构填写，发包人　份、监理机构　份、承包人　份。

JL21

完工付款/最终结清证书

（监理 [   ] 付结   号）

合同名称：   合同编号：

致：（发包人）

经审核承包人的□完工付款申请/□最终结清申请/□临时付款申请（承包 [   ] 付结   号），应支付给承包人的金额共计（大写）   元 [（小写）   元]。

请贵方在收到□完工付款证书/□最终结清证书/□临时付款证书后按合同约定完成审批，并将上述工程价款支付给承包人。

附件：1. 完工付款/最终结清申请单。
　　　2. 审核计算资料。

监理机构：（名称及盖章）

总监理工程师：（签名）

日期： 年 月 日

发包人审定意见：

发包人：（名称及盖章）

负责人：（签名）

日期： 年 月 日

说明：本证书一式 份，由监理机构填写，发包人 份、监理机构 份、承包人 份。

JL22

质量保证金退还证书

（监理 [　　] 保付　号）

合同名称：　　　　　　　　　　　　　　　　　　　　　　　　　　　　合同编号：

致：（发包人） 　　经审核承包人的质量保证金退还申请表（承包 [　　] 保退　号），本次应退还给承包人的质量保证金金额为（大写）　　　　元 [（小写）　　元]。 　　请贵方在收到该质量保证金退还证书后按合同约定完成审批，并将上述质量保证金退还给承包人。		
退还质量保证金 已具备的条件	□于　年　月　日签发合同工程完工证书。 □于　年　月　日签发保修缺陷责任期终止证书。	
质量保证金 退还金额	质量保证金总金额	仟 佰 拾 万 仟 佰 拾 元（小写：　元）
	已退还金额	仟 佰 拾 万 仟 佰 拾 元（小写：　元）
	尚应扣留的金额	仟 佰 拾 万 仟 佰 拾 元（小写：　元） 扣留的原因： □施工合同约定 □遗留问题
	本次应退还金额	仟 佰 拾 万 仟 佰 拾 元（小写：　元）
	监理机构：（名称及盖章） 总监理工程师：（签名） 日期：　年 月 日	
发包人审批意见： 发包人：（名称及盖章） 负责人：（签名） 日期：　年 月 日		

说明：本证书一式　份，由监理机构填写，监理机构、发包人签发后，发包人　份，监理机构　份、承包人　份。

JL23

施工图纸核查意见单

(监理〔 〕图核 号)

合同名称：　　　　　　　　　　　　　　　　　　　　　　　　　合同编号：

经对以下施工图纸（共 张）核查，意见如下：				
序号	施工图纸名称	图号	核查人员	备注
1				
2				
3				
4				
5				
6				
7				
8				
9				
10				
11				
12				
附件：施工图纸核查意见（应由核查监理人员签字）。 监理机构：（名称及盖章） 总监理工程师：（签名） 日期：　年　月　日				

说明：1. 本表一式 份，由监理机构填写并存档。

　　　2. 各图号可以是单张号、连续号或区间号。

JL24

施 工 图 纸 签 发 表

（监理〔   〕图发   号）

合同名称：　　　　　　　　　　　　　　　　　　　　　　合同编号：

<table>
<tr><td colspan="5">致：（承包人现场机构）
本批签发下表所列施工图纸   张，其他设计文件   份。</td></tr>
<tr><td>序号</td><td>施工图纸/其他设计文件名称</td><td>文图号</td><td>份数</td><td>备注</td></tr>
<tr><td>1</td><td></td><td></td><td></td><td></td></tr>
<tr><td>2</td><td></td><td></td><td></td><td></td></tr>
<tr><td>3</td><td></td><td></td><td></td><td></td></tr>
<tr><td>4</td><td></td><td></td><td></td><td></td></tr>
<tr><td>5</td><td></td><td></td><td></td><td></td></tr>
<tr><td>6</td><td></td><td></td><td></td><td></td></tr>
<tr><td>7</td><td></td><td></td><td></td><td></td></tr>
<tr><td>8</td><td></td><td></td><td></td><td></td></tr>
<tr><td>9</td><td></td><td></td><td></td><td></td></tr>
<tr><td colspan="5" style="height:150px;vertical-align:bottom;text-align:right;">监理机构：（名称及盖章）
总监理工程师：（签名）
日期： 年 月 日</td></tr>
<tr><td colspan="5">今已收到经监理机构签发的施工图纸   张，其他设计文件   份

 承包人：（现场机构名称及盖章）
签收人：（签名）
日期： 年 月 日 </td></tr>
</table>

说明：本表一式   份，由监理机构填写，发包人   份、设代机构   份、监理机构   份、承包人   份。

JL25

监　理　月　报

（监理 ［ 　 ］ 月报 　号）

202 　年第 　期

年　　月　　日至　　年　　月　　日

工程名称：

发包人：

监理机构：

总监理工程师：

日期：　　年　　月　　日

目　　录

JL25

附表1   **合同完成额月统计表**

（监理 [   ] 量统月   号）

合同名称：   合同编号：

标段	序号	项目编号	一级项目	合同金额/元	截至上月末累计完成额/元	截至上月末累计完成额比例	本月完成额/元	截至本月末累计完成额/元	截至本月末累计完成额比例
	1								
	2								
	3								
	4								
	1								
	2								
	3								
	4								
	1								
	2								
	3								
	4								
						监理机构：（名称及盖章） 总监理工程师/监理工程师：（签名） 日期： 年 月 日			

说明：1. 本表一式   份，由监理机构填写。

          2. 本表中的项目编号是指合同工程量清单的项目编号。

JL25

附表 2

工程质量检验月报表

（监理〔   〕质检月   号）

序号	标段名称	单位工程				分部工程				单元工程				备注
		合同工程单位工程个数	本月评定个数	截至本月末累计评定个数	截至本月末累计评定比例	合同工程分部工程个数	本月评定个数	截至本月末累计评定个数	截至本月末累计评定比例	合同工程单元工程个数	本月评定个数	截止本月末累计评定个数	截至本月末累计评定比例	

监理机构：（名称及盖章）

总监理工程师/监理工程师：（签名）

日期：　年　月　日

说明：本表一式　份，由监理机构填写。

JL25

附表 3　　　　　　　　　　　　　**工程质量平行检测试验月统计表**

（监理 ［　　］平行统　号）

合同名称：　　　　　　　　　　　　　　　　　　　　　　　　　合同编号：

标段	序号	单位工程名称及编号	工程部位	平行检测日期	平行检测内容	检测结果	检测机构
	1						
	2						
	3						
	1						
	2						
	3						
	1						
	2						
	3						
	1						
	2						
	3						

监理机构：（名称及盖章）

总监理工程师/监理工程师：（签名）

日期：　年　月　日

说明：本表一式　份，由监理机构填写。

JL25

附表 4

变 更 月 统 计 表

（监理〔　　〕变更统　号）

合同名称：　　　　　　　　　　　　　　　　　　　　　　合同编号：

标段	序号	变更项目名称/编号	变更文件、图号	变更内容	价格变化	工期影响	实施情况	备注
	1							
	2							
	3							
	1							
	2							
	3							
	1							
	2							
	3							
	1							
	2							
	3							

监理机构：（名称及盖章）

总监理工程师/监理工程师：（签名）

日期：　　年　月　日

说明：本表一式　　份，由监理机构填写。

JL25

附表 5

监 理 发 文 月 统 计 表

（监理［　　］发文统　号）

合同名称：　　　　　　　　　　　　　　　　　　　　　　　　　　　　　合同编号：

标段	序号	文号	文件名称	发送单位	抄送单位	签发日期	备注
	1						
	2						
	3						
	1						
	2						
	3						
	1						
	2						
	3						
	1						
	2						
	3						

监理机构：（名称及盖章）

总监理工程师/监理工程师：（签名）

日期：　年　月　日

说明：本表一式　份，由监理机构填写。

JL25

附表6　　　　　　　　　　监 理 收 文 月 统 计 表

（监理［　　］收文统　号）

合同名称：　　　　　　　　　　　　　　　　　　　　　合同编号：

标段	序号	文号	文件名称	发文单位	发文日期	收文日期	处理责任人	处理结果	备注
	1								
	2								
	3								
	1								
	2								
	3								
	1								
	2								
	3								
	1								
	2								
	3								

監理机构：（名称及盖章）

总监理工程师/监理工程师：（签名）

日期：　年　月　日

说明：本表一式　份，由监理机构填写。

JL26

旁 站 监 理 值 班 记 录

（监理 [　　] 旁站　号）

合同名称：　　　　　　　　　　　　　　　　　　　　　　　　　　合同编号：

工程部位				日期	
时间		天气		温度	
人员情况	施工技术员：　　　施工班组长： 质检员：				
	现场人员数量及分类人员数量				
	管理人员	人	技术人员		人
	特种作业人员	人	普通作业人员		人
	其他辅助人员	人	合计		人
主要施工设备 及运转情况					
主要材料使用情况					
施工过程描述					
监理现场检查、 检测情况					
承包人提出的问题					
监理人的答复或指示					

当班监理员：（签名）　　　　　　　　　　　　　施工技术员：（签名）

说明：本表单独汇编成册。

JL27

监 理 巡 视 记 录

（监理［　　］巡视　号）

合同名称：　　　　　　　　　　　　　　　　　　　　　　合同编号：

巡视范围	
巡视情况	
发现问题及 处理意见	
	巡视人：（签名） 日期：　年　月　日

说明：1. 本表可用于监理人员质量、安全、进度等的巡视记录。

　　　2. 本表按月装订成册。

JL28

工程质量平行检测记录

（监理〔   〕平行   号）

合同名称：   合同编号：

序号	检测项目	对应单元工程编号	取样部位		代表数量	组数	取样人	送样人	送样时间	检测机构	检测结果	检测报告编号
			桩号	高程								

备注：委托单、平行检测送样台账、平行检测报告台账要相互对应。

JL29

工程质量跟踪检测记录

（监理 [　] 跟踪　号）

合同名称：　　　　　　　　　　　　　　　　　　　　　　　　　合同编号：

单位工程名称及编号												
承包人												

序号	检测项目	对应单元工程编号	取样部位		代表数量	组数	取样人	送样人	送样时间	检测机构	检测结果	检测报告编号	跟踪监理人员
			桩号	高程									

说明：本表按月装订成册。

JL30

见 证 取 样 跟 踪 记 录
（监理 〔　　〕 跟踪　号）

合同名称：　　　　　　　　　　　　　　　　　　　　　　　　　合同编号：

单位工程名称及编号												
承包人												

序号	检测项目	对应单元工程编号	取样部位		代表数量	组数	取样人	送样人	送样时间	检测机构	检测结果	检测报告编号	跟踪（见证）监理人员
			桩号	高程									

说明：本表按月装订成册。

JL31

安 全 检 查 记 录

（监理［　　］安检　号）

合同名称：　　　　　　　　　　　　　　　　　　　　　　　合同编号：

日期		检查人			
时间		天气		温度	
检查部位					
人员、设备、施工作业及环境和条件等					
危险品及危险源安全情况					
发现的安全隐患及消除隐患的监理指示					
承包人的安全措施及隐患消除情况（安全隐患未消除的，检查人必须上报）					

检查人：（签名）

日期：　年　月　日

说明：1. 本表可用于监理人员安全检查的记录。

　　　 2. 本表单独汇编成册。

JL32

工程设备进场开箱验收单

（监理〔   〕设备   号）

合同名称：   合同编号：

序号	名称	规格/型号	单位/数量	检查								开箱日期
				外包装情况（是否完好）	开箱后设备外观质量（有无磨损、撞击）	备品备件检查情况	设备合格证	产品检验证	产品说明书	备注		

备注：经发包人、监理机构、承包人和供货单位四方现场开箱，进行设备的数量及外观检查，符合设备移交条件，自开箱验收之日起移交承包人保管。

承包人：（现场机构名称及盖章）	供货单位：（名称及盖章）	管理机构：（名称及盖章）	发包人：（名称及盖章）
代表： 日期： 年 月 日	代表： 日期： 年 月 日	代表： 日期： 年 月 日	代表： 日期： 年 月 日

说明：本表一式 份，由监理机构填写，发包人 份、监理机构 份、承包人 份、供货单位 份。

JL33

监 理 日 记

（监理 [　　] 日记 号）

合同名称： 合同编号：

天气：		气温		风力		风向	
施工部位、施工内容（包括隐蔽部位施工时的地质编录情况）、施工形象及资源投入情况							
承包人质量检验和安全作业情况							
监理机构的检查巡视、检验情况							
施工作业存在的问题，现场监理人员提出的处理意见以及承包人对处理意见的落实情况							
汇报事项和监理机构指示							
其他事项							

监理人员：（签名）

日期： 年 月 日

说明：本表由监理机构填写，按月装订成册。

JL34

监 理 日 志

年　月　日至　年　月　日

合同名称：

合同编号：

发包人：

承包人：

监理机构：

监理工程师：

监 理 日 志

（监理〔   〕日志   号）

填写人：   日期：   年   月   日

天气		气温		风力		风向	
施工部位、施工内容、施工形象及资源投入（人员、原材料、中间产品、工程设备和施工设备动态）							
承包人质量检验和安全作业情况							
监理机构的检查、巡视、检验情况							
施工作业存在的问题、现场监理提出的处理意见以及承包人对处理意见的落实情况							
监理机构签发的意见							
其他事项							

说明：1. 本表由监理机构指定专人填写，按月装订成册。

2. 本表栏内的内容可另附页，并标注日期，与日志一并存档。

JL35

监理机构内部会签单

（监理 [　　] 内签　号）

合同名称：　　　　　　　　　　　　　　　　　　　　　　　合同编号：

事由	
会签内容	
依据、参考文件	

会签部门	部门意见	负责人签名	日期

会签意见：

总监理工程师：（签名）

日期：　年　月　日

说明：在监理机构作出决定之前需内部会签时，可用此表。

JL36

监 理 发 文 登 记 表

（监理〔　　〕监发　号）

合同名称：　　　　　　　　　　　　　　　　　　　　　　　　　　　　合同编号：

序号	文号	文件名称	发送单位	抄送单位	发文时间	收文时间	签收人
1							
2							
3							
4							
5							
6							
7							
8							
9							
10							
11							
12							
13							
14							
15							

说明：本表应妥善保存。

JL37

监 理 收 文 登 记 表

（监理 ［   ］监收   号）

合同名称：   合同编号：

序号	文号	文件名称	发件单位	发文时间	收文时间	签收人	处理记录			
							文号	回文时间	处理内容	文件处理责任人
1										
2										
3										
4										
5										
6										
7										
8										
9										
10										
11										
12										
13										
14										
15										
17										
18										
19										

说明：本表应妥善保存。

JL38

会 议 纪 要

（监理［　　］纪要　号）

合同名称：　　　　　　　　　　　　　　　　　　　　　　　合同编号：

会议名称	
会议主要议题	

会议时间		会议地点	
会议组织单位		会议主持人	

会议主要内容 及结论	（可附页） 监理机构：（名称及盖章） 会议主持人：（签名） 日期：　年　月　日
附件：会议签到表	

说明：1. 本表由监理机构填写，会议主持人签字后送达参会各方。

　　　2. 参会各方收到本会议纪要后，持不同意见者应于 3 日内书面回复监理机构；超 3 日未书面回复的，视为同意本会议纪要。

JL39

监 理 机 构 联 系 单

（监理 〔　　〕联系　号）

合同名称：　　　　　　　　　　　　　　　　　　　　　　　合同编号：

致：   事由：   附件：   <div align="right">监理机构：（名称及盖章） 总监理工程师：（签名） 日期：　年　月　日</div>
       <div align="right">被联系单位签收人：（签名） 日期：　年　月　日</div>

说明：本表用于监理机构与监理工作有关单位的联系，监理机构、被联系单位各1份。

JL40

监 理 机 构 备 忘 录

（监理 [   ] 备忘   号）

合同名称：   合同编号：

致：

事由：

附件：

监理机构：（名称及盖章）
总监理工程师：（签名）
日期：   年   月   日

说明：本表用于监理机构认为由于施工合同当事人原因导致监理职责履行受阻，或参建各方经协商未达成一致意见
　　　时应作出的书面记录。